中文版After Effects 2020 完全案例教程

（微课视频版）

191个实例讲解+248集教学视频+赠送海量资源+在线交流

☑ 配色宝典 ☑ 构图宝典 ☑ 创意宝典 ☑ 商业设计宝典 ☑ Premiere 基础
☑ Photoshop 基础 ☑ PPT 课件 ☑ 素材资源库 ☑ 常用快捷键
☑ 视频效果重点速查

唯美世界　曹茂鹏　编著

U0280951

中国水利水电出版社
www.waterpub.com.cn
·北京·

内 容 提 要

《中文版After Effects 2020完全案例教程（微课视频版）》以实例的形式系统讲述了After Effects 2020软件基础知识及其图层、蒙版、动画、效果、调色、抠像、文字、渲染等核心技术与案例应用，是一本全面讲述After Effects 2020软件应用的AE案例教程、视频教程及完全自学手册。全书共18章，具体内容包括After Effects入门、After Effects的基础操作、创建不同类型的图层、蒙版工具、创建动画、常用视频效果、过渡效果、调色效果、抠像与合成、文字效果、渲染不同格式的作品，以及After Effects在影视包装、广告动画、影视特效、光效效果、粒子效果、短视频制作、UI动效领域的应用案例。全书每个实例均配有视频教程，最大程度地方便读者自学。

《中文版After Effects 2020完全案例教程（微课视频版）》的各类学习资源包括：

1. 本书资源：248集教学视频和素材源文件。

2. 赠送12部电子书：《After Effects 视频效果重点速查手册》《After Effects 过渡效果重点速查手册》《After Effects 调色效果重点速查手册》《After Effects 常用快捷键》《43个高手设计师常用网站》《配色宝典》《构图宝典》《创意宝典》《行业色彩应用密码》《解读色彩情感密码》《色彩速查宝典》《商业设计宝典》。

3. 赠送视频：Photoshop基础视频、Premiere基础视频、3ds Max基础视频。

4. 赠送素材：动态视频素材、实用设计素材。

5. 赠送After Effects基础教学 PPT课件。

《中文版After Effects 2020完全案例教程（微课视频版）》适合各类视频设计与视频制作的初学者学习使用，也适合作为相关院校或者培训机构的教材使用，还可作为所有视频设计工作者的学习参考手册。本书在After Effects 2020版本基础上编写，建议读者下载该版本或者以上版本进行学习，低版本可能会导致部分文件无法打开的情况。

图书在版编目（CIP）数据

中文版 After Effects 2020 完全案例教程：微课视频版 / 唯美世界，曹茂鹏编著 . — 北京：中国水利水电出版社，2020.8（2023.7重印）

ISBN 978-7-5170-8476-1

I.①中… II.①唯… ②曹… III.①图像处理软件—教材

IV.① TP391.413

中国版本图书馆 CIP 数据核字 (2020) 第 048098 号

书　　名	中文版After Effects 2020完全案例教程（微课视频版） ZHONGWENBAN After Effects 2020 WANQUAN ANLI JIAOCHENG
作　　者	唯美世界　曹茂鹏　编著
出版发行	中国水利水电出版社 （北京市海淀区玉渊潭南路1号D座 100038） 网址：www.waterpub.com.cn E-mail：zhiboshangshu@163.com 电话：（010）62572966-2205/2266/2201（营销中心）
经　　售	北京科水图书销售有限公司 电话：（010）68548574、63202643 全国各地新华书店和相关出版物销售网点
排　　版	北京智博尚书文化传媒有限公司
印　　刷	北京富博印刷有限公司
规　　格	190mm×235mm　16开本　27.5印张　875千字　4插页
版　　次	2020年8月第1版　2023年7月第7次印刷
印　　数	35001— 39000册
定　　价	128.00元

COMELINESS
MORE PASTEL, MORE PASSION

▲ 实例："变亮"制作二次曝光效果

▲ 实例:悬空植物特效

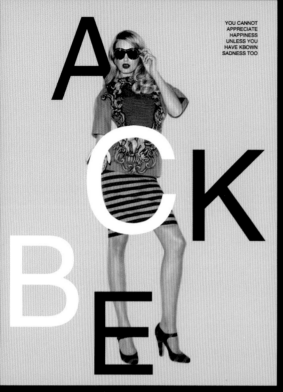

YOU CANNOT
APPRECIATE
HAPPINESS
UNLESS YOU
HAVE KBOWN
SADNESS TOO

▲ 实例：使用颜色差值键抠像制作简约海报

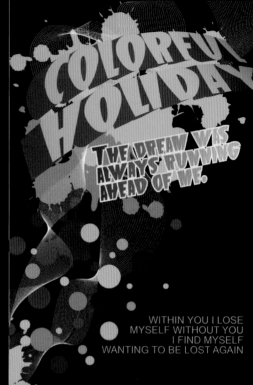

▲ 实例："变形"制作透视感

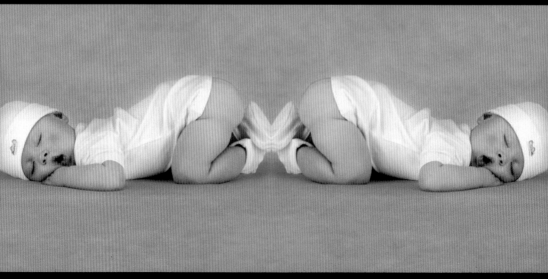

▲ 实例："镜像"制作镜像对称效果

▲ 实例:钢笔工具制作梦幻感电子相册

▲ 实例:"镜头光晕"制作午后阳光美景

▲ 实例:设置文字的参数

▲ 实例:"CC Bubbles"制作摇晃上升的彩色气泡

▲ 实例:"通道合成器"制作浓郁照片

▲ 实例:使用调整图层调节画面颜色

▲ 实例:"高级闪电"模拟真实闪电

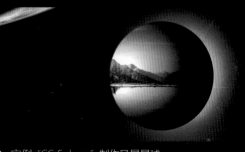

▲ 实例:"CC Sphere"制作风景星球

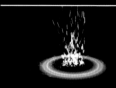

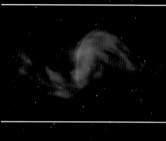
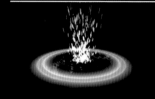
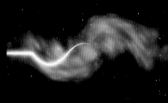
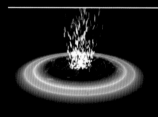

▲ 综合实例:强悍粒子喷射影视特效　　　▲ 综合实例:幻境空间流动影视背景　　　▲ 综合实例:魔幻星系影视特效

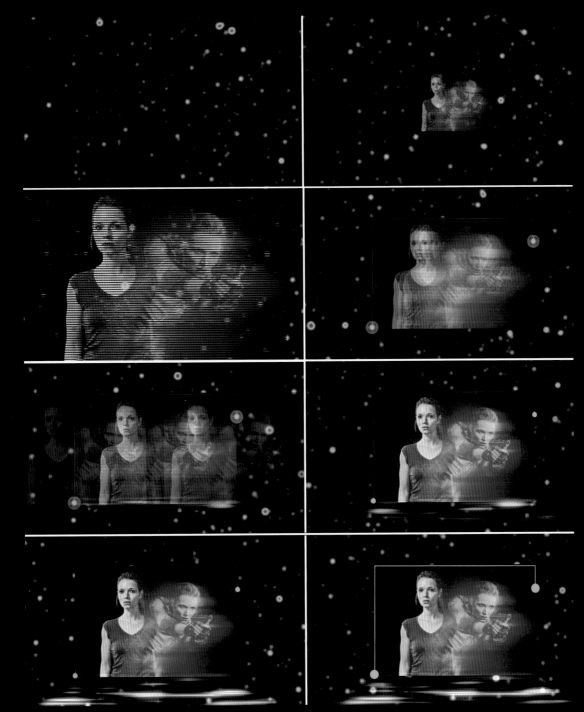

▲ 综合实例：科技效果电影特效

▲ 实例：CC Image Wipe 制作清新风格夏日 Vlog

▲ 实例：使用多种过渡效果制作儿童电子相册动画

▲ 综合实例：星光缭绕的金属质感片头

▲ 实例："延迟"制作延迟音效效果

▲ 综合实例：光晕文字片头动画

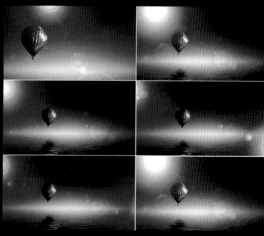

▲ 综合实例：梦幻仙境桃源

前 言
Preface

Adobe After Effects（简称"AE"）是Adobe公司研发的一款世界顶级的视频特效处理软件，它集强大的路径功能和特技控制、高质量的视频剪辑、高效的关键帧编辑以及高效的渲染效果于一身，能够创建出你能想到的任何视觉效果，如引人入胜的片头效果、滚动片尾、旋转字词、转动字幕、爆炸效果以及绚丽的过渡效果。另外，AE可以与其他的Adobe软件如Premiere、Photoshop等无缝协作，创建出令人耳目一新的视觉效果。

After Effects在日常设计中应用非常广泛，影视包装、广告动画、影视特效、UI动效、自媒体短视频制作等都要用到它，它几乎成了各种视频编辑与特效设计的必备软件，即"视频编辑必备"。

After Effects的每一次的版本更新都会引起万众瞩目。2019年Adobe公司推出了After Effects 2020版本。本书是在After Effects2020版本基础上编写的，同时也建议读者安装After Effects 2020版本进行学习和练习。

特别注意：After Effects 2020版本已经无法在Windows 7版本的系统中安装，建议在Windows 10（64位）版本的系统中安装该软件。

本书显著特色

1. 配备大量视频讲解，手把手教您学AE

本书配备了248集教学视频，涵盖全书几乎所有实例、所有常用重要知识点，如同老师在身边手把手教您，学习更轻松、更高效！

2. 扫描二维码，随时随地看视频

本书在章首页、重点、实例等多处设置了二维码，手机扫一扫，可以随时随地看视频（若个别手机不能播放，可下载到计算机上观看）。

3. 内容全面，注重学习规律

本书将After Effects 2020几乎所有常用工具、命令融入实例中，以实战操作的形式进行讲解，知识点更容易理解。同时采用"实例操作+选项解读+技巧提示"的模式编写，也符合轻松易学的学习规律。

4. 实例丰富，强化动手能力

全书191个实例，其中146个中小型练习实例、45个大型综合实例。实例类别涵盖影视包装、广告动画、影视特效、UI动效、自媒体短视频等诸多设计领域。便于读者动手操作，在模仿中学习。

5. 实例效果精美，注重审美熏陶

AE只是工具，想要设计好的作品一定要有美的意识。本书实例效果精美，目的是

前 言

加强对美感的熏陶和培养。

6. 配套资源完善，便于深度、广度拓展

除了提供几乎覆盖全书实例的配套视频和素材源文件外，本书还根据设计师必学的内容赠送了大量教学与练习资源。

（1）赠送12种电子书

《After Effects 视频效果重点速查手册》《After Effects 过渡效果重点速查手册》《After Effects 调色效果重点速查手册》《After Effects常用快捷键》《43个高手设计师常用网站》《配色宝典》《构图宝典》《创意宝典》《行业色彩应用密码》《解读色彩情感密码》《色彩速查宝典》《商业设计宝典》

（2）赠送视频

Photoshop基础视频、Premiere基础视频、3ds Max基础视频

（3）赠送素材

动态视频素材、实用设计素材

（4）赠送After Effects基础教学 PPT课件

7. 专业作者心血之作，经验技巧尽在其中

作者系艺术专业高校教师、中国软件行业协会专家委员、Adobe® 创意大学专家委员会委员、Corel中国专家委员会成员，设计、教学经验丰富，大量的经验、技巧融在书中，可以提高学习效率，少走弯路。

8. 提供在线服务，随时随地交流学习

提供公众号、QQ群等在线互动、答疑、资源下载服务。

关于本书资源的使用及下载方法

（1）用微信"扫一扫"功能扫描右侧二维码，及时获取本书的各类资源。

（2）加入本书QQ学习交流群537959443（群满后，会创建新群，请注意加群时的提示，并根据提示加入相应的群），与广大读者进行在线交流学习。

提示：本书提供的下载文件包括教学视频和素材等，教学视频可以演示观看。要按照书中实例操作，必须安装After Effects 2020软件之后，才可以进行。您可以通过如下方式获取After Effects 2020简体中文版。

（1）登录Adobe官方网站http://www.adobe.com/cn/查询。

（2）可到网上咨询、搜索购买方式。

关于作者

本书由唯美世界组织编写，其中，曹茂鹏担任主要编写工作，参与本书编写和资料整理的还有瞿颖健、瞿玉珍、荆爽、林钰森、董辅川、王萍、瞿雅婷、杨力、瞿学严、杨宗香、瞿学统、王爱花、李芳、瞿云芳、韩坤潮、瞿秀英、韩财孝、韩成孝、朱菊芳、尹玉香、尹文斌、邓志云、曹元美、曹元钢、曹元杰、张吉太、孙翠莲、唐玉明、李志瑞、李晓程、朱于凤、石志庆、张玉美、仲米华、张连春、张玉秀、何玉莲、尹菊兰、尹高玉、瞿君业、瞿学儒、瞿小艳、瞿强业、瞿玲、瞿秀芳、瞿红弟、马世英、马会兰、李兴凤、李淑丽、孙敬敏、曹金莲、冯玉梅、孙云霞、张久荣、张凤辉、张吉孟、张桂玲、张玉芬、曹元俊、曹茂忠、朱保亮、朱军时、朱美华、朱美娟、石志兰、荆延军、谭香从、赵国涛、郗桂霞、闫风芝、陈吉国、魏修荣、胡海侠、胡立臣、刘彩华、刘彩杰、刘彩艳、刘井文、刘新苹、曲玲香、邢芳芳、邢军、张书亮、张玉华等人。部分插图素材购买于摄图网，在此一并表示感谢。

编 者

目录

Contents

目 录

目 录

第9章 抠像与合成 ·········· 211

视频讲解：33分钟

第10章 文字效果 ·········· 224

视频讲解：98分钟

第11章 渲染不同格式的作品 ·········· 262

视频讲解：42分钟

扫一扫，看视频

After Effects入门

本章内容简介：

本章主要讲解了在正式学习After Effects之前的必备基础理论知识，包括After Effects的概念、After Effects的行业应用、After Effects的学习思路、如何安装After Effects、与After Effects相关的理论、After Effects支持的文件格式等。

重点知识掌握：

- After Effects第一课
- 开启After Effects之旅
- 与After Effects相关的理论
- After Effects中支持的文件格式

1.1 After Effects第一课

扫一扫，看视频

正式开始学习After Effects功能之前，你肯定有好多问题想问。比如，After Effects是什么？能干什么？对我有用吗？我能用After Effects做什么？学After Effects难吗？怎么学？这些问题将在本节中一一解决。

1.1.1 After Effects是什么

After Effects，也就是大家口中所说的AE，像本书使用软件的全称是Adobe After Effects 2020，是由Adobe Systems开发和发行的影视特效处理软件。

为了更好地理解After Effects，我们可以把这三个词分开解释。Adobe就是After Effects、Photoshop等软件所属公司的名称。After Effects是软件名称，常被缩写为AE。2020是这款After Effects的版本号。就像腾讯QQ 2016一样，"腾讯"是企业名称；QQ是产品的名称；2016是版本号，如图1-1和图1-2所示。

图1-1   图1-2

> **提示：** 关于After Effects的版本号。
>
> 额外介绍几个"冷知识"。After Effects版本号中的CS和CC究竟是什么意思呢？CS是Creative Suite的首字母缩写。Adobe Creative Suite（Adobe创意套件）是Adobe系统公司出品的一个图形设计、影像编辑与网络开发的软件产品套装。2007年7月，After Effects CS3（After Effects 8.0）发布，从此由原来的版本号结尾（如After Effects 8.0）变成了由CS3结尾（如After Effects CS3）。2013年，Adobe在MAX大会上推出了After Effects CC。CC就是Creative Cloud的缩写，从字面上可以翻译为"创意云"，至此，After Effects进入了"云"时代。图1-3所示为Adobe CC套装中包括的软件。

图1-3

随着技术的不断发展，After Effects的技术团队也在不断地对软件功能进行优化，After Effects也经历了多次版本的更新。目前，After Effects的多个版本都拥有数量众多的用户群，每个版本的升级都会有性能上的提升和功能上的改进，但是在日常工作中并不一定要使用最新版本。要知道，新版本虽然可能会有功能上的更新，但是对设备的要求也会有所提升，在软件的运行过程中就可能会消耗更多的资源。所以，在用新版本（如After Effects 2020）时可能会感觉运行起来特别"卡"，操作反应非常慢，影响工作效率。这时就要考虑是否因为计算机配置较低，无法更好地满足After Effects的运行要求？可以尝试使用低版本的After Effects。如果"卡""顿"的问题得以缓解，那么就安心使用这个版本吧！虽然是较早期的版本，但是其功能也非常强大，与最新版本之间并没有特别大的差别，几乎不会影响日常工作。

1.1.2 After Effects的第一印象：视频特效处理

前面提到了After Effects是一款"视频特效处理"软件，那么什么是"视频特效"呢？简单来说，视频特效就是指围绕视频进行的各种各样的编辑修改过程，如为视频添加特效、为视频调色、为视频人像抠像等。比如，把美女脸部美白、灰蒙蒙的风景视频变得鲜艳明丽、为人物瘦身效果、视频抠像合成效果，如图1-4～图1-7所示。

图1-4

图1-5

中文版After Effects 2020完全案例教程（微课视频版）

图 1-6

图 1-7

其实After Effects视频特效处理功能的强大远不止于此，对于影视从业人员来说，After Effects绝对是集万千功能于一身的"特效玩家"。拍摄的视频太普通，需要合成飘动的树叶。没问题！广告视频素材不够精彩。没问题！有了After Effects，再加上熟练的操作，这些问题统统搞定！如图1-8和图1-9所示。

图 1-8

图 1-9

充满创意的你肯定会有很多想法：想要和大明星"合影"；想要去火星"旅行"；想生活在童话里；想美到没朋友；想炫酷到炸裂；想变身机械侠；想飞。统统没问题！在After Effects的世界中，只有"功夫"不到位，没有实现不了的画面！如图1-10～图1-13所示。

图 1-10

图 1-11

图 1-12

图 1-13

当然，After Effects可不只是用来"玩"的，在各种动态效果设计领域里也少不了After Effects的身影。下面就来看一下设计师的必备利器——After Effects！

1.1.3　学会了After Effects，我能做什么

学会了After Effects，我能做什么？这应该是每一位学习After Effects的朋友最关心的问题。After Effects的功能非常强大，适合很多设计行业领域。熟练掌握After Effects的应用，可以打开更多设计大门，在未来的就业方面有更多选择。根据目前的After Effects热点应用行业，主要分为电视栏目包装、影视片头、宣传片、影视特效合成、广告设计、MG动画、UI动效等。

1. 电视栏目包装

说到After Effects，很多人第一感觉就想到"电视栏目包装"这个词语，这是因为After Effects非常适合制作电视栏目包装设计。电视栏目包装是对电视节目、栏目、频道、电视台整体形象进行的一种特色化、个性化的包装宣传。其目的是可以突出节目、栏目、频道的个性特征和特色；增强观众对自己节目、栏目、频道的识别能力；建立持久的节目、栏目、频道的品牌地位；通过包装对整个节目、栏目、频道保持统一的风格；通过包装可为观众展示更精美的视觉体验。

2. 影视片头

每部电影、电视剧、微视频等作品都会有片头和片尾，为了能带给观众更好的视觉体验，通常都会有极具特点的片头、片尾动画效果。其目的是既能有好的视觉体验，又能展示该作品的特色镜头、特色剧情、风格等。除了After Effects之外，还建议大家学习一下Premiere软件，两者搭配可制作出更多视频效果。

3. 宣传片

After Effects在婚礼宣传片（如婚礼纪录片）、企业宣传片（如企业品牌形象展示）、活动宣传片（如世界杯宣传）等的制作中发挥着巨大的作用。

4. 影视特效合成

After Effects中最强大的功能就是特效。在大部分特效类电影或非特效类电影中都会有"造假"的镜头，这是因为很多镜头在现实拍摄中不易实现，例如，爆破、蜘蛛侠高楼之间跳跃、火海等，而在After Effects中则比较容易实现。或者拍摄完成后，发现拍摄的画面有瑕疵需要进行调整，其中后期特效、抠像、后期合成、配乐、调色等都是影视作品中重要的环节，这些在After Effects中都可以实现。

5. 广告设计

广告设计的目的是宣传商品、活动、主题等内容。其新颖的构图、炫酷的动画、舒适的色彩搭配、虚幻的特效是广告的重要组成部分。网店平台越来越多地使用视频作为广告形式，如淘宝、京东、今日头条等平台中大量的视频广告，使得产品的介绍变得更形象、更视觉化。

6. MG动画

MG动画的英文全称为Motion Graphics，直接翻译为动态图形或者图形动画，是近几年超级流行的动画风格。动态图形可以解释为会动的图形设计，是影像艺术的一种。而如今MG已经发展成为一种潮流的动画风格，扁平化、点线面、抽象简洁设计是它最大的特点。

7. 自媒体、短视频、Vlog

随着移动互联网的不断发展，移动端出现越来越多的视频社交App，如抖音、快手、微博等，这些App容纳了海量的自媒体、短视频、Vlog等内容。这些内容除了视频本身录制、剪辑之外，也需要进行简单的包装，如创建文字动画、添加动画元素、设置转场、增加效果等。

8. UI动效

UI动效主要是针对手机、平板电脑等移动端设备上运行的App的动画效果设计。随着硬件设备性能的提升，动效已经不再是视觉设计中的奢侈品。UI动效可以解决很多实际问题，它可以提高用户对产品的体验、增强用户对产品的理解、可使动画过渡更加平滑舒适、提升用户的应用乐趣、增加人机互动感。

1.1.4　After Effects不难学

千万别把学After Effects想得太难！After Effects其实很简单，就像玩手机一样。手机可以既用来打电话、发短信，也可以用来聊天、玩游戏、看电影。同样地，After Effects既可以用来工作赚钱，也可以用来给自己的视频调色或者恶搞好朋友的视频。所以，在学习After Effects之前希望大家要把After Effects当成一个有趣的玩具。首先你得喜欢去"玩"，想要去"玩"，像手机一样时刻不离手，这样学习的过程将会是愉悦且快速的。

前面铺垫了很多，相信对After Effects已经有一定的认识了，下面将要开始真正介绍如何有效地学习After Effects了。

Step 1：短教程，快入门。

如果急需在最短的时间内达到能够简单使用After Effects的程度。这时建议你看一套非常简单而基础的教学视频，恰好本书配备了这样一套视频教程：《新手必看——After Effects基础视频教程》。这套视频教程选取了After Effects中最常用的功能，讲解必学理论或者操作，时间都非常短，短到在感到枯燥之前就结束了讲解。视频虽短，但是建议打开After Effects软件，跟着视频一起尝试操作，这样就会对After Effects的操作方式、功能有基本的认识。

中文版After Effects 2020完全案例教程（微课视频版）

由于"入门级"的视频教程时长较短，部分参数的解释无法完全在视频中讲解到，所以在练习的过程中如果遇到了问题，马上翻开本书找到相应的小节阅读即可。

当然，一分努力一分收获，学习没有捷径。2小时的学习效果与200小时的学习效果肯定是不一样的。只学习了简单的视频内容无法参透After Effects的全部功能。但是，到了这里应该能够做一些简单的操作了。

Step 2：翻开教材+打开After Effects=系统学习。

经过基础视频教程的学习后，我们应该已经"看上去"学会了After Effects。但是要知道，之前的学习只接触到了After Effects的皮毛而已，很多功能只是做到了"能够使用"，而不一定能够做到"了解并熟练应用"的程度。所以接下来开始系统地学习After Effects。本书主要以操作为主，所以在翻开教材的同时，打开After Effects，边看书边练习。因为After Effects是一门应用型技术，单纯的理论输入很难熟记功能操作。而且After Effects的操作是"动态"的，每次鼠标的移动或单击都可能会触发指令，所以在动手练习的过程中能够更直观有效地理解软件功能。

Step 3：勇于尝试，一试就懂。

在软件学习过程中，一定要"勇于尝试"。在使用After Effects中的工具或者命令时，总能看到很多参数或者选项设置。面对这些参数，看书的确可以了解参数的作用，但是更好的办法是动手去尝试。比如，随意勾选一个选项；把数值调到最大、最小、中档分别观察效果；移动滑块的位置，看看有什么变化。

Step 4：别背参数，没用。

在学习After Effects的过程中，切记不要死记硬背书中的参数。同样的参数在不同的情况下得到的效果肯定各不相同。所以在学习过程中，我们需要理解参数为什么这么设置，而不是记住特定的参数。

其实After Effects的参数设置并不复杂，在独立创作的过程中，涉及参数设置时可以多次尝试各种不同的参数，肯定能够得到看起来很舒服的"合适"的参数。

Step 5：抓住"重点"，快速学。

为了能够更有效地快速学习，在本书的目录中可以看到部分内容被标注为【重点】，那么这部分知识则需要优先学习。在时间比较充裕的情况下，也可以将非重点的知识一并学习。书中的练习实例非常多，实例的练习是非常重要的，通过实例的操作不仅可以练习本章节学过的知识、复习之前学习过的知识，还能够尝试使用其他章节的功能，为后面章节的学习做铺垫。

Step 6：在临摹中进步。

通过前面阶段的学习后，After Effects的常用功能都能够熟练掌握了。接下来就需要通过大量的创作练习提升技术。如果此时恰好有需要完成的设计工作或者课程作业，那么这将是非常好的练习过程。如果没有这样的机会，那么可以在各大设计网站欣赏优秀的设计作品，并选择适合自己水平的优秀作品进行"临摹"。仔细观察优秀作品的构图、配色、元素、动画的应用及细节的表现，尽可能一模一样地制作出来。在这个过程中并不是提倡抄袭优秀作品的创意，而是通过对画面内容无限接近地临摹，尝试在没有教程的情况下，实现我们独立思考、独立解决制图过程中遇到技术问题的能力，以此来提升自己的"After Effects功力"。图1-14和图1-15所示为难度不同的作品临摹。

图1-14　　　　　　　　　　　图1-15

Step 7：网上一搜，自学成才。

当然，在独立作图的时候，肯定也会遇到各种各样的问题，比如临摹的作品中出现了一个火焰燃烧的效果，这个效果可能是之前没有接触过的，那么，"百度一下"就是最便捷的方式了。网络上有非常多的教学资源，善于利用网络自主学习是非常有效的自我提升过程，如图1-16和图1-17所示。

图1-16　　　　　　　　　　　图1-17

Step 8：永不止步的学习。

　　到这里，After Effects软件的技术已经不是问题了。克服了技术障碍，接下来就可以尝试独立设计了。有了好的创意和灵感，可以通过After Effects在画面中准确有效地表达，才是学习After Effects的终极目标。要知道，在设计的道路上，软件技术学习的结束并不意味着设计学习的结束。国内外优秀作品的学习，新鲜设计理念的吸纳，以及设计理论的研究都应该是永不止步的。

　　想要成为一名优秀的设计师，自学能力是非常重要的。学校或者教师都无法把全部知识塞进我们的脑袋，很多时候网络和书籍也能提供很多帮助。

　　提示：快捷键背不背？

　　很多新手朋友会执着于背快捷键，熟练掌握快捷键的确很方便，但是快捷键速查表中列出了很多快捷键，要想背下所有的快捷键可能会很费时间。并不是所有的快捷键都适合使用，有的工具命令在实际操作中可能几乎用不到。所以建议先不用急着背快捷键，逐渐尝试使用After Effects，在使用的过程中体会哪些操作是会经常使用的，然后再看这个命令是否有快捷键。

　　其实快捷键大多是很有规律的，很多命令的快捷键都是与命令的英文名称相关。例如，"打开"命令的英文是open，而快捷键就选取了首字母O并配合Ctrl键使用。"新建"命令则是Ctrl+N（new的首字母）。这样记忆就容易多了。

1.2 开启After Effects之旅

　　带着一颗坚定要学好After Effects的心，接下来就要开始美妙的After Effects之旅啦！首先来了解一下如何安装After Effects，不同版本的安装方式略有不同，本书讲解的是After Effects 2020，所以在这里介绍的也是After Effects 2020的安装方式。想要安装其他版本的After Effects，可以在网络上搜索一下，非常简单。

　　（1）首先打开 Adobe 的官方网站（www.adobe.com/cn），单击右上角的【支持与下载】按钮，选择【下载和安装】选项，如图1-18所示。在弹出的窗口中单击After Effects按钮，如图1-19所示。

　　（2）继续在打开的网页里单击【开始免费试用】按钮，如图1-20所示。接着在弹出的窗口中进行下载并安装。

图 1-18

Adobe

创意和设计　营销和分析　PDF解决方案　业务解决方案　支持与下载　　🔍　登录

ADOBE 免费试用和下载　　产品更新　　其他下载　　微信联系我们

免费试用

Creative Cloud
从桌面快速访问 Creative Cloud
应用程序和服务。

Photoshop
图像编辑和合成。

Lightroom
随时随地编辑、整理、存储和
共享照片。

Illustrator
矢量图形和插图。

InDesign
页面设计、布局和出版。

Adobe XD
设计和分享用户体验并为其创
建原型。

Adobe Premiere Pro
视频制作和编辑。

After Effects
电影视觉效果和动态图形。

Acrobat Pro
支持随时随地开展工作的完整
PDF 解决方案。

> 查看所有免费试用

图 1-19

Adobe

创意和设计　营销和分析　PDF解决方案　业务解决方案　支持与下载　　🔍　登录

Ae　ADOBE AFTER EFFECTS 免费试用

免费试用最新版本的 After Effects
7 天试用期

开始免费试用　　立即购买 ›

您的 Adobe Creative Cloud 会员资格还包含：

利用 Creative Cloud 桌面应用程序，管理应用程序更新等内容。

浏览数百个面向各个技能水平的用户的视频教程。

免费试用常见问题解答

图 1-20

N/A

（3）双击运行刚下载完成的文件，接着在弹出的窗口中可以选择【登录】或【获取 Adobe ID】选项，如图 1-21 所示。

（4）如果已有 Adobe ID，则可以单击【登录】按钮，如图 1-22 所示。如果没有 Adobe ID，则可以在注册页面输入基本信息，如图 1-23 所示。

（5）注册完成后可以登录 Adobe ID，接下来需要在窗口中单击【试用】按钮安装软件，如图 1-24 所示。

图 1-21

图 1-22

图 1-23

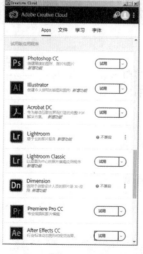

图 1-24

> 提示：试用与购买。
>
> 刚刚在安装的过程中是以"试用"的方式进行下载安装，在没有付费购买 After Effects 软件之前，可以免费使用一小段时间。如果需要长期使用，则需要购买。

1.3 与 After Effects 相关的理论

在正式学习 After Effects 软件操作之前，应该对相关的影视理论有简单的了解。对影视作品规格、标准有清晰的认知。本节主要了解常见的电视制式、帧、分辨率、像素长宽比。

1.3.1 常见的电视制式

世界上主要使用的电视广播制式有 NTSC、PAL、SECAM 三种，在中国的大部分地区都使用 PAL 制，日本、韩国及东南亚地区与美国等欧美国家则使用 NTSC 制，而俄罗斯使用的为 SECAM 制。

电视信号的标准也称为电视的制式。目前，各国的电视制式不尽相同，制式的区分主要在于其帧频（场频）的不同、分辨率的不同、信号带宽及载频的不同、色彩空间的转换关系不同等。

1. NTSC 制

正交平衡调幅制——National Television System Committee，简称 NTSC 制。它是 1952 年由美国国家电视标准委员会制定的彩色电视广播标准，它采用正交平衡调幅的技术方式，故也称为正交平衡调幅制。美国、加拿大等大部分西半球国家，以及中国台湾、日本、韩国、菲律宾等均采用这种制式。这种制式帧速率为 29.97fps（帧/秒），每帧 525 行 262 线，标准分辨率为 720×480。

2. PAL 制

正交平衡调幅逐行倒相制——Phase-Alternative Line，简称 PAL 制。它是西德于 1962 年制定的彩色电视广播标准，它采用正交平衡调幅逐行倒相的技术方法，克服了 NTSC 制相位敏感造成色彩失真的缺点。中国、英国、新加坡、澳大利亚、新西兰等国家采用这种制式。这种制式帧速率为 25fps，每帧 625 行 312 线，标准分辨率为 720×576。

3. SECAM 制

行轮换调频制——Sequential Colour Avec Memoire，简称 SECAM 制。它是顺序传送彩色信号与存储恢复彩色信号制，是由法国于 1956 年提出，1966 年制定的一种

中文版 After Effects 2020 完全案例教程（微课视频版）

新的彩色电视制式。它也克服了NTSC制相位失真的缺点，但采用时间分隔法来传送两个色差信号。采用这种制式的有法国、苏联和东欧一些国家。这种制式帧速率为25fps，每帧625行312线，标准分辨率为720×576。

1.3.2 帧

fps（帧速率）是指画面每秒传输帧数，通俗地讲就是指动画或视频的画面数，而"帧"是电影中最小的时间单位。例如，我们说的30fps是指每一秒钟播放30张画面，那么30fps在播放时会比15fps要流畅很多。通常NTSC制常用的帧速率为29.97fps，而PAL制常用的帧速率为25fps。如图1-25和图1-26所示，在新建合成时，可以设置【预设】的类型，而【帧速率】会自动设置。

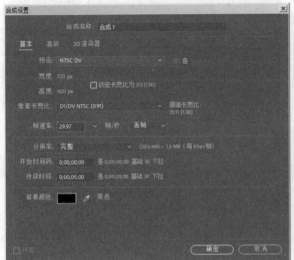

图 1-25

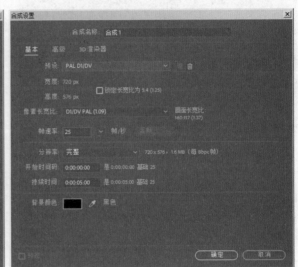

图 1-26

"电影是每秒24格的真理"，这是电影最早期的技术标准。而如今随着技术的不断提升，越来越多的电影在挑战更高的帧速率，给观众带来更丰富的视觉体验。例如，李安执导的电影作品《比利·林恩的中场战事》首次采用了120fps拍摄，如图1-27所示。

1.3.3 分辨率

我们经常听说的4K、2K、1920、1080、720等数字就是指作品的分辨率。

分辨率是指用于度量图像内数据量多少的一个参数。例如分辨率为720×576，是指在横向和纵向上的有效像素为720和576，因此在很小的屏幕上播放该作品时会清晰，而在很大的屏幕上播放该作品时由于作品本身像素不够，自然也就模糊了。

在数字技术领域，通常采用二进制运算，而且用构成图像的像素来描述数字图像的大小。当像素数量巨大时，通常以K来表示。2的10次方即1024，因此，$1K=2^{10}=1024$，$2K=2^{11}=2048$，$4K=2^{12}=4096$。

图 1-27

在打开After Effects软件后，单击【新建合成】按钮，如图1-28所示。此时新建合成时有很多分辨率的预设类型可供选择，如图1-29所示。

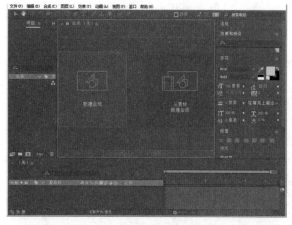

图 1-28

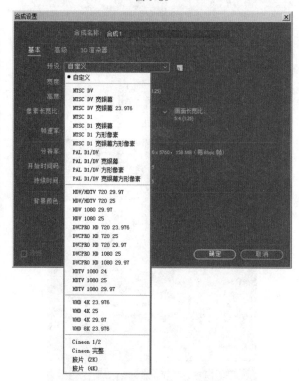

图 1-29

当设置宽度、高度数值后，例如设置【宽度】为720、【高度】为480，在后方会自动显示【长宽比为3:2（1.50）】，如图1-30所示。图1-31所示为720×480px的画面比例。需要注意的是，此处的"长宽比"是指在

After Effects中新建合成整体的长度和宽度尺寸的比例。

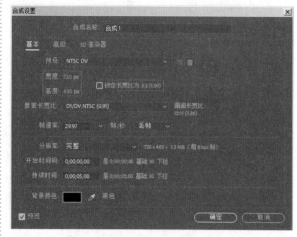

图 1-30

图 1-31

1.3.4　像素长宽比

与上面讲解的长宽比不同，像素长宽比是指在放大作品到极限看到的每一个像素的长度和宽度的比例。由于电视等设备播放时，其设备本身的像素长宽比不是1:1，因此，若在电视等设备播放作品时就需要修改【像素长宽比】数值。图1-32所示为设置【像素长宽比】为【方形像素】和设置为【D1/DV PAL 宽银屏（1.46）】的对比效果。因此，选择哪种像素长宽比类型取决于需要将该作品放在哪种设备上播放。

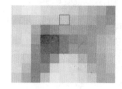

（a）方形像素　　（b）D1/DV PAL 宽银屏（1.46）

图 1-32

通常计算机上播放的作品的像素长宽比为1.0，而在电视、电影院等设备播放时的像素长宽比通常大于1.0。

图1-33所示为After Effects中的【像素长宽比】类型。

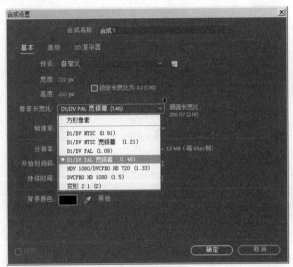

图 1-33

1.4 After Effects中支持的文件格式

在After Effects中支持很多文件格式，有的格式是仅导入，而有的格式既可以导入也可以导出。

1. 静止图像类文件格式

格　式	导入/导出支持	格　式	导入/导出支持
Adobe Illustrator（AI、EPS、PS）	仅导入	JPEG（JPG、JPE）	导入和导出
Adobe PDF (PDF)	仅导入	Maya 相机数据 (MA)	仅导入
Adobe Photoshop (PSD)	导入和导出	OpenEXR (EXR)	导入和导出
位图（BMP、RLE、DIB）	仅导入	PCX (PCX)	仅导入
相机原始数据 TIF、CRW、NEF、RAF、ORF、MRW、DCR、MOS、RAW、PEF、SRF、DNG、X3F、CR2、ERF）	仅导入	便携网络图形 (PNG)	导入和导出
Cineon（CIN、DPX）	导入和导出	Radiance（HDR、RGBE、XYZE）	导入和导出
CompuServe GIF (GIF)	仅导入	SGI（SGI、BW、RGB）	导入和导出
Discreet RLA/RPF（RLA、RPF）	仅导入	Softimage (PIC)	仅导入
ElectricImage IMAGE（IMG、EI）	仅导入	Targa（TGA、VDA、ICB、VST）	导入和导出
封装的 PostScript (EPS)	仅导入	TIFF (TIF)	导入和导出
IFF（IFF、TDI）	导入和导出		

2. 视频和动画类文件格式

格　式	导入/导出支持	格　式	导入/导出支持
Panasonic	仅导入	AVCHD (M2TS)	仅导入
RED	仅导入	DV	导入和导出
Sony X-OCN	仅导入	H.264 (M4V)	仅导入
Canon EOS C200 Cinema RAW Light (.crm)	仅导入	媒体交换格式 (MXF)	仅导入
RED 图像处理	仅导入	MPEG-1（MPG、MPE、MPA、MPV、MOD）	仅导入
Sony VENICE X-OCN 4K 4:3 Anamorphic and 6K 3:2 (.mxf)	仅导入	MPEG-2（MPG、M2P、M2V、M2P、M2A、M2T）	仅导入
MXF/ARRIRAW	仅导入	MPEG-4（MP4、M4V）	仅导入
H.265 (HEVC)	仅导入	开放式媒体框架 (OMF)	导入和导出
3GPP（3GP、3G2、AMC）	仅导入	QuickTime (MOV)	导入和导出
Adobe Flash Player (SWF)	仅导入	Video for Windows (AVI)	导入和导出
Adobe Flash 视频（FLV、F4V）	仅导入	Windows Media（WMV、WMA）	仅导入
动画 GIF (GIF)	导入	XDCAM HD 和 XDCAM EX（MXF、MP4）	仅导入

3. 音频类文件格式

格　式	导入/导出支持	格　式	导入/导出支持
MP3（MP3、MPEG、MPG、MPA、MPE）	导入和导出	高级音频编码（AAC、M4A）	导入和导出
Waveform (WAV)	导入和导出	音频交换文件格式（AIF、AIFF）	导入和导出
MPEG-1 音频层 II	仅导入		

4. 项目类文件格式

格　式	导入/导出支持	格　式	导入/导出支持
高级创作格式 (AAF)	仅导入	Adobe After Effects XML 项目 (AEPX)	导入和导出
源文件、模板（AEP、AET）	导入和导出	Adobe Premiere Pro (PRPROJ)	导入和导出

> 提示：有些格式的文件无法导入 After Effects 中，怎么办？
>
> 为了使 After Effects 中能够导入 MOV 格式、AVI 格式的文件，需要在计算机上安装特定文件使用的编解码器。例如，需要安装 QuickTime 软件才可以导入 MOV 格式，安装常用的播放器软件会自动安装常见编解码器可以导入 AVI 格式。
>
> 若在导入文件时，提示错误消息或视频无法正确显示，那么可能需要安装该格式文件使用的编解码器。

中文版 After Effects 2020 完全案例教程（微课视频版）

Chapter
2
第2章

扫一扫，看视频

After Effects的基础操作

本章内容简介：

　　本章主要讲解一些基础的After Effects操作。通过本章的学习，读者能够了解After Effects的工作界面，认识菜单栏、工具栏及各种面板，熟练掌握After Effects的工作流程。并且通过本章的实例学习，能够掌握很多常用的技术，本章是全书的基础，需熟练运用和理解。

重点知识掌握：

- 认识和了解After Effects工作界面
- 掌握After Effects工作流程
- 熟悉和了解After Effects菜单栏
- 掌握After Effects工作界面中各个面板的作用及用途

认识After Effects工作界面

扫一扫，看视频

After Effects的工作界面主要由标题栏、菜单栏、工具栏、【效果控件】面板、【效果和预设】面板、【项目】面板、【合成】面板、【时间轴】面板及多个控制面板组成，如图2-1所示。在After Effects界面中，单击选中某一面板时，被选中面板边缘会显示出蓝色选框。

图 2-1

标题栏　　　菜单栏　　　　　　　　　【合成】面板
工具栏
【效果控件】面板
【项目】面板
【时间轴】面板
【效果和预设】面板
【信息】【音频】【库】【对齐】【字符】【段落】【跟踪器】【画笔】【动态草图】【平滑器】【摇摆器】【蒙版插值】【绘画】面板

- 标题栏：用于显示软件版本、文件名称等基本信息。
- 菜单栏：按照程序功能分组排列，共9个菜单栏类型，包括文件、编辑、合成、图层、效果、动画、视图、窗口和帮助。
- 【效果控件】面板：该面板主要用于设置效果的参数。
- 【项目】面板：用于存放、导入及管理素材。
- 【合成】面板：用于预览【时间轴】面板中图层合成的效果。
- 【时间轴】面板：用于组接、编辑视/音频、修改素材参数、创建动画等，大多数编辑工作都需要在【时间轴】面板中完成。
- 【效果和预设】面板：用于为素材文件添加各种视频、音频、预设效果。
- 【信息】面板：显示选中素材的相关信息值。
- 【音频】面板：显示混合声道输出音量大小的面板。
- 【库】面板：存储数据的合集。

- 【对齐】面板：用于设置图层对齐方式及图层分布方式。
- 【字符】面板：用于设置文本的相关属性。
- 【段落】面板：用于设置段落文本的相关属性。
- 【跟踪器】面板：用于使用跟踪摄像机、跟踪运动、变形稳定器、稳定运动。
- 【画笔】面板：用于设置画笔相关属性。
- 【动态草图】面板：用于设置路径采集等相关属性。
- 【平滑器】面板：可对运动路径进行平滑处理。
- 【摇摆器】面板：用于制作画面动态摇摆效果。
- 【蒙版插值】面板：用于创建蒙版路径关键帧和平滑逼真的动画。
- 【绘画】面板：用于设置绘画工具的不透明度、颜色、流量、模式及通道等属性。

实例：拖动鼠标调整After Effects的各个面板大小

文件路径:Chapter 2　After Effects的基础操作→实例：拖动鼠标调整After Effects的各个面板大小

扫一扫，看视频

在工作界面中，如果想调整某一面板的高度或宽度，则将光标定位在该面板边缘处，当光标变为 (双向箭头)时，按住鼠标左键向两端滑动，即可调整该面板的宽度或高度，如图2-2所示。

图2-2

若想调整多个面板的整体大小，将光标定位在该面板一角处，当光标变为 (十字箭头)时，按住鼠标左键并拖动，即可调整所选面板的整体大小，如图2-3所示。

图2-3

实例：不同的After Effects工作界面

文件路径:Chapter 2　After Effects的基础操作→实例：不同的After Effects工作界面

扫一扫，看视频

在菜单栏中执行【窗口】/【工作区】命令，可将全部的After Effects工作界面类型显示出来，此时可在弹出的菜单中选择不同的分类。其中包括【标准】【小屏幕】【库】【所有面板】【动画】【基本图形】【颜色】【效果】【简约】【绘画】【文本】【运动跟踪】和【编辑工作区】等类型，不同的类型适合不同的操作使用。例如，我们在制作特效时，可以选择【效果】类型。图2-4所示为所有工作界面类型。

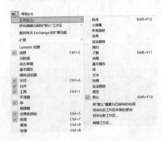

图2-4

1. 默认

在菜单栏中执行【窗口】/【工作区】命令，在弹出的属性菜单中选择【默认】选项，此时工作界面为【默认】模式，如图2-5所示。

图2-5

2. 标准

在菜单栏中执行【窗口】/【工作区】命令，在弹出的属性菜单中选择【标准】选项，此时工作界面为【标准】模式。【项目】面板、【合成】面板、【时间轴】面板以及【效果和预设】面板为主要工作区，如图2-6所示。

15

图 2-6

3. 小屏幕

在菜单栏中执行【窗口】/【工作区】命令，在弹出的属性菜单中选择【小屏幕】选项，此时工作界面为【小屏幕】模式，如图2-7所示。

图 2-7

4. 库

在菜单栏中执行【窗口】/【工作区】命令，在弹出的属性菜单中选择【库】选项，此时工作界面为【库】模式，【合成】面板和【库】面板为主要工作区，如图2-8所示。

图 2-8

5. 所有面板

在菜单栏中执行【窗口】/【工作区】命令，在弹出的属性菜单中选择【所有面板】选项，此时工作界面显示所有面板，如图2-9所示。

图 2-9

6. 动画

在菜单栏中执行【窗口】/【工作区】命令，在弹出的属性菜单中选择【动画】选项，此时工作界面为【动画】模式，【合成】面板、【效果控件】面板及【效果和预设】面板为主要工作区，适用于动画制作，如图2-10所示。

图 2-10

7. 基本图形

在菜单栏中执行【窗口】/【工作区】命令，在弹出的属性菜单中选择【基本图形】选项，此时工作界面为【基本图形】模式，【项目】面板、【时间轴】面板及【基本图形】面板为主要工作区，如图2-11所示。

8. 颜色

在菜单栏中执行【窗口】/【工作区】命令，在弹出的属性菜单中选择【颜色】选项，此时工作界面为【颜

中文版After Effects 2020完全案例教程（微课视频版）

色】模式，如图2-12所示。

图 2-11

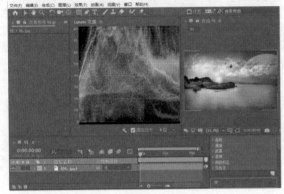

图 2-12

9. 效果

在菜单栏中执行【窗口】/【工作区】命令，在弹出的属性菜单中选择【效果】选项，此时工作界面为【效果】模式，适用于进行视频、音频等效果操作，如图2-13所示。

图 2-13

10. 简约

在菜单栏中执行【窗口】/【工作区】命令，在弹出的属性菜单中选择【简约】选项，此时工作界面为【简约】模式，【合成】面板及【时间轴】面板为主要工作区，如图2-14所示。

图 2-14

11. 绘画

在菜单栏中执行【窗口】/【工作区】命令，在弹出的属性菜单中选择【绘画】选项，此时工作界面为【绘画】模式，【合成】面板、【时间轴】面板、【图层】面板，以及【绘画】面板和【画笔】面板为主要工作区，适用于绘画操作，如图2-15所示。

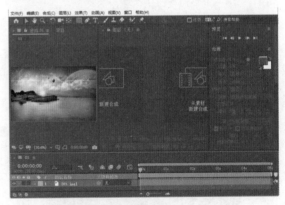

图 2-15

12. 文本

在菜单栏中执行【窗口】/【工作区】命令，在弹出的属性菜单中选择【文本】选项，此时工作界面为【文本】模式，适用于进行文本编辑等操作，如图2-16所示。

13. 运动跟踪

在菜单栏中执行【窗口】/【工作区】命令，在弹出的属性菜单中选择【运动跟踪】选项，此时工作界面为【运动跟踪】模式，适用于制作画面动态跟踪效果，如图2-17所示。

图2-16

图2-17

14. 编辑工作区

在工具栏中单击 >> 按钮，在弹出的属性菜单中选择【编辑工作区】选项，在弹出的【编辑工作区】面板中可对工作区内容进行编辑操作，如图2-18所示。

图2-18

【重点】2.2 After Effects的工作流程

在After Effects中制作项目文件时，需要进行一系列流程操作才可完成项目的制作。现在来学习一下这些流程的基本操作方法。

实例：After Effects的工作流程简介

扫一扫，看视频

文件路径：Chapter 2 After Effects的基础操作→实例：After Effects的工作流程简介

在制作项目时，首先要新建合成；其次导入所需素材文件，并在【时间轴】面板中或【效果控件】面板中设置相关的属性；最后导出视频完成项目制作。具体操作步骤如下。

1. 新建合成

在【项目】面板中右击并选择【新建合成】选项，在弹出的【合成设置】面板中设置【合成名称】为01，【预设】为【自定义】，【宽度】为714，【高度】为1071，【像素长宽比】为【方形像素】，【帧速率】为25，【分辨率】为【完整】，【持续时间】为5秒，单击【确定】按钮，如图2-19所示。

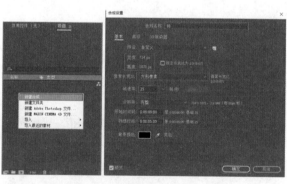

图2-19

2. 导入素材

步骤 01 执行【文件】/【导入】/【文件】命令或使用【导入文件】快捷键Ctrl+I，在弹出的【导入文件】窗口中选择所需要的素材，选择完毕单击【导入】按钮导入素材，如图2-20所示。

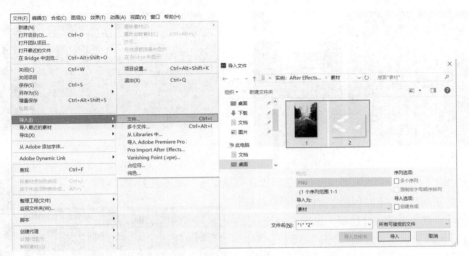

图 2-20

步骤 02 在【项目】面板中将素材1.jpg拖曳到【时间轴】面板中，如图2-21所示。此时画面效果如图2-22所示。

图 2-21 　　　　　图 2-22

3. 修改图层属性、制作图层动画

步骤 01 制作云朵动画。在【时间轴】面板中单击打开2.png素材图层下方的【变换】，并将时间线滑动至起始帧位置处，依次单击【位置】【缩放】和【不透明度】前的 ⏱ （时间变化秒表）按钮，设置【位置】为（139.0,-106.5），【缩放】为（0.0,0.0%），【不透明度】为0%，如图2-23所示。

图 2-23

步骤 02 再将时间线滑动至2秒位置处，设置【位置】为（139.0,83.5），【缩放】为（30.0,30.0%），【不透明度】为

30%，如图2-24所示。

步骤 03 滑动时间线查看此时的画面效果，如图2-25所示。

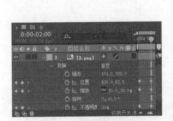

图 2-24 　　　　　图 2-25

4. 添加效果

步骤 01 制作下雨效果。在【效果和预设】面板中搜索CC Rainfall效果，并将其拖曳到【时间轴】面板中的1.jpg图层上，如图2-26所示。

图 2-26

步骤 02 在【时间轴】面板中单击打开1.jpg素材图层下方的【效果】/CC Rainfall，设置Drops为8000，Size为5.00，如图2-27所示。此时画面效果如图2-28所示。

图 2-27   图 2-28

图 2-31   图 2-32

5. 添加文字

步骤 01 制作文字动画。在【时间轴】面板中的空白位置处右击选择【新建】/【文本】选项，如图 2-29 所示。接着在【字符】面板中设置合适的【字体系列】，【字体样式】为 Regular，【填充颜色】为白色，【描边】为无，设置适合的字体大小，设置完成后输入文本"Rainy night during a full moon."，如图 2-30 所示。

图 2-29

图 2-33   图 2-34

6. 导出视频

步骤 01 选中【时间轴】面板，使用【渲染队列】快捷键 Ctrl+M，如图 2-35 所示。单击【输出模块】的【无损】，在弹出的【输出模块设置】面板中设置【格式】为 AVI，单击【确定】按钮，如图 2-36 所示。

图 2-35

图 2-30

步骤 02 在【时间轴】面板中单击打开文本图层下方的【变换】，设置【位置】为 (52.0,956.0)，如图 2-31 所示。此时画面效果如图 2-32 所示。

步骤 03 在【时间轴】面板中将时间线滑动至 2 秒位置处，然后在【效果和预设】面板中搜索【下雨字符入】效果，并将其拖曳到【时间轴】面板中的文本图层上，如图 2-33 所示。

步骤 04 滑动时间线查看画面最终效果，如图 2-34 所示。

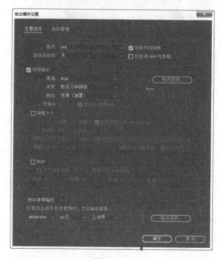

图 2-36

中文版After Effects 2020完全案例教程（微课视频版）

步骤 02 单击【输出到】后面的文字，在弹出的【将影片输出到】窗口中设置文件保存路径，设置完成后单击【保存】按钮完成此操作，如图2-37所示。在【渲染队列】面板中单击【渲染】按钮，如图2-38所示。待听到提示音时，导出操作完成。

图 2-37

图 2-38

2.3 菜单栏

在After Effects 2020中，菜单栏包括【文件】菜单、【编辑】菜单、【合成】菜单、【图层】菜单、【效果】菜单、【动画】菜单、【视图】菜单、【窗口】菜单和【帮助】菜单，如图2-39所示。

扫一扫，看视频

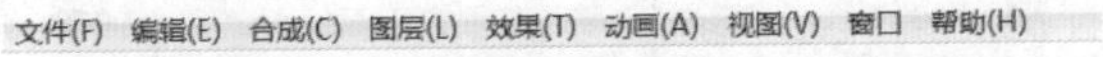

文件(F) 编辑(E) 合成(C) 图层(L) 效果(T) 动画(A) 视图(V) 窗口(W) 帮助(H)

图 2-39

- ●【文件】菜单：主要用于执行打开、关闭、保存项目及导入素材操作。
- ●【编辑】菜单：主要用于剪切、复制、粘贴、拆分图层、撤销，以及首选项等操作。
- ●【合成】菜单：主要用于新建合成以及合成相关参数设置等操作。
- ●【图层】菜单：主要包括新建图层、混合模式、图层样式，以及与图层相关的属性设置等操作。
- ●【效果】菜单：主要用于为在【时间轴】面板中选中

的图层添加各种效果滤镜等操作。

- ●【动画】菜单：主要用于设置关键帧、添加表达式等与动画相关的参数设置等操作。
- ●【视图】菜单：主要用于合成【视图】面板中的查看和显示等操作。
- ●【窗口】菜单：主要用于开启和关闭各种面板。
- ●【帮助】菜单：主要用于提供After Effects的相关帮助信息。

实例：新建项目和合成

文件路径：Chapter 2 After Effects的基础操作→实例：新建项目和合成

本实例是学习After Effects最基本、最主要的操作之一，需要熟练掌握。

扫一扫，看视频

步骤 01 打开After Effects软件，在菜单栏中执行【文件】/【新建】/【新建项目】命令，如图2-40所示。

图 2-40

步骤 02 在【项目】面板中右击并选择【新建合成】选项，在弹出的【合成设置】面板中设置【合成名称】为01，【预设】为【自定义】，【宽度】为1378，【高度】为1000，【像素长宽比】为【方形像素】，【帧速率】为25，【分辨率】为【完整】，单击【确定】按钮，如图2-41所示。此时界面如图2-42所示。

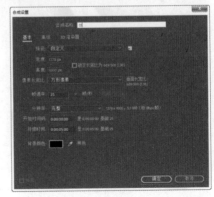

图 2-41

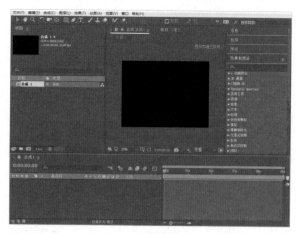

图 2-42

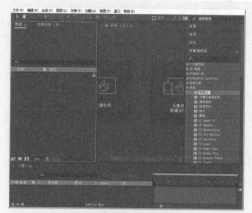

图 2-44

图 2-45

 提示：如果创建合成后，想修改合成参数，怎么改呢？

此时可以选择【项目】面板中的【合成】选项，然后按快捷键Ctrl+K，打开【合成设置】面板，此时即可进行修改。

提示：有没有更快捷的新建合成的方法？

如果想快速创建一个与导入的素材尺寸一致的合成，那么可以找到一张图片素材。比如，找到这样一张图片，它是01.jpg，尺寸为5184×3456，如图2-43所示。

图 2-43

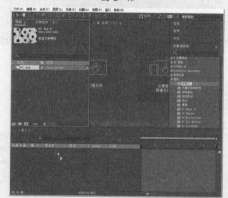

图 2-46

（1）打开After Effects软件，如图2-44所示。

（2）双击【项目】面板空白处，或在【项目】窗口中右击执行【导入】/【文件】命令，导入需要的素材01.jpg，如图2-45所示。

（3）将【项目】面板中的素材01.jpg拖曳到【时间轴】面板中，如图2-46所示。

（4）此时在【合成】面板中已经自动新建了一个合成01，如图2-47所示。

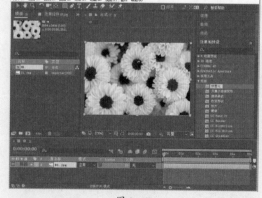

图 2-47

中文版After Effects 2020完全案例教程（微课视频版）

（5）选择该合成，并按快捷键Ctrl+K，可以看到【宽度】【高度】数值与素材01.jpg完全一致，如图2-48所示。

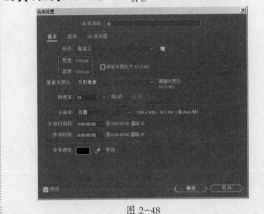

图 2-48

实例：保存和另存文件

文件路径：Chapter 2　After Effects的基础操作→实例：保存和另存文件

保存是使用设计软件创作作品时最重要、也是最容易被忽略的操作，建议经常保存和另存文件，及时备份当前源文件。

扫一扫，看视频

步骤 01 打开本书配套文件【实例：保存和另存文件.aep】，如图2-49所示。此时可继续对该文件进行调整。

图 2-49

步骤 02 调整完成后，在菜单栏中执行【文件】/【保存】命令，或使用快捷键Ctrl+S，如图2-50所示。此时软件即可自动保存当前所操作的步骤，覆盖之前的保存。

步骤 03 若想改变文件名称或文件的保存路径，在菜单栏中执行【文件】/【另存为】/【另存为】命令，如图2-51所示。在弹出的【另存为】窗口中设置文件名称及保存路径，接着单击【保存】按钮，即可完成文件的另存，如图2-52所示。

图 2-50　　　　　图 2-51

图 2-52

实例：整理工程（文件）

文件路径：Chapter 2　After Effects的基础操作→实例：整理工程（文件）

【收集文件】命令可以将文件用到的素材等整理到一个文件夹中，方便进行管理。

扫一扫，看视频

步骤 01 打开本书配套文件【实例：整理工程（文件）.aep】，如图2-53所示。

图 2-53

步骤 02 在【项目】面板中执行【文件】/【整理工程（文件）】/【收集文件】命令，如图2-54所示。在弹出的【收集文件】窗口中设置【收集源文件】为【全部】，勾选【完成时在资源管理器中显示收集的项目】复选框，然后单击【收集】按钮，如图2-55所示。

图2-54

图2-55

步骤（03 在弹出的【将文件收集到文件夹中】窗口中设置文件路径及名称，然后单击【保存】按钮，如图2-56所示。此时打开文件路径的位置，即可查看这个文件夹，如图2-57所示。

图2-56

图2-57

实例：替换素材

扫一扫，看视频

文件路径：Chapter 2　After Effects的基础操作→实例：替换素材

步骤（01 在【项目】面板中右击并选择【新建合成】选项，在弹出的【合成设置】面板中设置【合成名称】为01，【预设】为【自定义】，【宽度】为1080，【高度】为720，【像素长宽比】为【方形像素】，【帧速率】为25，【持续时间】为5秒，单击【确定】按钮，如图2-58所示。

步骤（02 执行【文件】/【导入】/【文件】命令，如图2-59所示。在弹出的对话框中选择图片素材，单击【导入】按钮，如图2-60所示。

步骤（03 将导入【项目】面板中的图片素材拖曳到【时间轴】面板中，如图2-61所示。

图2-58

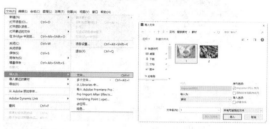

图2-59　　　　图2-60

图2-61

步骤（04 在【项目】面板中右击1.jpg素材文件，在弹出的快捷菜单中执行【替换素材】/【文件】命令，如图2-62所示。

步骤（05 在弹出的【替换素材文件（[1-2].jpg）】窗口中选择2.jpg素材文件，取消勾选下方的【Importer JPEG 序列】复选框，然后单击【导入】按钮，如图2-63所示。此时工作界面中1.jpg被替换为2.jpg素材文件，如图2-64所示。

图2-62

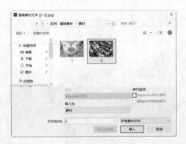

图 2-63

图 2-64

步骤 06 可以看出此时图片尺寸与项目尺寸不匹配。接着单击打开2.jpg下方的【变换】,设置【缩放】为(115.0,115.0%),如图2-65所示。此时素材尺寸与画面大小相符,如图2-66所示。

图 2-65

图 2-66

提示:为什么执行了刚才的操作,无法替换素材?

有时候在进行素材替换时,首先选择需要进行替换的素材文件,若不取消勾选【Importer JPEG 序列】复选框而直接单击【导入】按钮,如图2-67所示。此时【项目】面板中这两个素材会同时存在,导致无法完成素材的替换,如图2-68所示。因此,需要取消勾选【Importer JPEG 序列】复选框。

图 2-67

图 2-68

实例:通过设置首选项修改界面颜色

文件路径:Chapter 2 After Effects的基础操作→实例:通过设置首选项修改界面颜色

扫一扫,看视频

步骤 01 在【项目】面板中右击并选择【新建合成】选项,在弹出的【合成设置】面板中设置【合成名称】为01,【预设】为【自定义】,【宽度】为1080,【高度】为720,【像素长宽比】为【方形像素】,【帧速率】为25,【持续时间】为5秒,单击【确定】按钮,如图2-69所示。

图 2-69

步骤**步骤** 02 执行【文件】/【导入】/【文件】命令，如图2-70所示。

图 2-70

步骤 03 此时在弹出的对话框中选择图片素材，单击【导入】按钮，如图2-71所示。

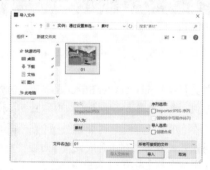

图 2-71

步骤 04 将导入【项目】面板中的图片素材拖曳到【时间轴】面板中，此时效果如图2-72所示。

图 2-72

步骤 05 此时若想调整界面的颜色，可在菜单栏中执行【编辑】/【首选项】/【外观】命令，如图2-73所示。在弹出的【首选项】窗口中将【亮度】下方的滑块滑到最左侧，然后单击【确定】按钮，如图2-74所示。此时界面变为最暗，如图2-75所示。

图 2-73

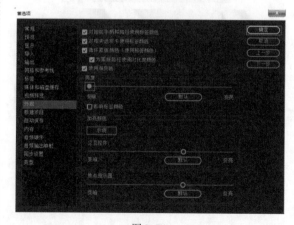

图 2-74

中文版After Effects 2020完全案例教程（微课视频版）

图 2-75

步骤 06 若想将界面调整为最亮状态，再次执行【编辑】/【首选项】/【外观】命令，将【亮度】下方的滑块滑到最右侧，然后单击【确定】按钮，如图 2-76 所示。此时界面变为最亮，如图 2-77 所示。

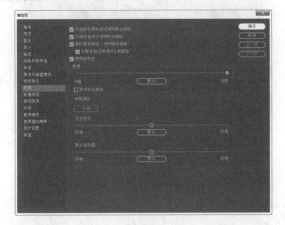

图 2-76

图 2-77

【重点】2.4 工具栏

扫一扫，看视频

工具栏中包含十余种工具，其中右下角有黑色小三角形的表示有隐藏/扩展工具，按住鼠标不放即可访问扩展工具，如图 2-78 所示。

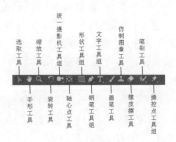

图 2-78

- ▶（选取工具）：用于选取素材，或在【合成】面板和【层】面板中选取或者移动对象。
- ✋（手形工具）：可在【合成】面板或【图层】面板中按住鼠标左键进行拖动素材的视图显示位置。
- 🔍（缩放工具）：可放大或缩小（按住 Alt 键可以缩小）画面。
- ↻（旋转工具）：用于在【合成】面板和【层】面板中对素材进行旋转操作。
- 📷（统一摄影机工具组）：在建立摄影机后，单击该按钮可激活并操控摄影机。长按该按钮，在弹出的扩展项中包含 ◎（轨道摄影机工具）、◈（跟踪 XY 摄影机工具）、◈（跟踪 Z 摄影机工具），可用于在三维空间中进行旋转、移动、缩放摄影机的操作。
- ⊕（轴心点工具）：可改变对象的轴心点位置。
- ▪（形状工具组）：可在画面中建立矩形形状或矩形蒙版。在其扩展项中包含 ▪（圆角矩形工具）、⬤（椭圆工具）、⬟（多边形工具）、★（星形工具）。
- ✒（钢笔工具组）：用于为素材添加路径或蒙版。在其扩展项中包含 ✒（添加"顶点"工具），用于增加锚点；✒（删除"顶点"工具），用于删除路径上的锚点；N（转换"顶点"工具），用于改变锚点类型；✓（蒙版羽化工具），可在蒙版中进行羽化操作。
- T（文字工具组）：可以创建横向文字。在其扩展项中包含 ⬇T（直排文字工具），用于竖排文字的创建，与横排文字工具的用法相同。

- （画笔工具）：需要双击【时间轴】面板中的素材，进入【图层】面板，即可使用该工具绘制。
- （仿制图章工具）：需要双击【时间轴】面板中的素材，进入【图层】面板，鼠标移动到某一位置按Alt键，单击即可吸取该位置的颜色，然后按住鼠标左键拖曳即可进行绘制。
- （橡皮擦工具）：需要双击【时间轴】面板中的素材，进入【图层】面板，擦除画面多余的像素。
- （笔刷工具）：能够帮助用户在正常时间片段中拖出前景，需在背景上按住Alt键拖曳。在扩展项中包含（调整边缘工具）。
- （操控点工具组）：用来设置控制点的位置。包括人偶位置控点工具、人偶固化控点工具、人偶弯曲控点工具、人偶高级控点工具、人偶重叠控点工具。

重点 2.5 【项目】面板

【项目】面板可以通过右击进行新建合成、新建文件夹等，也可以显示或存放项目中的素材或合成，如图2-79所示。

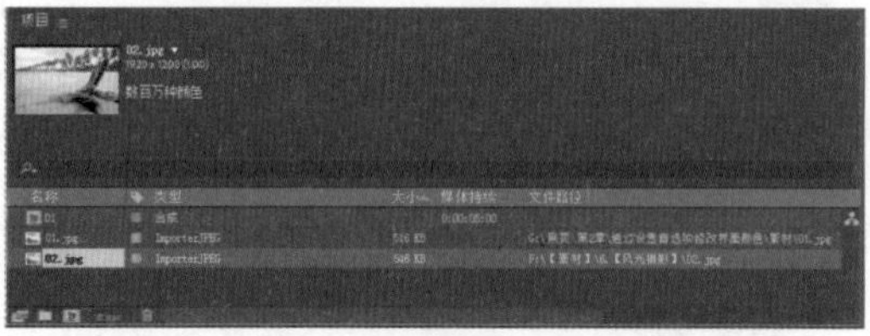

图 2-79

- 【项目】面板的中部为素材的信息栏，从左到右依次为名称、类型、大小、媒体持续时间、文件路径等。
- ：该按钮在【项目】面板的上方，单击该按钮，打开【项目】面板的相关菜单，可以对【项目】面板进行相关操作。
- （搜索栏）：在【项目】面板中可进行素材或合成的查找搜索，适用于素材或合成较多的情况。
- （解释素材）：选择素材，单击该按钮，可设置素材的Alpha、帧速率等参数。
- （新建文件夹）：单击该按钮，可以在【项目】面板中新建一个文件夹，方便素材管理。
- （新建合成）：单击该按钮，可以在【项目】面板中新建一个合成。
- （删除所选项目）：选择【项目】面板中的图层，单击该按钮即可进行删除操作。

实例：新建一个PAL宽银幕合成

扫一扫，看视频

文件路径：Chapter 2 After Effects的基础操作→实例：新建一个PAL宽银幕合成

步骤 01 在【项目】面板中右击并选择【新建合成】，在弹出的【合成设置】面板中设置【合成名称】为01，【预设】为【PAL D1/DV宽银幕】，【宽度】为720，【高度】为576，【像素长宽比】为【D1/DV PAL宽银幕(1.46)】，【帧速率】为25，【持续时间】为5秒，单击【确定】按钮，如图2-80所示。

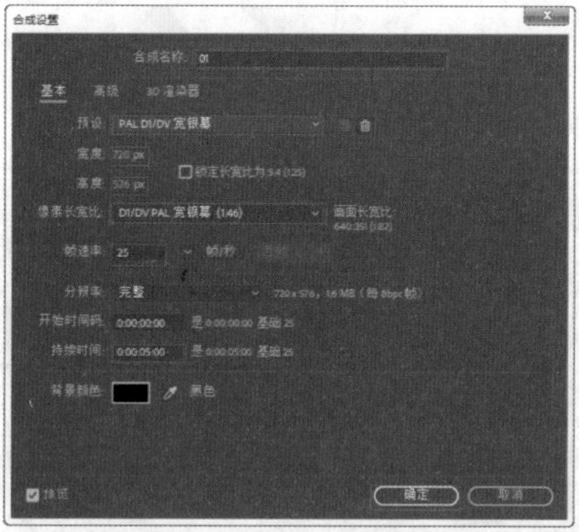

图 2-80

步骤 02 执行【文件】/【导入】/【文件】命令，如图2-81所示。在弹出的对话框中选择01.jpg素材文件，单击【导入】按钮，如图2-82所示。

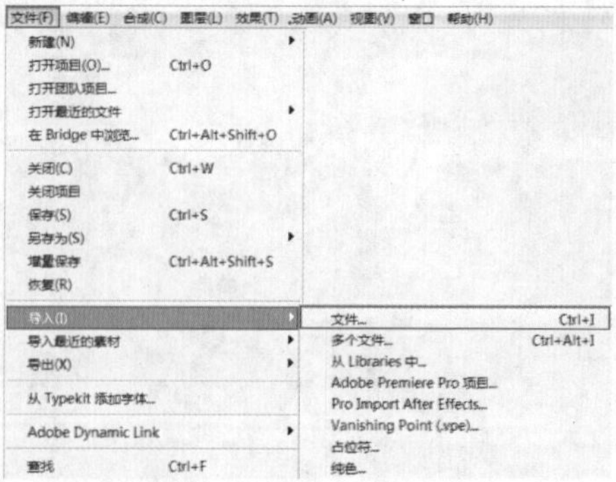

图 2-81

图 2-82

步骤 03 将导入【项目】面板中的01.jpg素材拖曳到【时间轴】面板中，可看出此时图片过大，如图2-83所示。

图 2-83

步骤 04 接着在【时间轴】面板中单击打开01.jpg图层下方的【变换】，设置【缩放】为（70.0,70.0%），如图2-84所示。此时的画面效果如图2-85所示。

图 2-84

图 2-85

实例：新建文件夹整理素材

文件路径：Chapter 2 After Effects的基础操作→实例：新建文件夹整理素材

扫一扫，看视频

步骤 01 在【项目】面板中右击并选择【新建合成】选项，在弹出的【合成设置】面板中设置【合成名称】为01，【预设】为【自定义】，【宽度】为1080，【高度】为597，【像素长宽比】为【方形像素】，【帧速率】为25，【持续时间】为5秒，单击【确定】按钮，如图2-86所示。

图 2-86

步骤 02 执行【文件】/【导入】/【文件】命令，如图2-87所示。此时在弹出的对话框中选择全部素材文件，单击【导入】按钮，如图2-88所示。

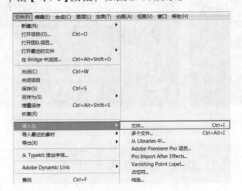

图 2-87

步骤 03 在【项目】面板的底部单击【新建文件夹】按钮 ，并将文件夹重命名为【素材】，如图2-89所示。然后按住Ctrl键的同时单击加选01.jpg、02.jpg、03.jpg素材文件，将其拖曳到素材文件夹中，如图2-90所示。

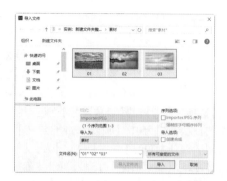

图 2-88

图 2-89

图 2-90

步骤 04 在【项目】面板中选择这个文件夹，按住鼠标左键将其拖曳到【时间轴】面板中，如图 2-91 所示。释放鼠标后，文件夹中的素材即可出现在【时间轴】面板中，如图 2-92 所示。

图 2-91

图 2-92

【重点】2.6 【合成】面板

【合成】面板用于显示当前合成的画面效果。图 2-93所示为 After Effects 的【合成】面板。

- ≡：单击此按钮，可对【合成】面板进行关闭面板、浮动面板、面板组设置、合成设置等相关操作。
- ⊡：始终预览此视图。
- (71%)：显示文件的放大倍率。

图 2-93

- ⊞：选择网格和辅助线选项。
- ⬚：切换蒙版和形状路径可见性。
- 0:00:00:00：设置时间线跳转到哪一时刻。
- 📷：捕获界面快照。
- ▣：显示最后的快照。
- ▥：显示【红】【绿】【蓝】或 Alpha 通道等。
- 完整：显示画面的分辨率，设置较小的分辨率可使播放更流畅。
- ▫：显示目标区域。
- ▦：将背景以透明网格的形式进行呈现。
- 活动摄像机：可切换视图类型。
- 1个...：选择视图布局方式。
- ⊟：切换像素长宽比。
- ⊠：快速预览，单击此按钮可在弹出的窗口中进行参数设置。
- ▦：辅助编辑和剪辑视频素材。
- ⊡：可查看合成流程的视图。
- ◎：重新设置图像的曝光。
- +0.0：调节图像曝光度。

实例：移动【合成】面板中的素材

扫一扫，看视频

文件路径：Chapter 2 After Effects 的基础操作→实例：移动【合成】面板中的素材

步骤 01 在【项目】面板中右击并选择【新建合成】选项，在弹出的【合成设置】面板中设置【合成名称】为 01，【预设】为【自定义】，【宽度】为 1280，【高度】为 1000，【像素长宽比】为【方形像素】，

【帧速率】为25，【持续时间】为5秒，单击【确定】按钮，完成新建合成，如图2-94所示。

图 2-94

步骤 02 执行【文件】/【导入】/【文件】命令，如图2-95所示。在弹出的对话框中选择01.jpg素材文件，单击【导入】按钮，如图2-96所示。

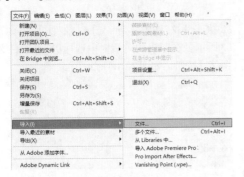

图 2-95

图 2-96

步骤 03 将【项目】面板中的素材文件拖曳到【时间轴】面板中，如图2-97所示。

步骤 04 在【时间轴】面板中单击打开01.jpg图层下方的【变换】，设置【缩放】为（140.0,140.0%），如图2-98所示。此时素材平铺于整个画面，如图2-99所示。

图 2-97

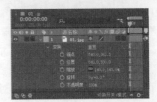

图 2-98

图 2-99

步骤 05 若想要调整素材的位置，则在【合成】面板中按住鼠标左键进行移动即可，如图2-100所示。

图 2-100

【时间轴】面板可新建不同类型的图层、创建关键帧动画等操作。图2-101所示为After Effects的【时间轴】面板。

图 2-101

- 单击左上方的 ≡ 按钮可以选择菜单。
- 0:00:00:00：时间线停留的当前时间，单击可进行编辑。
- 合成微型流程图（标签转换）。
- （草图3D）：模拟素材草图的3D场景。
- （消隐）：用于隐藏为其设置了【消隐】开关的所有图层。
- （帧混合）：用于打开或关闭全部对应图层中的帧混合。
- （运动模糊）：用于打开或关闭全部对应图层中的运动模糊。
- （图标编辑器）：对关键帧进行图标编辑的窗口开关设置。
- （质量和采样）：用于设置作品的质量等级，其中包括3种级别。若找不到该按钮，可单击 切换开关/模式 按钮。
- 对于合成图层，遮掉变换；对于矢量图层，连续栅格化。
- （效果）：取消该选项即可显示未添加效果的画面，开启则显示添加效果的画面。
- （调整图层）：针对【时间轴】面板中的调整图层使用，用于关闭或开启调整图层中添加的效果。
- （3D图层）：用于开启或关闭3D图层功能，在创建三维素材图层、灯光图层、摄影机图层时需要开启。

实例：将素材导入【时间轴】面板中

文件路径：Chapter 2 After Effects的基础操作→实例：将素材导入【时间轴】面板中

步骤 01 在【项目】面板中右击并选择【新建合成】选项，在弹出的【合成设置】面板中设置【合成名称】为01，【预设】为【自定义】，【宽度】为1080，【高度】为715，【像素长宽比】为【方形像素】，【帧速率】为25，【持续时间】为5秒，单击【确定】按钮，如图2-102所示。

图 2-102

步骤 02 执行【文件】/【导入】/【文件】命令，如图2-103所示。在弹出的对话框中选择01.jpg素材文件，单击【导入】按钮，如图2-104所示。

图 2-103

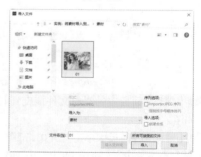

图 2-104

中文版After Effects 2020完全案例教程（微课视频版）

步骤 03 将【项目】面板中的01.jpg素材文件拖曳到【时间轴】面板中，如图2-105所示。

图2-105

实例：修改和查看素材参数

文件路径：Chapter 2　After Effects的基础操作→实例：修改和查看素材参数

扫一扫，看视频

步骤 01 新建项目，在【项目】面板中右击并选择【新建合成】选项，在弹出的【合成设置】面板中设置【合成名称】为01，【预设】为【自定义】，【宽度】为1200，【高度】为800，【像素长宽比】为【方形像素】，【帧速率】为25，【持续时间】为5秒，单击【确定】按钮，如图2-106所示。

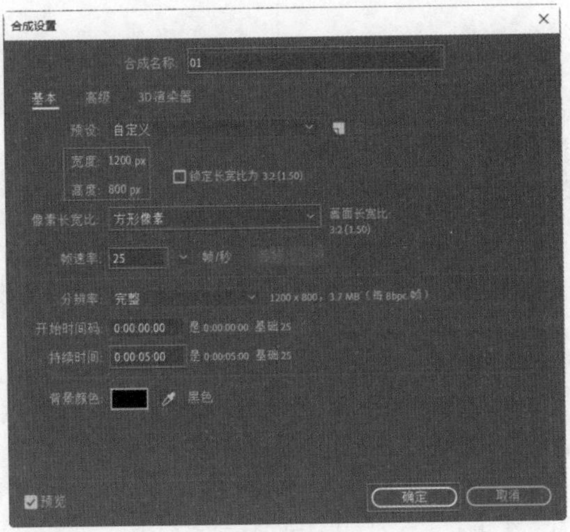

图2-106

步骤 02 执行【文件】/【导入】/【文件】命令，如图2-107所示。在弹出的对话框中选择01.jpg素材文件，

单击【导入】按钮，如图2-108所示。

图2-107

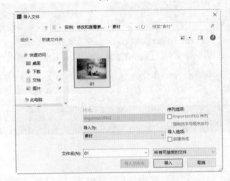

图2-108

步骤 03 将【项目】面板中的01.jpg素材文件拖曳到【时间轴】面板中，如图2-109所示。

图2-109

步骤 04 调整素材的基本参数。接着单击打开01.jpg图层下方的【变换】，此时可以调整所显示出来的参数，以【缩放】为例，设置【缩放】为【150.0,150.0%】，如图2-110所示。可以看出【合成】面板中的图像发生了变化，如图2-111所示。

图 2-110

图 2-111

图 2-113

【重点】2.9 【效果控件】面板

扫一扫，看视频

【效果控件】面板用于为图层添加效果之后，可以选择该图层，并在该面板中修改效果中的各个参数。图2-114所示为After Effects的【效果控件】面板。

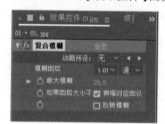

图 2-114

实例：为素材添加一个调色类效果

扫一扫，看视频

文件路径：Chapter 2 After Effects的基础操作→实例：为素材添加一个调色类效果

步骤 01 在【项目】面板中右击并选择【新建合成】选项，在弹出的【合成设置】面板中设置【合成名称】为01，【预设】为【自定义】，【宽度】为1000，【高度】为563，【像素长宽比】为【方形像素】，【帧速率】为25，【持续时间】为5秒，单击【确定】按钮，如图2-115所示。

步骤 02 执行【文件】/【导入】/【文件】命令，如图2-116所示。此时在弹出的对话框中选择01.jpg素材文件，单击【导入】按钮，如图2-117所示。

步骤 03 将【项目】面板中的01.jpg素材文件拖曳到【时间轴】面板中，如图2-118所示。

【重点】2.8 【效果和预设】面板

扫一扫，看视频

After Effects中的【效果和预设】面板包含了很多常用的视频效果、音频效果、过渡效果、抠像效果、调色效果等，找到需要的效果，并拖曳到【时间轴】面板中的图层上，为该图层添加该效果，如图2-112所示。此时画面发生了变化，如图2-113所示。

图 2-112

图 2-115

图 2-116

图 2-117

图 2-118

步骤 04 此时可以看出图像较暗,接下来进行调色。在

界面右侧的【效果和预设】面板中搜索【曲线】效果,并将该效果直接拖曳到【时间轴】面板中的01.jpg图层上,如图2-119所示。

图 2-119

步骤 05 此时选择【时间轴】面板中的01.jpg素材图层,在【效果控件】面板中的曲线上单击添加两个控制点并向左上角拖动,如图2-120所示。此时画面效果变亮了,如图2-121所示。

图 2-120

图 2-121

〔重点〕2.10 其他常用面板简介

After Effects中还有一些面板在操作时会用到,如【窗口】面板、【信息】面板、【音频】面板、【预览】面板、【效果和预设】面板以及【图层】面板等。但由于界面布局大小有限,不可能将所有面板都完整地显示在界面中。因此需要显示出哪个面板时,在菜单栏中执行【窗口】命令,勾选需要的面板即可,如图2-122所示。

2.10.1 【信息】面板

After Effects中的【信息】面板用于显示所操作文件的颜色信息，如图2-123所示。

图 2-122　　　　图 2-123

2.10.2 【音频】面板

After Effects中的【音频】面板用于调整音频的音效，如图2-124所示。

2.10.3 【预览】面板

After Effects中的【预览】面板用于控制预览，包括播放、暂停、上一帧、下一帧、在回放前缓存等，如图2-125所示。

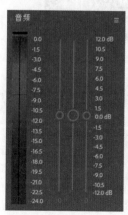

图 2-124　　　　图 2-125

2.10.4 【图层】面板

【图层】面板与【合成】面板相似，都可预览效果。但是【合成】面板是预览作品的整体效果，而【图层】面板则是只预览当前图层的效果。双击【时间轴】面板中的图层，即可进入【图层】面板，如图2-126所示。

图 2-126

> 提示：当工程文件路径位置被移动时，如何在After Effects中打开该工程文件？

当制作完成的工程文件被移动位置后，再次打开时通常会在After Effects界面中弹出一个项目文件不存在的提示窗口，导致此文件无法被打开，如图2-127所示。

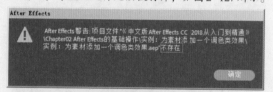

图 2-127

首先可以将该工程文件复制到计算机的桌面位置，再次双击该文件即可打开。但是打开后可能会弹出一个窗口，提示文件丢失，需要单击【确定】按钮，如图2-128所示。

此时会发现由于文件移动位置导致素材找不到原来的路径，而以彩条方式显示，如图2-129所示。那么就需要将素材的路径重新指定。对【项目】面板中的素材右击，然后执行【替换素材】/【文件】命令，如图2-130所示。

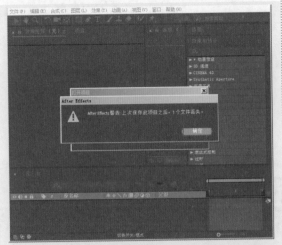

图 2-128

图 2-129

图 2-130

接下来将路径指定到该素材所在的位置，然后选中该素材，并取消勾选【ImporterJPEG序列】复选框，单击【导入】按钮，如图2-131所示。

图 2-131

最终文件的效果显示正确了，如图2-132所示。

图 2-132

Chapter
3
第3章

扫一扫，看视频

创建不同类型的图层

本章内容简介：

图层是After Effects中比较基础的内容，是需要熟练掌握的。本章通过讲解在 After Effects中创建、编辑图层，使读者掌握各种图层的使用方法。在本章可以学习创建文本图层、纯色图层、灯光图层、摄像机图层、空对象图层、形状图层等，这些图层可以模拟很多效果，例如，创建作品背景、创建文字、创建灯光阴影等。

重点知识掌握：

- 了解图层的基本概念
- 图层的基本操作
- 图层的混合模式
- 创建不同类型图层的方法

3.1 了解图层

在合成作品时将一层层的素材按照顺序叠放在一起,组合起来就形成了画面的最终效果。在After Effects中每种图层类型都具有不同的作用。例如,文本图层可以为作品添加文字,形状图层可以绘制各种形状,调整图层可以统一为图层添加效果等。图层创建完成后,还可对图层进行移动、调整顺序等基本操作,如图3-1所示。

扫一扫,看视频

图3-1

在After Effects中图层是最基础的操作,是学习After Effects的基础。导入素材、添加效果、设置参数、创建关键帧动画等对图层的操作,都可以在【时间轴】面板中完成,如图3-2所示。

图3-2

在After Effects中,常用的图层类型主要包括【文本】图层、【纯色】图层、【灯光】图层、【摄像机】图层、【空对象】图层、【形状图层】、【调整图层】和【内容识别填充图层】。在【时间轴】面板中右击,执行【新建】命令即可看到这些类型,如图3-3所示。

图3-3

在菜单栏中执行【图层】/【新建】命令,即可选择要创建的图层类型,如图3-4所示。

除此之外,在【时间轴】面板中右击执行【新建】命令,可以选择要创建的图层类型,如图3-5所示。

图3-4

图3-5

重点 3.2 图层的基本操作

After Effects中的图层基本操作与Photoshop中相应的功能类似,其中包括对图层的选择、重命名、顺序更改、复制、粘贴、隐藏和显示以及合并等。

扫一扫,看视频

3.2.1 选择图层的多种方法

1.选择单个图层

在【时间轴】面板中单击选择图层。图3-6所示为选择图层2的【时间轴】面板(在右侧的小数字键盘中按图层对应的数字也可选中相应的图层)。

图3-6

2.选择多个图层

(1)在【时间轴】面板中,按住Ctrl键的同时依次单击相应图层即可加选这些图层,如图3-7所示。

图3-7

（2）在【时间轴】面板中，按住Shift键的同时依次单击起始图层和结束图层，即可连续选中这两个图层和这两个图层之间的所有图层，如图3-8所示。

图 3-8

3.2.2 重命名图层

在图层创建完毕后，可为图层重新命名，方便以后进行查找。在【时间轴】面板中单击选中需要重命名的图层，然后按Enter键，即可输入新名称。输入完成后单击图层其他位置或再次按Enter键即可完成重命名操作，如图3-9所示。

图 3-9

3.2.3 调整图层顺序

在【时间轴】面板中选中需要调整的图层，并将鼠标定位在该图层上，然后按住鼠标左键并拖动至某图层上方或下方，即可调整图层显示顺序，不同的图层顺序会产生不同的画面效果，对比效果如图3-10所示。（也可使用快捷键：【图层置顶】快捷键为Ctrl+Shift+]、【图层置底】快捷键为Ctrl+Shift+[、【图层向上】快捷键为Ctrl+]、【图层向下】快捷键为Ctrl+[。）

图 3-10

3.2.4 图层的复制、粘贴

1. 复制和粘贴图层

在【时间轴】面板中选中需要进行复制的图层，然后使用【复制图层】快捷键Ctrl+C和【粘贴图层】快捷键Ctrl+V，即可复制得到一个新的图层。

2. 快速创建图层副本

在【时间轴】面板中选中需要复制的图层，然后使用【创建副本】快捷键Ctrl+D，即可得到图层副本。

3.2.5 删除图层

在【时间轴】面板中选中一个或多个需要删除的图层，然后按Backspace或Delete键，即可删除选中图层。

3.2.6 隐藏和显示图层

After Effects中的图层可以被隐藏或显示。只需单击图层左侧的 👁 按钮，即可将图层隐藏或显示，并且【合成】面板中的素材也会随之产生隐藏或显示变化，如图3-11所示。（当【时间轴】面板的图层数量较多时，常单击该按钮并观察【合成】面板效果，用于判断某个图层是否是需要寻找的图层。）

图 3-11

3.2.7 锁定图层

After Effects中的图层可以进行锁定，锁定后的图层将无法被选择或编辑。若要锁定图层，只需单击图层左侧的 🔒 按钮即可，如图3-12所示。

图 3-12

中文版After Effects 2020完全案例教程（微课视频版）

3.2.8 图层的预合成

将图层进行预合成的目的是方便管理图层、添加效果等，需要注意的是预合成之后还是可以对合成之前的任意素材图层进行属性的调整。

在【时间轴】面板中选中需要合成的图层，然后使用【预合成】快捷键Ctrl+Shift+C，在弹出的【预合成】面板中设置【预合成名称】，如图3-13所示。此时可在【时间轴】面板中看到得到的预合成的图层，如图3-14所示。（如果想重新调整预合成之前的某一个图层，只需双击预合成图层即可单独调整。）

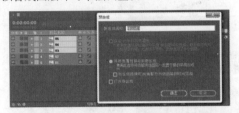

图3-13

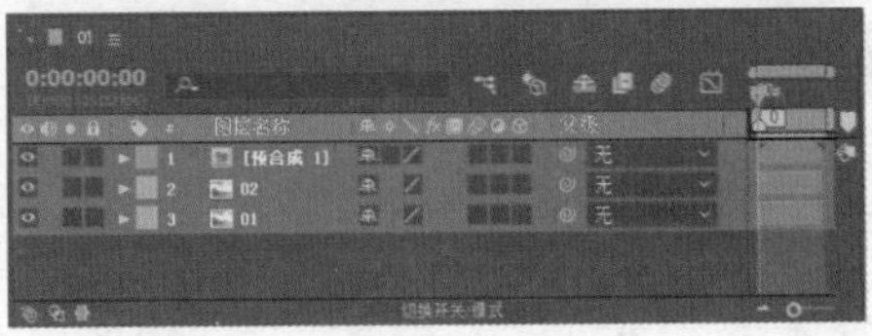

图3-14

3.2.9 图层的切分

将时间线移动到某一帧时，选中某个图层。然后执行【编辑】/【拆分图层】命令（快捷键为Ctrl+Shift+D），即可将图层切分为两个图层。该功能与Premiere软件中的剪辑类似，如图3-15和图3-16所示。

图3-15

图3-16

【重点】3.3 图层的混合模式

图层的混合模式可以控制图层与图层之间的融合效果，且不同的混合模式可使画面产生不同的效果。在After Effects 2020中，图层的混合模式有30余种，种类非常多，不需要死记硬背，可以尝试使用每种模式通过效果来加深印象，如图3-17所示。

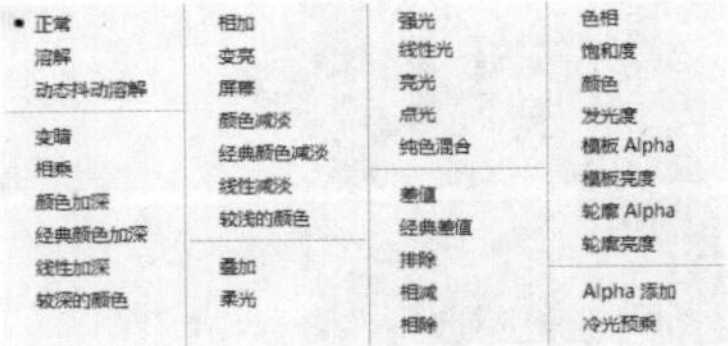

图3-17

在【时间轴】面板中，单击【切换开关/模式】或单击按钮，可以显示或隐藏【模式】按钮，如图3-18所示。

图3-18

图层的混合模式是指两个图层之间的混合，即修改混合模式的图层与该图层下面的那个图层之间会产生混合效果。在【时间轴】面板中单击图层对应的【模式】可在弹出的菜单中选择合适的混合模式，如图3-19所示。或在【时间轴】面板中选中需要设置的图层，在菜单栏中执行【图层】/【混合模式】命令，如图3-20所示。

图3-19　　　　图3-20

实例:【变亮】制作二次曝光效果

文件路径:Chapter 3 创建不同类型的图层→实例:【变亮】制作二次曝光效果

本实例主要使用【混合模式】中的【变亮】,将人物图层与风景图层相叠加混合,制作出二次曝光效果。实例效果如图3-21所示。

图3-21

步骤 01 在【项目】面板中右击并选择【新建合成】选项,在弹出的【合成设置】面板中设置【合成名称】为1,【预设】为【自定义】,【宽度】为961,【高度】为572,【像素长宽比】为【方形像素】,【帧速率】为24,【分辨率】为【完整】,【持续时间】为5秒,单击【确定】按钮,如图3-22所示。

步骤 02 执行【文件】/【导入】/【文件】命令或使用【导入文件】快捷键Ctrl+I,在弹出的【导入文件】窗口中选择全部素材文件,单击【导入】按钮导入素材,如图3-23所示。

图3-22　　　　　　　　图3-23

步骤 03 分别将【项目】面板中的1.jpg素材文件和2.jpg素材文件拖曳到【时间轴】面板中,如图3-24所示。

步骤 04 在【时间轴】面板中选择2.jpg图层,右击,在弹出的快捷菜单中执行【混合模式】/【变亮】命令,如图3-25所示。

步骤 05 也可直接在2.jpg图层后方更改【模式】为【变亮】,如图3-26所示。

步骤 06 此时二次曝光效果制作完成,如图3-27所示。

图3-24

图3-25

图3-26　　　　　　　　图3-27

实例:【混合模式】打造浪漫炫光婚礼

文件路径:Chapter 3 创建不同类型的图层→实例:【混合模式】打造浪漫炫光婚礼

本实例主要使用【混合模式】将光晕图片与人物照片进行融合,形成一种温馨、充满爱的画面感。实例效果如图3-28所示。

图3-28

步骤 01 在【项目】面板中右击并选择【新建合成】选项,在弹出的【合成设置】面板中设置【合成名称】为1,【预设】为【自定义】,【宽度】为1000,【高度】为665,【像素长宽比】为【方形像素】,【帧速率】为24,【分辨率】为【完整】,【持续时间】为5秒,单击【确定】按钮,如图3-29所示。

中文版After Effects 2020完全案例教程(微课视频版)

步骤 02 执行【文件】/【导入】/【文件】命令或使用【导入文件】快捷键Ctrl+I，在弹出的【导入文件】窗口中选择全部素材文件，选择完毕单击【导入】按钮导入素材，如图3-30所示。

图 3-29　　　　　　图 3-30

步骤 03 分别将【项目】面板中的1.jpg素材文件和2.jpg素材文件拖曳到【时间轴】面板中，如图3-31所示。

图 3-31

步骤 04 在【时间轴】面板中选择2.jpg图层，右击，在弹出的快捷菜单中执行【混合模式】/【屏幕】命令，如图3-32所示。

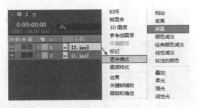

图 3-32

步骤 05 也可直接在2.jpg图层后方的【模式】下进行调整，如图3-33所示。

步骤 06 此时画面效果如图3-34所示。

图 3-33　　　　　　图 3-34

【重点】3.4 图层样式

图层样式与Photoshop中的图层样式相似，这种图层处理功能是升华作品的重要手段之一，它能快速、简单地制作出发光、投影、描边等9种图层样式，如图3-35所示。

扫一扫，看视频

图 3-35

实例:【渐变叠加】图层样式制作唯美色调电影画面

文件路径:Chapter 3　创建不同类型的图层→实例:【渐变叠加】图层样式制作唯美色调电影画面

扫一扫，看视频

本实例主要使用【曲线】效果将画面变亮，使用【渐变叠加】图层样式使画面产生两种颜色的渐变效果，色调唯美轻柔。实例对比效果如图3-36所示。

图 3-36

步骤 01 在【项目】面板中右击并选择【新建合成】选项，在弹出的【合成设置】面板中设置【合成名称】为1，【预设】为【PAL D1/DV 宽银幕方形像素】，【宽度】为1050，【高度】为576，【像素长宽比】为【方形像素】，【帧速率】为25，【分辨率】为【完整】，【持续

43

时间】为5秒，单击【确定】按钮。执行【文件】/【导入】/【文件】命令，导入01.jpg素材文件。将【项目】面板中的01.jpg素材文件拖曳到【时间轴】面板中，如图3-37所示。

步骤 02 在【时间轴】面板中单击打开01.jpg图层下方的【变换】，设置【缩放】为(71.0,71.0%)，如图3-38所示。

图3-37　　　　　　　　图3-38

步骤 03 此时画面效果如图3-39所示。

步骤 04 下面提亮画面颜色。在【效果和预设】面板中搜索【曲线】效果，并将它拖曳到【时间轴】面板中的01.jpg图层上，如图3-40所示。

图3-39　　　　　　　　图3-40

步骤 05 在【效果控件】面板中打开【曲线】效果，在曲线上单击添加两个控制点，适当向左上角调整曲线形状，如图3-41所示。此时画面效果如图3-42所示。

图3-41　　　　　　　　图3-42

步骤 06 在【时间轴】面板的空白位置处右击并执行【新建】/【纯色】命令，如图3-43所示。在弹出的【纯色设置】窗口中设置【颜色】为黑色，单击【确定】按钮，如图3-44所示。

图3-43　　　　　　　　图3-44

步骤 07 在【时间轴】面板中右击选择【黑色 纯色 1】图层，在弹出的快捷菜单中执行【图层样式】/【渐变叠加】命令，如图3-45所示。

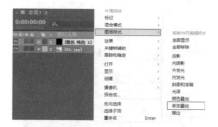

图3-45

步骤 08 在【时间轴】面板中展开【黑色 纯色 1】图层下方的【图层样式】/【渐变叠加】，设置【混合模式】为【滤色】，【不透明度】为83%，单击【颜色】后方的【编辑渐变】按钮，在弹出的【渐变编辑器】窗口中编辑一个由黄色到蓝色的渐变，接着设置【角度】为0x-50.0°，【偏移】为(-8.0,0.0)，最后在【黑色 纯色 1】图层后方设置【模式】为【相加】，如图3-46所示。

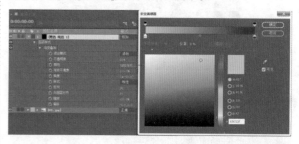

图3-46

步骤 09 此时实例制作完成，效果如图3-47所示。

图3-47

[重点]3.5 【文本】图层

【文本】图层可以为作品添加文字效果，如字幕、解说等。在菜单栏中执行【图层】/【新建】/【文本】命令，如图3-48所示。或在【时间轴】面板的空白位置处右击，执行【新建】/【文本】命令，如图3-49所示；也可以在【时间轴】面板中按【创建文本】的快捷键Ctrl+Shift+Alt+T，都可以创建【文本】图层。

扫一扫，看视频

图3-48

图3-49

创建完【文本】图层后，接着可以在【字符】和【段落】面板中设置合适的字体、字号、对齐等相关属性，如图3-50和图3-51所示。

图3-50 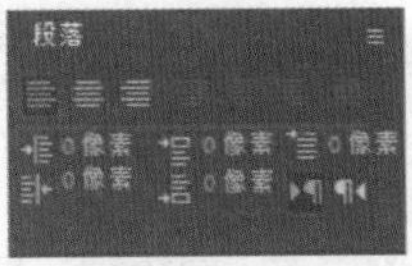　　　　图3-51

实例：制作简洁的文字效果

文件路径：Chapter 3　创建不同类型的图层→实例：制作简洁的文字效果

本实例讲解新建文本的方法新建文字，

扫一扫，看视频

并通过修改参数设置文字描边效果。实例效果如图3-52所示。

图3-52

步骤01 在【项目】面板中右击并选择【新建合成】选项，在弹出的【合成设置】面板中设置【合成名称】为1，【预设】为【自定义】，【宽度】为2000，【高度】为1334，【像素长宽比】为【方形像素】，【帧速率】为25，【分辨率】为【完整】，【持续时间】为5秒，单击【确定】按钮。执行【文件】/【导入】/【文件】命令，导入1.jpg文件。在【项目】面板中选择1.jpg素材文件并拖曳到【时间轴】面板中，如图3-53所示。

步骤02 制作文字。在【时间轴】面板的空白位置处右击，执行【新建】/【文本】命令，如图3-54所示。

图3-53　　　　　　　图3-54

步骤03 此时在【合成】面板中出现插入文本光标，如图3-55所示。

步骤04 在【字符】面板中设置合适的【字体系列】，【填充颜色】为淡黄色，【描边颜色】为棕色，【字体大小】为550像素，【描边宽度】为15像素，【填充和描边】为【在描边上填充】，设置完成后输入文字"mickey"，如图3-56所示。

图3-55　　　　　　　图3-56

步骤05 调整文字位置。在【时间轴】面板中单击，打开文本图层下方的【变换】，设置【位置】为(360.0,779.0)，如图3-57所示。本实例制作完成，画面效果如图3-58所示。

图 3-57   图 3-58

【灯光】图层主要用于模拟真实的灯光、阴影，使作品的层次感更强烈。在菜单栏中执行【图层】/【新建】/【灯光】命令，如图3-63所示；或在【时间轴】面板的空白位置处右击，执行【新建】/【灯光】命令，如图3-64所示；或使用【灯光设置】快捷键Ctrl+Shift+Alt+L，都可以创建【灯光】图层。

扫一扫，看视频

图 3-63

重点 3.6 【纯色】图层

扫一扫，看视频

【纯色】图层常用于制作纯色背景效果。在菜单栏中执行【图层】/【新建】/【纯色】命令，如图3-59所示；或在【时间轴】面板的空白位置处右击，执行【新建】/【纯色】命令，如图3-60所示；或使用【纯色设置】快捷键Ctrl+Y，都可以创建【纯色】图层。

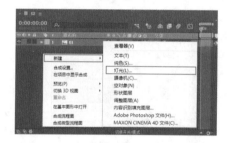

图 3-64

在弹出的【灯光设置】面板中设置合适的参数，【灯光设置】面板如图3-65所示。创建【灯光】图层的前后对比效果如图3-66所示。如果需要再次调整灯光属性，选中需要调整的【灯光】图层，按快捷键Ctrl+Shift+Alt+L，即可在弹出的【灯光设置】面板中调整其相关参数。（注意：在创建【灯光】图层时，需将素材开启3D图层按钮，否则不会出现灯光效果。）

图 3-59

(a) 未开启（3D图层按钮） (b) 开启（3D图层按钮）

在弹出的【纯色设置】面板中设置合适的参数，如图3-61所示。创建完成的【纯色】图层效果如图3-62所示。

图 3-61   图 3-62

图 3-65   图 3-66

中文版After Effects 2020完全案例教程（微课视频版）

实例：使用【灯光】图层突出主体人像

文件路径:Chapter 3　创建不同类型的图层→实例：使用【灯光】图层突出主体人像

本实例讲解通过创建【灯光】图层，使画面人物产生中间亮四周暗的光照效果，从而突出人物本身、弱化背景。实例效果如图3-67所示。

扫一扫，看视频

图 3-67

步骤 01 在【项目】面板中右击并选择【新建合成】选项，在弹出的【合成设置】面板中设置【合成名称】为1，【预设】为【自定义】，【宽度】为1000，【高度】为714，【像素长宽比】为【方形像素】，【帧速率】为25，【分辨率】为【完整】，【持续时间】为5秒，单击【确定】按钮。执行【文件】/【导入】/【文件】命令，导入1.jpg素材文件。在【项目】面板中选择1.jpg素材文件并拖曳到【时间轴】面板中，如图3-68所示。激活1.jpg图层的3D图层按钮，如图3-69所示。

图 3-68　　　　　　图 3-69

步骤 02 在【时间轴】面板下方的空白位置处右击，执行【新建】/【灯光】命令，如图3-70所示。

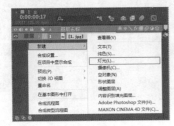

图 3-70

步骤 03 在弹出的【灯光设置】面板中设置【名称】为【聚光1】，【灯光类型】为【聚光】，【强度】为113%，【锥形羽化】为40%，单击【确定】按钮，如图3-71所示。

步骤 04 在【时间轴】面板中单击打开【聚光1】图层下方的【变换】，设置【目标点】为（658.0,332.0,-210.0），【位置】为（680.0,247.0,-520.0），如图3-72所示。此时周围场景变暗，人物显著突出，画面效果如图3-73所示。

　　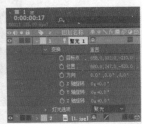

图 3-71　　　　　　图 3-72

图 3-73

3.8 【摄像机】图层

【摄像机】图层主要用于三维合成制作中，进行控制合成时的最终视角，通过对摄像机设置动画可模拟三维镜头运动。在菜单栏中执行【图层】/【新建】/【摄像机】命令，如图3-74所示；或在【时间轴】面板的空白位置处右击，执行【新建】/【摄像机】命令，如图3-75所示；或使用快捷键Ctrl+Alt+Shift+C，都可以创建【摄像机】图层。

扫一扫，看视频

图 3-74

图 3-75

实例:【摄像机】图层制作行走在太空中的人

扫一扫,看视频

文件路径:Chapter 3　创建不同类型的图层→实例:【摄像机】图层制作行走在太空中的人

本实例主要讲解通过3D图层与【摄像机】图层制作具有空间感的关键帧画面,【摄像机】图层常用于制作摄像机镜头摇动动画效果。实例效果如图3-76所示。

步骤01在【项目】面板中右击并选择【新建合成】选项,在弹出的【合成设置】面板中设置【合成名称】为1,【预设】为【自定义】,【宽度】为2500,【高度】为1667,【像素长宽比】为【方形像素】,【帧速率】为24,【分辨率】为【完整】,【持续时间】为5秒,单击【确定】按钮。执行【文件】/【导入】/【文件】命令,导入1.jpg素材文件和2.png素材文件。在【项目】面板中依次选择1.jpg素材文件和2.png素材文件,按住鼠标左键将它们拖曳到【时间轴】面板中,如图3-77所示。

图 3-76

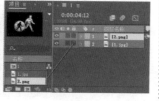

图 3-77

步骤02在【时间轴】面板中单击打开2.png图层下方的【变换】,设置【位置】为(1552.0,931.5),【缩放】为(50.0,50.0%),如图3-78所示。此时画面效果如图3-79所示。

步骤03制作动画效果。首先在2.png图层后方开启 (3D图层),接着打开该图层下方的【变换】,将时间线滑动到起始帧位置,单击【方向】前的 (时间变化秒表)按钮,设置【方向】为(0.0°,300.0°,0.0°),继续将时间线滑动到3秒位置,设置【方向】为(0.0°,0.0°,0.0°),如图3-80所示。

此时滑动时间线查看效果,如图3-81所示。

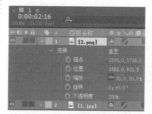

图 3-78　　　　　　　　　图 3-79

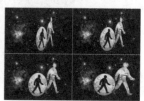

图 3-80　　　　　　　　　图 3-81

步骤04在【时间轴】面板的空白位置处右击,执行【新建】/【摄像机】命令,如图3-82所示。在弹出的【摄像机设置】窗口中单击【确定】按钮,如图3-83所示。

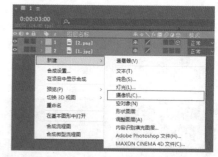

图 3-82

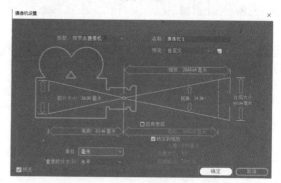

图 3-83

步骤05在【时间轴】面板中单击打开【摄像机1】图层下方的【变换】,将时间线滑动到起始帧位置,单击【Y轴旋转】前的 (时间变化秒表)按钮,设置【Y轴旋转】

中文版After Effects 2020完全案例教程(微课视频版)

为0x+20.0°；继续将时间线滑动到3秒位置，设置【Y轴旋转】为0.0°，如图3-84所示。打开【摄像机选项】，设置【缩放】及【焦距】均为5795.8，【光圈】为25.3，如图3-85所示。

步骤06 此时滑动时间线查看制作效果，如图3-86所示。

图3-84

图3-85　　　　　　　图3-86

综合实例：3D镜头摇动画面

文件路径：Chapter 3　创建不同类型的图层→综合实例：3D镜头摇动画面

扫一扫，看视频

本实例对文字序列进行调色并制作位置关键帧动画，接着使用【摄像机】图层使画面产生透视，呈现三维效果；使用【调整图层】调整背景图片色调；最后使用【镜头光晕】效果渲染气氛。（注意：序列动画素材需要提前制作好，例如可以在3ds Max软件中进行制作并渲染保存序列。）实例效果如图3-87所示。

图3-87

步骤01 在【项目】面板中右击并选择【新建合成】选项，在弹出的【合成设置】面板中设置【合成名称】为【合成1】，【预设】为【自定义】，【宽度】为1200，【高度】为799，【像素长宽比】为【方形像素】，【帧速率】为29.97，【分辨率】为【完整】，【持续时间】为2秒16帧，接着执行【文件】/【导入】/【文件】命令，在弹出的【导入文件】对话框中选择【渲染序列】文件夹中的第一个文件【三维文字0000.png】，并勾选【PNG序列】复选框，然后单击【导入】按钮导入素材，如图3-88所示。继续使用快捷键Ctrl+I调出【导入文件】对话框，选择01.jpg素材文件，单击【导入】按钮，如图3-89所示。

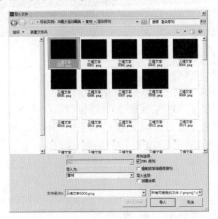

图3-88

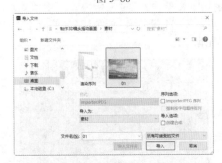

图3-89

步骤02 在【项目】面板中选择01.jpg素材文件，将其拖曳到【时间轴】面板中，如图3-90所示。

步骤03 在【时间轴】面板中选择01.jpg图层，单击下方对应的位置，开启3D图层，为接下来的步骤做准备。接着单击打开该图层下方的【变换】，设置【位置】为（600.0,399.5,3070.0），【缩放】为（176.0,176.0,176.0%），如图3-91所示。此时画面效果如图3-92所示。

步骤04 在【项目】面板中选择【渲染序列】素材文件，将它拖曳到【时间轴】面板中，如图3-93所示。

图 3-90

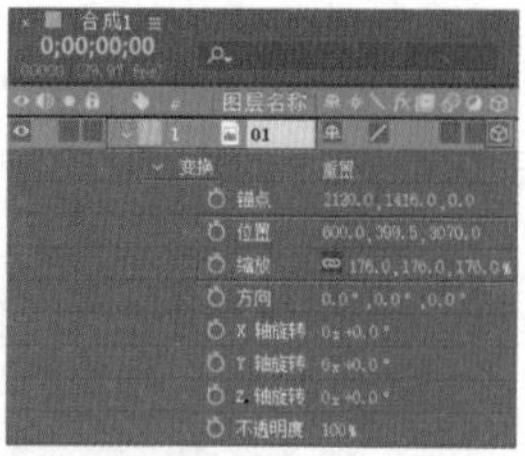

图 3-91

图 3-92

图 3-93

步骤 05 在【时间轴】面板中选择【渲染序列】图层，单击 ⚙ 下方对应的位置，开启3D图层，然后单击打开该图层下方的【变换】，将时间线滑动到起始帧位置，单击【位置】前的 ⏱ (时间变化秒表)按钮，开启自动关键帧，设置【位置】为(410.0,470.0,0.0)；继续将时间线滑动到结束帧位置，设置【位置】为(548.0,470.0,0.0)，【缩放】为(146.0,146.0,146.0%)，【方向】为(358.0°,14.0°,0.0°)，如图3-94所示。此时画面效果如图3-95所示。

步骤 06 在【效果和预设】面板搜索框中搜索【曲线】，将该效果拖曳到【时间轴】面板的【渲染序列】图层上，如图3-96所示。

图 3-94

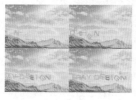

图 3-95

图 3-96

步骤 07 在【时间轴】面板中选择【渲染序列】图层，然后在【效果控件】面板中单击展开【曲线】效果，将【通道】设置为RGB，在下方曲线上单击添加两个控制点并调整曲线为S形，如图3-97所示。效果如图3-98所示。

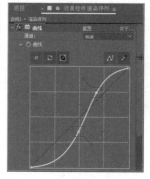

图 3-97

图 3-98

步骤 08 在【效果和预设】面板搜索框中搜索【Lumetri 颜色】，将该效果拖曳到【时间轴】面板的【渲染序列】图层上，如图3-99所示。

图 3-99

步骤 09 在【时间轴】面板中选择【渲染序列】图层，然后在【效果控件】面板中单击展开【Lumetri 颜色】/【基本校正】/【白平衡】，设置【色温】为44，如图3-100所示。此时文字效果偏向于金黄色调，如图3-101所示。

图 3-100

图 3-101

步骤 10 在【时间轴】面板的空白处右击，执行【新建】/【摄像机】命令，如图3-102所示。在弹出的【摄像机设置】窗口中单击【确定】按钮，如图3-103所示。

图 3-102

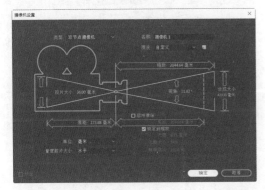

图 3-103

步骤 11 在【时间轴】面板中单击打开【摄像机 1】下方的【摄像机选项】，设置【缩放】为1000.0像素，【焦距】为1000.0像素，【光圈】为63.0像素，【模糊层次】为181.0%，如图 3-104 所示。接着展开【变换】，设置【目标点】为(600.0,400.0,200.0)，将时间线滑动到起始帧位置，单击【位置】前的 ⏱ (时间变化秒表)按钮，开启自动关键帧，设置【位置】为(380.0,360.0,-900.0)；继续将时间线滑动到结束帧位置，设置【位置】为(380.0,360.0,-900.0)，如图 3-105 所示。

图 3-104　　　　　　图 3-105

步骤 12 滑动时间线查看画面效果，如图 3-106 所示。

步骤 13 调整画面色调。在【时间轴】面板中右击，执行【新建】/【调整图层】命令，如图 3-107 所示。在【效果和预设】面板搜索框中搜索【Lumetri 颜色】，将该效果拖曳到【时间轴】面板的【调整图层 1】上，如图 3-108 所示。

图 3-106　　　　　　　　图 3-107

图 3-108

步骤 14 在【时间轴】面板中选择【调整图层 1】，然后在【效果控件】面板中展开【Lumetri 颜色】/【基本校正】/【白平衡】，设置【色调】为−14，如图 3-109 所示。画面色调如图 3-110 所示。

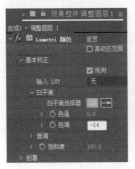

图 3-109　　　　　　图 3-110

步骤 15 在【时间轴】面板的空白位置处右击，执行【新建】/【纯色】命令。此时在弹出的【纯色设置】面板中设置【名称】为【黑色 纯色 1】，【颜色】为黑色，如图 3-111 所示。

图 3-111

步骤 16 在【效果和预设】面板搜索框中搜索【镜头光晕】，将该效果拖曳到【时间轴】面板的【黑色 纯色 1】

上，如图3-112所示。

图 3-112

步骤 17 在【时间轴】面板中选择【黑色 纯色 1】，开启3D图层，然后单击打开【效果】/【镜头光晕】，将时间线滑动到起始帧位置，单击【光晕中心】前的 ⏱ (时间变化秒表)按钮，设置【光晕中心】为 (−693.5,496.4)；将时间线滑动到2秒位置，设置【光晕中心】为 (62.7,458.6)；将时间线滑动到结束帧位置，设置【光晕中心】为 (1187.3,494.8)，设置【镜头类型】为【35毫米定焦】，如图3-113所示。最后单击打开【变换】属性，设置【位置】为 (573.0,399.5,0.0)，【缩放】为 (105.0,105.0,105.0%)，最后设置该图层【模式】为【屏幕】，如图3-114所示。

 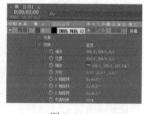

图 3-113　　　　　　　　图 3-114

步骤 18 本实例制作完成，滑动时间线查看实例效果，如图3-115所示。

图 3-115

3.9 【空对象】图层

【空对象】图层常用于建立摄像机的父级，控制摄像机的移动和位置。在菜单栏中执行【图层】/【新建】/【空对象】命令，如图3-116所示；或在【时间轴】面板的空白位置处右击，执行【新建】/【空对象】命令，如图3-117所示；或使用快捷键Ctrl+Alt+Shift+Y，都可以创建【空对象】图层。

图 3-116

图 3-117

实例：使用【空对象】图层制作缩放动画

文件路径:Chapter 3　创建不同类型的图层→实例: 使用【空对象】图层制作缩放动画

本实例通过使用【空对象】图层，并统一调节【文字】图层与【形状图层】的变换属性，制作缩放动画效果。实例效果如图3-118所示。

图 3-118

步骤 01 在【项目】面板中右击并选择【新建合成】选项，在弹出的【合成设置】面板中设置【合成名称】为1，【预设】为【自定义】，【宽度】为4739，【高度】为3238，【像素长宽比】为【方形像素】，【帧速率】为24，【分辨率】为【完整】，【持续时间】为5秒，单击【确定】按钮。执行【文件】/【导入】/【文件】命令，导入1.jpg素材文件和2.png素材文件。在【项目】面板中选择1.jpg素材文件，按住鼠标左键拖曳到【时间轴】面板中，如图3-119所示。

步骤 02 在时间轴面板中不要选择任何图层。在工具栏

中文版After Effects 2020完全案例教程（微课视频版）

中选择 ▭（圆角矩形工具），设置【填充】为白色，【描边】为无，接着在【合成】面板中心位置绘制一个圆角矩形，如图3-120所示。

图3-119　　　　　　　　　　图3-120

步骤 03 制作矩形的投影及渐变效果。在【时间轴】面板中选择【形状图层1】，右击执行【图层样式】/【投影】命令，如图3-121所示。

图3-121

步骤 04 单击打开【形状图层1】下方的【图层样式】/【投影】，设置【大小】为60.0，如图3-122所示。此时形状呈现出一种空间感，如图3-123所示。

图3-122　　　　　　　　　　图3-123

步骤 05 在【时间轴】面板中选择【形状图层1】，右击执行【图层样式】/【渐变叠加】命令。单击打开【形状图层1】下方的【图层样式】/【渐变叠加】，设置【不透明度】为25%，【反向】为【开】，如图3-124所示。此时画面效果如图3-125所示。

图3-124　　　　　　　　　　图3-125

步骤 06 将【项目】面板中的2.png素材文件拖曳到【时间轴】面板中，如图3-126所示。

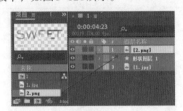

图3-126

步骤 07 在【时间轴】面板的空白位置处右击，执行【新建】/【空对象】命令，如图3-127所示。

图3-127

步骤 08 在2.png图层和【形状图层1】图层后方设置【父级和链接】为【空对象】图层，如图3-128所示，此时父子关系建立完成。

图3-128

步骤 09 此时在【空对象】图层调整效果，下方的2.png图层和【形状图层1】图层也会被调整。在【时间轴】面板中单击打开【空对象】图层下方的【变换】，将时间线滑动到起始帧位置，单击【缩放】前的 ⊙（时间变化秒表）按钮，开启自动关键帧，设置【缩放】为（180.0,180.0%）；将时间线滑动到2秒位置，设置【缩放】为（100.0,100.0%），如图3-129所示。滑动时间线查看缩放属性的动画效果，如图3-130所示。

图3-129

图3-130

3.10 形状图层

扫一扫，看视频

使用【形状图层】可以自由绘制图形，并设置图形形状或颜色等。在【时间轴】面板的空白位置处右击，执行【新建】/【形状图层】命令，如图3-131所示。此时的【时间轴】面板如图3-132所示。

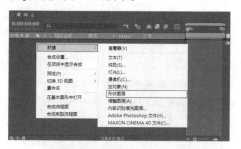

图3-131

图3-132

【形状图层】创建完成后，在工具栏中单击【填充】或【描边】的文字位置，即可打开【填充选项】面板或【描边选项】面板，可设置合适的【填充】属性和【描边】属性，单击【填充】或【描边】右侧对应的色块，即可设置填充颜色和描边颜色，如图3-133所示。

图3-133

实例：使用【形状图层】制作多层次人像广告

扫一扫，看视频

文件路径：Chapter 3 创建不同类型的图层→实例：使用【形状图层】制作多层次人像广告

本实例首先使用新建纯色图层制作背景，接着使用快捷键创建多个人物副本及形状图层，通过调节各图层的【不透明度】【位置】及【缩放】使画面产生层次感。实例效果如图3-134所示。

图3-134

步骤01 在【项目】面板中右击并选择【新建合成】选项，在弹出的【合成设置】面板中设置【合成名称】为【合成1】，【预设】为【自定义】，【宽度】为1600，【高度】为1080，【像素长宽比】为【方形像素】，【帧速率】为24，【分辨率】为【完整】，【持续时间】为5秒，单击【确定】按钮。执行【文件】/【导入】/【文件】命令，导入全部素材文件。开始制作浅蓝色背景，在【时间轴】面板的空白位置处右击，执行【新建】/【纯色】命令，也可使用新建纯色快捷键Ctrl+Y进行制作。此时在弹出的【纯色设置】面板中设置【名称】为【浅色 品蓝色 纯色1】，【颜色】为浅蓝色，单击【确定】按钮，如图3-135所示。

中文版After Effects 2020完全案例教程（微课视频版）

步骤 02 画面背景制作完成，如图3-136所示。

图3-135

图3-136

步骤 03 在工具栏中选择◯（椭圆工具），设置【填充】为蓝灰色，接着在【时间轴】面板的空白位置处单击，然后在【合成】面板中合适位置按住Shift键的同时按住鼠标左键绘制一个正圆，如图3-137所示。

步骤 04 在【时间轴】面板中选择【形状图层1】，使用快捷键Ctrl+D创建副本，连续按两次即可创建两个副本，如图3-138所示。

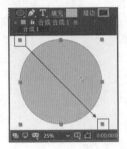
图3-137

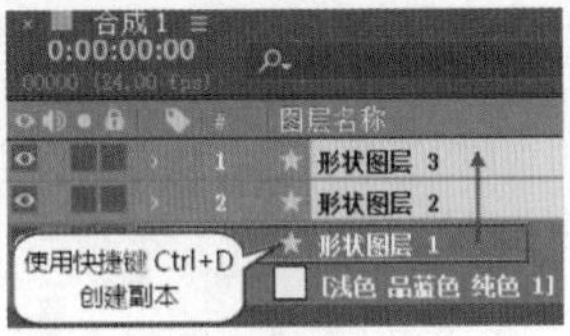

使用快捷键Ctrl+D创建副本
图3-138

步骤 05 选择【形状图层2】，将其拖曳到【形状图层1】的下方；选择形状图层3，将其拖曳到【形状图层2】的下方，如图3-139所示。

图3-139

步骤 06 调整正圆的位置及不透明度，在【时间轴】面板中单击打开【形状图层2】下方的【变换】，设置【位置】为（1040.0,540.0），【不透明度】为45%，如图3-140所示。画面效果如图3-141所示。

步骤 07 单击打开【形状图层3】下方的【变换】，设置【位置】为（1276.0,540.0），【不透明度】为13%，如图3-142所示。画面效果如图3-143所示。

图3-140

图3-141

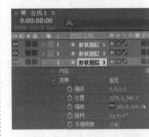
图3-142

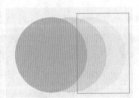
图3-143

步骤 08 在【项目】面板中选择1.png素材文件，将它拖曳到【时间轴】面板中，如图3-144所示。

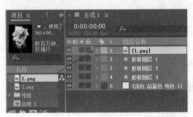
图3-144

步骤 09 在【时间轴】面板中单击打开1.png图层下方的【变换】，设置【位置】为（352.0,592.0），【缩放】为（118.0,118.0%），如图3-145所示。画面效果如图3-146所示。

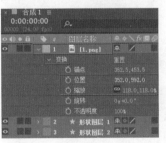
图3-145

图3-146

步骤 10 在【时间轴】面板中选择1.png素材文件，使用快捷键Ctrl+D创建副本，此时连续按两次即可创建两个副本，如图3-147所示。

步骤 11 选择创建的两个副本，按住鼠标左键将它们拖曳到1.png素材文件（图层3）的下方，如图3-148所示。

图 3-147　　　　　　　　　图 3-148

步骤 12 在【时间轴】面板中单击打开1.png图层（图层2）下方的【变换】，设置【位置】为（485.0,548.0），【不透明度】为45%，如图3-149所示。画面效果如图3-150所示。

图 3-149　　　　　　　　　图 3-150

步骤 13 继续在【时间轴】面板中单击打开1.png图层（图层3）下方的【变换】，设置【位置】为（620.0,548.0），【不透明度】为13%，如图3-151所示。此时人物效果如图3-152所示。

图 3-151　　　　　　　　　图 3-152

步骤 14 将2.png文字素材文件拖曳到【时间轴】面板最上层，如图3-153所示。

图 3-153

步骤 15 在【时间轴】面板中单击打开2.png文字图层下方的【变换】，设置【位置】为（1168.0,568.0），【缩放】

为（110.0,110.0%），如图3-154所示。此时实例制作完成，效果如图3-155所示。

图 3-154　　　　　　　　　图 3-155

实例练习：使用【形状图层】制作轮播图 展示效果

扫一扫，看视频

练习说明

文件路径：Chapter 3　创建不同类型的图层→实例：使用【形状图层】制作轮播图展示效果

本实例首先使用纯色图层制作背景，接着使用【圆角矩形工具】和【椭圆工具】制作轮播图部分。实例效果如图3-156所示。

图 3-156

3.11 调整图层

扫一扫，看视频

【调整图层】在新建完成后，在【合成】面板中不会看到任何效果变化。这是因为调整图层的主要使用目的是通过为调整图层添加效果，使其下方的所有图层共同享用该效果。因此，实际工作中经常使用【调整图层】调整作品的整体色彩效果。

实例：使用【调整图层】调节画面颜色

扫一扫，看视频

文件路径：Chapter 3　创建不同类型的图层→实例：使用【调整图层】调节画面颜色

本实例主要通过在【调整图层】中添加

中文版After Effects 2020完全案例教程（微课视频版）

效果来改变原始画面色调。实例对比效果如图3-157所示。

图 3-157

步骤 01 在【项目】面板中右击并选择【新建合成】选项，在弹出的【合成设置】面板中设置【合成名称】为1，【预设】为【自定义】，【宽度】为1440，【高度】为900，【像素长宽比】为【方形像素】，【帧速率】为24，【分辨率】为【完整】，【持续时间】为5秒，单击【确定】按钮。执行【文件】/【导入】/【文件】命令，导入1.jpg素材文件。在【项目】面板中选择1.jpg素材文件并拖曳到【时间轴】面板中，如图3-158所示。

图 3-158

步骤 02 在【时间轴】面板下方的空白位置处右击，执行【新建】/【调整图层】命令，如图3-159所示。

图 3-159

步骤 03 在【效果和预设】面板搜索框中搜索【曲线】，将该效果拖曳到【时间轴】面板的【调整图层1】上，如图3-160所示。

图 3-160

步骤 04 在【时间轴】面板中选择【调整图层1】，接着在【效

果控件】面板中单击打开【曲线】效果，将【通道】设置为RGB，然后在曲线中间部位单击添加一个控制点并向左上角拖动，如图3-161所示。此时画面变亮，效果如图3-162所示。

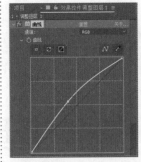

图 3-161　　　　　　　　图 3-162

步骤 05 调整画面颜色。在【效果和预设】面板搜索框中搜索【颜色平衡】，将该效果拖曳到【时间轴】面板的【调整图层1】上，如图3-163所示。

图 3-163

步骤 06 在【效果控件】面板中单击打开【颜色平衡】效果，设置【中间调红色平衡】为80.0，【中间调绿色平衡】为15.0，【中间调蓝色平衡】为20.0，如图3-164所示。本实例制作完成，画面对比效果如图3-165所示。

图 3-164

图 3-165

第4章

蒙版工具

本章内容简介：

"蒙版"原本是摄影术语，是指用于控制照片不同区域曝光的传统暗房技术。在 After Effects中蒙版的功能主要用于画面的修饰与合成。我们可以利用蒙版实现对图层部分元素进行"隐藏"的工作，从而只显示蒙版图形以内的画面。这是一项在创意合成中非常重要的步骤。在本章主要讲解蒙版的绘制方式、调整方法及使用效果等相关内容。

重点知识掌握：

- 了解蒙版概念
- 创建不同的蒙版类型
- 蒙版的编辑方法

4.1 认识蒙版

为了得到特殊的视觉效果，可以使用绘制蒙版的工具在原始图层上绘制一个特定形状的"视觉窗口"，进而使画面只显示需要显示的区域，而其他区域将被隐藏不可见。由此可

扫一扫，看视频

见，蒙版在后期制作中是一个很重要的操作工具，可用于合成图像或制作其他特殊效果等。蒙版即遮罩，可以通过绘制的蒙版使素材只显示区域内的部分，而区域外的素材则被蒙版覆盖不显示，还可以绘制多个蒙版层来达到更多元化的视觉效果。图4-1所示为作品设置蒙版的效果。

图4-1

在After Effects中，绘制蒙版的工具有很多，其中包括【形状工具组】■、【钢笔工具组】■、【画笔工具】
■及【橡皮擦工具】■等，如图4-2所示。

图4-2

【重点】4.2 形状工具组

使用【形状工具组】可以绘制出多种规则或不规则的几何形状蒙版。其中包括【矩形工具】■、【圆角矩形工具】■、【椭圆工具】■、【多边形工具】■和【星形工具】☆，如图4-3所示。

扫一扫，看视频

图4-3

实例：使用蒙版制作中国风人像

文件路径:Chapter 4 蒙版工具→实例:使用蒙版制作中国风人像

本实例讲解在纯色图层上绘制蒙版制

扫一扫，看视频

作古风画面。实例效果如图4-4所示。

图4-4

步骤 01 在【项目】面板中右击并选择【新建合成】选项，在弹出的【合成设置】面板中设置【合成名称】为1，【预设】为【自定义】，【宽度】为1200，【高度】为1200，【像素长宽比】为【方形像素】，【帧速率】为24，【分辨率】为【完整】，【持续时间】为5秒，单击【确定】按钮。执行【文件】/【导入】/【文件】命令，导入1.jpg素材文件。在【项目】面板中选择1.jpg素材文件，将其拖曳到【时间轴】面板中，如图4-5所示。

步骤 02 新建一个纯色图层。在【时间轴】面板的空白位置处右击，执行【新建】/【纯色】命令，在弹出的【纯色设置】面板中设置【名称】为【浅灰色-红色 纯色 1】，【颜色】为红灰色，单击【确定】按钮，如图4-6所示。

图4-5    图4-6

步骤 03 选择刚创建完成的纯色图层，在工具栏中选择■（椭圆工具），然后在【合成】面板中按住Shift键的同时按住鼠标左键绘制一个正圆，如图4-7所示。

图4-7

步骤 04 在【时间轴】面板中单击打开纯色图层下方的【蒙版】/【蒙版1】，勾选【反转】复选框，如图4-8所示。此时画面中的正圆遮罩发生变化，如图4-9所示。

图4-8 　　　　　　　图4-9

选项解读："蒙版"重点参数速查

模式：单击【模式】下拉按钮可在下拉列表中选择合适的混合模式。

反转：勾选此复选框可反转蒙版效果。

蒙版路径：单击【蒙版路径】的【形状】按钮，在弹出的【蒙版形状】面板中可设置蒙版定界框形状。

蒙版羽化：设置蒙版边缘的柔和程度。图4-10所示为设置不同的蒙版羽化产生的效果。

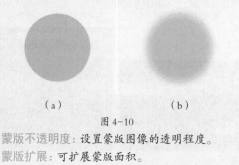

（a）　　　　　　　（b）

图4-10

蒙版不透明度：设置蒙版图像的透明程度。

蒙版扩展：可扩展蒙版面积。

实例：制作分割碎片感女装广告

扫一扫，看视频

文件路径：Chapter 4　蒙版工具→实例：制作分割碎片感女装广告

本实例使用【矩形工具】在素材中绘制蒙版并适当移动位置，制作出错落分割的画面效果。实例效果如图4-11所示。

步骤 01 在【项目】面板中右击并选择【新建合成】选项，在弹出的【合成设置】面板中设置【合成名称】为【合成1】，【预设】为【自定义】，【宽度】为1403，【高度】为2105，【像素长宽比】为【方形像素】，【帧速率】为24，【分辨率】为【完整】，【持续时间】为5秒，单击

【确定】按钮。执行【文件】/【导入】/【文件】命令，导入1.jpg和2.png素材文件。在【项目】面板中选择1.jpg素材文件，按住鼠标左键向【时间轴】面板中拖曳5次，如图4-12所示。接着单击图层1~图层3前方的 （显现/隐藏）按钮，将这3个图层进行隐藏，然后选择1.jpg图层（图层4），如图4-13所示。

图4-11 　　　　　　　图4-12

图4-13

步骤 02 在工具栏中选择 （矩形工具），将光标移到【合成】面板中，在人物面部位置按住鼠标左键拖曳，绘制一个矩形蒙版，如图4-14所示。

步骤 03 在【时间轴】面板中单击打开1.jpg图层（图层4）下方的【变换】，设置【位置】为（789.5,1036.5），如图4-15所示。

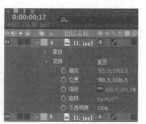

图4-14 　　　　　　　图4-15

步骤 04 画面效果如图4-16所示。

步骤 05 选择图层3，单击该图层前方的 （显现/隐藏）按钮，将其进行显现，接着在工具栏中选择 （矩形工具），在人物颈部位置按住鼠标绘制一个矩形蒙版，如图4-17所示。

图 4-16   图 4-17

步骤 06 在【时间轴】面板中单击打开1.jpg图层（图层3）下方的【变换】，设置【位置】为(769.5,1052.5)，如图4-18所示。画面效果如图4-19所示。

图 4-18   图 4-19

步骤 07 使用同样的方式显现并选择图层2，继续使用【矩形工具】绘制蒙版，如图4-20所示。

步骤 08 在【时间轴】面板中单击打开1.jpg图层（图层2）下方的【变换】，设置【位置】为(785.5,1052.5)，如图4-21所示。

图 4-20   图 4-21

步骤 09 画面效果如图4-22所示。

步骤 10 最后显现并选择图层1，继续使用【矩形工具】在画面中合适的位置绘制蒙版，如图4-23所示。

图 4-22   图 4-23

步骤 11 在【时间轴】面板中单击打开1.jpg图层（图层1）下方的【变换】，设置【位置】为(613.5,1052.5)，如图4-24所示。画面效果如图4-25所示。

图 4-24   图 4-25

步骤 12 在【项目】面板中选择2.png素材文件，按住鼠标左键将该图层拖曳到【时间轴】面板最上层，如图4-26所示。画面最终效果如图4-27所示。

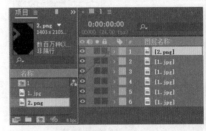

图 4-26   图 4-27

【重点】4.3 钢笔工具组

【钢笔工具组】可以自由绘制任意蒙版形状，其中包括的工具有【钢笔工具】、【添加"顶点"工具】、【删除"顶点"工具】、【转换"顶点"工具】和【蒙版羽化工具】，如图4-28所示。

扫一扫，看视频

图 4-28

实例：【钢笔工具】制作旅游宣传广告

文件路径：Chapter 4 蒙版工具→实例：【钢笔工具】制作旅游宣传广告

本实例主要使用【钢笔工具】在纯色图层上绘制云朵遮罩，再次使用【钢笔工具】

扫一扫，看视频

绘制形状制作草地部分。实例效果如图4-29所示。

图4-29

步骤 01 在【项目】面板中右击并选择【新建合成】选项，在弹出的【合成设置】面板中设置【合成名称】为【合成1】，【预设】为【自定义】，【宽度】为1680，【高度】为1080，【像素长宽比】为【方形像素】，【帧速率】为25，【分辨率】为【完整】，【持续时间】为5秒，【背景颜色】为青色，单击【确定】按钮。执行【文件】/【导入】/【文件】命令，导入1.png素材文件。在【时间轴】面板的空白位置处右击，执行【新建】/【纯色】命令，在弹出的【纯色设置】面板中设置【颜色】为青蓝色，创建一个纯色图层，如图4-30所示。

图4-30

步骤 02 在【时间轴】面板中选择纯色图层，在工具栏中选择 ✎（钢笔工具），然后在画面左上角单击建立锚点，如图4-31所示。继续绘制路径，调整锚点两端控制柄可改变路径形状，如图4-32所示。

图4-31

图4-32

步骤 03 当路径首尾连接时，遮罩形状绘制完成，如图4-33所示。使用同样的方式在纯色图层上方的合适位置处制作另外两个云朵，如图4-34所示。

图4-33

图4-34

步骤 04 使用快捷键Ctrl+Y继续新建一个纯色图层，设置【颜色】为白色，如图4-35所示。

步骤 05 在工具栏中选择 ✎（钢笔工具），然后在【合成】面板中绘制白色的云朵，如图4-36所示。

图4-35

图4-36

步骤 06 制作草地部分。继续在工具栏中选择 ✎（钢笔工具），设置【填充】为草绿色，【描边】为无，在不选择任何图层的前提下，在【合成】面板中绘制一个五边形，如图4-37所示。

步骤 07 在草绿色形状右侧继续进行绘制，在工具栏中选择 ✎（钢笔工具），设置【填充】为嫩绿色，然后在草绿色形状右侧绘制一个四边形，如图4-38所示。

图4-37

图4-38

步骤 08 使用同样的方式绘制其他形状，画面效果如图4-39所示。

中文版After Effects 2020完全案例教程（微课视频版）

步骤 09 在【项目】面板中选择1.png素材文件,将该素材按住鼠标左键拖曳到【时间轴】面板中,如图4-40所示。

图4-39　　　　　　　　　　图4-40

步骤 10 在【时间轴】面板中单击打开1.png图层下方的【变换】,设置【缩放】为(52.0,52.0%),如图4-41所示。画面最终效果如图4-42所示。

图4-41　　　　　　　　　　图4-42

实例:【钢笔工具】更换平板电脑屏幕

文件路径:Chapter 4　蒙版工具→实例:【钢笔工具】更换平板电脑屏幕

本实例使用【钢笔工具】在素材上方绘制蒙版,更换平板电脑屏幕。实例效果如图4-43所示。

扫一扫,看视频

图4-43

步骤 01 在【项目】面板中右击并选择【新建合成】选项,在弹出的【合成设置】面板中设置【合成名称】为1,【预设】为【自定义】,【宽度】为1017,【高度】为678,【像素长宽比】为【方形像素】,【帧速率】为25,【分辨率】为【完整】,【持续时间】为5秒,单击【确定】按钮。执行【文件】/【导入】/【文件】命令,导入1.jpg和2.jpg

素材文件。在【项目】面板中依次选择1.jpg和2.jpg素材文件并拖曳到【时间轴】面板中,如图4-44所示。此时画面效果如图4-45所示。

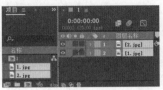

图4-44　　　　　　　　　　图4-45

步骤 02 为了更准确地绘制,首先在【时间轴】面板中单击2.jpg图层前方的 ◎(显现/隐藏)按钮,隐藏该图层,然后在工具栏中选择 ✒(钢笔工具),在【合成】面板的绿色屏幕上单击建立锚点进行绘制蒙版,如图4-46所示。再次单击【时间轴】面板中2.jpg图层前方的 ◎(显现/隐藏)按钮,显现该图层,画面效果如图4-47所示。

图4-46　　　　　　　　　　图4-47

实例:【钢笔工具】制作儿童电子相册

文件路径:Chapter 4　蒙版工具→实例:【钢笔工具】制作儿童电子相册

本实例使用【钢笔工具】制作三角形照片遮罩,并创建【形状图层】制作两侧。实例效果如图4-48所示。

扫一扫,看视频

图4-48

步骤 01 在【项目】面板中右击并选择【新建合成】选项，在弹出的【合成设置】面板中设置【合成名称】为【合成1】，【预设】为【自定义】，【宽度】为1440，【高度】为1080，【像素长宽比】为【方形像素】，【帧速率】为25，【分辨率】为【完整】，【持续时间】为5秒，单击【确定】按钮。执行【文件】/【导入】/【文件】命令，导入全部素材文件。在【项目】面板中依次将1.jpg和2.jpg素材文件拖曳到【时间轴】面板中，如图4-49所示。为了便于操作，单击2.jpg图层前的 👁 （显现/隐藏）按钮，将该图层进行隐藏，如图4-50所示。

图 4-49　　　　　　　　图 4-50

步骤 02 调整1.jpg素材文件的位置及大小。在【时间轴】面板中单击打开1.jpg图层下方的【变换】，设置【位置】为（622.0,574.0），【缩放】为（123.0,123.0%），【旋转】为0x-7.0°，如图4-51所示。画面效果如图4-52所示。

图 4-51　　　　　　　　图 4-52

步骤 03 在【时间轴】面板中选择1.jpg图层，在工具栏中选择 🖊 （钢笔工具），然后在画面中的合适位置单击建立锚点，绘制一个三角形闭合遮罩路径，如图4-53所示。

步骤 04 在【时间轴】面板中再次单击2.jpg图层前的 👁 （显现/隐藏）按钮，将该图层进行显现，然后单击打开2.jpg图层下方的【变换】，设置【位置】为（1094.0,512.0），【旋转】为0x-7.0°，如图4-54所示。

步骤 05 画面效果如图4-55所示。

步骤 06 在【时间轴】面板中选择2.jpg图层，再次在工具栏中选择 🖊 （钢笔工具），按照同样的方式在画面中合适的位置处绘制一个三角形闭合路径，如图4-56所示。

图 4-53　　　　　　　　图 4-54

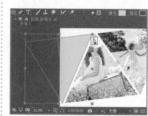

图 4-55　　　　　　　　图 4-56

步骤 07 在照片左、右两侧制作图形。在不选择任何图层的前提下，选择工具栏中的【钢笔工具】，设置【描边】为浅蓝色，【填充】为无，然后单击建立锚点，在画面左侧绘制一个三角形，如图4-57所示。按照同样的方式制作画面右侧的三角形形状，如图4-58所示。

图 4-57　　　　　　　　图 4-58

步骤 08 在【项目】面板中选择3.png素材文件，按住鼠标左键将它拖曳到【时间轴】面板的最上层，如图4-59所示。

图 4-59

步骤 09 在【时间轴】面板中单击打开3.png图层下方的【变换】，设置【缩放】为（72.0,72.0%），如图4-60所示。本实例制作完成，画面效果如图4-61所示。

图 4-60　　　　　　图 4-61

实例:【钢笔工具】制作剪纸效果

文件路径:Chapter 4　蒙版工具→实例:【钢笔工具】制作剪纸效果

本实例使用【钢笔工具】制作不规则三色背景及剪纸风格帽子。实例效果如图4-62所示。

扫一扫,看视频

图 4-62

步骤 01 在【项目】面板中右击并选择【新建合成】选项,在弹出的【合成设置】面板中设置【合成名称】为【合成1】,【预设】为【自定义】,【宽度】为1907,【高度】为1283,【像素长宽比】为【方形像素】,【帧速率】为24,【分辨率】为【完整】,【持续时间】为5秒,单击【确定】按钮。执行【文件】/【导入】/【文件】命令,导入全部素材文件。下面制作画面背景,在【时间轴】面板的空白位置处右击,执行【新建】/【纯色】命令,在弹出的【纯色设置】面板中设置【颜色】为偏灰的红色,创建一个纯色图层,如图4-63所示。

步骤 02 在【时间轴】面板中选择纯色图层,在工具栏中选择 (钢笔工具),然后在【合成】面板中单击添加锚点,绘制一个梯形闭合路径,如图4-64所示。

步骤 03 继续使用快捷键Ctrl+Y新建一个纯色图层,设置【颜色】为深灰色,如图4-65所示。在【时间轴】面板中选择【浅灰色-品蓝色 纯色1】图层,在工具栏中选

择 (钢笔工具),然后在【合成】面板中单击添加锚点,绘制形状闭合路径,如图4-66所示。

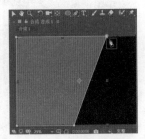

图 4-63　　　　　　图 4-64

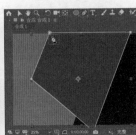

图 4-65　　　　　　图 4-66

步骤 04 为灰色形状添加投影,使画面看起来更有层次感。在【时间轴】面板中选择【浅灰色-品蓝色 纯色1】图层,右击,在弹出的快捷菜单中执行【图层样式】/【投影】命令。单击打开【浅灰色-品蓝色 纯色1】图层下方的【图层样式】/【投影】,设置【不透明度】为50%,【角度】为0x+8.0°,【距离】为25.0,【大小】为80.0,如图4-67所示。画面效果如图4-68所示。

图 4-67　　　　　　图 4-68

步骤 05 再次使用快捷键Ctrl+Y新建一个纯色图层,设置【颜色】为中灰色,如图4-69所示。在【时间轴】面板中选择【浅灰色-品蓝色 纯色2】图层,在工具栏中选择 (钢笔工具),然后在【合成】面板中单击添加锚点,绘制形状闭合路径,如图4-70所示。

图 4-69　　　　　　　　图 4-70

步骤(06 在【时间轴】面板中单击打开【浅灰色–品蓝色 纯色 1】图层，单击选择【图层样式】，使用快捷键Ctrl+C进行复制；接着选择【浅灰色–品蓝色 纯色 2】图层，使用快捷键Ctrl+V进行粘贴，如图4-71所示。此时【浅灰色–品蓝色 纯色 2】图层出现投影效果，如图4-72所示。

图 4-71　　　　　　　　图 4-72

步骤(07 在【项目】面板中选择1.jpg素材文件，按住鼠标左键将该素材拖曳到【时间轴】面板中，如图4-73所示。

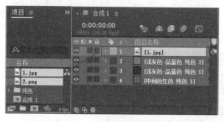

图 4-73

步骤(08 在【时间轴】面板中单击打开1.jpg图层下方的【变换】，设置【位置】为（945.0,540.0），如图4-74所示。画面效果如图4-75所示。

图 4-74　　　　　　　　图 4-75

步骤(09 在【时间轴】面板中选择1.jpg图层，在工具栏中选择【钢笔工具】，然后在【合成】面板中单击添加锚点，围绕帽子绘制闭合路径，如图4-76所示。

步骤(10 为帽子图层添加投影。在【时间轴】面板中单击打开【浅灰色–品蓝色 纯色 2】图层，单击选择【图层样式】，使用快捷键Ctrl+C进行复制；接着选择1.jpg图层，使用快捷键Ctrl+V进行粘贴，如图4-77所示。

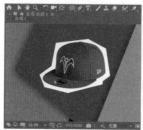
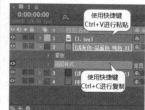

图 4-76　　　　　　　　图 4-77

步骤(11 此时画面效果如图4-78所示。

步骤(12 在【项目】面板中将2.png素材文件拖曳到【时间轴】面板中，如图4-79所示。

图 4-78　　　　　　　　图 4-79

步骤(13 在【时间轴】面板中单击打开2.png图层下方的【变换】，设置【位置】为（940.0,945.0），如图4-80所示。实例制作完成，画面效果如图4-81所示。

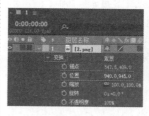

图 4-80　　　　　　　　图 4-81

实例练习：【钢笔工具】制作梦幻感电子相册

扫一扫，看视频

练习说明

文件路径：Chapter 4 蒙版工具→实例：【钢笔工具】制作梦幻感电子相册

本实例使用【钢笔工具】为照片绘制边

中文版After Effects 2020完全案例教程（微课视频版）

框，从而制作出具有梦幻效果的电子相册。实例效果如图4-82所示。

图4-82

4.4 画笔和橡皮擦工具

【画笔工具】和【橡皮擦工具】可以为图像绘制更自由的蒙版效果。需要注意的是这两种工具绘制完成以后，要再次单击进入【合成】面板，才能看到最终效果。

扫一扫，看视频

实例：【画笔工具】绘制唯美人像

文件路径：Chapter 4 蒙版工具→实例：【画笔工具】绘制唯美人像

本实例使用【画笔工具】并在【画笔】及【绘画】面板中调整参数，制作朦胧感人像照片。实例效果如图4-83所示。

扫一扫，看视频

步骤 01 在【项目】面板中右击并选择【新建合成】选项，在弹出的【合成设置】面板中设置【合成名称】为1，【预设】为【自定义】，【宽度】为1000，【高度】为667，【像素长宽比】为【方形像素】，【帧速率】为24，【分辨率】为【完整】，【持续时间】为3秒，单击【确定】按钮。执行【文件】/【导入】/【文件】命令，导入1.jpg素材文件。在【项目】面板中将1.jpg素材文件拖曳到【时间轴】面板中，如图4-84所示。

图4-83

图4-84

步骤 02 在【时间轴】面板中双击1.jpg图层，打开图层1.jpg窗口，接着在工具栏中选择（画笔工具），在【画笔】面板中设置【直径】为150像素，勾选【间距】复选框，设置【间距】为1%；在【绘画】面板中设置【颜色】

为黄绿色，【不透明度】为30%；设置完成后围绕画面边缘按住鼠标左键进行反复涂抹，使画面四周呈现一种朦胧模糊的感觉，如图4-85所示。使用画笔进行涂抹时，可适当调整画笔大小以及不透明度，绘制完成后，单击进入【合成】面板，画面效果如图4-86所示。

图4-85

图4-86

实例：【橡皮擦工具】制作淡雅人像广告

文件路径：Chapter 4 蒙版工具→实例：【橡皮擦工具】制作淡雅人像广告

本实例使用【橡皮擦工具】涂抹画面右上角青纱，使人物显现出来。实例效果如图4-87所示。

扫一扫，看视频

图4-87

步骤 01 在【项目】面板中右击并选择【新建合成】选项，在弹出的【合成设置】面板中设置【合成名称】为1，【预设】为【自定义】，【宽度】为1515，【高度】为1000，【像素长宽比】为【方形像素】，【帧速率】为24，【分辨率】为【完整】，【持续时间】为5秒，单击【确定】按钮。执行【文件】/【导入】/【文件】命令，导入全部素材文件。在【项目】面板中依次将1.jpg和2.png素材文件拖曳到【时间轴】面板中，如图4-88所示。画面效果如图4-89所示。

图4-88　　　　　　　图4-89

步骤 02 在【时间轴】面板中双击2.png图层，在工具栏中选择◆（橡皮擦工具），在【画笔】面板中设置【直径】为260像素，设置完成后在图片中合适的位置处按住鼠标左键进行拖曳涂抹，如图4-90所示。

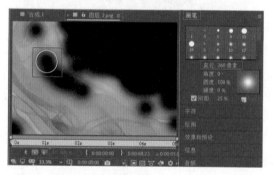

图4-90

步骤 03 绘制完成后单击返回【合成1】面板，画面效果如图4-91所示。

图4-91

步骤 04 将【项目】面板中的3.png素材文件拖曳到【时间轴】面板中，如图4-92所示。

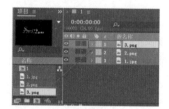

图4-92

步骤 05 在【时间轴】面板中单击打开3.png图层下方的【变换】，设置【位置】为（385.0,750.0），【缩放】为（127.0,127.0%），如图4-93所示。本实例制作完成，画面效果如图4-94所示。

图4-93　　　　　　　图4-94

中文版After Effects 2020完全案例教程（微课视频版）

扫一扫，看视频

Chapter 5

第 5 章

创建动画

本章内容简介：

　　动画是一门综合艺术，它融合了绘画、漫画、电影、数字媒体、摄影、音乐、文学等艺术学科，可以给观者带来更好的视觉体验。在After Effects中，可以为图层添加关键帧动画，产生基本的位置、缩放、旋转、不透明度等动画效果；还可以为素材已经添加了【效果】的参数设置关键帧动画，产生效果的变化。

重点知识掌握：

- 了解关键帧动画
- 创建关键帧动画的方法
- 编辑关键帧动画
- 关键帧动画制作作品

5.1 了解关键帧动画

关键帧动画通过为素材的不同时刻设置不同的属性，使该过程中产生动画的变换效果。"帧"是动画中的单幅影像画面，是最小的计量单位。影片是由一张张连续的图片组成的，每幅图片就是1帧，PAL制式每秒25帧，NTSC制式每秒30帧。而"关键帧"是指动画上关键的时刻，至少有两个关键时刻才能构成动画。可以通过设置动作、效果、音频以及多种其他属性参数使画面形成连贯的动画效果。关键帧动画至少要通过两个关键帧来完成，如图5-1和图5-2所示。

图 5-1

图 5-2

5.2 创建关键帧动画

扫一扫，看视频

（1）在【时间帧】面板中，将时间线滑动至合适位置处，然后单击【属性】前的 ⏱️（时间变化秒表）按钮，此时在【时间帧】

面板的相应位置处就会自动出现一个关键帧，如图5-3所示。

图 5-3

（2）再将时间线滑动至另一个合适位置处，设置【属性】参数，此时在【时间帧】面板的相应位置处就会再次自动出现一个关键帧，进而使画面形成动画效果，如图5-4所示。

图 5-4

实例：使用关键帧制作缩放动画

扫一扫，看视频

文件路径：Chapter 5 创建动画→实例：使用关键帧制作缩放动画

本实例使用【缩放】关键帧制作人物的缩放效果。实例效果如图5-5所示。

图 5-5

步骤 01 在【项目】面板中右击并选择【新建合成】选项，在弹出的【合成设置】面板中设置【合成名称】为1，【预设】为【自定义】，【宽度】为1200，【高度】为797，【像素长宽比】为【方形像素】，【帧速率】为24，【分辨率】为【完整】，【持续时间】为5秒，单击【确定】按钮。

执行【文件】/【导入】/【文件】命令，导入1.jpg素材文件。在【项目】面板中将1.jpg素材文件拖曳到【时间轴】面板中，如图5-6所示。

图 5-6

步骤02 制作缩放动画效果。为了便于操作，在【时间轴】面板中选择1.jpg图层，单击打开该图层下方的【变换】，将时间线滑动到起始帧位置，单击【缩放】前的 (时间变化秒表)按钮，开启自动关键帧，设置【缩放】为(200.0,200.0%)；继续将时间线滑动到3秒位置，设置【缩放】为(100.0,100.0%)，如图5-7所示。滑动时间线查看画面效果，如图5-8所示。

图 5-7　　　　图 5-8

实例：制作儿童外景写真动画

文件路径:Chapter 5　创建动画→实例：制作儿童外景写真动画

本实例使用【缩放】【旋转】及【不透明度】关键帧制作。实例效果如图5-9所示。

扫一扫，看视频

图 5-9

步骤01 在【项目】面板中右击并选择【新建合成】选项，在弹出的【合成设置】面板中设置【合成名称】为1，【预设】为【自定义】，【宽度】为960，【高度】为640，【像素长宽比】为【方形像素】，【帧速率】为24，【分辨率】为【完整】，【持续时间】为5秒，单击【确定】按钮。执行【文件】/【导入】/【文件】命令，导入1.jpg和2.jpg素材文件。在【项目】面板中将1.jpg和2.jpg素材文件拖曳到【时间轴】面板中，如图5-10所示。

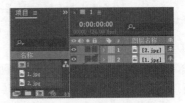

图 5-10

步骤02 制作动画效果。为了便于操作，首先单击2.jpg图层前方的 (显现/隐藏)按钮，将该图层进行隐藏，接着选择1.jpg图层，单击打开该图层下方的【变换】，将时间线滑动到起始帧位置，单击【缩放】和【旋转】前的 (时间变化秒表)按钮，开启自动关键帧，设置【缩放】为(0.0,0.0%)，【旋转】为0x+0.0°，如图5-11所示；继续将时间线滑动到2秒位置，设置【缩放】为(100.0,100.0%)，【旋转】为2x+0.0°。滑动时间线查看画面效果，如图5-12所示。

图 5-11　　　　图 5-12

步骤03 在【时间轴】面板中再次单击2.jpg图层前方的 (显现/隐藏)按钮，将该图层进行显现，接着打开该图层下方的【变换】，设置【缩放】为(108.0,108.0%)；将时间线滑动到2秒位置，单击【不透明度】前的 (时间变化秒表)按钮，开启自动关键帧，设置【不透明度】为0%；继续将时间线滑动到4秒位置，设置【不透明度】为100%，如图5-13所示。本实例制作完成，滑动时间线查看画面效果，如图5-14所示。

图 5-13　　　　　　　　　　　图 5-14

【重点】5.3　关键帧的基本操作

扫一扫，看视频

在制作动画过程中，掌握了关键帧的应用，就相当于掌握了动画的基础和关键。而在创建关键帧后，还可以通过一些关键帧的基本操作来调整当前的关键帧状态，以此增强画面视感，使画面达到更为流畅、更加赏心悦目的视觉效果。

实例：首饰产品展示动画

扫一扫，看视频

文件路径：Chapter 5　创建动画→实例：首饰产品展示动画

本实例是广告设计行业常用的动画效果，用于产品展示。本实例使用【不透明度】关键帧制作第一张戒指展示动画效果；接着复制关键帧，更加便捷地制作另外两张戒指图片的动画效果。实例效果如图5-15所示。

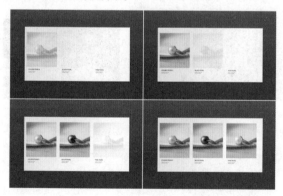

图 5-15

步骤 01 在【项目】面板中右击并选择【新建合成】选项，在弹出的【合成设置】面板中设置【合成名称】为1，【预设】为【自定义】，【宽度】为2000，【高度】为1300，【像素长宽比】为【方形像素】，【帧速率】为24，【分辨率】为【完整】，【持续时间】为5秒，单击【确定】按钮。

执行【文件】/【导入】/【文件】命令，导入全部素材文件。在【项目】面板中依次将1.jpg和2.png~4.png素材文件拖曳到【时间轴】面板中，如图5-16所示。

步骤 02 为了便于操作，在【时间轴】面板中单击3.png和4.png图层前的 ◉（显现/隐藏）按钮，将图层进行隐藏；接着选择2.png素材文件，如图5-17所示。

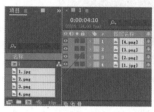

图 5-16　　　　　　　　　　　图 5-17

步骤 03 单击打开该图层下方的【变换】，设置【位置】为（480.0,592.0），将时间线滑动到起始帧位置，单击【不透明度】前的 ◉（时间变化秒表）按钮，开启自动关键帧，设置【不透明度】为0%；继续将时间线滑动到1秒位置，设置【不透明度】为100%，如图5-18所示。画面效果如图5-19所示。

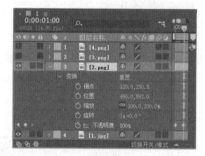

图 5-18

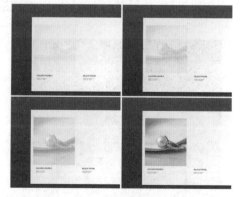

图 5-19

步骤 04 在【时间轴】面板中再次单击3.png图层前方的

中文版After Effects 2020完全案例教程（微课视频版）

（显现/隐藏）按钮，将该图层显现出来；接着单击打开该图层下方的【变换】，设置【位置】为（978.0,590.0），如图5-20所示。

图5-20

步骤 05 为该图层制作不透明度动画效果。在【时间轴】面板中单击打开2.png图层下方的【变换】，选择【不透明度】效果，使用快捷键Ctrl+C进行复制；接着将时间线滑动到1秒位置，选择3.png图层，使用快捷键Ctrl+V进行粘贴，如图5-21所示。滑动时间线查看效果如图5-22所示。

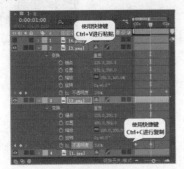

图5-21

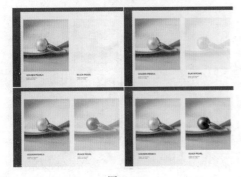

图5-22

步骤 06 在【时间轴】面板中单击4.png图层前方的 （显现/隐藏）按钮，将该图层显现出来，接着单击打开该图层下方的【变换】，设置【位置】为（1478.0,590.0），如

图5-23所示。

图5-23

步骤 07 在【时间轴】面板中单击打开3.png图层下方的【变换】，选择【不透明度】效果，使用快捷键Ctrl+C进行复制；接着将时间线滑动到2秒位置，选择4.png图层，使用快捷键Ctrl+V进行粘贴，如图5-24所示。滑动时间线查看效果，如图5-25所示。

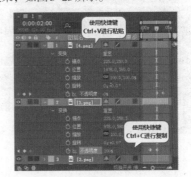

图5-24

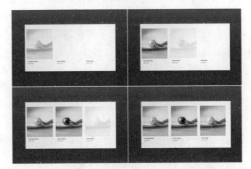

图5-25

5.4 编辑关键帧

设置关键帧后，在【时间轴】面板中选中需要编辑的关键帧，并将光标定位在该关键帧上，右击，即可在弹出的属性栏中设置需要编辑的属性参数，如图5-26所示。

图 5-26

实例: 使用【切换定格关键帧】制作定格放大

扫一扫,看视频

文件路径:Chapter 5　创建动画→实例:使用【切换定格关键帧】制作定格放大

本实例使用【切换定格关键帧】制作画面定格放大效果。实例效果如图5-27所示。

图 5-27

步骤 01 在【项目】面板中右击并选择【新建合成】选项,在弹出的【合成设置】面板中设置【合成名称】为1,【预设】为【自定义】,【宽度】为1200,【高度】为800,【像素长宽比】为【方形像素】,【帧速率】为24,【分辨率】为【完整】,【持续时间】为3秒,单击【确定】按钮。执行【文件】/【导入】/【文件】命令,导入1.jpg素材文件。在【项目】面板中将1.jpg素材文件拖曳到【时间轴】面板中,如图5-28所示。

图 5-28

步骤 02 在【时间轴】面板中单击打开该图层下方的【变换】,将时间线滑动到起始帧位置,单击【缩放】前的 (时间变化秒表)按钮,开启自动关键帧,设置【缩放】为(0.0,0.0%),如图5-29所示。选择【缩放】后方的关

键帧,右击执行【切换定格关键帧】命令,此时关键帧状态发生改变,如图5-30所示。

 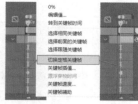

图 5-29　　　　　　　　图 5-30

步骤 03 在【时间轴】面板中继续将时间线滑动到第10帧位置,设置【缩放】为(50.0,50.0%);将时间线滑动到第20帧位置,设置【缩放】为(75.0,75.0%),最后将时间线滑动到1秒5帧位置,设置【缩放】为(100.0,100.0%),如图5-31所示。滑动时间线查看画面效果,如图5-32所示。

图 5-31　　　　　　　　图 5-32

实例: 使用【选择前面的关键帧】制作动画

扫一扫,看视频

文件路径:Chapter 5　创建动画→实例:使用【选择前面的关键帧】制作动画

本实例使用【选择前面的关键帧】即可选择该关键帧前的所有关键帧。实例效果如图5-33所示。

图 5-33

步骤 01 在【项目】面板中右击并选择【新建合成】选项,在弹出的【合成设置】面板中设置【合成名称】为1,【预设】为【自定义】,【宽度】为960,【高度】为640,

中文版After Effects 2020完全案例教程(微课视频版)

【像素长宽比】为【方形像素】,【帧速率】为24,【分辨率】为【完整】,【持续时间】为5秒,单击【确定】按钮。执行【文件】/【导入】/【文件】命令,导入1.jpg素材文件。在【项目】面板中将1.jpg素材文件拖曳到【时间轴】面板中,如图5-34所示。

步骤 02 在【时间轴】面板中单击打开该图层下方的【变换】,将时间线滑动到起始帧位置,单击【位置】前的 (时间变化秒表)按钮,开启自动关键帧,设置【位置】为(-485.0,320.0);继续将时间线滑动到1秒位置,设置【位置】为(330.0,320.0);最后将时间线滑动到2秒位置,设置【位置】为(480.0,320.0),如图5-35所示。

图 5-34　　　　　　　　图 5-35

步骤 03 选择【位置】后方的第3个关键帧,右击,执行【选择前面的关键帧】命令,如图5-36所示,此时在该关键帧前方的所有关键帧将全部被选中。

图 5-36

【重点】5.5 动画预设

　　使用【动画预设】可以为素材添加很多种类的预设效果,After Effects中自带的动画预设效果非常强大,可以模拟很精彩的动画。

扫一扫,看视频

实例:使用【动画预设】制作文字效果

　　文件路径:Chapter 5 创建动画→实例:使用【动画预设】制作文字效果
　　本实例使用强大的【动画预设】效果轻松为文字添加关键帧制作动画。实例效

扫一扫,看视频

果如图5-37所示。

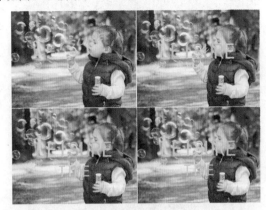

图 5-37

步骤 01 打开本书配套文件01.aep,如图5-38所示。

图 5-38

步骤 02 将时间线滑动到起始帧位置,在【效果和预设】面板搜索框中搜索【3D 下雨词和颜色】或打开【效果和预设】面板下方的【动画预设】,在其内部进行挑选;接着将该预设效果拖曳到【时间轴】面板中的文字图层上,如图5-39所示。

图 5-39

步骤 03 在【时间轴】面板中打开【文本】图层,可以看到从起始帧位置开始,文字就被成功地添加了【动画预设】,如图5-40所示。滑动时间线查看画面效果,如图5-41所示。

图 5-40

图 5-41

5.6 经典动画实例

实例：制作卡通挤压文字动画效果

扫一扫，看视频

文件路径：Chapter 5 创建动画→实例：制作卡通挤压文字动画效果

本实例使用【缩放】关键帧以及【波纹】和【凸出】效果制作出波纹挤压动画。实例效果如图 5-42 所示。

步骤 01 在【项目】面板中右击并选择【新建合成】选项，在弹出的【合成设置】面板中设置【合成名称】为1，【预设】为【自定义】，【宽度】为1200，【高度】为1205，【像素长宽比】为【方形像素】，【帧速率】为25，【分辨率】为【完整】，【持续时间】为5秒，单击【确定】按钮。执行【文件】/【导入】/【文件】命令，导入全部素材文件。在【项目】面板中依次将1.jpg和2.jpg素材文件拖曳

到【时间轴】面板中，如图 5-43 所示。

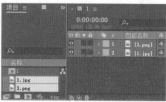

图 5-42　　　　　　　　图 5-43

步骤 02 制作动画效果。在【效果和预设】面板搜索框中搜索【凸出】，将该效果拖曳到【时间轴】面板的2.png图层上，如图 5-44 所示。

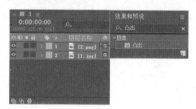

图 5-44

步骤 03 在【时间轴】面板中单击打开2.png图层下方的【效果】/【凸出】，将时间线滑动到起始帧位置，单击【水平半径】前的 (时间变化秒表) 按钮，开启自动关键帧，设置【水平半径】为50.0；继续将时间线滑动到20帧位置，设置【水平半径】为850.0；继续将时间线滑动到第2秒位置，设置【水平半径】为50。将时间线滑动到第20帧位置，单击【垂直半径】前的 (时间变化秒表) 按钮，开启自动关键帧，设置【垂直半径】为50.0；将时间线滑动到1秒15帧位置，设置【垂直半径】为1000.0；最后将时间线滑动到2秒位置，设置与【垂直半径】为50.0，如图 5-45 所示。画面效果如图 5-46 所示。

图 5-45　　　　　　　　图 5-46

步骤 04 在【效果和预设】面板搜索框中搜索【波纹】，

将该效果拖曳到【时间轴】面板的2.png图层上，如图5-47所示。

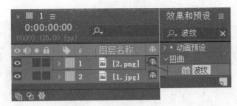

图5-47

步骤 05 在【时间轴】面板中单击打开2.png图层下方的【效果】/【波纹】，将时间线滑动到起始帧位置，单击【半径】前的◎（时间变化秒表）按钮，开启自动关键帧，设置【半径】为100.0；继续将时间线滑动到3秒10帧位置，设置【半径】为0.0；接着设置【波形宽度】为25.0，如图5-48所示，画面效果如图5-49所示。

图5-48　　　　　　　图5-49

步骤 06 在【时间轴】面板中单击打开该图层下方的【变换】，将时间线滑动到2秒位置，单击【缩放】前的◎（时间变化秒表）按钮，开启自动关键帧，设置【缩放】为（100.0,100.0%）；将时间线滑动到2秒10帧位置，设置【缩放】为（38.0,38.0%）；将时间线滑动到2秒20帧位置，设置【缩放】为（105.0,105.0%）；将时间线滑动到3秒位置，设置【缩放】为（18.0,18.0%）；最后将时间线滑动到3秒10帧位置，设置【缩放】为（100.0,100.0%），如图5-50所示。本实例制作完成，滑动时间线查看实例效果，如图5-51所示。

图5-50　　　　　　　图5-51

实例练习：制作同心圆背景动画效果

练习说明

文件路径：Chapter 5　创建动画→实例：制作同心圆背景动画效果

扫一扫，看视频

本实例使用【椭圆工具】制作同心圆效果，并使用CC Flo Motion及CC Blobbylize为同心圆制作动画效果。实例效果如图5-52所示。

图5-52

实例：制作新锐风格CD播放动画

文件路径：Chapter 5　创建动画→实例：制作新锐风格CD播放动画

扫一扫，看视频

本实例主要使用【旋转】关键帧制作圆形人物图片的旋转效果，使用【位置】和【缩放】制作文字伸展效果。实例效果如图5-53所示。

图5-53

步骤 01 在【项目】面板中右击并选择【新建合成】选项，在弹出的【合成设置】面板中设置【合成名称】为

【合成1】,【预设】为【自定义】,【宽度】为1000,【高度】为1000,【像素长宽比】为【方形像素】,【帧速率】为25,【分辨率】为【完整】,【持续时间】为5秒,单击【确定】按钮。执行【文件】/【导入】/【文件】命令,导入1.png素材文件。在【项目】面板中将1.png素材文件拖曳到【时间轴】面板中,如图5-54所示。

步骤 02 在【时间轴】面板中单击打开1.png图层下方的【变换】,设置【位置】为(500.0,520.0),【缩放】为(45.0,45.0%),将时间线滑动到起始帧位置,单击【旋转】前的 ⊙（时间变化秒表）按钮,开启自动关键帧,设置【旋转】为0.0°；继续将时间线滑动到结束帧位置,设置【缩放】为2x+0.0°,如图5-55所示。

图 5-54　　　　　　　图 5-55

步骤 03 滑动时间线查看画面效果,如图5-56所示。

步骤 04 在工具栏中选择 ◯（椭圆工具）,设置【填充】为无,【描边】为蓝色,【描边宽度】为7像素；接着在【合成】面板的合适位置处按住Shift键的同时按住鼠标左键绘制一个正圆形状,如图5-57所示。

图 5-56　　　　　　　图 5-57

步骤 05 调整蓝色正圆位置,在【时间轴】面板中单击打开该图层下方的【变换】,设置【位置】为(500.0,512.0),如图5-58所示。画面效果如图5-59所示。

步骤 06 在圆形下方绘制一个矩形蒙版。在【时间轴】面板中选择【形状图层1】,使用快捷键Ctrl+Shift+C进行预合成,在弹出的【预合成】面板中设置【新合成名称】为【形状图层1合成1】。此时在【时间轴】面板中得到

预合成图层,如图5-60所示。

图 5-58　　　　　　　图 5-59

步骤 07 在【时间轴】面板中选择预合成图层,接着在工具栏中选择 ▭（矩形工具）,在蓝色正圆底部按住鼠标左键绘制一个矩形；接着在【时间轴】面板中单击打开预合成图层下方的【蒙版】/【蒙版1】,勾选【蒙版1】后方的【反转】复选框,如图5-61所示。

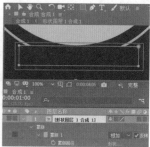

图 5-60　　　　　　　图 5-61

步骤 08 制作文字。在【时间轴】面板的空白位置处右击并执行【新建】/【文本】命令。接着在【字符】面板中设置合适的【字体系列】,【填充颜色】为蓝色,【字体大小】为60像素,在【段落】面板中选择 ▤（居中对齐文本）,设置完成后输入文字“occurence”,如图5-62所示。

图 5-62

步骤 09 在【时间轴】面板中单击打开【文本】图层下方的【变换】,设置【位置】为(502.0,867.0),如图5-63所示。画面效果如图5-64所示。

图 5-63　　　　　　　　　图 5-64

步骤 10 再次使用快捷键Ctrl+Shift+Alt+T新建文本，在【字符】面板中设置合适的【字体系列】，【填充颜色】为蓝色，【字体大小】为88像素，设置完成后输入文字"OCCUR HAPPEN"，如图5-65所示。

图 5-65

步骤 11 在【时间轴】面板中单击打开【文本】图层下方的【变换】，设置【位置】为(500.0,136.0)，单击【缩放】后方的 ，取消约束比例。接着将时间线滑动到起始帧位置，单击【缩放】前的 (时间变化秒表)按钮，开启自动关键帧，设置【缩放】为(0.0,100.0%)；继续将时间线滑动到1秒位置，设置【缩放】为(100.0,100.0%)，如图5-66所示。滑动时间线查看画面效果，如图5-67所示。

图 5-66　　　　　　　　　图 5-67

综合实例：音乐产品UI标志动画

文件路径:Chapter 5　创建动画→综合实例：音乐产品UI标志动画

本实例首先使用【网格】效果制作背景；

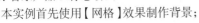

扫一扫，看视频

其次使用【钢笔工具】制作形状及文字；最后制作形状及文字的动画效果。实例效果如图5-68所示。

图 5-68

步骤 01 在【项目】面板中右击并选择【新建合成】选项，在弹出的【合成设置】面板中设置【合成名称】为【合成1】，【预设】为【自定义】，【宽度】为1000，【高度】为1000，【像素长宽比】为【方形像素】，【帧速率】为24，【分辨率】为【完整】，【持续时间】为5秒，【背景颜色】为青蓝色，单击【确定】按钮。制作渐变背景。在【时间轴】面板的空白位置处右击，执行【新建】/【纯色】命令，在弹出的【纯色设置】面板中设置【颜色】为黑色，创建一个纯色图层，如图5-69所示。

图 5-69

步骤 02 在【效果和预设】面板搜索框中搜索【网格】，将该效果拖曳到【时间轴】面板的纯色图层上，如图5-70所示。

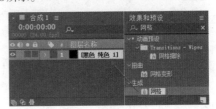

图 5-70

中文版After Effects 2020完全案例教程（微课视频版）

步骤 03 单击打开纯色图层下方的【效果】/【网格】，设置【颜色】为浅蓝色，【边界】为8。单击打开【变换】，设置【缩放】为（90.0,90.0%），如图5-71所示。画面效果如图5-72所示。

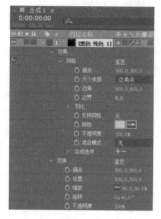
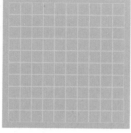

图 5-71　　　　　　　图 5-72

步骤 04 绘制形状。在工具栏中选择 ✐（钢笔工具），设置【填充】为无，【描边】为黑色，【描边宽度】为16像素；接着在画面中单击建立锚点，绘制一条弧形形状，如图5-73所示。

步骤 05 在【效果和预设】面板搜索框中搜索【径向擦除】，将该效果拖曳到【时间轴】面板的【形状图层1】上，如图5-74所示。

图 5-73　　　　　　　图 5-74

步骤 06 单击打开【形状图层1】下方的【效果】/【径向擦除】，将时间线滑动到起始帧位置，单击【过渡完成】前的 ◎（时间变化秒表）按钮，设置【过渡完成】为100%；继续将时间线滑动到1秒位置，设置【过渡完成】为0%，接着设置【起始角度】为0x-110.0°，【擦除】为【逆时针】，如图5-75所示。画面效果如图5-76所示。

步骤 07 在工具栏中选择 ✐（钢笔工具），设置【填充】为黑色，【描边】为无，然后在画面左侧的曲线上制作一个椭圆形按钮，如图5-77所示。

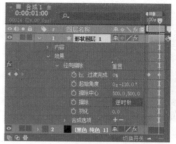
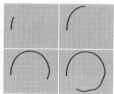

图 5-75　　　　　　　图 5-76

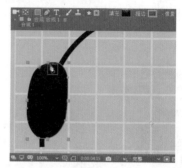

图 5-77

步骤 08 使用【钢笔工具】绘制文字，在工具栏中选择 ✐（钢笔工具），设置【填充】为无，【描边】为黑色，【描边宽度】为10像素，接着在画面中制作字母M，如图5-78所示。使用同样的方式制作其他字母，如图5-79所示。

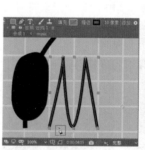

图 5-78　　　　　　　图 5-79

步骤 09 在【时间轴】面板中选择【形状图层3】~【形状图层8】，使用快捷键Ctrl+Shift+C进行预合成；接着在弹出的【预合成】窗口中设置【新合成名称】为music，如图5-80所示。此时在【时间轴】面板中得到music预合成图层，如图5-81所示。

步骤 10 使用同样的方式制作另外两个字母预合成图层，如图5-82所示。

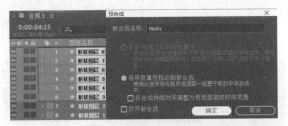

图 5-80

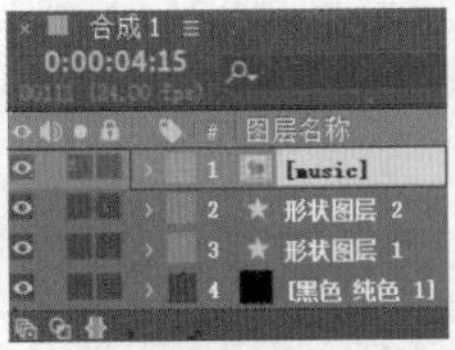

性，将时间线滑动到2秒10帧位置，单击【不透明度】前方的（时间变化秒表）按钮，设置【不透明度】为0%；继续将时间线滑动到2秒20帧位置，设置【不透明度】为100%，如图5-86所示。画面效果如图5-87所示。

图 5-84

图 5-85

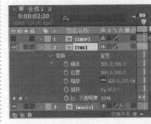

图 5-86

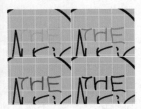

图 5-87

步骤 14 选择【不透明度】属性，使用快捷键Ctrl+C将不透明度参数进行复制，接着显现并选择SHOP预合成图层，将时间线滑动到3秒10帧位置，选择SHOP预合成图层，使用快捷键Ctrl+V进行粘贴，如图5-88所示。SHOP预合成图层下方的【不透明度】参数如图5-89所示。

图 5-81　　　　图 5-82

步骤 11 制作字母的动画效果。在【效果和预设】面板搜索框中搜索CC Griddler，将该效果拖曳到【时间轴】面板的music预合成图层上，如图5-83所示。

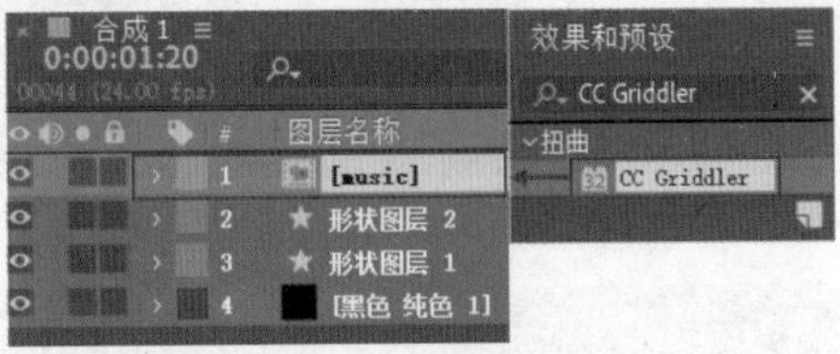

图 5-83

步骤 12 首先在【时间轴】面板中单击 THE和SHOP预合成图层前的 按钮将图层进行隐藏，单击打开music预合成图层下方的【效果】/CC Griddler，将时间线滑动到1秒位置，单击Horizontal Scale前方的（时间变化秒表）按钮，开启关键帧，设置Horizontal Scale为0.0；继续将时间线滑动到1秒20帧位置，设置Horizontal Scale为300.0；最后将时间线滑动到2秒10帧位置，设置Horizontal Scale为100.0，如图5-84所示。画面效果如图5-85所示。

步骤 13 显现并选择THE预合成图层，展开【变换】属

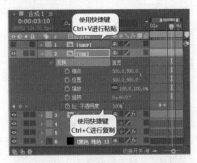

图 5-88

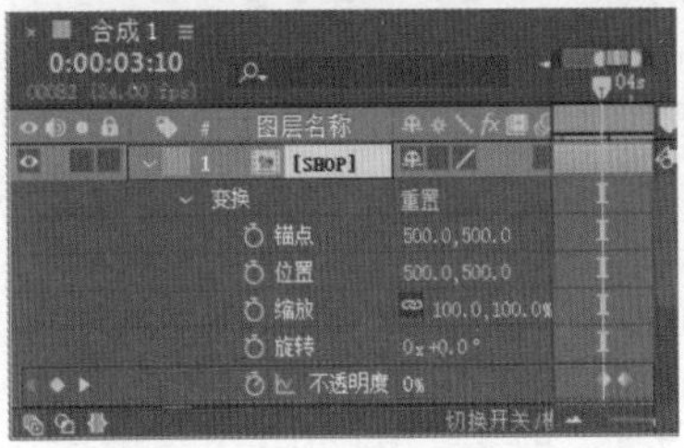

图 5-89

步骤 15 本实例制作完成，滑动时间线查看实例效果，如图5-90所示。

图5-90

综合实例：撞色锁屏界面动画

扫一扫，看视频

文件路径：Chapter 5　创建动画→撞色锁屏界面动画

本实例使用【颜色叠加】图层样式及【蒙版】工具制作手机界面背景部分，并添加关键帧制作动画效果。实例效果如图5-91所示。

图5-91

步骤 01 在【项目】面板中右击并选择【新建合成】选项，在弹出的【合成设置】面板中设置【合成名称】为1，【预设】为【自定义】，【宽度】为1300，【高度】为903，【像素长宽比】为【方形像素】，【帧速率】为24，【分辨率】为【完整】，【持续时间】为5秒，单击【确定】按钮。执行【文件】/【导入】/【文件】命令，导入1.jpg和2.png素材文件。在【项目】面板中将1.jpg素材文件拖曳到【时间轴】面板中，如图5-92所示。

步骤 02 在【时间轴】面板的空白位置处右击，执行【新建】/【纯色】命令，在弹出的【纯色设置】窗口中设置【颜色】为黑色，创建一个纯色图层，如图5-93所示。

图5-92　　　　　　　　　　图5-93

步骤 03 在【时间轴】面板中选择纯色图层，右击，执行【图层样式】/【渐变叠加】命令。接着单击打开纯色图层下方的【图层样式】/【渐变叠加】，将时间线滑动到起始帧位置，单击【颜色】前方的（时间变化秒表）按钮，开启自动关键帧。然后单击【编辑渐变】按钮，在弹出的【渐变编辑器】窗口中编辑一个由橙色到浅红色的渐变，如图5-94所示。继续将时间线滑动到3秒位置，再次单击【编辑渐变】按钮，在弹出的【渐变编辑器】窗口中编辑一个由紫色到蓝色的渐变，如图5-95所示。

图5-94

图5-95

步骤 04 在【时间轴】面板中选择纯色图层，在工具栏中选择（钢笔工具），然后围绕手机界面绘制遮罩，如图5-96所示。使用同样的方式继续新建一个纯色图层并添加【渐变叠加】样式，按上述方式制作手机界面的右半部分，如图5-97所示。

图 5-96

图 5-97

步骤 05 滑动时间线查看画面动画效果，如图5-98所示。

步骤 06 在【项目】面板中将2.png素材文件拖曳到【时间轴】面板中，如图5-99所示。

图 5-98

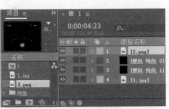
图 5-99

步骤 07 单击打开2.png图层下方的【变换】，设置【位置】为(672.0,195.5)，如图5-100所示。画面效果如图5-101所示。

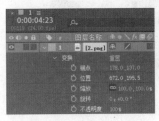
图 5-100

图 5-101

步骤 08 在【时间轴】面板的空白位置处右击执行【新建】/【文本】命令。接着在【字符】面板中设置合适的【字体系列】，设置【填充颜色】为白色，【描边颜色】为无，【字体大小】为50像素，在【段落】面板中选择▇（居中对齐文本），设置完成后输入"-12℃"，如图5-102所示。

步骤 09 调整文字位置。在【时间轴】面板中单击打开-12℃文本图层下方的【变换】，设置【位置】为(668.5,339.0)，如图5-103所示。画面效果如图5-104所示。

图 5-102

图 5-103

图 5-104

步骤 10 使用快捷键Ctrl+Shift+Alt+T新建文本，在【字符】面板中设置合适的【字体系列】，设置【填充颜色】为白色，【描边颜色】为无，【字体大小】为25像素，设置完成后输入"Cloudy"，如图5-105所示。

图 5-105

步骤 11 在【时间轴】面板中单击打开Cloudy文本图层下方的【变换】，设置【位置】为(671.5,366.5)，如图5-106所示。手机界面此时效果如图5-107所示。

图 5-106

图 5-107

步骤 12 在【字符】面板中设置合适的【字体系列】，设置【填充颜色】为白色，【描边颜色】为无，【字体大小】为12像素，选择▇▇（全部大写字母），在【段落】面板中单击选择▇（居中对齐文本），设置完成后输入文字内容，在输入时可按下大键盘上的Enter键将文字切换到下一行，然后调整文字位置于Cloudy下方，如图5-108所示。

图 5-108

步骤(13 在【字符】面板中设置合适的【字体系列】，设置【填充颜色】为白色，【描边颜色】为无，【字体大小】为24像素，选择**TT**（全部大写字母），在【段落】面板中单击选择**≣**（左对齐文本），设置完成后输入文字内容并调整文字位置，如图5-109所示。选择APPROPRIATE文字，在【字符】面板中更改【字体大小】为18像素，如图5-110所示。

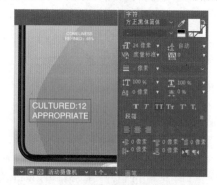

图 5-109

图 5-110

步骤(14 按照同样的方式制作界面右下角的时间文字，如图5-111所示。本实例制作完成，滑动时间线查看画面效果，如图5-112所示。

图 5-111

图 5-112

综合实例：抖动故障视频动画设计

扫一扫，看视频

文件路径：Chapter 5　创建动画→综合实例：抖动故障视频动画设计

本实例使用【波形变形】效果、【杂色】效果、【快速方框模糊】效果、【百叶窗】效果制作模糊、抖动的背景动画效果；接着使用蒙版将文字进行分割，制作出错落滑动的效果。该效果是非常新潮的动画效果，广泛应用于广告动画、MV宣传动画、自媒体平台视频等影视动画作品中。实例效果如图5-113所示。

图 5-113

步骤(01 在【项目】面板中右击并选择【新建合成】选项，在弹出的【合成设置】面板中设置【合成名称】为【合成1】，【预设】为HDTV 1080 24，【宽度】为1920，【高度】为1080，【像素长宽比】为【方形像素】，【帧速率】为24，【分辨率】为【完整】，【持续时间】为7秒，单击【确定】按钮。制作一个纯色图层，在【时间轴】面板的空白位置处右击，执行【新建】/【纯色】命令，在弹出的【纯色设置】面板中设置【名称】为【中间色蓝色 纯色1】，【颜色】为蓝色，单击【确定】按钮，如图5-114所示。

图 5-114

步骤 02 在【效果和预设】面板搜索框中搜索【波形变形】，将该效果拖曳到【时间轴】面板的纯色图层上，如图 5-115 所示。

图 5-115

步骤 03 打开纯色图层下方的【效果】/【波形变形】，设置【波浪类型】为【正方形】，【波形宽度】为600，【方向】为0x+0°，【波形速度】为5.0。将时间线滑动到1秒位置，单击【波形高度】前的 (时间变化秒表)按钮，开启自动关键帧，设置【波形高度】为600；将时间线滑动到2秒位置，设置【波形高度】为0；将时间线滑动到3秒位置，设置【波形高度】为600；将时间线滑动到4秒位置，设置【波形高度】为0；继续将时间线滑动到5秒位置，设置【波形高度】为300；将时间线滑动到6秒位置，设置【波形高度】为-300；最后将时间线滑动到7秒位置，设置【波形高度】为300，如图 5-116 所示。画面效果如图 5-117 所示。

图 5-116　　　　　　图 5-117

步骤 04 在【效果和预设】面板搜索框中搜索【杂色】，将该效果拖曳到【时间轴】面板的纯色图层上，如图 5-118 所示。

图 5-118

步骤 05 打开纯色图层下方的【效果】/【杂色】，设置【杂色数量】为100.0%，如图 5-119 所示。此时纯色图层出现杂色效果，如图 5-120 所示。

 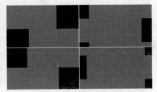

图 5-119　　　　　　图 5-120

步骤 06 在【效果和预设】面板搜索框中搜索【快速方框模糊】，将该效果拖曳到【时间轴】面板的纯色图层上，如图 5-121 所示。

图 5-121

步骤 07 打开纯色图层下方的【效果】/【快速方框模糊】，设置【模糊半径】为85.0，【迭代】为1，【模糊方向】为【水平】，如图 5-122 所示。此时的画面效果如图 5-123 所示。

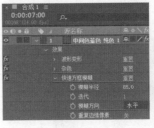 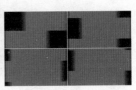

图 5-122　　　　　　图 5-123

步骤 08 在【效果和预设】面板搜索框中搜索【百叶窗】，将该效果拖曳到【时间轴】面板中的纯色图层上，如图 5-124 所示。

步骤 09 打开纯色图层下方的【效果】/【百叶窗】，设置【过渡完成】为20%，将时间线滑动到1秒位置，单击【方向】前的 (时间变化秒表)按钮，开启自动关键帧，设置【方向】为0.0°，如图5-125所示；继续将时间线滑动到结束帧位置，设置【方向】为1x+70.0°。此时画面效果如图5-126所示。

图 5-124

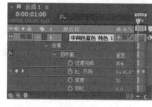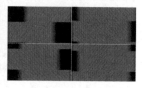

图 5-125　　　　　　　　图 5-126

步骤（10 在【时间轴】面板的空白位置处右击，执行【新建】/【纯色】命令，在弹出的【纯色设置】面板中设置【名称】为【白色 纯色 1】，【颜色】为白色，单击【确定】按钮，如图5-127所示。

图 5-127

步骤（11 选择【白色 纯色 1】图层，在工具栏中选择 ✎（钢笔工具），然后在【合成】面板中单击建立锚点，绘制一个W形，如图5-128所示。

图 5-128

步骤（12 在【时间轴】面板中打开【中间色蓝色 纯色 1】图层，单击选择【效果】，使用快捷键Ctrl+C进行复制，将时间线滑动到起始帧位置，选择【白色 纯色 1】图层，使用快捷键Ctrl+V进行粘贴，如图5-129所示。将时间线滑动到结束帧位置，单击打开【白色 纯色 1】图层下方的【波形变形】，在当前位置继续建立【波形高度】的关键帧，设置【波形高度】为-300，如图5-130所示。

图 5-129　　　　　　　　图 5-130

步骤（13 滑动时间线查看画面效果，如图5-131所示。

图 5-131

步骤（14 在工具栏中选择 ▭（矩形工具），设置【填充】为荧光绿；接着在【合成】面板左侧按住鼠标左键绘制一个矩形，如图5-132所示。

步骤（15 在【时间轴】面板中打开【中间色蓝色 纯色 1】图层，单击选择【效果】，使用快捷键Ctrl+C进行复制，接着将时间线滑动到3秒12帧位置，选择【形状图层1】，使用快捷键Ctrl+V进行粘贴，如图5-133所示。接着将时间线滑动到结束帧位置，单击打开【白色 纯色 1】图层下方的【波形变形】，在当前位置继续建立【波形高度】的关键帧，设置【波形高度】为-300，如图5-134所示。

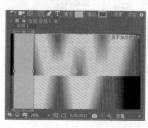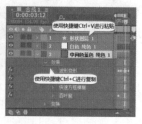

图 5-132　　　　　　　　图 5-133

步骤（16 滑动时间线查看画面效果，如图5-135所示。

中文版After Effects 2020完全案例教程（微课视频版）

图 5-134

图 5-135

步骤 17 制作文字部分。在【时间轴】面板的空白位置处右击，执行【新建】/【文本】命令。在【字符】面板中设置合适的【字体系列】，设置【填充颜色】为白色，【描边颜色】为无，【字体大小】为400，在【段落】面板中选择▆（居中对齐文本），接着在画面中输入文字，如图5-136所示。

图 5-136

步骤 18 在【时间轴】面板中选择【文本】图层，使用快捷键Ctrl+C进行复制，然后单击TOUGH 2图层前的◎（显现/隐藏）按钮，将复制的图层进行隐藏，方便接下来的步骤操作，如图5-137所示。

步骤 19 在【时间轴】面板中选择TOUGH文本图层，接着在工具栏中选择【矩形工具】，然后在【合成】面板的文字左侧的合适位置绘制一个矩形蒙版，此时蒙版以内部分为显示状态，蒙版以外部分为隐藏状态，如图5-138所示。

图 5-137

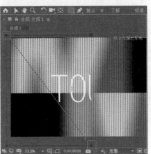

图 5-138

步骤 20 为文字制作位置关键帧动画。单击打开TOUGH文本图层下方的【变换】，将时间线滑动到起始帧位置，单击【位置】前的◎（时间变化秒表）按钮，开启自动关键帧，设置【位置】为(956.0,696.0)；将时间线滑动到2秒位置，设置【位置】为(956.0,-20.0)；将时间线滑动到4秒位置，设置【位置】为(956.0,696.0)；将时间线滑动到5秒位置，设置【位置】为(728.0,696.0)；将时间线滑动到6秒位置，设置【位置】为(956.0,696.0)，如图5-139所示。

步骤 21 显现并选择TOUGH 2图层，在工具栏中选择【矩形工具】，然后在【合成】面板的文字右侧的合适位置绘制一个矩形蒙版，如图5-140所示。

图 5-139

图 5-140

步骤 22 单击打开TOUGH 2文本图层下方的【变换】，将时间线滑动到起始帧位置，单击【位置】前的◎（时间变化秒表）按钮，开启自动关键帧，设置【位置】为(956.0,696.0)；将时间线滑动到2秒位置，设置【位置】为(956.0,1370.0)；将时间线滑动到4秒位置，设置【位置】为(956.0,696.0)；将时间线滑动到5秒位置，设置【位置】为(1240.0,696.0)；将时间线滑动到6秒位置，设置【位置】为(956.0,696.0)，如图5-141所示。

步骤 23 本实例制作完成，滑动时间线查看实例制作效果，如图5-142所示。

图 5-141

图 5-142

扫一扫，看视频

Chapter 6

第6章

常用视频效果

本章内容简介：

视频效果是After Effects中最核心的功能之一。由于其效果种类众多，可模拟各种质感、风格、调色、效果等，深受设计工作者的喜爱。在After Effects 2020中大致包含了数百种视频效果，被广泛应用于视频、电视、电影、广告制作等设计领域。在学习时，建议读者多试一下每一种视频效果所呈现的效果，以及修改各种参数带来的变换，加深对每种效果的印象和理解。

重点知识掌握：

- 认识视频效果
- 视频效果的添加方法
- 掌握各种视频效果类型的使用方法

6.1 视频效果简介

视频效果是After Effects中最为主要的一部分，其效果类型非常多，每个效果包含众多参数，建议在学习时不要背参数，可以依次调整每个参数，并观察该参数对画面的影响，以加深记忆和理解。在生活中，经常会看到一些梦幻、惊奇的影视作品或广告片段，这些效果大多都可以通过After Effects中的效果实现，如图6-1～图6-5所示。

扫一扫，看视频

图 6-1

图 6-2

图 6-3

图 6-4

图 6-5

After Effects中的视频效果是可以应用于视频素材或其他素材图层的效果，通过添加效果并设置参数即可制作出很多绚丽的效果。其包含很多效果组分类，而每个效果组又包括很多效果。例如，【杂色和颗粒】效果组下面包括12种用于杂色和颗粒的效果，如图6-6所示。

在创作作品时，不仅需要对素材进行基本的编辑（如修改位置、设置缩放等），还可以为素材的部分元素添加合适的视频效果，使得作品产生更具灵性的视觉效果。例如，为人物后方的白色文字添加了【发光】视频效果，产生了更好的视觉冲击力，如图6-7所示。

图 6-6

（a）未设置效果

（b）添加【发光】效果

图 6-7

在After Effects中，为素材添加效果常用的方法有以下3种。

方法1：
在【时间轴】面板中选中需要使用效果的图层，然后在【效果】菜单中选择所需要的效果，如图6-8所示。

方法2：
在【时间轴】面板中选中需要使用效果的图层，并将光标定位在该图层上，右击选择【效果】，在弹出的快捷菜单中单击选择所需要的效果，如图6-9所示。

方法3：

在【效果和预设】面板的 🔍 中搜索所需要的效果，或者单击▶按钮，找到所需要的效果，并将其拖曳到【时间轴】面板中所需要使用效果的图层上，如图6-10所示。

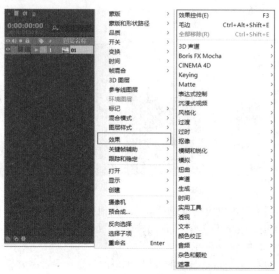

图6-8　　　　　　　　　　　图6-9　　　　　　　　　　　图6-10

在为素材添加了效果、设置了关键帧动画或进行了变化属性的设置都可以使用快捷键快速查看。在【时间轴】面板中选择图层并按快捷键U，即可只显示当前图层中【变换】下方的关键帧动画，如图6-11所示。

在【时间轴】面板中选择图层并快速按两次快捷键U，即可显示对该图层修改过、添加过的任何参数、关键帧等，如图6-12所示。

图6-11

图6-12

中文版After Effects 2020完全案例教程（微课视频版）

6.2 3D声道

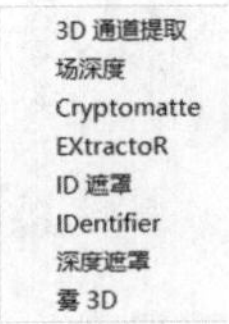

【3D声道】效果组主要用于修改三维图像及图像相关的三维信息。其中包括【3D通道提取】【场深度】、Cryptomatte、EXtractoR、【ID 遮罩】、IDentifier、【深度遮罩】和【雾3D】，如图6-13所示。

图6-13

扫一扫，看视频

3D 通道提取
场深度
Cryptomatte
EXtractoR
ID 遮罩
IDentifier
深度遮罩
雾 3D

- 3D通道提取：该效果使辅助通道可显示为灰度或多通道颜色图像。
- 场深度：该效果可以在所选择的图层中制作模拟相机拍摄的景深效果。
- Cryptomatte（自动ID蒙版提取工具）：该效果在渲染时可自动创建物体和材质的ID蒙版，用于后期合成时对独立物体和材质蒙版的提取。
- EXtractoR（提取器）：该效果可以将素材通道中的3D信息以彩色通道图像或灰度图像显示，使其以更直观的方式显示出来。
- ID 遮罩：该效果可以按照材质或对象ID为元素进行标记。
- IDentifier（标识符）：该效果可以对图像中的ID信息进行标识。
- 深度遮罩：该效果可读取 3D 图像中的深度信息，并可沿 Z 轴在任意位置对图像切片。
- 雾 3D：该效果可以根据深度雾化图层。

6.3 表达式控制

【表达式控制】效果组可以通过表达式控制来制作各种二维和三维的画面效果。其中包括【下拉菜单控制】【复选框控制】【3D点控制】【图层控制】【滑块控制】【点控制】【角度控制】和【颜色控制】，如图6-14所示。

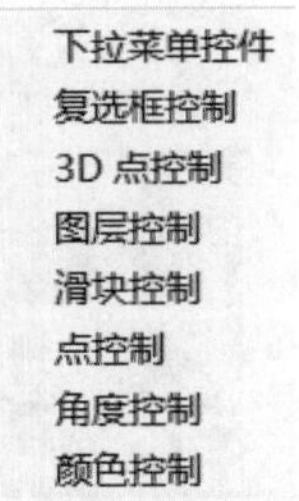

下拉菜单控件
复选框控制
3D 点控制
图层控制
滑块控制
点控制
角度控制
颜色控制

图 6-14

- 下拉菜单控制：该效果可以与表达式一起使用，进行菜单控制。
- 复选框控制：该效果可以与表达式一起使用，进行复选框控制。
- 3D点控制：该效果可以与表达式一起使用，进行3D点控制。
- 图层控制：该效果可以与表达式一起使用，进行图层控制。
- 滑块控制：该效果可以与表达式一起使用，进行滑块控制。
- 点控制：该效果可以与表达式一起使用，进行点控制。
- 角度控制：该效果可以与表达式一起使用，进行角度控制。
- 颜色控制：该效果可以与表达式一起使用，进行颜色控制。

【重点】6.4 风格化

【风格化】效果组可以为作品添加特殊效果，使作品的视觉效果更丰富、更具风格。其中包括【阈值】【画笔描边】【卡通】【散布】、CC Block Load、CC Burn Film、CC Glass、CC HexTile、CC Kaleida、CC Mr.Smoothie、CC Plastic、CC RepeTile、CC Threshold、CC Threshold RGB、CC Vignette、【彩色浮雕】【马赛克】【浮雕】【色调分离】【动态拼贴】【发光】【查找边缘】【毛边】【纹理化】和【闪光灯】，如图6-15所示。

阈值
画笔描边
卡通
散布
CC Block Load
CC Burn Film
CC Glass
CC HexTile
CC Kaleida
CC Mr. Smoothie
CC Plastic
CC RepeTile
CC Threshold
CC Threshold RGB
CC Vignette
彩色浮雕
马赛克
浮雕
色调分离
动态拼贴
发光
查找边缘
毛边
纹理化
闪光灯

图 6-15

- 阈值：该效果可以将画面变为高对比度的黑白图像效果。为素材添加该效果的前后对比如图6-16所示。

（a）未使用该效果　　　（b）使用该效果

图 6-16

- 画笔描边：该效果可以使画面变为画笔绘制的效果，常用于制作油画效果。为素材添加该效果的前后对比如图6-17所示。

（a）未使用该效果　　　（b）使用该效果

图6-17

● 卡通：该效果可以模拟卡通绘画效果。为素材添加该效果的前后对比如图6-18所示。

（a）未使用该效果　　　（b）使用该效果

图6-18

● 散布：该效果可以在图层中散布像素，从而创建模糊的外观。为素材添加该效果的前后对比如图6-19所示。

（a）未使用该效果　　　（b）使用该效果

图6-19

● CC Block Load（块状载入）：该效果可以模拟渐进图像加载。为素材添加该效果的前后对比如图6-20所示。

（a）未使用该效果　　　（b）使用该效果

图6-20

● CC Burn Film（CC胶片灼烧）：该效果可以模拟影片灼烧效果。为素材添加该效果的前后对比如图6-21所示。

（a）未使用该效果　　　（b）使用该效果

图6-21

● CC Glass（CC玻璃）：该效果可以扭曲阴影层模拟玻璃效果。为素材添加该效果的前后对比如图6-22所示。

（a）未使用该效果　　　（b）使用该效果

图6-22

● CC HexTile（CC十六进制砖）：该效果可以模拟砖块拼贴效果。为素材添加该效果的前后对比如图6-23所示。

（a）未使用该效果　　　（b）使用该效果

图6-23

● CC Kaleida（CC万花筒）：该效果可以模拟万花筒效果。为素材添加该效果的前后对比如图6-24所示。

 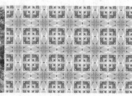

（a）未使用该效果　　　（b）使用该效果

图6-24

● CC Mr.Smoothie（CC像素溶解）：该效果可以将颜色映射到一个形状上，并由另一个图层进行定义。为素材添加该效果的前后对比如图6-25所示。

（a）未使用该效果　　　（b）使用该效果

图 6-25

- CC Plastic（CC塑料）：该效果可以照亮层与选定层使图像产生凹凸的塑料效果。为素材添加该效果的前后对比如图 6-26 所示。

（a）未使用该效果　　　（b）使用该效果

图 6-26

- CC RepeTile（多种叠印效果）：该效果可以扩展图层大小与瓷砖边缘，制作多种叠印效果。为素材添加该效果的前后对比如图 6-27 所示。

（a）未使用该效果　　　（b）使用该效果

图 6-27

- CC Threshold（CC阈值）：该效果可以使画面中高于指定阈值的部分呈白色，低于指定阈值的部分则呈黑色。为素材添加该效果的前后对比如图 6-28 所示。

（a）未使用该效果　　　（b）使用该效果

图 6-28

- CC Threshold RGB（CC RGB 阈值）：该效果可以使画面中高于指定阈值的部分为亮面，低于指定

阈值的部分则为暗面。为素材添加该效果的前后对比如图 6-29 所示。

（a）未使用该效果　　　（b）使用该效果

图 6-29

- CC Vignette（CC 装饰图案）：该效果可以添加或删除边缘光晕。为素材添加该效果的前后对比如图 6-30 所示。

（a）未使用该效果　　　（b）使用该效果

图 6-30

- 彩色浮雕：该效果可以以指定的角度强化图像边缘，从而模拟纹理。为素材添加该效果的前后对比如图 6-31 所示。

（a）未使用该效果　　　（b）使用该效果

图 6-31

- 马赛克：该效果可以将图像变为一个个单色矩形马赛克拼接效果。为素材添加该效果的前后对比如图 6-32 所示。

（a）未使用该效果　　　（b）使用该效果

图 6-32

- 浮雕：该效果可以模拟类似浮雕的凹凸起伏效果。为素材添加该效果的前后对比如图 6-33 所示。

（a）未使用该效果　　　（b）使用该效果

图6-33

- 色调分离：该效果可以使色调分类，减少图像中的颜色信息。为素材添加该效果的前后对比如图6-34所示。

（a）未使用该效果　　　（b）使用该效果

图6-34

- 动态拼贴：该效果可以通过运动模糊进行拼贴图像。为素材添加该效果的前后对比如图6-35所示。

 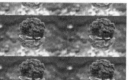

（a）未使用该效果　　　（b）使用该效果

图6-35

- 发光：该效果可以找到图像中较亮的部分，并使这些像素的周围变亮，从而产生发光的效果。为素材添加该效果的前后对比如图6-36所示。

（a）未使用该效果　　　（b）使用该效果

图6-36

- 查找边缘：该效果可以查找图层边缘，并强调边缘。为素材添加该效果的前后对比如图6-37所示。
- 毛边：该效果可以使图层Alpha通道变粗糙，从而产生类似腐蚀的效果。为素材添加该效果的前后对比如图6-38所示。

（a）未使用该效果　　　（b）使用该效果

图6-37

（a）未使用该效果　　　（b）使用该效果

图6-38

- 纹理化：该效果可以将另一个图层的纹理添加到当前图层上。为素材添加该效果的前后对比如图6-39所示。

（a）未使用该效果　　　（b）使用该效果

图6-39

- 闪光灯：该效果可以定期或不定期地使图层变透明，从而制造闪光效果。为素材添加该效果的前后对比如图6-40所示。

（a）未使用该效果　　　（b）使用该效果

图6-40

实例：【阈值】制作涂鸦墙

文件路径：Chapter 6　常用视频效果→实例：【阈值】制作涂鸦墙

本实例使用【阈值】效果制作剪影风格，搭配【混合模式】使画面形成涂鸦墙效

中文版After Effects 2020完全案例教程（微课视频版）

果。实例效果如图6-41所示。

图 6-41

步骤 01 在【项目】面板中右击并选择【新建合成】选项，在弹出的【合成设置】面板中设置【合成名称】为【合成1】，【预设】为【PAL D1/DV 宽银幕方形像素】，【宽度】为1050，【高度】为576，【像素长宽比】为【方形像素】，【帧速率】为25，【分辨率】为【完整】，【持续时间】为5秒，【背景颜色】为白色，单击【确定】按钮。执行【文件】/【导入】/【文件】命令，导入全部素材文件。将【项目】面板中的1.jpg素材文件拖曳到【时间轴】面板中，如图6-42所示。

步骤 02 在【时间轴】面板中单击打开1.jpg图层下方的【变换】，设置【缩放】为（67.0,67.0%），如图6-43所示。

图 6-42　　　　　　　　图 6-43

步骤 03 此时画面效果如图6-44所示。

步骤 04 在【效果和预设】面板中搜索【阈值】效果，并将它拖曳到【时间轴】面板的1.jpg图层上，如图6-45所示。

图 6-44　　　　　　　　图 6-45

步骤 05 在【时间轴】面板中单击打开1.jpg图层下方的【效果】/【阈值】，设置【级别】为110，如图6-46所示。此时画面效果如图6-47所示。

步骤 06 在【时间轴】面板的空白位置处右击，执行【新建】/【文本】命令，如图6-48所示。接着在【字符】面板中设置合适的【字体系列】，设置【填充】为红色，【描边】为无，【字体大小】为148，设置完成后输入文本"Color"并适当调整文字位置，如图6-49所示。

图 6-46　　　　　　　　图 6-47

图 6-48　　　　　　　　图 6-49

步骤 07 在【时间轴】面板中单击打开1.jpg图层下方的【变换】，设置【位置】为（188.0,510.0），如图6-50所示。画面效果如图6-51所示。

图 6-50　　　　　　　　图 6-51

步骤 08 将【项目】中的2.jpg素材文件拖曳到【时间轴】面板中，如图6-52所示。

图 6-52

步骤 09 在【时间轴】面板的底部单击 （展开或折叠【转换控制】窗格），此时选择2.jpg素材文件，在该图层后方设置【模式】为【相加】，如图6-53所示。画面效果如图6-54所示。

图 6-53　　　　　　　　　图 6-54

步骤 10 将【项目】中的3.jpg素材文件拖曳到【时间轴】面板中，如图6-55所示。

图 6-55

步骤 11 在【时间轴】面板中选择3.jpg素材文件，在该图层后方设置【模式】为【相乘】，如图6-56所示。本实例制作完成，画面效果如图6-57所示。

图 6-56　　　　　　　　　图 6-57

实例:【卡通】制作漫画效果

　　文件路径:Chapter 6　常用视频效果→实例:【卡通】制作漫画效果

扫一扫，看视频

　　本实例使用【卡通】效果将人像照片制作出漫画风格人物。实例效果如图6-58所示。

图 6-58

步骤 01 在【项目】面板中右击并选择【新建合成】选项，在弹出的【合成设置】面板中设置【合成名称】为1，【预设】为【自定义】，【宽度】为1500，【高度】为1000，【像素长宽比】为【方形像素】，【帧速率】为25，【分辨率】为【完整】，【持续时间】为5秒，单击【确定】按钮。执行【文件】/【导入】/【文件】命令，导入1.jpg和2.png素材文件。在【项目】面板中选择1.jpg素材文件，将它拖曳到【时间轴】面板中，如图6-59所示。

图 6-59

步骤 02 在【效果和预设】面板中搜索【卡通】效果，将该效果拖曳到【时间轴】面板的1.jpg图层上，如图6-60所示。

图 6-60

步骤 03 在【时间轴】面板中打开1.jpg图层下方的【效果】/【卡通】，设置【细节半径】为12.0，【细节阈值】为20.0，【阴影步骤】为10.0，【阴影平滑度】为85.0，【阈值】为2.25，【宽度】为2.0，如图6-61所示。此时画面效果如图6-62所示。

图 6-61　　　　　　　　　图 6-62

步骤 04 在【项目】面板中选择2.png素材文件，将它拖曳到【时间轴】面板中，如图6-63所示。

图 6-63

步骤 05 在【时间轴】面板中打开2.png图层下方的【变换】，设置【位置】为(755.0,710.0)，【缩放】为(133.0,133.0%)，如图6-64所示。此时实例制作完成，画面最终效果如图6-65所示。

图 6-64

图 6-65

选项解读：【卡通】重点参数速查

渲染：设置渲染效果为填充、边缘或填充及描边。

细节半径：设置半径数值。

细节阈值：设置效果范围。

填充：设置阴影层次及平滑程度。

阴影步骤：设置阴影层次数值。

阴影平滑度：设置阴影柔和程度。

边缘：设置边缘阈值、宽度、柔和度和不透明度。

阈值：设置边缘范围。

宽度：设置边缘宽度。

柔和度：设置边缘柔和程度。

不透明度：设置边缘透明程度。

高级：可设置边缘增强程度、边缘黑色阶和边缘明暗对比程度。

实例：CC Glass制作风景画效果

文件路径：Chapter 6　常用视频效果→
实例：CC Glass制作风景画效果

扫一扫，看视频

本实例使用CC Glass效果制作风景元素凸起状态，使用【投影】使画框与画面之间产生一定的距离，使画面更加真实。实例效果如图6-66所示。

图 6-66

步骤 01 在【项目】面板中右击并选择【新建合成】选项，在弹出的【合成设置】面板中设置【合成名称】为【合成1】，【预设】为【PAL D1/DV方形像素】，【宽度】为788，【高度】为576，【像素长宽比】为【方形像素】，【帧速率】为25，【分辨率】为【完整】，【持续时间】为5秒，单击【确定】按钮。执行【文件】/【导入】/【文件】命令，导入1.jpg和2.png素材文件。在【项目】面板中将1.jpg和2.png素材文件拖曳到【时间轴】面板中，如图6-67所示。

图 6-67

步骤 02 在【时间轴】面板中单击打开2.png图层下方的【变换】，单击【缩放】后方的 (约束比例)按钮，设置【缩放】为(134.0,133.0%)，同样也可在【合成】面板中调整画框形状及大小，如图6-68所示。画面效果如图6-69所示。

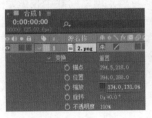

图 6-68

图 6-69

步骤 03 在【时间轴】面板中单击打开1.jpg图层下方的【变换】，设置【位置】为（392.0,306.0），【缩放】为（63.0,63.0%），如图6-70所示。画面效果如图6-71所示。

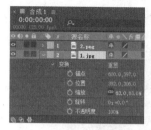

图6-70　　　　　　　　图6-71

步骤 04 在【效果和预设】面板搜索框中搜索CC Glass，将该效果拖曳到【时间轴】面板中1.jpg图层上，如图6-72所示。

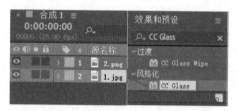

图6-72

步骤 05 在【时间轴】面板中单击打开1.jpg图层下方的【效果】/CC Glass/Surface，设置Softness为5.0，Height为-10.0，Displacement为145.0，如图6-73所示。画面效果如图6-74所示。

图6-73　　　　　　　　图6-74

步骤 06 此时可以看出画框与风景画之间缺少投影效果。在【时间轴】面板中选择2.png图层，右击，执行【图层样式】/【投影】命令。单击打开2.png图层下方的【图层样式】/【投影】，设置【不透明度】为50%，【大小】为8.0，如图6-75所示。画面最终效果如图6-76所示。

图6-75　　　　　　　　图6-76

选项解读：CC Glass（CC玻璃）重点参数速查

Surface（表面）：设置图像表面参数。
Light（发光）：设置发光程度。
Shading（阴影）：设置阴影程度。

实例：CC Plastic制作油彩质感

扫一扫，看视频

文件路径：Chapter 6 常用视频效果→实例：CC Plastic制作油彩质感

本实例通过使用CC Plastic效果将画面制作出略显凸起的质感，使用CC Drizzle效果将画面表面模拟出油印感觉。实例效果如图6-77所示。

图6-77

步骤 01 在【项目】面板中右击并选择【新建合成】选项，在弹出的【合成设置】面板中设置【合成名称】为【合成1】，【预设】为【PAL D1/DV方形像素】，【宽度】为788，【高度】为576，【像素长宽比】为【方形像素】，【帧速率】为25，【分辨率】为【完整】，【持续时间】为5秒，单击【确定】按钮。执行【文件】/【导入】/【文件】命令，导入1.jpg和2.png素材文件。将【项目】面板中的

1.jpg素材文件拖曳到【时间轴】面板中，如图6-78所示。

步骤 02 在【时间轴】面板中单击打开1.jpg图层下方的【变换】，设置【位置】为（350.0,288.0），【缩放】为（30.0,30.0%），如图6-79所示。

图6-78　　　　　　　图6-79

步骤 03 此时画面效果如图6-80所示。

步骤 04 将【项目】面板中的2.png边框素材文件拖曳到【时间轴】面板中，如图6-81所示。

 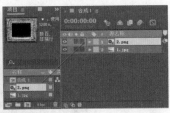

图6-80　　　　　　　图6-81

步骤 05 在【时间轴】面板中单击打开2.png图层下方的【变换】，设置【缩放】为（67.0,67.0%），如图6-82所示。画面效果如图6-83所示。

图6-82　　　　　　　图6-83

步骤 06 制作油彩质感画面。在【效果和预设】面板中搜索CC Plastic效果，将它拖曳到【时间轴】面板的1.jpg图层上，如图6-84所示。画面效果如图6-85所示。

图6-84

图6-85

步骤 07 在【效果和预设】面板中搜索CC Drizzle效果，将它拖曳到【时间轴】面板的1.jpg图层上，如图6-86所示。

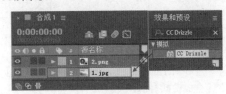

图6-86

步骤 08 在【时间轴】面板中单击打开1.jpg图层下方的【效果】/CC Drizzle，设置Longevity（sec）为0.88，如图6-87所示。此时实例制作完成，画面最终效果如图6-88所示。

图6-87　　　　　　　图6-88

选项解读：CC Plastic（CC塑料）重点参数速查

Surface Bump（表面凹凸）：设置图像表面凹凸程度。

Light（发光）：设置发光程度。

Shading（阴影）：设置阴影程度。

实例：CC Vignette制作暗角效果

文件路径：Chapter 6　常用视频效果→实例：CC Vignette制作暗角效果

本实例使用CC Vignette效果将图片四角压暗，突出画面中心，从而模拟出胶片质感。实例效果如图6-89所示。

图6-89

步骤 01 在【项目】面板中右击并选择【新建合成】选项，在弹出的【合成设置】面板中设置【合成名称】为1，【预设】为【自定义】，【宽度】为1200，【高度】为847，【像素长宽比】为【方形像素】，帧速率为24，【分辨率】为【完整】，【持续时间】为5秒，单击【确定】按钮。执行【文件】/【导入】/【文件】命令，导入1.jpg素材文件。在【项目】面板中将1.jpg素材文件拖曳到【时间轴】面板中，如图6-90所示。

图6-90

步骤 02 在【效果和预设】面板搜索框中搜索CC Vignette，将该效果拖曳到【时间轴】面板的1.jpg图层上，如图6-91所示。

图6-91

步骤 03 在【时间轴】面板中单击打开1.jpg图层下方的【效果】/CC Vignette，设置Amount为248.0，Angle of View为40.0，Center为（608.0,536.0），如图6-92所示。画面最终效果如图6-93所示。

图6-92　　　　　　　　图6-93

实例：【马赛克】遮挡动物面部

文件路径：Chapter 6　常用视频效果→实例：【马赛克】遮挡动物面部

本实例使用蒙版工具与【马赛克】效果将猫咪面部进行遮挡。实例效果如图6-94所示。

图6-94

步骤 01 在【项目】面板中右击并选择【新建合成】选项，在弹出的【合成设置】面板中设置【合成名称】为1，【预设】为【自定义】，【宽度】为1200，【高度】为748，【像素长宽比】为【方形像素】，【帧速率】为25，【分辨率】为【完整】，【持续时间】为7秒，单击【确定】按钮。执行【文件】/【导入】/【文件】命令，导入1.jpg素材文件。在【项目】面板中将1.jpg素材文件向【时间轴】面板中拖曳2次，如图6-95所示。

步骤 02 在【时间轴】面板中选择1.jpg图层（图层1），在工具栏中选择▭（矩形工具），在【合成】面板的右侧猫咪面部按住鼠标左键绘制一个矩形遮罩，如图6-96所示。

图6-95　　　　　　　　图6-96

中文版After Effects 2020完全案例教程（微课视频版）

步骤 03 在【效果和预设】面板搜索框中搜索【马赛克】，将该效果拖曳到【时间轴】面板的1.jpg图层（图层1）上，如图6-97所示。

图 6-97

步骤 04 在【时间轴】面板中单击打开1.jpg图层（图层1）下方的【效果】/【马赛克】，设置【水平块】为23，【垂直块】为14，如图6-98所示。画面最终效果如图6-99所示。

图 6-98   图 6-99

选项解读：【马赛克】重点参数速查

水平块：设置水平块数值。

垂直块：设置垂直块数值。

锐化颜色：勾选此选项锐化颜色。

实例：【色调分离】模拟漫画风格

文件路径：Chapter 6 常用视频效果→实例：【色调分离】模拟漫画风格

扫一扫，看视频

本实例使用【黑色和白色】效果将风景变为单色调，使用【色调分离】效果制作出手绘效果。实例效果如图6-100所示。

图 6-100

步骤 01 在【项目】面板中右击并选择【新建合成】选项，在弹出的【合成设置】面板中设置【合成名称】为1，【预设】为【自定义】，【宽度】为1000，【高度】为750，【像素长宽比】为【方形像素】，【帧速率】为24，【分辨率】为【完整】，【持续时间】为5秒，单击【确定】按钮。执行【文件】/【导入】/【文件】命令，导入1.jpg素材文件。在【项目】面板中将1.jpg素材文件拖曳到【时间轴】面板中，如图6-101所示。

图 6-101

步骤 02 在【效果和预设】面板搜索框中搜索【黑色和白色】，将该效果拖曳到【时间轴】面板的1.jpg图层上，如图6-102所示。

图 6-102

步骤 03 此时画面变为单色，效果如图6-103所示。

图 6-103

步骤 04 在【效果和预设】面板搜索框中搜索【色调分离】，将该效果拖曳到【时间轴】面板的1.jpg图层上，如图6-104所示。

图 6-104

步骤 05 在【时间轴】面板中单击打开1.jpg图层下方的【效果】/【色调分离】，设置【级别】为4，如图6-105所示。画面最终效果如图6-106所示。

图 6-105　　　　　　图 6-106

 选项解读:【色调分离】重点参数速查

级别: 设置划分级别数量值。

实例:【动态拼贴】克隆人像

文件路径:Chapter 6　常用视频效果→实例:【动态拼贴】克隆人像

本实例使用【动态拼贴】效果制作拼贴镜像效果。实例效果如图6-107所示。除了本例使用效果外，也可以尝试为参数设置关键帧动画，制作出克隆动画效果。

扫一扫，看视频

图 6-107

步骤 01 在【项目】面板中右击并选择【新建合成】选项，在弹出的【合成设置】面板中设置【合成名称】为1，【预设】为【自定义】，【宽度】为1200，【高度】为857，【像素长宽比】为【方形像素】，【帧速率】为24，【分辨率】为【完整】，【持续时间】为5秒，单击【确定】按钮。执行【文件】/【导入】/【文件】命令，导入1.jpg素材文件。在【项目】面板中将1.jpg素材文件拖曳到【时间轴】面板中，如图6-108所示。

步骤 02 在【效果和预设】面板搜索框中搜索【动态拼贴】，将该效果拖曳到【时间轴】面板的1.jpg图层上，如图6-109所示。

图 6-108

图 6-109

步骤 03 在【时间轴】面板中单击打开1.jpg图层下方的【效果】/【动态拼贴】，设置【拼贴中心】为(950.0,428.5)，【拼贴宽度】与【拼贴高度】为30.0，【相位】为0x+240.0°，【水平位移】为【开】，如图6-110所示。画面最终效果如图6-111所示。

图 6-110　　　　　　图 6-111

选项解读:【动态拼贴】重点参数速查

拼贴中心: 设置拼贴效果的中心位置。

拼贴宽度: 设置分布图像的宽度。

拼贴高度: 设置分布图像的高度。

输出宽度: 设置输出的宽度数值。

输出高度: 设置输出的高度数值。

镜像边缘: 选择【开】，可使边缘呈镜像。

相位: 设置拼贴相位角度。

水平位移: 选择【开】，拼贴效果水平位移。

实例:【查找边缘】制作风景素描质感

文件路径:Chapter 6　常用视频效果→
实例:【查找边缘】制作风景素描质感

本实例首先使用【查找边缘】效果将风景调整为素描质感;其次使用【曲线】提亮画面亮度;最后将旧纸张素材置于风景上方,使最终效果呈现出一种做旧的视觉感。实例效果如图6-112所示。

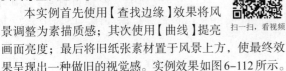

图 6-112

步骤01 在【项目】面板中右击并选择【新建合成】选项,在弹出的【合成设置】面板中设置【合成名称】为【合成1】,【预设】为【自定义】,【宽度】为1440,【高度】为1080,【像素长宽比】为【方形像素】,【帧速率】为25,【分辨率】为【完整】,【持续时间】为7秒,单击【确定】按钮。执行【文件】/【导入】/【文件】命令,导入1.jpg和2.jpg素材文件。将【项目】面板中的1.jpg素材文件拖曳到【时间轴】面板中,如图6-113所示。

图 6-113

步骤02 在【时间轴】面板中单击打开1.jpg图层下方的【变换】,设置【缩放】为(109.0,109.0%),如图6-114所示。画面效果如图6-115所示。

图 6-114

图 6-115

步骤03 制作素描画效果。在【效果和预设】面板中搜索【查找边缘】效果,将它拖曳到【时间轴】面板的1.jpg图层上,如图6-116所示。画面效果如图6-117所示。

图 6-116

图 6-117

步骤04 接着在【效果和预设】面板中搜索【曲线】效果,将它拖曳到【时间轴】面板的1.jpg图层上,如图6-118所示。

图 6-118

步骤05 在【效果控件】中打开【曲线】效果,在曲线上单击添加一个控制点向左上角拖动,并适当调整曲线形状,如图6-119所示。此时画面变亮,如图6-120所示。

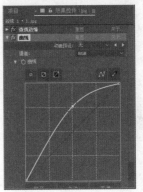

图 6-119

图 6-120

步骤 06 将【项目】面板中的2.jpg素材文件拖曳到【时间轴】面板中，如图6-121所示。

图6-121

步骤 07 在【时间轴】面板中打开2.jpg素材文件下方的【变换】，设置【缩放】为(118.0,118.0%)，如图6-122所示。画面效果如图6-123所示。

图6-122　　　　　　　图6-123

步骤 08 在【时间轴】面板中选择2.jpg素材文件，设置其【模式】为【相乘】，如图6-124所示。本实例制作完成，画面最终效果如图6-125所示。

图6-124

图6-125

 选项解读:【查找边缘】重点参数速查

反转:勾选此选项可反转查找边缘效果。

6.5 过时

在【过时】效果组中，包括【亮度键】【减少交错闪烁】【基本3D】【基本文字】【溢出抑制】【路径文本】【闪光】【颜色键】和【高斯模糊(旧版)】9种效果，如图6-126所示。

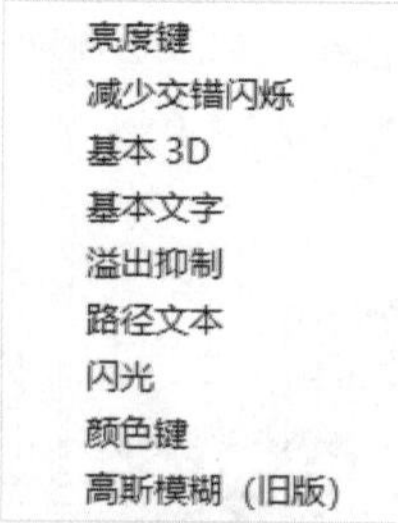

亮度键
减少交错闪烁
基本 3D
基本文字
溢出抑制
路径文本
闪光
颜色键
高斯模糊 (旧版)

图6-126

● 亮度键:该效果可以使指定明亮度的图像区域变为透明。为素材添加该效果的前后对比如图6-127所示。

（a）未使用该效果　　　（b）使用该效果

图6-127

● 减少交错闪烁:该效果可以通过设置"柔和度"的参数，减少交错闪烁的效果。为素材添加该效果的前后对比如图6-128所示。

（a）未使用该效果　　　（b）使用该效果

图6-128

● 基本3D:该效果可以使图像在三维空间内进行旋转、倾斜、水平或垂直等操作。为素材添加该效果的前后对比如图6-129所示。

● 基本文字:该效果可以执行基本字符生成。为素材添加该效果的前后对比如图6-130所示。

中文版After Effects 2020完全案例教程（微课视频版）

（a）未使用该效果　　　（b）使用该效果

图6-129

（a）未使用该效果　　　（b）使用该效果

图6-130

- 溢出抑制：该效果可以通过修改要溢出的颜色和抑制参数改变画面颜色。为素材添加该效果的前后对比如图6-131所示。

（a）未使用该效果　　　（b）使用该效果

图6-131

- 路径文本：该效果可以沿路径绘制文字，其参数与【基本文字】效果相似。为素材添加该效果的前后对比如图6-132所示。

（a）未使用该效果　　　（b）使用该效果

图6-132

- 闪光：该效果可以模拟闪电效果。为素材添加该效果的前后对比如图6-133所示。
- 颜色键：该效果可以使接近主要颜色的范围变得透明。为素材添加该效果的前后对比如图6-134所示。

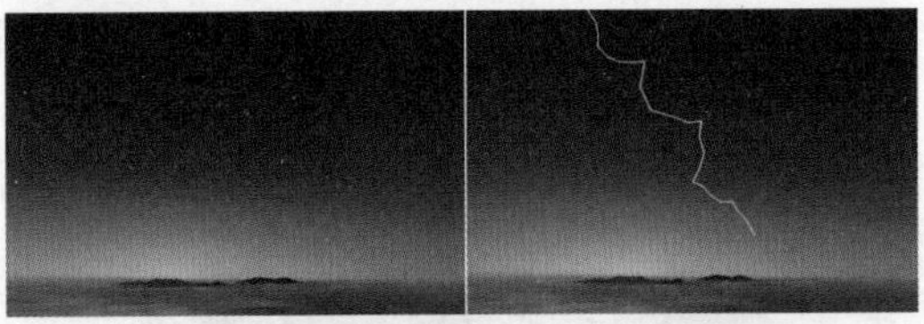

（a）未使用该效果　　　（b）使用该效果

图6-133

- 高斯模糊（旧版）：该效果可以将图像进行模糊化处理。为素材添加该效果的前后对比如图6-135所示。

（a）未使用该效果　　　（b）使用该效果

图6-134

（a）未使用该效果　　　（b）使用该效果

图6-135

实例：【溢出抑制】更改画面氛围

文件路径：Chapter 6　常用视频效果→实例：【溢出抑制】更改画面氛围

本实例使用【溢出抑制】效果更改背景颜色。实例对比效果如图6-136所示。

扫一扫，看视频

图6-136

步骤 01 在【项目】面板中右击并选择【新建合成】选项，在弹出的【合成设置】面板中设置【合成名称】为1，【预设】为【自定义】，【宽度】为900，【高度】为617，【像素长宽比】为【方形像素】，【帧速率】为24，【分辨率】为【完整】，【持续时间】为5秒，单击【确定】按钮。执行【文件】/【导入】/【文件】命令，导入1.jpg素材文件。在【项目】面板中将1.jpg素材文件拖曳到【时间轴】面板中，如图6-137所示。

图6-137

步骤 02 在【效果和预设】面板搜索框中搜索【溢出抑制】，将该效果拖曳到【时间轴】面板的1.jpg图层上，如图6-138所示。

图6-138

步骤 03 在【时间轴】面板中单击打开1.jpg图层下方的【效果】/【溢出抑制】，设置【要抑制的颜色】为青色，如图6-139所示。画面最终效果如图6-140所示。

图6-139 图6-140

选项解读：【溢出抑制】重点参数速查

要抑制的颜色：设置要移除的颜色。

抑制：设置移除程度。

实例：【高斯模糊（旧版）】突出主体人物

扫一扫，看视频

文件路径：Chapter 6 常用视频效果→实例：【高斯模糊（旧版）】突出主体人物

本实例使用【高斯模糊（旧版）】效果以及蒙版工具模糊人物周围环境，突出主体人物，

从而打造出童话般唯美的气氛。实例效果如图6-141所示。

图6-141

步骤 01 在【项目】面板中右击并选择【新建合成】选项，在弹出的【合成设置】面板中设置【合成名称】为1，【预设】为【自定义】，【宽度】为960，【高度】为640，【像素长宽比】为【方形像素】，【帧速率】为24，【分辨率】为【完整】，【持续时间】为5秒，单击【确定】按钮。执行【文件】/【导入】/【文件】命令，导入1.jpg素材文件。在【项目】面板中将1.jpg素材文件拖曳到【时间轴】面板中2次，如图6-142所示。

图6-142

步骤 02 在【效果和预设】面板搜索框中搜索【高斯模糊（旧版）】，将该效果拖曳到【时间轴】面板的1.jpg图层（图层1）上，如图6-143所示。

图6-143

步骤 03 在【时间轴】面板中单击打开1.jpg图层（图层1）下方的【效果】/【高斯模糊（旧版）】，设置【模糊度】为35.0，如图6-144所示。画面效果如图6-145所示。

图6-144 图6-145

中文版After Effects 2020完全案例教程（微课视频版）

步骤 04 在【时间轴】面板中单击选择1.jpg图层(图层1),在工具栏中选择◯(椭圆工具),在【合成】面板中的人物上方按住鼠标左键拖曳绘制一个椭圆形遮罩,如图6-146所示。

图 6-146

步骤 05 在【时间轴】面板中单击打开1.jpg图层(图层1)下方的【蒙版】/【蒙版1】,勾选【蒙版1】后方的【反转】复选框,设置【蒙版羽化】为(500.0,500.0%),如图6-147所示。画面效果如图6-148所示。

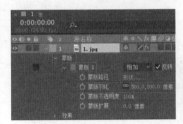 

图 6-147   图 6-148

步骤 06 在不选择任何图层的情况下,在工具栏中选择▢(矩形工具),设置【填充】为黑色,【描边】为无,然后在【合成】面板顶部按住鼠标左键拖动,绘制一个黑色矩形,如图6-149所示。使用同样的方式在【合成】面板底部再次绘制一个矩形,如图6-150所示。

图 6-149   图 6-150

步骤 07 制作文字。在【时间轴】面板的空白位置处右击,执行【新建】/【文本】命令,如图6-151所示。在

【字符】面板中设置合适的【字体系列】,设置【填充颜色】为白色,【描边颜色】为无,【字体大小】为35像素;在【段落】面板中选择▤(居中对齐文本),设置完成后输入文字内容,如图6-152所示。

图 6-151   图 6-152

步骤 08 在【时间轴】面板中单击打开文本图层下方的【变换】,设置【位置】为(492.0,584.0),如图6-153所示。实例制作完成,画面最终效果如图6-154所示。

图 6-153   图 6-154

 选项解读:【高斯模糊(旧版)】重点参数速查

模糊度:设置模糊程度。
模糊方向:设置模糊方向为水平和垂直、水平或垂直。

重点 6.6 模糊和锐化

【模糊和锐化】效果组主要用于模糊图像和锐化图像。其中包括【复合模糊】【锐化】【通道模糊】、CC Cross Blur、CC Radial Blur、CC Radial Fast Blur、CC Vector Blur、【摄像机镜头模糊】【摄像机抖动去模糊】【智能模糊】【双向模糊】【定向模糊】【径向模糊】【快速方框模糊】【钝化蒙版】和【高斯模糊】,如图6-155所示。

- 复合模糊:该效果可以根据模糊图层的明亮度值使效果图层中的像素变模糊。为素材添加该效果的前后对比如图6-156所示。
- 锐化:该效果可以通过强化像素之间的差异锐化图像。为素材添加该效果的前后对比如图6-157所示。

复合模糊
锐化
通道模糊
CC Cross Blur
CC Radial Blur
CC Radial Fast Blur
CC Vector Blur
摄像机镜头模糊
摄像机抖动去模糊
智能模糊
双向模糊
定向模糊
径向模糊
快速方框模糊
钝化蒙版
高斯模糊

图 6-155

（a）未使用该效果　　　　（b）使用该效果

图 6-156

（a）未使用该效果　　　　（b）使用该效果

图 6-157

- 通道模糊：该效果可以分别对红色、绿色、蓝色和Alpha通道应用不同程度的模糊。为素材添加该效果的前后对比如图6-158所示。

（a）未使用该效果　　　　（b）使用该效果

图 6-158

- CC Cross Blur（交叉模糊）：该效果可以对画面进行水平和垂直的模糊处理。为素材添加该效果的前后对比如图6-159所示。

（a）未使用该效果　　　　（b）使用该效果

图 6-159

- CC Radial Blur（CC放射模糊）：该效果可以缩放或旋转模糊当前图层。为素材添加该效果的前后对比如图6-160所示。

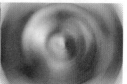

（a）未使用该效果　　　　（b）使用该效果

图 6-160

- CC Radial Fast Blur（CC快速放射模糊）：该效果可以快速径向模糊。为素材添加该效果的前后对比如图6-161所示。

（a）未使用该效果　　　　（b）使用该效果

图 6-161

- CC Vector Blur（通道矢量模糊）：该效果可以将选定的图层定义为向量场模糊。为素材添加该效果的前后对比如图6-162所示。

（a）未使用该效果　　　　（b）使用该效果

图 6-162

- 摄像机镜头模糊：该效果可以使用常用摄像机光圈形状模糊图像以模拟摄像机镜头的模糊。为素

中文版After Effects 2020完全案例教程（微课视频版）

材添加该效果的前后对比如图6-163所示。

（a）未使用该效果　　（b）使用该效果

图 6-163

● 摄像机抖动去模糊：该效果可以减少因摄像机抖动而导致的动态模糊伪影，为获得最佳效果，可在稳定素材后应用。为素材添加该效果的前后对比如图6-164所示。

（a）未使用该效果　　（b）使用该效果

图 6-164

● 智能模糊：该效果可以对保留边缘的图像进行模糊。为素材添加该效果的前后对比如图6-165所示。

（a）未使用该效果　　（b）使用该效果

图 6-165

● 双向模糊：该效果可以将平滑模糊应用于图像。为素材添加该效果的前后对比如图6-166所示。

（a）未使用该效果　　（b）使用该效果

图 6-166

● 定向模糊：该效果可以按照一定的方向模糊图像。为素材添加该效果的前后对比如图6-167所示。

（a）未使用该效果　　（b）使用该效果

图 6-167

● 径向模糊：该效果可以以任意点为中心，对周围像素进行模糊处理，产生旋转动态。为素材添加该效果的前后对比如图6-168所示。

（a）未使用该效果　　（b）使用该效果

图 6-168

● 快速方框模糊：该效果可以将重复的方框模糊应用于图像。为素材添加该效果的前后对比如图6-169所示。

（a）未使用该效果　　（b）使用该效果

图 6-169

● 钝化蒙版：该效果可以通过调整边缘细节的对比度增强图层的锐度。为素材添加该效果的前后对比如图6-170所示。

（a）未使用该效果　　（b）使用该效果

图 6-170

● 高斯模糊：该效果可以均匀地模糊图像。为素材添加该效果的前后对比如图6-171所示。

（a）未使用该效果　　（b）使用该效果

图6-171

实例：【锐化】制作沧桑感人像

扫一扫，看视频

文件路径：Chapter 6　常用视频效果→实例：【锐化】制作沧桑感人像

本实例使用【锐化】效果增强人物面部细节，使用【颜色遮罩】搭配混合模式制作出沧桑感人像效果。实例对比效果如图6-172所示。

图6-172

步骤 01 在【项目】面板中右击并选择【新建合成】选项，在弹出的【合成设置】面板中设置【合成名称】为【合成1】，【预设】为【NTSC D1方形像素】，【宽度】为720，【高度】为534，【像素长宽比】为【方形像素】，【帧速率】为29.97，【分辨率】为【完整】，【持续时间】为5秒，单击【确定】按钮。执行【文件】/【导入】/【文件】命令，导入1.jpg素材文件。将【项目】面板中的1.jpg素材文件拖曳到【时间轴】面板中，如图6-173所示。

图6-173

步骤 02 在【时间轴】面板中单击打开1.jpg图层下方的【变换】，设置【位置】为（360.0,253.0），如图6-174所示。

图6-174

步骤 03 画面效果如图6-175所示。

步骤 04 在【效果和预设】面板中搜索【锐化】效果，将其拖曳到【时间轴】面板的1.jpg图层上，如图6-176所示。

图6-175　　　　　　　　图6-176

步骤 05 在【时间轴】面板中打开1.jpg图层下方的【效果】/【锐化】，设置【锐化量】为25.0，如图6-177所示。画面效果如图6-178所示。

图6-177　　　　　　　　图6-178

步骤 06 在【时间轴】面板的空白位置处右击，执行【新建】/【纯色】命令，在弹出的【纯色】设置中设置【颜色】为褐色，创建一个纯色图层，如图6-179所示。

图6-179

中文版After Effects 2020完全案例教程（微课视频版）

步骤 07 在【时间轴】面板中选择【深橙色 纯色 1】图层，设置【模式】为【色相】，如图6-180所示。此时实例制作完成，画面最终效果如图6-181所示。

图 6-180　　　　　　　　　　图 6-181

选项解读:【锐化】重点参数速查
锐化量:设置锐化程度。

实例:【定向模糊】制作童趣广告

文件路径:Chapter 6　常用视频效果→实例:【定向模糊】制作童趣广告

本实例使用【定向模糊】效果将主体元素与几何元素进行模糊，从而制作出某个方向的运动模糊效果。实例效果如图6-182所示。

扫一扫，看视频

图 6-182

步骤 01 在【项目】面板中右击并选择【新建合成】选项，在弹出的【合成设置】面板中设置【合成名称】为1，【预设】为【自定义】，【宽度】为1072，【高度】为551，【像素长宽比】为【方形像素】，【帧速率】为24，【分辨率】为【完整】，【持续时间】为5秒，单击【确定】按钮。执行【文件】/【导入】/【文件】命令，导入全部素材文件，如图6-183所示。

步骤 02 在工具栏中单击选择 （椭圆工具），设置【填充】为淡黄色，【描边】为无，在【合成】面板中按住Shift键的同时按住鼠标左键绘制一个正圆，如图6-184所示。

步骤 03 在【时间轴】面板中单击打开【形状图层1】下方的【变换】，设置【位置】为(552.0,281.5)，如图6-185所示。画面效果如图6-186所示。

 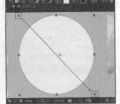

图 6-183　　　　　　　　　　图 6-184

图 6-185　　　　　　　　　　图 6-186

步骤 04 在【项目】面板中单击选择2.png素材文件，将该素材拖曳到【时间轴】面板中，如图6-187所示。

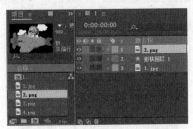

图 6-187

步骤 05 在【时间轴】面板中单击打开2.png图层下方的【变换】，设置【位置】为(563.0,213.0)，【缩放】为(59.0,59.0%)，如图6-188所示。画面效果如图6-189所示。

图 6-188　　　　　　　　　　图 6-189

步骤 06 在【时间轴】面板中单击选择2.png图层，使用快捷键Ctrl+D创建副本，如图6-190所示。

步骤 07 在【效果和预设】面板搜索框中搜索【定向模糊】，将该效果拖曳到【时间轴】面板中2.png图层(图层2)上，如图6-191所示。

图 6-190

图 6-191

图 6-197 所示。画面效果如图 6-198 所示。

步骤 08 在【时间轴】面板中单击打开2.png图层(图层2)下方的【效果】/【定向模糊】,设置【方向】为0x+90.0°,【模糊长度】为100.0,如图6-192所示。画面效果如图6-193所示。

图 6-192

图 6-193

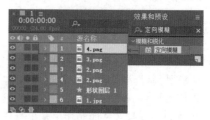

图 6-197

图 6-198

步骤 09 在【项目】面板中选择3.png和4.png素材文件,将其拖曳到【时间轴】面板中,如图6-194所示。

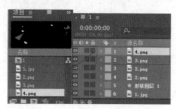

图 6-194

步骤 10 在【时间轴】面板中单击打开3.png图层下方的【变换】,设置【位置】为(534.0,421.0),【缩放】为(105.0,105.0%),如图6-195所示。画面效果如图6-196所示。

图 6-195

图 6-196

步骤 11 单击打开4.png图层下方的【变换】,设置【位置】为(565.0,275.5),【缩放】为(180.0,180.0%),如

步骤 12 在【效果和预设】面板搜索框中搜索【定向模糊】,将该效果拖曳到【时间轴】面板的4.png图层上,如图6-199所示。

图 6-199

步骤 13 在【时间轴】面板中单击打开4.png图层下方的【效果】/【定向模糊】,设置【方向】为0x+90.0°,【模糊长度】为15.0,如图6-200所示。画面最终效果如图6-201所示。

图 6-200

图 6-201

> **选项解读:**【定向模糊】重点参数速查
> 方向:设置模糊方向。
> 模糊长度:设置模糊长度。

实例:【快速方框模糊】制作景深效果

文件路径:Chapter 6 常用视频效果→
实例:【快速方框模糊】制作景深效果

本实例使用【快速方框模糊】效果将远景进行模糊,制作从相机的取景框进行拍摄的

扫一扫,看视频

中文版After Effects 2020完全案例教程(微课视频版)

效果。实例效果如图6-202所示。除此之外，也可以尝试自己拍摄一段视频，并使用该方法制作出动态的效果会更有趣。拍摄时需要注意手持相机要稳，尽量不要晃动。

步骤 01 在【项目】面板中右击并选择【新建合成】选项，在弹出的【合成设置】面板中设置【合成名称】为1，【预设】为【自定义】，【宽度】为1000，【高度】为662，【像素长宽比】为【方形像素】，【帧速率】为25，【分辨率】为【完整】，【持续时间】为5秒，单击【确定】按钮。执行【文件】/【导入】/【文件】命令，导入全部素材。在【项目】面板中将1.jpg和2.png素材文件拖曳到【时间轴】面板中，如图6-203所示。

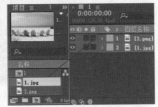

图6-202　　　　　　图6-203

步骤 02 在【时间轴】面板中单击打开2.png图层下方的【变换】，设置【缩放】为（26.0,26.0%），如图6-204所示。画面效果如图6-205所示。

图6-204　　　　　　图6-205

步骤 03 选择1.jpg图层，使用快捷键Ctrl+D创建该图层的副本，接着单击打开1.jpg（图层2）下方的【变换】，设置【位置】为（217.0,278.0），【缩放】为（23.0,23.0%），如图6-206所示。画面效果如图6-207所示。

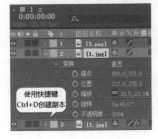

图6-206　　　　　　图6-207

步骤 04 制作背景模糊效果。在【效果和预设】面板搜索框中搜索【快速方框模糊】，将该效果拖曳到【时间轴】面板的1.jpg图层（图层3）上，如图6-208所示。

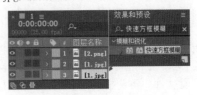

图6-208

步骤 05 在【时间轴】面板中单击打开1.jpg图层下方的【效果】/【快速方框模糊】，设置【模糊半径】为7.0，【重复边缘像素】为【开】，如图6-209所示。画面最终效果如图6-210所示。

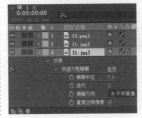

图6-209　　　　　　图6-210

选项解读：【快速方框模糊】重点参数速查

模糊半径：设置模糊半径的大小。

迭代：设置反复模糊的次数。

模糊方向：设置模糊方向。

重复边缘像素：设置为【开】，可重复边缘像素。

实例：【高斯模糊】制作模糊背景

文件路径：Chapter 6　常用视频效果→实例：【高斯模糊】制作模糊背景

本实例使用【高斯模糊】效果模糊背景图片，制作出类似景深的效果。实例效果如图6-211所示。

扫一扫，看视频

图6-211

步骤 01 在【项目】面板中右击并选择【新建合成】选项，在弹出的【合成设置】面板中设置【合成名称】为【合成1】，【预设】为【自定义】，【宽度】为1440，【高度】为1080，【像素长宽比】为【方形像素】，【帧速率】为29.97，【分辨率】为【完整】，【持续时间】为5秒，单击【确定】按钮。执行【文件】/【导入】/【文件】命令，导入1.jpg和2.png素材文件。在【项目】面板中选择1.jpg素材文件，将其拖曳到【时间轴】面板中，如图6-212所示。

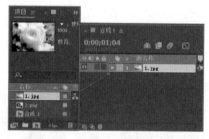

图6-212

步骤 02 在【时间轴】面板中打开1.jpg图层下方的【变换】，设置【缩放】为（185.0,185.0%），如图6-213所示。

图6-213

步骤 03 画面效果如图6-214所示。

步骤 04 在【效果和预设】面板中搜索【高斯模糊】效果，将其拖曳到【时间轴】面板的1.jpg图层上，如图6-215所示。

图6-214

图6-215

步骤 05 在【时间轴】面板中选择1.jpg图层，接着在【效果控件】面板中打开【高斯模糊】，设置【模糊度】为65.0，勾选【重复边缘像素】复选框，如图6-216所示。画面效果如图6-217所示。

图6-216

图6-217

步骤 06 将【项目】面板中的2.png素材文件拖曳到【时间轴】面板最上层，如图6-218所示。

图6-218

步骤 07 在【时间轴】面板中打开2.png图层下方的【变换】，设置【缩放】为（106.0,106.0%），如图6-219所示。画面最终效果如图6-220所示。

图6-219

图6-220

选项解读：【高斯模糊】重点参数速查

模糊度：设置模糊程度。

模糊方向：设置模糊方向为水平和垂直、水平或垂直。

重复边缘像素：勾选此复选框，可重复边缘像素。

重点 6.7 模拟

【模拟】效果组可以模拟各种特殊效果，如下雪、下雨、泡沫等。其中包括【焦散】【卡片动画】【CC Ball Action（CC球形粒子化）】【CC Bubbles（CC气泡）】【CC Drizzle（细雨）】【CC Hair（CC毛发）】【CC Mr.Mercury（CC仿水银流动）】【CC Particle Systems Ⅱ（CC粒子仿

真系统Ⅱ)】【CC Particle World（CC 粒子仿真世界）】【CC Pixel Polly（CC像素多边形）】【CC Rainfall（CC降雨）】【CC Scatterize（发散粒子）】【CC Snowfall（CC下雪）】【CC Star Burst（CC星团）】【泡沫】【波形环境】【碎片】和【粒子运动场】，如图6-221所示。

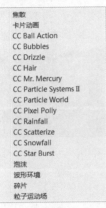

图 6-221

● 焦散：该效果可以模拟水面折射或反射的自然效果。为素材添加该效果的前后对比如图6-222所示。

（a）未使用该效果 　　（b）使用该效果

图 6-222

● 卡片动画：该效果可以通过渐变图层使卡片产生动画效果。为素材添加该效果的前后对比如图6-223所示。

（a）未使用该效果 　　（b）使用该效果

图 6-223

● CC Ball Action（CC球形粒子化）：该效果可以使图像形成球形网格。为素材添加该效果的前后对比如图6-224所示。

● CC Bubbles（CC气泡）：该效果可以根据画面内容模拟气泡效果。为素材添加该效果的前后对比如

图6-225所示。

（a）未使用该效果 　　（b）使用该效果

图 6-224

（a）未使用该效果 　　（b）使用该效果

图 6-225

● CC Drizzle（细雨）：该效果可以模拟雨滴落入水面的涟漪感。为素材添加该效果的前后对比如图6-226所示。

（a）未使用该效果 　　（b）使用该效果

图 6-226

● CC Hair（CC毛发）：该效果可以将当前图像转换为毛发显示。为素材添加该效果的前后对比如图6-227所示。

（a）未使用该效果 　　（b）使用该效果

图 6-227

● CC Mr.Mercury（CC仿水银流动）：该效果可以模拟图像类似水银流动的效果。为素材添加该效果的前后对比如图6-228所示。

● CC Particle Systems Ⅱ（CC粒子仿真系统Ⅱ）：该效果可以模拟烟花效果。为素材添加该效果的

前后对比如图6-229所示。

 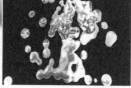

（a）未使用该效果　　　（b）使用该效果

图6-228

（a）未使用该效果　　　（b）使用该效果

图6-229

- CC Particle World（CC 粒子仿真世界）：该效果可以模拟烟花、飞灰等效果。为素材添加该效果的前后对比如图6-230所示。

（a）未使用该效果　　　（b）使用该效果

图6-230

- CC Pixel Polly（CC像素多边形）：该效果可以制作画面破碎效果。制作完成后，滑动时间线可以看到动画，为素材添加该效果的前后对比如图6-231所示。

（a）未使用该效果　　　（b）使用该效果

图6-231

- CC Rainfall（CC降雨）：该效果可以模拟降雨效果。为素材添加该效果的前后对比如图6-232所示。
- CC Scatterize（发散粒子）：该效果可以将当前画面分散为粒子状，模拟吹散效果。为素材添加该效果的前后对比如图6-233所示。

（a）未使用该效果　　　（b）使用该效果

图6-232

 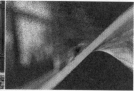

（a）未使用该效果　　　（b）使用该效果

图6-233

- CC Snowfall（CC下雪）：该效果可以模拟雪花漫天飞舞的效果。为素材添加该效果的前后对比如图6-234所示。

（a）未使用该效果　　　（b）使用该效果

图6-234

- CC Star Burst（CC星团）：该效果可以模拟星团效果。为素材添加该效果的前后对比如图6-235所示。

 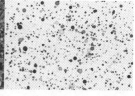

（a）未使用该效果　　　（b）使用该效果

图6-235

- 泡沫：该效果可以模拟流动、黏附和弹出的气泡、水珠效果。为素材添加该效果的前后对比如图6-236所示。
- 波形环境：该效果可以创建灰度置换图，以便用于其他效果，如焦散或色光效果。此效果可根据液体的物理学模拟创建波形。为素材添加该效果

中文版After Effects 2020完全案例教程（微课视频版）

的前后对比如图6-237所示。

（a）未使用该效果　　（b）使用该效果

图 6-236

（a）未使用该效果　　（b）使用该效果

图 6-237

- 碎片：该效果可以模拟出爆炸粉碎飞散的效果。为素材添加该效果的前后对比如图6-238所示。

（a）未使用该效果　　（b）使用该效果

图 6-238

- 粒子运动场：该效果可以为大量相似的对象设置动画，如一团萤火虫。为素材添加该效果的前后对比如图6-239所示。

（a）未使用该效果　　（b）使用该效果

图 6-239

实例：CC Ball Action模拟乐高拼搭效果

文件路径：Chapter 6　常用视频效果→
实例：CC Ball Action模拟乐高拼搭效果
本实例使用CC Ball Action效果将画面

扫一扫，看视频

制作出像素块效果。实例效果如图6-240所示。

图 6-240

步骤01 在【项目】面板中右击并选择【新建合成】选项，在弹出的【合成设置】面板中设置【合成名称】为1，【预设】为【自定义】，【宽度】为700，【高度】为465，【像素长宽比】为【方形像素】，【帧速率】为25，【分辨率】为【完整】，【持续时间】为7秒，单击【确定】按钮。执行【文件】/【导入】/【文件】命令，导入1.jpg素材文件。在【项目】面板中将1.jpg素材文件拖曳到【时间轴】面板中，如图6-241所示。

图 6-241

步骤02 在【效果和预设】面板搜索框中搜索CC Ball Action，将该效果拖曳到【时间轴】面板的1.jpg图层上，如图6-242所示。画面最终效果如图6-243所示。

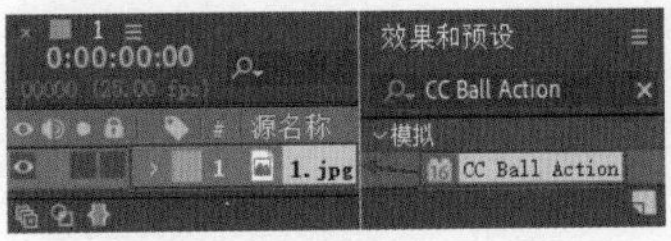

图 6-242　　　　　图 6-243

实例：CC Bubbles制作摇晃上升的彩色气泡

文件路径：Chapter 6　常用视频效果→
实例：CC Bubbles制作摇晃上升的彩色气泡
本实例使用CC Bubbles效果与【图层样式】制作出摇晃上升的彩色气泡。实例效

扫一扫，看视频

117

果如图6-244所示。

步骤 01 在【项目】面板中右击并选择【新建合成】选项，在弹出的【合成设置】面板中设置【合成名称】为1，【预设】为【自定义】，【宽度】为1000，【高度】为667，【像素长宽比】为【方形像素】，【帧速率】为25，【分辨率】为【完整】，【持续时间】为7秒，单击【确定】按钮。执行【文件】/【导入】/【文件】命令，导入1.jpg素材文件。在【项目】面板中将1.jpg素材文件拖曳到【时间轴】面板中，如图6-245所示。

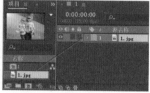

图 6-244　　　　　　　　图 6-245

步骤 02 在【时间轴】面板的空白位置处右击，执行【新建】/【纯色】命令。在弹出的【纯色设置】窗口中设置【颜色】为白色，创建一个纯色图层，如图6-246所示。

图 6-246

步骤 03 在【效果和预设】面板搜索框中搜索CC Bubbles，将该效果拖曳到【时间轴】面板的1.jpg图层上，如图6-247所示。

图 6-247

步骤 04 在【时间轴】面板中单击打开纯色图层下方的【效果】/CC Bubbles，设置Bubble Amount为70.0，

Wobble Amplitude为210.0，Wobble Frequency为0.2，如图6-248所示。画面效果如图6-249所示。

图 6-248　　　　　　　　图 6-249

步骤 05 选择【白色 纯色1】图层，右击并执行【图层样式】/【渐变叠加】命令。在【时间轴】面板中单击打开【白色 纯色1】图层下方的【图层样式】/【渐变叠加】，单击【颜色】后方的【编辑渐变】按钮，在弹出的【渐变编辑器】窗口中编辑一个由绿色到蓝紫色再到粉色再到黄色的渐变，设置【样式】为【反射】，如图6-250所示。实例制作完成，画面最终效果如图6-251所示。

图 6-250

图 6-251

实例：CC Drizzle模拟油彩效果

扫一扫，看视频

文件路径：Chapter 6　常用视频效果→实例：CC Drizzle模拟油彩效果

本实例使用【湍流置换】效果及CC Drizzle效果制作油印质感的花朵画面。实例效果如图6-252所示。

中文版After Effects 2020完全案例教程（微课视频版）

图 6-252

步骤 01 在【项目】面板中右击并选择【新建合成】选项，在弹出的【合成设置】面板中设置【合成名称】为【合成1】，【预设】为【自定义】，【宽度】为542，【高度】为440，【像素长宽比】为【方形像素】，【帧速率】为24，【分辨率】为【完整】，【持续时间】为5秒，单击【确定】按钮。执行【文件】/【导入】/【文件】命令，导入全部素材文件。在【项目】面板中将1.jpg和2.png素材文件分别拖曳到【时间轴】面板中，如图6-253所示。

步骤 02 在【时间轴】面板中单击打开1.jpg图层下方的【变换】，设置【位置】为(263.0,220.0)，【缩放】为(35.0,35.0%)，如图6-254所示。

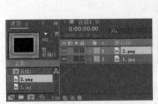

图 6-253　　　　　　　图 6-254

步骤 03 画面效果如图6-255所示。

步骤 04 在【效果和预设】面板搜索框中搜索【湍流置换】，将该效果拖曳到【时间轴】面板的1.jpg图层上，如图6-256所示。

图 6-255　　　　　　　图 6-256

步骤 05 在【时间轴】面板中单击打开1.jpg图层下方的【效果】/【湍流置换】，设置【数量】为52.0，【复杂度】为1.3，如图6-257所示。画面效果如图6-258所示。

图 6-257　　　　　　　图 6-258

步骤 06 在【效果和预设】面板搜索框中搜索CC Drizzle，将该效果拖曳到【时间轴】面板的1.jpg图层上，如图6-259所示。

图 6-259

步骤 07 在【时间轴】面板中单击打开1.jpg图层下方的【效果】/CC Drizzle，设置Drip Rate为2.0，Longevity（sec）为1.35，Ripple Height为80.0，Spreading为150.0；展开Light，设置Light Intensity为135.0，如图6-260所示。实例制作完成，画面效果如图6-261所示。

图 6-260　　　　　　　图 6-261

实例练习：CC Rainfall制作雨景

练习说明

文件路径：Chapter 6　常用视频效果→实例：CC Rainfall制作雨景

扫一扫，看视频

本实例使用【杂色】效果将画面制作出颗粒感；接着使用CC Rainfall效果将颗粒制作成雨水滴落的效果。实例效果如图6-262所示。

图6-262

实例：CC Snowfall制作雪景效果

扫一扫，看视频

文件路径：Chapter 6　常用视频效果→实例：CC Snowfall制作雪景效果

本实例使用CC Snowfall效果制作出正在下雪的动画效果。该效果常应用于影视作品中，比如模拟下雪的天气。实例效果如图6-263所示。

图6-263

步骤 01 在【项目】面板中右击并选择【新建合成】选项，在弹出的【合成设置】面板中设置【合成名称】为1，【预设】为【自定义】，【宽度】为1500，【高度】为1125，【像素长宽比】为【方形像素】，【帧速率】为25，【分辨率】为【完整】，【持续时间】为5秒，单击【确定】按钮。执行【文件】/【导入】/【文件】命令，导入1.jpg素材文件。在【项目】面板中选择1.jpg素材文件，将其拖曳到【时间轴】面板中，如图6-264所示。

图6-264

步骤 02 在【效果和预设】面板中搜索CC Snowfall效果，将该效果拖曳到【时间轴】面板的1.jpg图层上，如图6-265所示。

图6-265

步骤 03 在【时间轴】面板中打开1.jpg图层下方的【效果】/CC Snowfall，设置Flakes为25000，Size为13.0，Speed为500.0，Opacity为100.0，如图6-266所示。画面最终效果如图6-267所示。

图6-266　　　　　图6-267

实例：【泡沫】模拟飞舞的气泡

扫一扫，看视频

文件路径：Chapter 6　常用视频效果→实例：【泡沫】模拟飞舞的气泡

本实例主要使用【泡沫】效果制作出真实的、流动的气泡效果，使画面更加充实有趣。实例效果如图6-268所示。

图6-268

步骤 01 在【项目】面板中右击并选择【新建合成】选项，在弹出的【合成设置】面板中设置【合成名称】为1，【预设】为【自定义】，【宽度】为1500，【高度】为1000，【像素长宽比】为【方形像素】，【帧速率】为24，【分辨率】为【完整】,【持续时间】为7秒,单击【确定】按钮。执行【文件】/【导入】/【文件】命令,导入1.jpg素材文件。在【项目】面板中选择1.jpg素材文件,将它拖曳到【时间轴】面板中,如图6-269所示。

图 6-269

步骤 02 在【时间轴】面板的空白位置处右击,执行【新建】/【纯色】命令,在弹出的【纯色设置】面板中设置【名称】为【黑色 纯色 1】,【颜色】为黑色,单击【确定】按钮,如图6-270所示。

图 6-270

步骤 03 在【效果和预设】面板中搜索【泡沫】效果,将该效果拖曳到【时间轴】面板中的【黑色 纯色1】上,如图6-271所示。

图 6-271

步骤 04 在【时间轴】面板中打开【黑色 纯色1】图层下方的【效果】/【泡沫】,设置【视图】为【已渲染】,展开【气泡】,设置【大小】为0.700,【大小差异】为0.600,【寿命】为115.000;展开【正在渲染】,设置【气泡纹理】为【小雨】,如图6-272所示。此时滑动时间线查看画面效果,如图6-273所示。

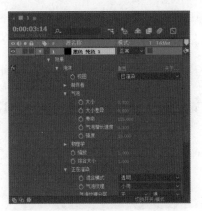

图 6-272

图 6-273

选项解读:【泡沫】重点参数速查

视图:设置效果显示方式。

制作者:设置气泡粒子的发生器。

气泡:设置气泡粒子的大小、生命以及强度。

物理学:设置影响粒子运动因素数值。

缩放:设置缩放数值。

综合大小:设置区域大小。

正在渲染:设置渲染属性。

流动映射:设置一个图层来影响粒子效果。

模拟品质:设置气泡的模拟质量为正常、高或强烈。

随机植入:设置气泡的随机植入数。

【重点】6.8 扭曲

【扭曲】效果组可以对图像进行扭曲、旋转等变形操作,以达到特殊的视觉效果。其中包括【球面化】【贝塞尔曲线变形】【漩涡条纹】【改变形状】【放大】【镜像】【CC Bend It（CC弯 曲）】【CC Bender（CC卷 曲）】【CC Blobbylize（CC融化溅落点）】【CC Flo Motion（CC两点收缩变形）】【CC Griddler（CC网格变形）】【CC Lens（CC镜头）】【CC Page Turn（CC卷页）】【CC Power Pin

【CC四角缩放）】【CC Ripple Pulse（CC波纹脉冲）】【CC Slant（CC倾斜）】【CC Smear（CC涂抹）】【CC Split（CC分裂）】【CC Split 2（CC分裂2）】【CC Tiler（CC平铺）】【光学补偿】【湍流置换】【置换图】【偏移】【网格变形】【保留细节放大】【凸出】【变形】【变换】【变形稳定器VFX】【旋转扭曲】【极坐标】【果冻效应修复】【波形变形】【波纹】【液化】和【边角定位】，如图6-274所示。

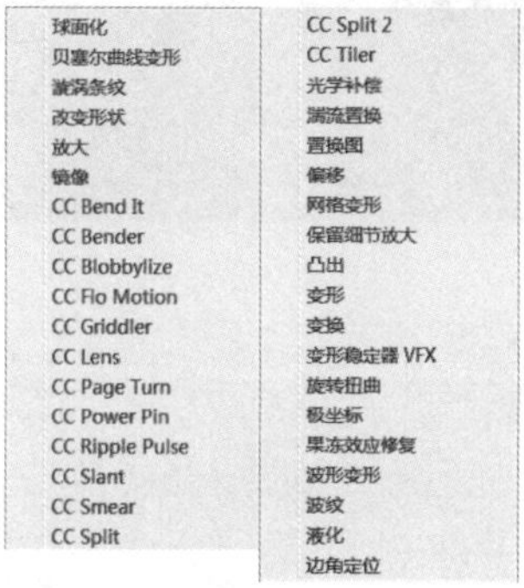

球面化	CC Split 2
贝塞尔曲线变形	CC Tiler
漩涡条纹	光学补偿
改变形状	湍流置换
放大	置换图
镜像	偏移
CC Bend It	网格变形
CC Bender	保留细节放大
CC Blobbylize	凸出
CC Flo Motion	变形
CC Griddler	变换
CC Lens	变形稳定器 VFX
CC Page Turn	旋转扭曲
CC Power Pin	极坐标
CC Ripple Pulse	果冻效应修复
CC Slant	波形变形
CC Smear	波纹
CC Split	液化
	边角定位

图6-274

●球面化：该效果可以通过伸展到指定半径的半球面来围绕一点扭曲图像。为素材添加该效果的前后对比如图6-275所示。

（a）未使用该效果　　　（b）使用该效果

图6-275

●贝塞尔曲线变形：该效果可以通过调整曲线控制点调整图像形状。为素材添加该效果的前后对比如图6-276所示。

（a）未使用该效果　　　（b）使用该效果

图6-276

●漩涡条纹：该效果可以使用曲线扭曲图像。
●改变形状：该效果可以改变图像中某一部分的形状。
●放大：该效果可以放大素材的全部或部分。为素

材添加该效果的前后对比如图6-277所示。

（a）未使用该效果　　　（b）使用该效果

图6-277

●镜像：该效果可以沿线反射图像效果。为素材添加该效果的前后对比如图6-278所示。

（a）未使用该效果　　　（b）使用该效果

图6-278

●CC Bend It（CC弯曲）：该效果可以弯曲、扭曲图像的某一部分。为素材添加该效果的前后对比如图6-279所示。

（a）未使用该效果　　　（b）使用该效果

图6-279

●CC Bender（CC卷曲）：该效果可以使图像产生卷曲的视觉效果。为素材添加该效果的前后对比如图6-280所示。

（a）未使用该效果　　　（b）使用该效果

图6-280

●CC Blobbylize（CC融化溅落点）：该效果可以调节图像模拟融化溅落点效果。为素材添加该效果的前后对比如图6-281所示。

中文版After Effects 2020完全案例教程（微课视频版）

（a）未使用该效果　　　（b）使用该效果

图6-281

● CC Flo Motion（CC两点收缩变形）：该效果可以将图像任意两点作为中心收缩周围的像素。为素材添加该效果的前后对比如图6-282所示。

（a）未使用该效果　　　（b）使用该效果

图6-282

● CC Griddler（CC网格变形）：该效果可以使画面模拟出错位的网格效果。为素材添加该效果的前后对比如图6-283所示。

（a）未使用该效果　　　（b）使用该效果

图6-283

● CC Lens（CC镜头）：该效果可以变形图像，以模拟镜头扭曲的效果。为素材添加该效果的前后对比如图6-284所示。

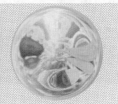

（a）未使用该效果　　　（b）使用该效果

图6-284

● CC Page Turn（CC卷页）：该效果可以使图像产生书页卷起的效果。为素材添加该效果的前后对比

如图6-285所示。

（a）未使用该效果　　　（b）使用该效果

图6-285

● CC Power Pin（CC四角缩放）：该效果可以通过对边角位置的调整对图像进行拉伸、倾斜变形操作，多用来模拟透视效果。为素材添加该效果的前后对比如图6-286所示。

（a）未使用该效果　　　（b）使用该效果

图6-286

● CC Ripple Pulse（CC波纹脉冲）：该效果可以模拟波纹扩散的变形效果。
● CC Slant（CC倾斜）：该效果可以使图像产生平行倾斜的视觉效果。为素材添加该效果的前后对比如图6-287所示。

（a）未使用该效果　　　（b）使用该效果

图6-287

● CC Smear（CC涂抹）：该效果可以通过调整控制点对画面某一部分进行变形处理。为素材添加该效果的前后对比如图6-288所示。

（a）未使用该效果　　　（b）使用该效果

图6-288

- CC Split（CC分裂）：该效果可以使图像产生分裂的效果。为素材添加该效果的前后对比如图6-289所示。

（a）未使用该效果　　　（b）使用该效果

图6-289

- CC Split 2（CC分裂2）：该效果可以使图像在两个点之间产生不对称的分裂效果。为素材添加该效果的前后对比如图6-290所示。

（a）未使用该效果　　　（b）使用该效果

图6-290

- CC Tiler（CC平铺）：该效果可以使图像产生重复画面的效果。为素材添加该效果的前后对比如图6-291所示。

（a）未使用该效果　　　（b）使用该效果

图6-291

- 光学补偿：该效果可以引入或移除镜头扭曲。为素材添加该效果的前后对比如图6-292所示。

（a）未使用该效果　　　（b）使用该效果

图6-292

- 湍流置换：该效果可以使用不规则杂色置换图层。为素材添加该效果的前后对比如图6-293所示。

（a）未使用该效果　　　（b）使用该效果

图6-293

- 置换图：该效果可以基于其他图层的像素值位移像素。为素材添加该效果的前后对比如图6-294所示。

（a）未使用该效果　　　（b）使用该效果

图6-294

- 偏移：该效果可以在图层内平移图像。为素材添加该效果的前后对比如图6-295所示。

（a）未使用该效果　　　（b）使用该效果

图6-295

- 网格变形：该效果可以在图像中添加网格，通过控制网格交叉点来对图像进行变形处理。为素材添加该效果的前后对比如图6-296所示。

（a）未使用该效果　　　（b）使用该效果

图6-296

- 保留细节放大：该效果可以放大图层并保留图像边缘锐度，同时还可以进行降噪。为素材添加该效果的前后对比如图6-297所示。

（a）未使用该效果　　　（b）使用该效果

图 6-297

- 凸出：该效果可以围绕一个点进行扭曲图像，模拟凸出效果。为素材添加该效果的前后对比如图 6-298 所示。

（a）未使用该效果　　　（b）使用该效果

图 6-298

- 变形：该效果可以对图像进行扭曲变形处理。为素材添加该效果的前后对比如图 6-299 所示。

（a）未使用该效果　　　（b）使用该效果

图 6-299

- 变换：该效果可以将二维几何变换应用到图层。为素材添加该效果的前后对比如图 6-300 所示。

（a）未使用该效果　　　（b）使用该效果

图 6-300

- 变形稳定器VFX：该效果可以对素材进行稳定，不需要手动跟踪。
- 旋转扭曲：该效果可以通过围绕指定点旋转涂抹图像。为素材添加该效果的前后对比如图 6-301 所示。

（a）未使用该效果　　　（b）使用该效果

图 6-301

- 极坐标：该效果可以产生由图像旋转拉伸的极限效果。为素材添加该效果的前后对比如图 6-302 所示。

（a）未使用该效果　　　（b）使用该效果

图 6-302

- 果冻效应修复：该效果可以去除因前期摄像机拍摄而形成的扭曲图像。
- 波形变形：该效果可以将图像变为波形变形的效果。为素材添加该效果的前后对比如图 6-303 所示。

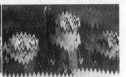

（a）未使用该效果　　　（b）使用该效果

图 6-303

- 波纹：该效果可以在指定图层中创建波纹效果，这些波纹朝远离同心圆中心点的方向移动。为素材添加该效果的前后对比如图 6-304 所示。

（a）未使用该效果　　　（b）使用该效果

图 6-304

- 液化：该效果可以通过液化刷来推动、拖拉、旋转、扩大和收缩图像。为素材添加该效果的前后对比如图 6-305 所示。

（a）未使用该效果　　　（b）使用该效果

图 6-305

- 边角定位：该效果可以通过调整图像边角位置对图像进行拉伸、收缩、扭曲等变形操作。为素材添加该效果的前后对比如图6-306所示。

（a）未使用该效果　　（b）使用该效果

图6-306

实例：【镜像】制作镜像对称效果

扫一扫，看视频

文件路径：Chapter 6　常用视频效果→实例：【镜像】制作镜像对称效果

本实例使用【镜像】效果将婴儿照片制作出以中心为轴线、左右完全对称的图像，非常有趣。实例效果如图6-307所示。

图6-307

步骤 01 在【项目】面板中右击并选择【新建合成】选项，在弹出的【合成设置】面板中设置【合成名称】为【合成1】，【预设】为【PAL D1/DV宽银幕方形像素】，【宽度】为1050，【高度】为576，【像素长宽比】为【方形像素】，【帧速率】为25，【分辨率】为【完整】，【持续时间】为5秒，单击【确定】按钮。执行【文件】/【导入】/【文件】命令，导入01.jpg素材文件。在【项目】面板中选择01.jpg素材文件，将它拖曳到【时间轴】面板中，如图6-308所示。

步骤 02 在【时间轴】面板中打开01.jpg图层下方的【变换】，设置【位置】为(538.0,288.0)，【缩放】为(76.0,76.0%)，如图6-309所示。

图6-308 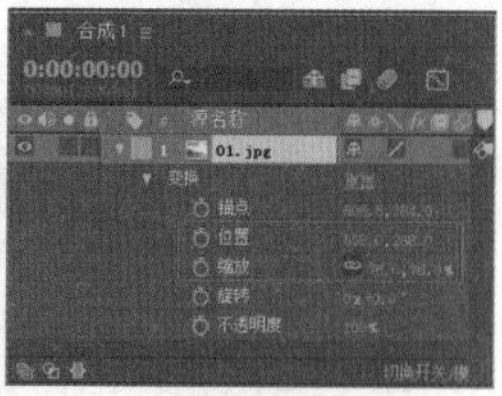　　　　　图6-309

步骤 03 在【效果和预设】面板中搜索【镜像】效果，将该效果拖曳到【时间轴】面板的01.jpg图层上，如图6-310所示。

图6-310

步骤 04 在【时间轴】面板中打开01.jpg图层下方的【效果】/【镜像】，设置【反射中心】为(785.0,384.0)，如图6-311所示。画面最终效果如图6-312所示。

图6-311　　　　　图6-312

 选项解读：【镜像】重点参数速查

反射中心：设置反射图像的中心点位置。

反射角度：设置镜像反射的角度。

实例：CC Lens制作水晶球

扫一扫，看视频

文件路径：Chapter 6　常用视频效果→实例：CC Lens制作水晶球

本实例使用CC Lens效果将风景图片制作成晶莹剔透的水晶球质感。实例效果如图6-313所示。

图6-313

步骤 01 在【项目】面板中右击并选择【新建合成】选项，在弹出的【合成设置】面板中设置【合成名称】为【合成1】，【预设】为【PAL D1/DV 方形像素】，【宽度】为788，【高度】为576，【像素长宽比】为【方形像素】，【帧速率】为25，【分辨率】为【完整】，【持续时间】为5秒，单击【确定】按钮。执行【文件】/【导入】/【文件】命令，导

 中文版After Effects 2020完全案例教程（微课视频版）

126

入全部素材文件。在【项目】面板中将1.jpg和2.jpg素材文件依次拖曳到【时间轴】面板中，如图6-314所示。

步骤 02 在【时间轴】面板中单击打开2.jpg图层下方的【变换】，设置【位置】为（577.0,288.0），【缩放】为（66.0,66.0%），如图6-315所示。

图6-314   图6-315

步骤 03 画面效果如图6-316所示。

步骤 04 在【效果和预设】面板搜索框中搜索CC Lens，将该效果拖曳到【时间轴】面板的2.jpg图层上，如图6-317所示。

图6-316   图6-317

步骤 05 在【时间轴】面板中单击打开2.jpg图层下方的【效果】/CC Lens，设置Center为（220.0,317.0），Size为58.0，如图6-318所示。画面最终效果如图6-319所示。

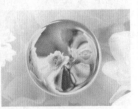

图6-318   图6-319

选项解读：【CC Lens（CC镜头）】重点参数速查

Center（中心）：设置效果中心点位置。
Size（大小）：设置变形图像的大小。
Convergence（汇聚）：可使图像产生向中心汇聚的效果。

实例：【极坐标】制作圆形风景画

文件路径：Chapter 6　常用视频效果→实例：【极坐标】制作圆形风景画

本实例使用【极坐标】效果将照片首尾相接，以圆形效果呈现。实例效果如图6-320所示。

扫一扫，看视频

图6-320

步骤 01 在【项目】面板中右击并选择【新建合成】选项，在弹出的【合成设置】面板中设置【合成名称】为【合成1】，【预设】为【PAL D1/DV方形像素】，【宽度】为788，【高度】为576，【像素长宽比】为【方形像素】，【帧速率】为25，【分辨率】为【完整】，【持续时间】为5秒，单击【确定】按钮。执行【文件】/【导入】/【文件】命令，导入1.jpg素材文件。在【项目】面板中选择1.jpg素材文件，将它拖曳到【时间轴】面板中，如图6-321所示。

图6-321

步骤 02 在【时间轴】面板中打开1.jpg图层下方的【变换】，设置【缩放】为（85.0,85.0%），如图6-322所示。

图6-322

步骤 03 画面效果如图6-323所示。

步骤 04 在【效果和预设】面板中搜索【极坐标】效

果，将该效果拖曳到【时间轴】面板的1.jpg图层上，如图6-324所示。

图6-323　　　　　　　图6-324

步骤 05 在【时间轴】面板中打开1.jpg图层下方的【效果】/【极坐标】，设置【插值】为100.0%，【转换类型】为【矩形到极线】，如图6-325所示。画面最终效果如图6-326所示。

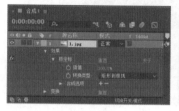

图6-325　　　　　　　图6-326

 选项解读：【极坐标】重点参数速查

插值：设置效果扭曲程度。

转换类型：设置效果转换方式。

实例：【变形】制作透视感

文件路径：Chapter 6　常用视频效果→实例：【变形】制作透视感

本实例使用【变形】效果轻松地更改文字素材形状，使文字效果活跃且具有透视效果。实例效果如图6-327所示。

扫一扫，看视频

图6-327

步骤 01 在【项目】面板中右击并选择【新建合成】选项，在弹出的【合成设置】面板中设置【合成名称】为1，【预设】为【自定义】，【宽度】为1000，【高度】为1459，【像素长宽比】为【方形像素】，【帧速率】为25，【分辨率】为【完整】，【持续时间】为5秒，单击【确定】按钮。执行【文件】/【导入】/【文件】命令，导入1.jpg和2.png素材文件。在【项目】面板中依次将1.jpg和2.png素材文件拖曳到【时间轴】面板中，如图6-328所示。

步骤 02 在【时间轴】面板中打开2.png图层下方的【变换】，设置【位置】为（528.0,330.5），【缩放】为（48.0,48%），如图6-329所示。

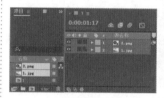

图6-328　　　　　　　图6-329

步骤 03 画面效果如图6-330所示。

步骤 04 在【效果和预设】面板中搜索【变形】效果，将其拖曳到【时间轴】面板的2.png图层上，如图6-331所示。

图6-330　　　　　　　图6-331

步骤 05 在【时间轴】面板中打开2.png图层下方的【效果】/【变形】，设置【弯曲】为17，【水平扭曲】为-45，【垂直扭曲】为32，如图6-332所示。画面最终效果如图6-333所示。

图6-332　　　　　　　图6-333

中文版After Effects 2020完全案例教程（微课视频版）

选项解读:【变形】重点参数速查

变形样式:设置变形的类型。

变形轴:设置变形的轴方向,包括水平、垂直。

弯曲:设置弯曲的强度。

水平扭曲:设置水平方向的扭曲强度。

垂直扭曲:设置垂直方向的扭曲强度。

实例:【波纹】制作雨后涟漪

文件路径:Chapter 6 常用视频效果→实例:【波纹】制作雨后涟漪

扫一扫,看视频

本实例使用【波纹】效果制作出涟漪效果,给人阴雨天湿润路面的感觉。实例效果如图6-334所示。感兴趣的读者还可以为【波纹相】参数设置关键帧动画,制作波纹动画。

步骤 01 在【项目】面板中右击并选择【新建合成】选项,在弹出的【合成设置】面板中设置【合成名称】为1,【预设】为【自定义】,【宽度】为2000,【高度】为3008,【像素长宽比】为【方形像素】,【帧速率】为25,【分辨率】为【完整】,【持续时间】为5秒,单击【确定】按钮。执行【文件】/【导入】/【文件】命令,导入1.jpg素材文件。在【项目】面板中选择1.jpg素材文件,将它拖曳到【时间轴】面板中,如图6-335所示。

图 6-334 图 6-335

步骤 02 在【效果和预设】面板中搜索【波纹】效果,将该效果拖曳到【时间轴】面板的1.jpg图层上,如图6-336所示。

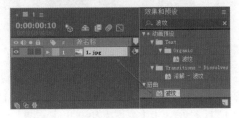

图 6-336

步骤 03 在【时间轴】面板中打开1.jpg图层下方的【效果】/【波纹】,设置【半径】为25.0,【波纹中心】为(1050.0,1552.0),【波形速度】为2.0,【波形宽度】为37.0,【波形高度】为400.0,如图6-337所示。画面最终效果如图6-338所示。

图 6-337 图 6-338

 选项解读:【波纹】重点参数速查

半径:设置波纹半径。

波纹中心:设置波纹中心位置。

转换类型:设置转换类型为不对称或对称。

波形速度:设置波纹扩散的速度。

波形宽度:设置波纹之间的宽度。

波形高度:设置波纹之间的高度。

波纹相:设置波纹的相位。

实例:【液化】制作抽象背景

文件路径:Chapter 6 常用视频效果→实例:【液化】制作抽象背景

本实例使用【液化】效果将背景进行推拉,从而使背景产生扭曲变形效果。实例效果如图6-339所示。

扫一扫,看视频

图 6-339

步骤 01 在【项目】面板中右击并选择【新建合成】选项,在弹出的【合成设置】面板中设置【合成名称】为1,【预设】

为【自定义】,【宽度】为1556,【高度】为1080,【像素长宽比】为【方形像素】,【帧速率】为25,【分辨率】为【完整】,【持续时间】为5秒,单击【确定】按钮。执行【文件】/【导入】/【文件】命令,导入全部素材。在【项目】面板中将1.jpg素材文件拖曳到【时间轴】面板中,如图6-340所示。

步骤 02 在【效果和预设】面板搜索框中搜索【液化】,将该效果拖曳到【时间轴】面板的1.jpg图层上,如图6-341所示。

图6-340　　　　　　　　图6-341

步骤 03 在【时间轴】面板中选择1.jpg图层,在【效果控件】面板中展开【液化】/【工具】,选择 (向前推动工具)。接着展开【变形工具选项】,设置【画笔大小】为100,【画笔压力】为50,设置完成后按住鼠标左键在画面中拖曳涂抹,如图6-342所示。继续进行反复涂抹,画面效果如图6-343所示。

步骤 04 在【项目】面板中将2.png素材文件拖曳到【时间轴】面板中,如图6-344所示。

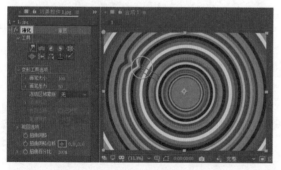

图6-342

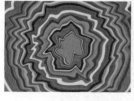

图6-343　　　　　　　　图6-344

步骤 05 在【时间轴】面板中单击打开2.png图层下方的【变换】,设置【缩放】为(120.0,120.0%),如图6-345所示。画面最终效果如图6-346所示。

图6-345　　　　　　　　图6-346

 (变形工具):使用该工具在图像上按住鼠标并拖动可对图像进行液化变形。

 (湍流工具):可对图像进行无序的躁动变形。

 (逆时针旋转工具):可逆时针旋转像素。

 (顺时针旋转工具):可顺时针旋转像素。

 (凹陷工具):在画面中按住鼠标左键可将该图像中相应区域像素进行收缩变形。

 (膨胀工具):在画面中按住鼠标左键可将该图像中相应区域像素进行膨胀变形。

 (转移像素工具):沿着绘制方向按住鼠标左键并拖动可垂直方向移动像素。

 (反射工具):可模拟图像在水中反射的映像效果。

 (仿制工具):可对图像中画笔相应区域进行复制变形。

 (重建工具):可将变形的图像恢复到原始的样子。

实例:【边角定位】更换手机内容

扫一扫,看视频

文件路径:Chapter 6　常用视频效果→实例:【边角定位】更换手机内容

本实例使用【边角定位】效果将手机屏幕内容更换为风景图片。实例效果如图6-347所示。

图6-347

步骤 01 在【项目】面板中右击并选择【新建合成】选项,在弹出的【合成设置】面板中设置【合成名称】为1,【预设】为【自定义】,【宽度】为1000,【高度】为665,

中文版After Effects 2020完全案例教程(微课视频版)

【像素长宽比】为【方形像素】，【帧速率】为25，【分辨率】为【完整】，【持续时间】为5秒，单击【确定】按钮。执行【文件】/【导入】/【文件】命令，导入全部素材文件。在【项目】面板中将1.jpg和2.jpg素材文件分别拖曳到【时间轴】面板中，如图6-348所示。

步骤 02 在【时间轴】面板中单击打开2.jpg图层下方的【变换】，设置【缩放】为（34.0,34.0%），如图6-349所示。

图6-348　　　　　　　　图6-349

步骤 03 画面效果如图6-350所示。

步骤 04 可以看出风景图片并未完全贴合于屏幕上。在【效果和预设】面板搜索框中搜索【边角定位】，将该效果拖曳到【时间轴】面板的2.jpg图层上，如图6-351所示。

图6-350　　　　　　　　图6-351

步骤 05 在【时间轴】面板中单击打开2.jpg图层下方的【效果】/【边角定位】，设置【左上】为（28.0,0.0），【右上】为（876.0,-5.0），【左下】为（43.0,1460.0），【右下】为（868.0,1460.0），如图6-352所示。画面最终效果如图6-353所示。

图6-352　　　　　　　　图6-353

选项解读：【边角定位】重点参数速查

左上：设置左上角定位点。

右上：设置右上角定位点。
左下：设置左下角定位点。
右下：设置右下角定位点。

重点 6.9 生成

【生成】效果组可以使图像生成如闪电、镜头光晕等常见效果，还可以对图像进行颜色填充、渐变填充、滴管填充等操作。其中包括【圆形】【分形】【椭圆】【吸管填充】【镜头光晕】、CC Glue Gun、CC Light Burst 2.5、CC Light Rays、CC Light Sweep、CC Threads、【光束】【填充】【网格】【单元格图案】【写入】【勾画】【四色渐变】【描边】【无线电波】【梯度渐变】【棋盘】【油漆桶】【涂写】【音频波形】【音频频谱】和【高级闪电】，如图6-354所示。

图6-354

● 圆形：该效果可以创建一个环形圆或实心圆。为素材添加该效果的前后对比如图6-355所示。

（a）未使用该效果　　　（b）使用该效果

图6-355

● 分形：该效果可以生成以数学方式计算的分形图像。为素材添加该效果的前后对比如图6-356所示。

（a）未使用该效果　　　（b）使用该效果

图 6-356

- 椭圆：该效果可以制作具有内部和外部颜色的椭圆效果。为素材添加该效果的前后对比如图 6-357 所示。

（a）未使用该效果　　　（b）使用该效果

图 6-357

- 吸管填充：该效果可以使用图层样本颜色对图层着色。为素材添加该效果的前后对比如图 6-358 所示。

（a）未使用该效果　　　（b）使用该效果

图 6-358

- 镜头光晕：该效果可以生成合成镜头光晕的效果，常用于制作日光光晕。为素材添加该效果的前后对比如图 6-359 所示。

（a）未使用该效果　　　（b）使用该效果

图 6-359

- CC Glue Gun（CC喷胶枪）：该效果可以使图像产生胶水喷射弧度效果。为素材添加该效果的前后对比如图 6-360 所示。

（a）未使用该效果　　　（b）使用该效果

图 6-360

- CC Light Burst 2.5（CC突发光2.5）：该效果可以使图像产生光线爆裂的透视效果。为素材添加该效果的前后对比如图 6-361 所示。

（a）未使用该效果　　　（b）使用该效果

图 6-361

- CC Light Rays（光线）：该效果可以通过图像上的不同颜色映射出不同的光芒。为素材添加该效果的前后对比如图 6-362 所示。

（a）未使用该效果　　　（b）使用该效果

图 6-362

- CC Light Sweep（CC扫光）：该效果可以使图像以某点为中心，像素向一边以擦除的方式运动，使其产生扫光的效果。为素材添加该效果的前后对比如图 6-363 所示。

（a）未使用该效果　　　（b）使用该效果

图 6-363

- CC Threads（CC 线）：该效果可以使图像产生带有纹理的编织交叉效果。为素材添加该效果的前后对比如图 6-364 所示。

（a）未使用该效果　　　（b）使用该效果

图 6-364

- 光束：该效果可以模拟激光光束效果。为素材添加该效果的前后对比如图 6-365 所示。

（a）未使用该效果　　　（b）使用该效果

图 6-365

- 填充：该效果可以为图像填充指定颜色。为素材添加该效果的前后对比如图 6-366 所示。

（a）未使用该效果　　　（b）使用该效果

图 6-366

- 网格：该效果可以在图像上创建网格。为素材添加该效果的前后对比如图 6-367 所示。

（a）未使用该效果　　　（b）使用该效果

图 6-367

- 单元格图案：该效果可以根据单元格杂色生成单元格图案。为素材添加该效果的前后对比如图 6-368 所示。
- 写入：该效果可以将描边描绘到图像上。
- 勾画：该效果可以在对象周围产生航行灯和其他基于路径的脉冲动画。为素材添加该效果的前后对比如图 6-369 所示。

（a）未使用该效果　　　（b）使用该效果

图 6-368

（a）未使用该效果　　　（b）使用该效果

图 6-369

- 四色渐变：该效果可以为图像添加 4 种混合色点的渐变颜色。为素材添加该效果的前后对比如图 6-370 所示。

（a）未使用该效果　　　（b）使用该效果

图 6-370

- 描边：该效果可以对蒙版轮廓进行描边。为素材添加该效果的前后对比如图 6-371 所示。

（a）未使用该效果　　　（b）使用该效果

图 6-371

- 无线电波：该效果可以使图像生成辐射波效果。为素材添加该效果的前后对比如图 6-372 所示。
- 梯度渐变：该效果可以创建两种颜色的渐变。为素材添加该效果的前后对比如图 6-373 所示。
- 棋盘：该效果可以创建棋盘图案，其中一半棋盘图案是透明的。为素材添加该效果的前后对比如图6-374所示。

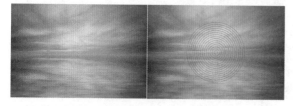

（a）未使用该效果　　　（b）使用该效果

图6-372

（a）未使用该效果　　　（b）使用该效果

图6-373

（a）未使用该效果　　　（b）使用该效果

图6-374

- 油漆桶：该效果常用于为图像中的轮廓填色，使其变为卡通效果。为素材添加该效果的前后对比如图6-375所示。

（a）未使用该效果　　　（b）使用该效果

图6-375

- 涂写：该效果可以涂写蒙版。
- 音频波形：该效果可以显示音频层的波形。为素材添加该效果的前后对比如图6-376所示。
- 音频频谱：该效果可以显示音频层的频谱。为素材添加该效果的前后对比如图6-377所示。

（a）未使用该效果　　　（b）使用该效果

图6-376

（a）未使用该效果　　　（b）使用该效果

图6-377

- 高级闪电：该效果可以为图像创建丰富的闪电效果。为素材添加该效果的前后对比如图6-378所示。

（a）未使用该效果　　　（b）使用该效果

图6-378

实例：【镜头光晕】制作午后阳光美景

扫一扫，看视频

文件路径：Chapter 6　常用视频效果→实例：【镜头光晕】制作午后阳光美景

本实例使用【镜头光晕】效果设置合适的镜头类型及光晕位置，打造逆光效果，快速、高效地模拟温暖的阳光。实例效果如图6-379所示。

图6-379

中文版After Effects 2020完全案例教程（微课视频版）

步骤 01 在【项目】面板中右击并选择【新建合成】选项，在弹出的【合成设置】面板中设置【合成名称】为【合成01】，【预设】为【自定义】，【宽度】为2000，【高度】为1333，【像素长宽比】为【方形像素】，【帧速率】为24，【分辨率】为【完整】，【持续时间】为5秒，单击【确定】按钮。执行【文件】/【导入】/【文件】命令，导入01.jpg素材文件。在【项目】面板中选择01.jpg素材文件，将它拖曳到【时间轴】面板中，如图6-380所示。

图 6-380

步骤 02 在【效果和预设】面板中搜索【镜头光晕】效果，将该效果拖曳到【时间轴】面板的01.jpg图层上，如图6-381所示。

图 6-381

步骤 03 在【时间轴】面板中打开01.jpg图层下方的【效果】/【镜头光晕】，设置【光晕中心】为（893.0,113.2），【光晕亮度】为115%，【镜头类型】为【105毫米定焦】，如图6-382所示。画面效果如图6-383所示。

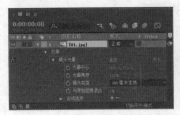

图 6-382　　　　　　图 6-383

步骤 04 在【效果和预设】面板中搜索【镜头光晕】效果，将该效果拖曳到【时间轴】面板的01.jpg图层上，如图6-384所示。

步骤 05 在【时间轴】面板中打开01.jpg图层下方的【效果】/【镜头光晕2】，设置【光晕中心】为（1596.0,136.0），如图6-385所示。画面最终效果如图6-386所示。

图 6-384

图 6-385　　　　　　图 6-386

选项解读：【镜头光晕】重点参数速查

光晕中心：设置光晕中心点位置。

光晕亮度：设置光源亮度百分比。

镜头类型：设置镜头类型。

实例：【网格】制作动态背景

文件路径：Chapter 6　常用视频效果→实例：【网格】制作动态背景

本实例主要使用【网格】效果制作精美的背景动画效果，并在网格上方输入合适的文字。实例效果如图6-387所示。

扫一扫，看视频

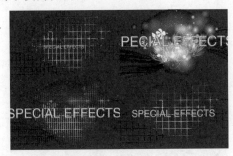

图 6-387

步骤 01 在【项目】面板中右击并选择【新建合成】选项，在弹出的【合成设置】面板中设置【合成名称】为1，【预设】为【自定义】，【宽度】为1000，【高度】为625，【像素长宽比】为【方形像素】，【帧速率】为25，【分辨率】为【完整】，【持续时间】为5秒，单击【确定】按钮。执行【文件】/【导入】/【文件】命令，导入1.jpg素材文件。在【项目】面板中选择1.jpg素材文件，将它拖曳到【时间轴】面板中，如图6-388所示。

图6-388

步骤 02 在【效果和预设】面板中搜索【网格】效果，将该效果拖曳到【时间轴】面板的1.jpg图层上，如图6-389所示。

图6-389

步骤 03 在【时间轴】面板中打开1.jpg图层下方的【效果】/【网格】，将时间线滑动到起始帧位置，单击【边角】前的 ◯ （时间变化秒表）按钮，设置【边角】为（555.0,375.0）；将时间线滑动到2秒位置，设置【边角】为（498.0,375.0）；继续将时间线滑动到结束帧位置，设置【边角】为（445.0,375.0），设置【混合模式】为【模板Alpha】，如图6-390所示。此时滑动时间线查看画面效果，如图6-391所示。

图6-390

步骤 04 制作文字。在【时间轴】面板的空白位置处右击，执行【新建】/【文本】命令。在【字符】面板中设置合适的【字体系列】，设置【填充颜色】为白色，【描

边颜色】为蓝色，【描边宽度】为3像素，【字体大小】为85，设置完成后在画面中心位置输入文字"SPECIAL EFFECTS"，如图6-392所示。

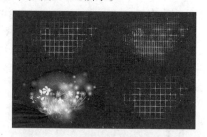

图6-391

图6-392

步骤 05 在【时间轴】面板中打开当前【文本】图层下方的【变换】，设置【位置】为（490.0,334.0），将时间线滑动到起始帧位置，单击【缩放】前的 ◯ （时间变化秒表）按钮，设置【缩放】为（0.0,0.0%）；继续将时间线滑动到2秒位置，设置【缩放】为（150.0,150.0%）；最后将时间线滑动到结束帧位置，设置【缩放】为（100.0,100.0%），如图6-393所示。画面最终效果如图6-394所示。

图6-393

图6-394

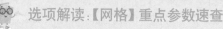

　　选项解读：【网格】重点参数速查

锚点：设置网格点的位置。

大小依据：设置网格的大小方式。

边角：设置相交点的位置。

宽度：设置每个网格的宽度。

高度：设置每个网格的高度。

中文版After Effects 2020完全案例教程（微课视频版）

边界：设置网格线的精细程度。

羽化：设置网格显示的柔和程度。

反转网格：设置为【开】，可反转网格效果。

颜色：设置网格线颜色。

不透明度：设置网格线的透明程度。

实例：【四色渐变】制作风格化影片

文件路径：Chapter 6　常用视频效果→实例：【四色渐变】制作风格化影片

扫一扫，看视频

本实例使用【四色渐变】效果制作4种颜色渐变的画面色调。实例效果如图6-395所示。

图 6-395

步骤 01 在【项目】面板中右击并选择【新建合成】选项，在弹出的【合成设置】面板中设置【合成名称】为1，【预设】为【自定义】，【宽度】为1500，【高度】为986，【像素长宽比】为【方形像素】，【帧速率】为25，【分辨率】为【完整】，【持续时间】为7秒，单击【确定】按钮。执行【文件】/【导入】/【文件】命令，导入1.jpg和2.png素材文件。在【项目】面板中将1.jpg素材文件拖曳到【时间轴】面板中，如图6-396所示。

步骤 02 在【效果和预设】面板搜索框中搜索【四色渐变】，将该效果拖曳到【时间轴】面板的1.jpg图层上，如图6-397所示。

图 6-396　　　　　图 6-397

步骤 03 在【时间轴】面板中单击打开1.jpg图层下方的【效果】/【四色渐变】/【位置和颜色】，设置【颜色1】为洋红色，【不透明度】为80.0%，【混合模式】为【柔光】，如图6-398所示。画面效果如图6-399所示。

步骤 04 在【项目】面板中选择2.png素材文件，将该素材文件拖曳到【时间轴】面板中，如图6-400所示。

图 6-398　　　　　　　　　　图 6-399

图 6-400

步骤 05 单击打开2.png图层下方的【变换】，设置【位置】为（774.0,777.0），【缩放】为（162.0,162.0%），如图6-401所示。最终画面效果如图6-402所示。

图 6-401　　　　　　　　图 6-402

选项解读：【四色渐变】重点参数速查

位置和颜色：设置效果位置和颜色属性。

点1：设置颜色1的位置。

颜色1：设置颜色1的颜色。

点2：设置颜色2的位置。

颜色2：设置颜色2的颜色。

点3：设置颜色3的位置。

颜色3：设置颜色3的颜色。

点4：设置颜色4的位置。

颜色4：设置颜色4的颜色。

混合：设置4种颜色的混合程度。

抖动：设置抖动程度。

不透明度：设置效果的透明程度。

实例：【高级闪电】模拟真实闪电

扫一扫，看视频

文件路径：Chapter 6　常用视频效果→实例：【高级闪电】模拟真实闪电

本实例使用【高级闪电】效果模拟阴雨天打闪电的现象。实例效果如图6-403所示。

步骤 01 在【项目】面板中右击并选择【新建合成】选项，在弹出的【合成设置】面板中设置【合成名称】为1，【预设】为【自定义】，【宽度】为1200，【高度】为759，【像素长宽比】为【方形像素】，【帧速率】为25，【分辨率】为【完整】，【持续时间】为7秒，单击【确定】按钮。执行【文件】/【导入】/【文件】命令，导入1.jpg素材文件。在【项目】面板中将1.jpg素材文件拖曳到【时间轴】面板中，如图6-404所示。

图 6-403　　　　　　　　图 6-404

步骤 02 在【时间轴】面板的空白位置处右击，执行【新建】/【纯色】命令。此时在弹出的【纯色设置】面板中设置【名称】为【黑色 纯色 1】，【颜色】为黑色，单击【确定】按钮，如图6-405所示。

图 6-405

步骤 03 在【效果和预设】面板搜索框中搜索【高级闪电】，将该效果拖曳到【时间轴】面板的【黑色 纯色 1】图层上，如图6-406所示。

图 6-406

步骤 04 在【时间轴】面板中单击打开【黑色 纯色 1】图层下方的【效果】/【高级闪电】，设置【闪电类型】为【阻断】，【源点】为（556.0，-4.0），【方向】为（871.0，294.1），【分叉】为6.0%，【衰减】为0.24，【主核心衰减】为【开】，如图6-407所示。画面效果如图6-408所示。

图 6-407　　　　　　　　图 6-408

步骤 05 选择【黑色 纯色 1】图层，使用快捷键Ctrl+D创建副本图层，如图6-409所示。

步骤 06 单击打开【黑色 纯色 1】（图层1）下方的【效果】/【高级闪电】，更改【源点】为（2.0，140.0），如图6-410所示。画面最终效果如图6-411所示。

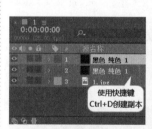

图 6-409　　　　　　　　图 6-410

图 6-411

中文版After Effects 2020完全案例教程（微课视频版）

闪电类型:设置闪电类型,其中包括方向、击打、阻断、回弹、全方位、随机、垂直、双向击打。

源点:设置闪电开始的位置。

方向:设置闪电结束的位置。

传导率状态:设置闪电的随机程度。

核心设置:设置闪电的核心属性。

发光设置:设置闪电的发光属性。

Alpha障碍:设置闪电受Alpha通道的影响程度。

湍流:设置闪电混乱数值。

分叉:设置闪电分支数量。

衰减:设置闪电分支的衰减数值。

主核心衰减:勾选该选项,可设置主核心衰减数值。

在原始图像上合成:勾选该选项,可在原始图像上合成。

专家设置:设置闪电效果的高级属性和精细程度。

6.10 时间

【时间】效果组可以控制素材时间特性,并以当前素材的时间为基准进行进一步的编辑和更改。其中包括【CC Force Motion Blur(CC强制动态模糊)】【CC Wide Time(CC时间工具)】【色调分离时间】【像素运动模糊】【时差】【时间扭曲】【时间置换】和【残影】,如图6-412所示。

（a）未使用该效果　　　（b）使用该效果

图6-413

- **时间扭曲**:该效果可以运动估计重新定时为慢运动、快运动以及添加运动模糊。
- **时间置换**:该效果可以使用其他图层置换当前图层像素的时间。
- **残影**:该效果可以混合不同的时间帧。为素材添加该效果的前后对比如图6-414所示。

（a）未使用该效果　　　（b）使用该效果

图6-414

实例:【残影】增强画面曝光度

文件路径:Chapter 6　常用视频效果→实例:【残影】增强画面曝光度

本实例使用【残影】效果调整画面曝光度。实例对比效果如图6-415所示。

扫一扫,看视频

CC Force Motion Blur
CC Wide Time
色调分离时间
像素运动模糊
时差
时间扭曲
时间置换
残影

图6-412

- **CC Force Motion Blur(CC强制动态模糊)**:该效果可以使图像产生运动模糊混合层的中间帧。
- **CC Wide Time(CC时间工具)**:该效果可以设置图像前后方的重复数量,进而使图像产生重复效果。
- **色调分离时间**:该效果可以在图层上应用特定帧速率。
- **像素运动模糊**:该效果可以基于像素运动引入运动模糊。
- **时差**:该效果可以计算两个图层之间的像素差值。为素材添加该效果的前后对比如图6-413所示。

图6-415

步骤 01 在【项目】面板中右击并选择【新建合成】选项,在弹出的【合成设置】面板中设置【合成名称】为1,【预设】为【自定义】,【宽度】为2048,【高度】为1366,【像素长宽比】为【方形像素】,【帧速率】为24,【分辨率】为【完整】,【持续时间】为5秒,单击【确定】按钮。执行【文件】/【导入】/【文件】命令,导入1素材文件。在【项目】面板中将1素材文件拖曳到【时间轴】面板中,如图6-416所示。

图6-416

步骤 02 在【效 果 和 预 设】面板搜索框中搜索【残影】,将该效果拖曳到【时间轴】面板的1图层上,如图6-417所示。

步骤 03 在【时间轴】面板中单击打开1图层下方的【效果】/【残影】,设置【起始强度】为0.70,【衰减】为1.20,如图6-418所示。画面前后对比效果如图6-419所示。

图6-417

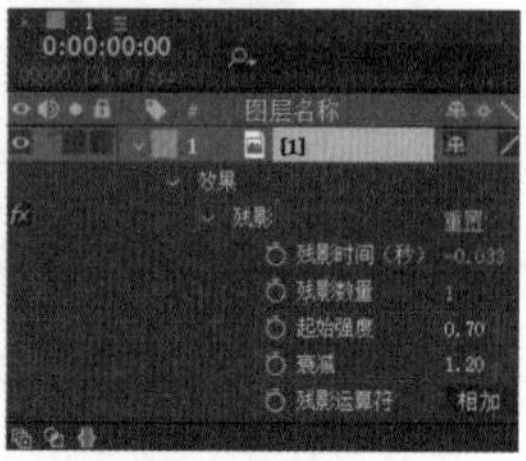

图6-418

图6-419

选项解读:【残影】重点参数速查

残影时间:设置延时图像的产生时间,单位为秒,正值为之后出现,负值为之前出现。

残影数量:设置延续画面的数量。

起始强度:设置延续画面开始的强度。

衰减:设置延续画面的衰减程度。

残影运算符:设置重影后续效果的叠加模式。

6.11 实用工具

【实用工具】效果组可以调整图像颜色的输出和输入设置。其中包括【范围扩散】【CC Overbrights(CC 亮色)】【Cineon转换器】【HDR压缩扩展器】【HDR高光压缩】【应用颜色LUT】和【颜色配置文件转换器】,如图6-420所示。

图6-420

● 范围扩散:该效果可以增大紧跟它的效果图层大小。

● CC Overbrights(CC 亮色):该效果可以确定在明亮的像素范围内工作。

● Cineon 转换器:该效果可以将标准线性应用到对数转换曲线。为素材添加该效果的前后对比如图6-421所示。

(a)未使用该效果　　　(b)使用该效果

图6-421

● HDR压缩扩展器:当为了高动态范围而损失一些精度时,才应使用该效果。为素材添加该效果的前后对比如图6-422所示。

(a)未使用该效果　　　(b)使用该效果

图6-422

● HDR高光压缩:该效果可以在高动态范围图像中压缩高光值。为素材添加该效果的前后对比如图6-423所示。

● 应用颜色LUT:该效果可以在弹出的文件夹中选择

LUT文件进行编辑。

（a）未使用该效果　　　　（b）使用该效果

图 6-423

- 颜色配置文件转换器：该效果可以指定输入和输出的配置文件，将图层从一个颜色空间转换到另一个颜色空间。为素材添加该效果的前后对比如图 6-424 所示。

（a）未使用该效果　　　　（b）使用该效果

图 6-424

6.12 透视

【透视】效果组可以为图像制作透视效果，也可以为二维素材添加三维效果。其中包括【3D眼镜】【3D摄像机跟踪器】【CC Cylinder（CC 圆柱体）】【CC Environment（CC 环境）】【CC Sphere（CC 球体）】【CC Spotlight（CC 聚光灯）】【径向阴影】【投影】【斜面 Alpha】【边缘斜面】，如图 6-425 所示。

> 3D 眼镜
> 3D 摄像机跟踪器
> CC Cylinder
> CC Environment
> CC Sphere
> CC Spotlight
> 径向阴影
> 投影
> 斜面 Alpha
> 边缘斜面

图 6-425

- 3D眼镜：该效果用于制作三维电影效果，可以将左右两个图层合成为三维立体视图。为素材添加该效果的前后对比如图 6-426 所示。

（a）未使用该效果　　　　（b）使用该效果

图 6-426

- 3D摄像机跟踪器：该效果可以从视频中提取三维场景数据。
- CC Cylinder（CC 圆柱体）：该效果可以使图像呈圆柱体卷起，形成三维立体效果。为素材添加该效果的前后对比如图 6-427 所示。

（a）未使用该效果　　　　（b）使用该效果

图 6-427

- CC Environment（CC 环境）：该效果可以将环境映射到相机视图上。
- CC Sphere（CC 球体）：该效果可以使图像以球体的形式呈现。为素材添加该效果的前后对比如图 6-428 所示。

（a）未使用该效果　　　　（b）使用该效果

图 6-428

- CC Spotlight（CC 聚光灯）：该效果可以模拟聚光灯效果。为素材添加该效果的前后对比如图 6-429 所示。

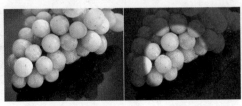

（a）未使用该效果　　　　（b）使用该效果

图 6-429

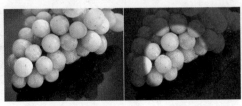

- 径向阴影：该效果可以使图像产生投影效果。为素材添加该效果的前后对比如图6-430所示。

（a）未使用该效果　　（b）使用该效果

图6-430

- 投影：该效果可以根据图像的Alpha通道的区域产生阴影效果。为素材添加该效果的前后对比如图6-431所示。

（a）未使用该效果　　（b）使用该效果

图6-431

- 斜面Alpha：该效果可以为图层的边界产生三维厚度的效果。为素材添加该效果的前后对比如图6-432所示。

（a）未使用该效果　　（b）使用该效果

图6-432

- 边缘斜面：该效果可以为图层边缘增添斜面外观效果。为素材添加该效果的前后对比如图6-433所示。

（a）未使用该效果　　（b）使用该效果

图6-433

实例：CC Sphere制作风景星球

扫一扫，看视频

文件路径：Chapter 6　常用视频效果→实例：CC Sphere制作风景星球

本实例使用CC Sphere效果制作带有光影效果的球体。实例效果如图6-434所示。

图6-434

步骤 01 在【项目】面板中右击并选择【新建合成】选项，在弹出的【合成设置】面板中设置【合成名称】为1，【预设】为【自定义】，【宽度】为1000，【高度】为625，【像素长宽比】为【方形像素】，【帧速率】为25，【分辨率】为【完整】，【持续时间】为5秒，单击【确定】按钮。执行【文件】/【导入】/【文件】命令，导入1.jpg和2.jpg素材文件。在【项目】面板中将1.jpg和2.jpg素材文件依次拖曳到【时间轴】面板中，如图6-435所示。

步骤 02 在【效果和预设】面板搜索框中搜索CC Sphere，将该效果拖曳到【时间轴】面板的2.jpg图层上，如图6-436所示。

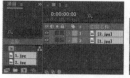 

图6-435　　　　　　　　　图6-436

步骤 03 在【时间轴】面板中单击打开2.jpg图层下方的【效果】/CC Sphere，设置Offset为(577.0,305.0)，如图6-437所示。画面最终效果如图6-438所示。

图6-437　　　　　　　　　图6-438

选项解读：【CC Sphere（CC 球体）】重点参数速查

Rotation（旋转）：设置球体效果的旋转角度。

Radius（半径）：设置球体效果的半径大小。

Offset（偏移）：设置球体的位置变化程度。

Render（渲染）：设置球体的显示方式。

Light（灯光）：设置效果灯光属性。

Shading（阴影）：设置效果的明暗程度。

实例：【斜面 Alpha】制作水晶相册摆台

文件路径：Chapter 6　常用视频效果→【斜面 Alpha】制作水晶相册摆台

本实例使用【斜面 Alpha】效果将二维画面制作出形似相册摆台的立体效果。实例效果如图6-439所示。

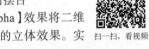
扫一扫，看视频

图 6-439

步骤 01 在【项目】面板中右击并选择【新建合成】选项，在弹出的【合成设置】面板中设置【合成名称】为1，【预设】为【自定义】，【宽度】为960，【高度】为665，【像素长宽比】为【方形像素】，【帧速率】为25，【分辨率】为【完整】，【持续时间】为5秒，单击【确定】按钮。执行【文件】/【导入】/【文件】命令，导入1.jpg素材文件。在【项目】面板中将1.jpg素材文件拖曳到【时间轴】面板中，如图6-440所示。

步骤 02 在【效果和预设】面板搜索框中搜索【斜面 Alpha】，将该效果拖曳到【时间轴】面板的1.jpg图层上，如图6-441所示。

图 6-440　　　　　图 6-441

步骤 03 在【时间轴】面板中单击打开1.jpg图层下方的【效果】/【斜面 Alpha】，设置【边缘厚度】为68.00，【灯光强度】为0.55，如图6-442所示。画面效果如图6-443所示。

图 6-442　　　　　图 6-443

步骤 04 制作文字。在【时间轴】面板的空白位置处右击，执行【新建】/【文本】命令。在【字符】面板中设置合适的【字体系列】，【填充颜色】为白色，【描边颜色】为无，【字体大小】为67像素，设置完成后输入文字，当输入完the时，按下大键盘上的Enter键，将文字切换到下一行。接着在【段落】面板中单击选择 （左对齐文本），如图6-444所示。

图 6-444

步骤 05 在【时间轴】面板中单击打开【文本】图层下方的【变换】，设置【位置】为(106.0,138.0)，如图6-445所示。画面最终效果如图6-446所示。

图 6-445　　　　　图 6-446

选项解读:【斜面 Alpha】重点参数速查
边缘厚度:设置边缘的薄厚程度。
灯光角度:设置灯光角度,决定斜面效果的产生方向。
灯光颜色:设置灯光颜色,决定斜面颜色。
灯光强度:设置灯光的强弱程度。

6.13 文本

【文本】效果组主要为辅助文本工具,用于为画面添加一些计算数值时间的文字效果,包括【编号】和【时间码】两种效果,如图6-447所示。

> 编号
> 时间码

图 6-447

- 编号:该效果可以为图像生成有序或随机数字序列。为素材添加该效果的前后对比如图6-448所示。

（a）未使用该效果　　　（b）使用该效果

图 6-448

- 时间码:该效果可以阅读并刻录时间码信息。为素材添加该效果的前后对比如图6-449所示。

（a）未使用该效果　　　（b）使用该效果

图 6-449

实例:【编号】添加时间信息

文件路径:Chapter 6　常用视频效果→【编号】添加时间信息

本实例使用【编号】效果将每一帧进行播放显示。实例效果如图6-450所示。

扫一扫,看视频

图 6-450

步骤 01 在【项目】面板中右击并选择【新建合成】选项,在弹出的【合成设置】面板中设置【合成名称】为合成1,【预设】为【自定义】,【宽度】为1072,【高度】为551,【像素长宽比】为【方形像素】,【帧速率】为25,【分辨率】为【完整】,【持续时间】为5秒,单击【确定】按钮。执行【文件】/【导入】/【文件】命令,导入1.mp4素材文件。在【项目】面板中将1.mp4素材文件拖曳到【时间轴】面板中,如图6-451所示。

步骤 02 在【效果和预设】面板搜索框中搜索【编号】,将该效果拖曳到【时间轴】面板的1.mp4图层上,如图6-452所示。

图 6-451　　　　　　图 6-452

步骤 03 在【时间轴】面板中单击打开1.mp4图层下方的【效果】/【编号】/【格式】,设置【类型】为【时间码[24]】,展开【填充和描边】,设置【位置】为(476.0,116.0),【填充颜色】为白色,【大小】为79.0,【在原始图像上合成】为【开】,如图6-453所示。单击打开【变换】属性,设置【缩放】为(85.0,85.0%),如图6-454所示。

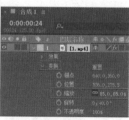

图 6-453　　　　　　图 6-454

步骤 04 滑动时间线查看画面效果,如图6-455所示。

中文版After Effects 2020完全案例教程（微课视频版）

图 6-455

格式:设置编码文本的字体类型、格式等属性。

类型:设置数字类型为数目、数目(不足补零)、时间码[(30)]、时间码[(25)]、时间码[(24)]、时间、数字日期、短日期、长日期或十六进制。

随机值:设置文本数字的随机化。

数值/位移/随机最大:设置数字随机的离散范围。

小数位置:设置编码数字文本小数点的位置。

当前时间/日期:勾选该选项可设置编码内容为当前时间/日期。

填充和描边:设置编码文本的填充和描边属性。

位置:设置编码位置。

显示选项:设置编码的表现形式为仅填充、仅描边、在描边上填充或在填充上描边。

填充颜色:设置编码填充颜色。

描边颜色:设置编码边缘颜色。

描边宽度:设置编码边缘的宽度。

大小:设置编码文本的大小。

字符间距:设置编码字符之间的距离。

比例间距:设置编码文本的比例距离。

实例:【时间码】模拟VCR播放效果

文件路径:Chapter 6 常用视频效果→
实例:【时间码】模拟VCR播放效果

本实例使用【径向擦除】效果为画面制作动画;接着使用【时间码】效果将动画记录下来。实例效果如图6-456所示。

扫一扫,看视频

步骤 01 在【项目】面板中右击并选择【新建合成】选项,在弹出的【合成设置】面板中设置【合成名称】为1,【预设】为【自定义】,【宽度】为1500,【高度】为999,【像素长宽比】为【方形像素】,【帧速率】为25,【分辨率】为【完整】,【持续时间】为5秒,单击【确定】按钮。执行【文件】/【导入】/【文件】命令,导入1.jpg素材文件。在【项目】面板中选择1.jpg素材文件,按住鼠标左键将它拖曳到【时间轴】面板中,如图6-457所示。

步骤 02 在【效果和预设】面板中搜索【径向擦除】效果,将该效果拖曳到【时间轴】面板的1.jpg图层上,如图6-458所示。

图 6-456

图 6-457

图 6-458

步骤 03 在【时间轴】面板中单击打开1.jpg图层下方的【效果】/【径向擦除】,将时间线滑动到起始帧位置,单击【过渡完成】前的 (时间变化秒表)按钮,设置【过渡完成】为0%;继续将时间线滑动到4秒位置,设置【过渡完成】为100%,如图6-459所示。此时滑动时间线查看画面效果,如图6-460所示。

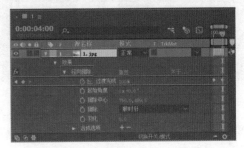

图 6-459

图 6-460

步骤 04 在【时间轴】面板的空白位置处右击，执行【新建】/【纯色】命令，在弹出的【纯色设置】面板中设置【名称】为【黑色 纯色 1】，【颜色】为黑色，单击【确定】按钮，如图6-461所示。

步骤 05 在【效果和预设】面板中搜索【时间码】效果，将该效果拖曳到【时间轴】面板的【黑色 纯色 1】图层上，如图6-462所示。

图 6-461　　　　　　　图 6-462

步骤 06 在【时间轴】面板中单击打开【黑色 纯色 1】图层下方的【效果】/【时间码】，设置【文本位置】为(55.0,80.0)，【文字大小】为85.0，接着设置【模式】为【变亮】，如图6-463所示。此时滑动时间线，时间码会随着画面播放而变换数字，如图6-464所示。

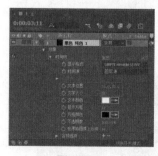

图 6-463　　　　　　　图 6-464

选项解读：【时间码】重点参数速查

显示格式：设置时间编码的显示格式。

时间源：设置【时间源】为图层源、合成或自定义。

自定义：可自行设置合适的数值。
文本位置：设置时间编码显示的位置。
文本大小：设置时间编码的大小。
文本颜色：设置时间编码的颜色。
显示方框：设置为【开】，可显示方框。
方框颜色：设置时间编码方框的颜色。
不透明度：设置时间编码的透明程度。

6.14 音频

【音频】效果组主要可以对声音素材进行相应的效果处理，制作不同的声音效果。其中包括【调制器】【倒放】【低音和高音】【参数均衡】【变调与合声】【延迟】【混响】【立体声混合器】【音调】和【高通/低通】，如图6-465所示。

图 6-465

● **调制器**：该效果可以改变频率和振幅，产生颤音和震音效果。
● **倒放**：该效果可以将音频翻转倒放，产生神奇的音频效果。
● **低音和高音**：该效果可以增强或减弱音频的低音和高音。
● **参数均衡**：该效果可以增强或减弱特定的频率范围。
● **变调与合声**：该效果可以将变调与合声应用于图层的音频。
● **延迟**：该效果可以在某个时间之后重复音频效果。
● **混响**：该效果可以模拟真实或开阔的室内效果。
● **立体声混合器**：该效果可以将音频的左右通道进行混合。
● **音调**：该效果可以渲染音调。
● **高通/低通**：该效果可以设置频率通过使用的高低限制。

中文版After Effects 2020完全案例教程（微课视频版）

实例:【延迟】制作延迟音效效果

文件路径:Chapter 6　常用视频效果→实例:【延迟】制作延迟音效效果

本实例使用【延迟】效果使音频模拟延时器产生回声效果。实例效果如图6-466所示。

扫一扫,看视频

图 6-466

步骤 01 在【项目】面板中右击并选择【新建合成】选项,在弹出的【合成设置】面板中设置【合成名称】为【合成1】,【预设】为【NTSC D1 宽银幕方形像素】,【宽度】为872,【高度】为486,【像素长宽比】为【方形像素】,【帧速率】为29.97,【分辨率】为【完整】,【持续时间】为40秒15帧,单击【确定】按钮。执行【文件】/【导入】/【文件】命令,导入1.jpg素材文件和2.jpg素材文件。在【项目】面板中将1.jpg和2.jpg素材文件拖曳到【时间轴】面板中,如图6-467所示。

步骤 02 在【效果和预设】面板搜索框中搜索【线性擦除】,将该效果拖曳到【时间轴】面板的2.jpg图层上,如图6-468所示。

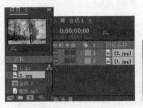

图 6-467　　　　　　图 6-468

步骤 03 在【时间轴】面板中单击打开2.jpg图层下方的【效果】/【线性擦除】,将时间线滑动到7秒位置,单击【过度完成】前的 (时间变化秒表)按钮,开启自动关键帧,设置【过渡完成】为0%;继续将时间线滑动到10秒位置,设置【过渡完成】为100%。接着单击打开【变换】属性,设置【缩放】为(88.0,88.0%),如图6-469所示。滑动时间线查看效果,如图6-470所示。

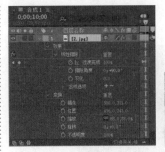

图 6-469　　　　　　图 6-470

步骤 04 单击打开 1.jpg图层下方的【变换】属性,将时间线滑动到10秒位置,单击【缩放】前的 (时间变化秒表)按钮,开启自动关键帧,设置【缩放】为(200.0,200.0%);继续将时间线滑动到15秒3帧位置,设置【缩放】为(88.0,88.0%),如图6-471所示。滑动时间线查看画面效果,如图6-472所示。

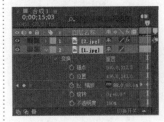

图 6-471　　　　　　图 6-472

步骤 05 在【项目】面板中将【配乐.mp3】素材文件拖曳到【时间轴】面板中,如图6-473所示。

图 6-473

步骤 06 在【效果和预设】面板搜索框中搜索【延迟】,将该效果拖曳到【时间轴】面板的【配乐.mp3】图层上,如图6-474所示。

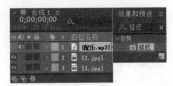

图 6-474

步骤 07 在【时间轴】面板中单击打开【配乐.mp3】图

层下方的【效果】/【延迟】，设置【延迟量】为80.00%，如图6-475所示。滑动时间线即可聆听配乐音效。

图6-475

选项解读:【延迟】重点参数速查

延迟时间:设置延迟时间，单位为毫秒。

延迟量:设置音频延迟程度。

反馈:设置反馈数值。

干输出:设置原音输出比例值。

湿输出:设置效果音输出比例值。

实例:【混响】制作混响音效效果

扫一扫,看视频

文件路径:Chapter 6　常用视频效果→实例:【混响】制作混响音效效果

本实例使用【混响】效果使声波遇到障碍反射再传入人耳中。实例效果如图6-476所示。

图6-476

步骤 01 在【项目】面板中右击并选择【新建合成】选项，在弹出的【合成设置】面板中设置【合成名称】为【合成1】，【预设】为【NTSC D1 宽银幕方形像素】，【宽度】为872，【高度】为486，【像素长宽比】为【方形像素】，【帧速率】为29.97，【分辨率】为【完整】，【持续时间】为2秒，单击【确定】按钮。执行【文件】/【导入】/【文件】命令，导入1.jpg和【配乐.mp3】素材文件。在【项目】面板中将1.jpg和【配乐.mp3】素材文件拖曳到【时间轴】面板中，如图6-477所示。

步骤 02 在【效果和预设】面板搜索框中搜索【混响】，将该效果拖曳到【时间轴】面板的【配乐.mp3】图层上，如图6-478所示。

图6-477　　　　　　　　图6-478

步骤 03 在【时间轴】面板中单击打开【配乐.mp3】图层下方的【效果】/【混响】，设置【扩散】为100.00%，【衰减】为65.00%，如图6-479所示。滑动时间线即可聆听当前音效。

图6-479

选项解读:【混响】重点参数速查

混响时间:设置回音时间长短，单位为毫秒。

扩散:设置扩散程度。

衰减:设置指定效果的衰减程度。

亮度:设置声音的明亮程度。

干输出:设置原音输出比例值。

湿输出:设置效果音输出比例值。

6.15 杂色和颗粒

【杂色和颗粒】效果组主要用于为图像素材添加或移除作品中的噪波或颗粒等效果。其中包括【分形杂色】【中间值】【中间值(旧版)】【匹配颗粒】【杂色】【杂色Alpha】【杂色HLS】【杂色HLS自动】【湍流杂色】【添加颗粒】【移除颗粒】和【蒙尘与划痕】，如图6-480所示。

● 分形杂色:该效果可以模拟一些自然效果，如云、雾、火等。为素材添加该效果的前后对比如图6-481所示。

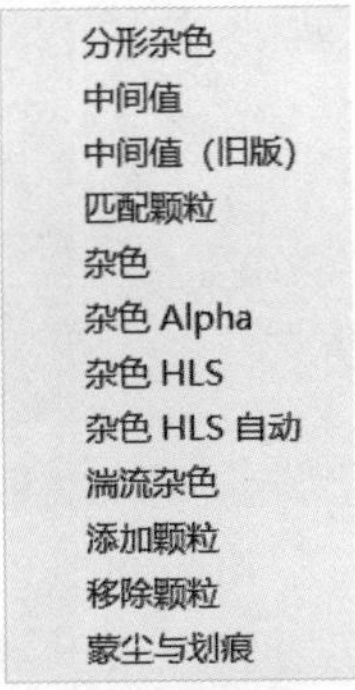

分形杂色
中间值
中间值（旧版）
匹配颗粒
杂色
杂色 Alpha
杂色 HLS
杂色 HLS 自动
湍流杂色
添加颗粒
移除颗粒
蒙尘与划痕

图 6-480

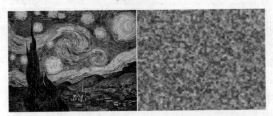

（a）未使用该效果　　　（b）使用该效果

图 6-481

- 中间值：该效果可以在指定半径内使用中间值替换像素。为素材添加该效果的前后对比如图6-482所示。

（a）未使用该效果　　　（b）使用该效果

图 6-482

- 匹配颗粒：该效果可以匹配两个图像中的杂色颗粒。为素材添加该效果的前后对比如图6-483所示。

（a）未使用该效果　　　（b）使用该效果

图 6-483

- 杂色：该效果可以为图像添加杂色效果。为素材添加该效果的前后对比如图6-484所示。

（a）未使用该效果　　　（b）使用该效果

图 6-484

- 杂色Alpha：该效果可以将杂色添加到Alpha通道。为素材添加该效果的前后对比如图6-485所示。

（a）未使用该效果　　　（b）使用该效果

图 6-485

- 杂色HLS：该效果可以将杂色添加到图层的HLS通道。为素材添加该效果的前后对比如图6-486所示。

（a）未使用该效果　　　（b）使用该效果

图 6-486

- 杂色HLS自动：该效果可以将杂色添加到图层的HLS通道。为素材添加该效果的前后对比如图6-487所示。

（a）未使用该效果　　　（b）使用该效果

图 6-487

- 湍流杂色：该效果可以创建基于湍流的图案，与【分形杂色】类似。为素材添加该效果的前后对比如图6-488所示。

（a）未使用该效果　　（b）使用该效果

图 6-488

● 添加颗粒：该效果可以为图像添加胶片颗粒。为素材添加该效果的前后对比如图 6-489 所示。

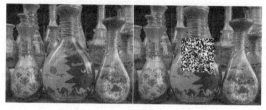

（a）未使用该效果　　（b）使用该效果

图 6-489

● 移除颗粒：该效果可以移除图像中的胶片颗粒，使作品更干净。为素材添加该效果的前后对比如图 6-490 所示。

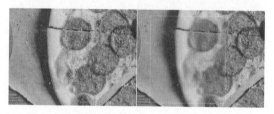

（a）未使用该效果　　（b）使用该效果

图 6-490

● 蒙尘与划痕：该效果可以将半径之内的不同像素更改为更类似的邻近像素，从而减少杂色和瑕疵，使画面更干净。

实例：【分形杂色】制作云雾效果

扫一扫，看视频

文件路径：Chapter 6　常用视频效果→实例：【分形杂色】制作云雾效果

本实例使用【分形杂色】效果制作出高山中环绕的云雾效果。实例效果如图 6-491 所示。

图 6-491

步骤 01 在【项目】面板中右击并选择【新建合成】选项，在弹出的【合成设置】面板中设置【合成名称】为1，【预设】为【自定义】，【宽度】为1500，【高度】为1000，【像素长宽比】为【方形像素】，【帧速率】为25，【分辨率】为【完整】，【持续时间】为5秒，单击【确定】按钮。执行【文件】/【导入】/【文件】命令，导入1.jpg素材文件。在【项目】面板中选择1.jpg素材文件，按住鼠标左键将它拖曳到【时间轴】面板2次，如图6-492所示。

步骤 02 在【时间轴】面板中选择1.jpg图层（图层1），然后在工具栏中选择（矩形工具），在【合成】面板中的画面下方按住鼠标左键拖曳绘制一个长方形，如图6-493所示。

图 6-492　　　　　　　　图 6-493

步骤 03 在【效果和预设】面板中搜索【分形杂色】效果，将该效果拖曳到【时间轴】面板的1.jpg图层（图层1）上，如图6-494所示。

图 6-494

步骤 04 在【时间轴】面板中打开1.jpg图层（图层1）下方的【效果】/【分形杂色】，设置【混合模式】为【滤色】，如图6-495所示。画面最终效果如图6-496所示。

图 6-495　　　　　　　图 6-496

选项解读：【分形杂色】重点参数速查

分形类型：设置分形的类型。

杂色类型：设置杂色类型为块、线性、柔和线性或样条。

反转：设置为【开】，可反转效果。

对比度：设置生成杂色的对比度。

亮度：设置生成杂色图像的明亮程度。

溢出：设置溢出方式为剪切、柔和固定、反绕或允许HDR结果。

变换：设置杂色的比例。

复杂度：设置杂色图案的复杂程度。

子设置：设置子影响、子缩放、子旋转、子位移的参数。

演化：设置杂色相位。

演化选项：设置演变属性。

不透明度：设置透明程度。

混合模式：设置混合模式为无、正常、添加、混合、屏幕或覆盖等模式。

综合实例：色彩变化流动的光

文件路径：Chapter 6　常用视频效果→综合实例：色彩变化流动的光

本实例使用【分形杂色】效果、【贝塞尔曲线变形】效果、【色相/饱和度】效果以及【发光】效果制作多彩的流动光线，使用【镜头光晕】效果制作光斑效果；最后使用摄像机制作三维感画面。实例效果如图6-497所示。

步骤 01 在【项目】面板中右击并选择【新建合成】选项，在弹出的【合成设置】面板中设置【合成名称】为【光】，【预设】为NTSC DV，【宽度】为720，【高度】为

480，【像素长宽比】为D1/DV NTSC（0.91），【帧速率】为29.97，【分辨率】为【完整】，【持续时间】为1分3秒13帧，单击【确定】按钮。接着在【时间轴】面板的空白位置处右击，执行【新建】/【纯色】命令。此时在弹出的【纯色设置】窗口中设置【名称】为【流动的光】，【颜色】为黑色，单击【确定】按钮，如图6-498所示。

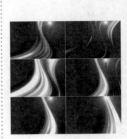

图 6-497　　　　　　　图 6-498

步骤 02 在【效果和预设】面板搜索框中搜索【分形杂色】，将该效果拖曳到【时间轴】面板中的纯色图层上，如图6-499所示。

图 6-499

步骤 03 在【时间轴】面板中选择【流动的光】图层，打开该图层下方的【效果】/【分形杂色】，设置【分形类型】为【动态】，【杂色类型】为【线性】，【对比度】为560.0，【亮度】为-85.0，【溢出】为【剪切】。展开【变换】，设置【统一缩放】为【关】，【缩放宽度】为50.0，【缩放高度】为2000.0，将时间线滑动到起始帧位置，单击【演化】前的（时间变化秒表）按钮，开启自动关键帧，设置【演化】为0x+0.0°，如图6-500所示；继续将时间线滑动到28秒24帧位置，设置【演化】为6x+0.0°。开启该图层的（3D图层），并设置【模式】为【屏幕】。单击打开【变换】属性，设置【位置】为（399.0,250.0,50.0），单击关闭【缩放】后方的（约束比例）按钮，设置【缩放】为

图 6-500

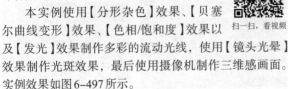

（105.0,120.5,105.0%），如图6-501所示。

图6-501

步骤 04 在【效果和预设】面板搜索框中搜索【贝塞尔曲线变形】，将该效果拖曳到【时间轴】面板的纯色图层上，如图6-502所示。

图6-502

步骤 05 单击打开该图层下方的【效果】/【贝塞尔曲线变形】，设置【上左顶点】为(40.0,0.0)，【右上顶点】为(500.0,4.0)，【右上切点】为(129.0,191.0)，【右下切点】为(514.0,323.0)，【左下顶点】为(-674.0,406.0)，【左上切点】为(99.4,149.8)，【品质】为10，如图6-503所示。画面效果如图6-504所示。

 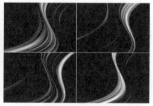

图6-503　　　　　　　图6-504

步骤 06 继续在【效果和预设】面板搜索框中搜索【色相/饱和度】，将该效果拖曳到【时间轴】面板的纯色图层上，如图6-505所示。

图6-505

步骤 07 单击打开该图层下方的【效果】/【色相/饱和度】，设置【彩色化】为【开】，将时间线滑动到起始帧位置，单击【着色色相】前的 ○（时间变化秒表）按钮，开启自动关键帧，设置【着色色相】为0.0°；继续将时间线滑动到41秒21帧位置，设置【着色色相】为0x+233.0°，接着设置【着色饱和度】为80，如图6-506所示。光束显示出颜色变化，如图6-507所示。

 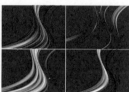

图6-506　　　　　　　图6-507

步骤 08 在【效果和预设】面板搜索框中搜索【发光】，将该效果拖曳到【时间轴】面板的纯色图层上，如图6-508所示。

图6-508

步骤 09 单击打开该图层下方的【效果】/【发光】，设置【发光半径】为50.0，【颜色B】为红色，如图6-509所示。滑动时间线查看画面效果，如图6-510所示。

 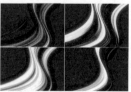

图6-509　　　　　　　图6-510

步骤 10 使用快捷键Ctrl+Y再次新建一个黑色的纯色图层，然后在【效果和预设】面板搜索框中搜索【镜头光

中文版After Effects 2020完全案例教程（微课视频版）

晕】，将该效果拖曳到【时间轴】面板的【黑色 纯色 1】图层上，如图6-511所示。

图 6-511

步骤(11)单击打开【黑色 纯色 1】图层下方的【效果】/【镜头光晕】，设置【镜头类型】为【105毫米定焦】，【光晕中心】为(521.0,20.0)，设置该图层的【模式】为【屏幕】，如图6-512所示。滑动时间线查看画面效果，如图6-513所示。

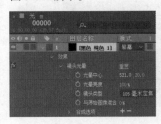
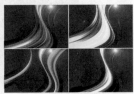

图 6-512   图 6-513

步骤(12)在【时间轴】面板的空白处右击，执行【新建】/【摄像机】命令，如图6-514所示。在弹出的【摄像机设置】窗口中单击【确定】按钮，如图6-515所示。

图 6-514

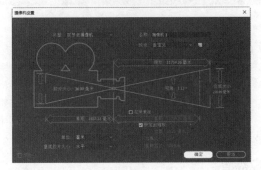

图 6-515

步骤(13)单击打开摄像机1下方的【变换】属性，将时间线滑动到起始帧处，单击【位置】前的 (时间变化

秒表)按钮，设置【位置】为(360.0,240.0,–1905.8)；继续将时间线滑动到结束帧处，设置【位置】为(360.0,240.0,–547.0)，如图6-516所示。单击打开【摄像机选项】，设置【缩放】和【焦距】均为1905.8像素，【光圈】为33.9像素，如图6-517所示。

步骤(14)滑动时间线查看制作的流光效果，如图6-518所示。

图 6-516

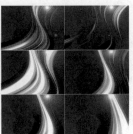

图 6-517   图 6-518

实例:【杂色】制作单色老旧照片

文件路径:Chapter 6 常用视频效果→实例:【杂色】制作单色老旧照片

本实例使用【杂色】效果将人物制作出老照片的粗糙质感。实例效果如图6-519所示。

图 6-519

153

步骤 01 在【项目】面板中右击并选择【新建合成】选项，在弹出的【合成设置】面板中设置【合成名称】为1，【预设】为【自定义】，【宽度】为1500，【高度】为1125，【像素长宽比】为【方形像素】，【帧速率】为25，【分辨率】为【完整】，【持续时间】为7秒，单击【确定】按钮。执行【文件】/【导入】/【文件】，导入1.jpg和2.jpg素材文件。在【项目】面板中将1.jpg和2.jpg素材文件拖曳到【时间轴】面板中，如图6-520所示。

图 6-520

步骤 02 在【时间轴】面板中单击打开2.jpg图层下方的【变换】，设置【位置】为(738.0,524.5)，【缩放】为(115.0,115.0%)，【旋转】为0x-7.0°，在该图层后方设置【模式】为【经典颜色加深】，如图6-521所示。画面效果如图6-522所示。

图 6-521　　　　　　　图 6-522

步骤 03 在【时间轴】面板中双击2.jpg图层，在工具栏中选择◆（橡皮擦工具），在【画笔】面板中设置【直径】为218像素，接着将光标移到画面中，按住鼠标左键反复涂抹照片边缘位置，如图6-523所示。接着返回【合成】面板，画面效果如图6-524所示。

图 6-523

图 6-524

步骤 04 在【效果和预设】面板搜索框中搜索【杂色】，将该效果拖曳到【时间轴】面板的2.jpg图层上，如图6-525所示。

图 6-525

步骤 05 在【时间轴】面板中单击打开2.jpg图层下方的【效果】/【杂色】，设置【杂色数量】为50.0%，【杂色类型】为【关】，如图6-526所示。画面最终效果如图6-527所示。

图 6-526　　　　　　　图 6-527

选项解读：【杂色】重点参数速查

杂色数量：设置杂色数量。

杂色类型：勾选此选项可使用杂色效果。

剪切：勾选此选项可剪切结果值。

实例：【杂色HLS】制作老电影画面

文件路径：Chapter 6　常用视频效果→实例：【杂色HLS】制作老电影画面

本实例使用【杂色HLS】效果为画面添

扫一扫，看视频

中文版After Effects 2020完全案例教程（微课视频版）

加噪点，制作出老电影画质。实例效果如图6-528所示。

图 6-528

步骤 01 在【项目】面板中右击并选择【新建合成】选项，在弹出的【合成设置】面板中设置【合成名称】为1，【预设】为【自定义】，【宽度】为1500，【高度】为989，【像素长宽比】为【方形像素】，【帧速率】为25，【分辨率】为【完整】，【持续时间】为5秒，单击【确定】按钮。执行【文件】/【导入】/【文件】命令，导入1.jpg素材文件。在【项目】面板中将1.jpg素材文件拖曳到【时间轴】面板中，如图6-529所示。

步骤 02 在【效果和预设】面板搜索框中搜索【杂色HLS】，将该效果拖曳到【时间轴】面板的1.jpg图层上，如图6-530所示。

图 6-529   图 6-530

步骤 03 在【时间轴】面板中单击打开1.jpg图层下方的【效果】/【杂色HLS】，设置【亮度】及【饱和度】均为50.0%，如图6-531所示。画面效果如图6-532所示。

图 6-531   图 6-532

步骤 04 在【时间轴】面板的空白位置处右击，执行【新建】/【纯色】命令，在弹出的【纯色设置】面板中设置【颜色】为黑色，创建一个纯色图层，如图6-533所示。

图 6-533

步骤 05 在【时间轴】面板中选择纯色图层，在工具栏中选择█（矩形工具），然后在【合成】面板中按住鼠标左键拖动，绘制一个矩形蒙版，最后勾选【反转】选项，如图6-534所示。画面最终效果如图6-535所示。

图 6-534   图 6-535

> **选项解读：【杂色 HLS】重点参数速查**
>
> **杂色**：设置杂色产生方式为统一、方形或颗粒。
> **色相**：设置杂色在图像色相方面生成的数量。
> **亮度**：设置杂色在图像亮度方面生成的数量。
> **饱和度**：设置杂色在图像饱和度方面生成的数量。
> **颗粒大小**：设置杂点大小。
> **杂色相位**：设置杂色相位。

6.16 遮罩

【遮罩】效果组可以为图像创建蒙版进行抠像操作，同时还可以有效地改善抠像的遗留问题。其中包括【调整实边遮罩】【调整柔和遮罩】【遮罩阻塞工具】和【简单阻塞工具】，如图6-536所示。

图 6-536

- 调整实边遮罩：该效果可以改善遮罩边缘。为素材添加该效果的前后对比如图6-537所示。

（a）未使用该效果　（b）使用该效果

图6-537

- 调整柔和遮罩：该效果可以沿遮罩的Alpha边缘改善毛发等精细细节。为素材添加该效果的前后对比如图6-538所示。

（a）未使用该效果　（b）使用该效果

图6-538

- 遮罩阻塞工具：该效果可以重复一连串阻塞和扩展遮罩操作，以在不透明区域填充不需要的缺口（透明区域）。为素材添加该效果的前后对比如图6-539所示。

（a）未使用该效果　（b）使用该效果

图6-539

- 简单阻塞工具：该效果可以小范围增量缩小或扩展遮罩边缘，以便创建更整洁的遮罩。为素材添加该效果的前后对比如图6-540所示。

（a）未使用该效果　（b）使用该效果

图6-540

实例：【简单阻塞工具】制作影片片段

扫一扫，看视频

文件路径：Chapter 6　常用视频效果→实例：【简单阻塞工具】制作影片片段

本实例使用【简单阻塞工具】效果制作画面四周的黑色区域。实例效果如图6-541所示。

图6-541

步骤 01 在【项目】面板中右击并选择【新建合成】选项，在弹出的【合成设置】面板中设置【合成名称】为1，【预设】为【自定义】，【宽度】为900，【高度】为566，【像素长宽比】为【方形像素】，【帧速率】为24，【分辨率】为【完整】，【持续时间】为5秒，单击【确定】按钮。执行【文件】/【导入】/【文件】命令，导入1.jpg素材文件。在【项目】面板中将1.jpg素材文件拖曳到【时间轴】面板中，如图6-542所示。

步骤 02 在【效果和预设】面板搜索框中搜索【简单阻塞工具】，将该效果拖曳到【时间轴】面板的1.jpg图层上，如图6-543所示。

图6-542　　　　　　　图6-543

步骤 03 在【时间轴】面板中单击打开1.jpg图层下方的【效果】/【简单阻塞工具】，设置【阻塞遮罩】为100.00，如图6-544所示。画面效果如图6-545所示。

图6-544　　　　　　图6-545

步骤 04 制作文字。在【时间轴】面板的空白位置处右击，执行【新建】/【文本】命令。在【字符】面板中设置合适的【字体系列】，设置【填充颜色】为白色，【描边颜色】为无，【字体大小】为40像素，在【段落】面板中选择▤（左对齐文本），设置完成后输入文字"Youth is to be enjoyed to the fulles."，如图6-546所示。

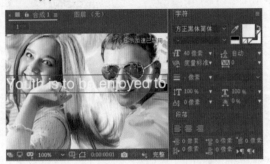

图 6-546

步骤 05 在【时间轴】面板中单击打开【文本】图层下方的【变换】，设置【位置】为(155.0,520.0)，如图6-547所示。画面最终效果如图6-548所示。

图 6-547 图 6-548

选项解读：【简单阻塞工具】重点参数速查

视图：设置在【合成】面板中的效果查看方式。

阻塞遮罩：设置合照的阻塞程度。

Chapter 7
第7章

扫一扫，看视频

过渡效果

本章内容简介：

  After Effects中的过渡效果与Premiere Pro的过渡效果有所不同，Premiere Pro主要是作用在两个素材之间，而After Effects是作用在图层上。本章讲解After Effects常用的过渡效果类型，通过对素材添加过渡效果，可以使作品的转场变得更丰富。例如，可以制作柔和唯美的过渡转场，也可以制作卡通可爱的图案转场等。

重点知识掌握：

- 过渡的概念
- 过渡效果的使用方法
- 各种过渡效果类型的应用

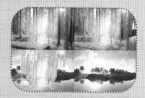

7.1 了解过渡

After Effects中的过渡是指素材与素材之间的转场动画效果。在制作作品时使用合适的过渡效果，可以提升作品播放的连贯性，呈现出炫酷的动态效果和震撼的视觉体验。例如，影视作品中常用强烈的过渡表达坚定的立场、冲突的镜头；以柔和的过渡表达暧昧的情感、唯美的画面等。

过渡效果是指作品中相邻两个素材承上启下的衔接效果。当一个场景淡出时，另一个场景淡入，在视觉上通常会辅助画面传达一系列情感，达到吸引观者注意的作用；抑或用于将一个场景连接到另一个场景中，以戏剧性的方式丰富画面，突出画面的亮点，如图7-1所示。

图 7-1

重点 7.2 过渡类效果

【过渡】效果组可以制作多种切换画面的效果。选择【时间轴】面板中的素材，右击执行【效果】/【过渡】命令，即可看到包括【渐变擦除】【卡片擦除】、CC Glass Wipe、CC Grid Wipe、CC Image Wipe、CC Jaws、CC Light Wipe、CC Line Sweep、CC Radial ScaleWipe、CC Scale Wipe、CC Twister、CC WarpoMatic、【光圈擦除】【块溶解】【百叶窗】【径向擦除】【线性擦除】效果，如图7-2所示。

扫一扫，看视频

图 7-2

- 渐变擦除：该效果可以利用图片的明亮度来创建擦除效果，使其逐渐过渡到另一个素材中。为素材添加该效果的画面如图7-3所示。
- 卡片擦除：该效果可以模拟卡片翻转效果进行过渡。为素材添加该效果的画面如图7-4所示。

图 7-3

图 7-4

- CC Glass Wipe（CC 玻璃擦除）：该效果可以融化当前图层过渡到下一个素材中。为素材添加该效果的画面如图7-5所示。
- CC Grid Wipe（CC网格擦除）：该效果可以模拟网格图形进行擦除效果，使其逐渐过渡到另一个素材中。为素材添加该效果的画面如图7-6所示。

图 7-5

图 7-6

- CC Image Wipe（CC 图像擦除）：该效果可以擦除当前图层的一部分进行画面过渡。为素材添加该效果的画面如图7-7所示。
- CC Jaws（CC 锯齿）：该效果可以模拟锯齿形状进行擦除，使其逐渐过渡到另一个素材中。为素材添加该效果的画面如图7-8所示。

图 7-7

图 7-8

- CC Light Wipe（CC 光线擦除）：该效果可以模拟光线擦拭的效果，以正圆形状逐渐变形到下一个素材中。为素材添加该效果的画面如图7-9所示。
- CC Line Sweep（CC 行扫描）：该效果可以对图

像进行逐行扫描擦除，从而产生画面的切换过渡。为素材添加该效果的画面如图7-10所示。

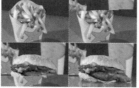

图 7-9   图 7-10

- CC Radial ScaleWipe（CC 径向缩放擦除）：该效果可以径向弯曲当前图层进行画面过渡。为素材添加该效果的画面如图7-11所示。
- CC Scale Wipe（CC 缩放擦除）：该效果可以通过指定中心点进行拉伸擦除，从而产生画面的切换过渡。为素材添加该效果的画面如图7-12所示。

图 7-11   图 7-12

- CC Twister（CC 扭曲）：该效果可以将选定图层进行扭曲，从而产生画面的切换过渡。为素材添加该效果的画面如图7-13所示。
- CC WarpoMatic（CC 变形过渡）：该效果可以使图像产生弯曲变形，并逐渐变为透明的过渡效果。为素材添加该效果的画面如图7-14所示。

图 7-13   图 7-14

- 光圈擦除：该效果可以通过修改Alpha通道执行星形擦除，从而逐渐过渡到下一个画面。为素材添加该效果的画面如图7-15所示。
- 块溶解：该效果可以使图层在随机块中消失，从而逐渐过渡到下一个画面。为素材添加该效果的画面如图7-16所示。

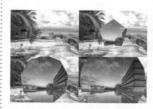

图 7-15   图 7-16

- 百叶窗：该效果可以通过修改Alpha通道执行定向条纹擦除，从而逐渐过渡到下一个画面。为素材添加该效果的画面如图7-17所示。
- 径向擦除：该效果可以通过修改Alpha通道进行径向擦除，从而逐渐过渡到下一个画面。为素材添加该效果的画面如图7-18所示。

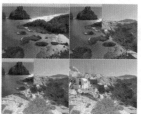

图 7-17   图 7-18

- 线性擦除：该效果可以通过修改Alpha通道进行线性擦除，从而逐渐过渡到下一个画面。为素材添加该效果的画面如图7-19所示。

图 7-19

实例：婚恋网推广广告动画

扫一扫，看视频

文件路径：Chapter 7 过渡效果→实例：婚恋网推广广告动画

本实例使用【块溶解】、CC Jaws以及【卡片擦除】过渡效果制作出清新色调的婚恋网宣传广告。实例效果如图7-20所示。

中文版After Effects 2020完全案例教程（微课视频版）

图 7-20

步骤 01 在【项目】面板中右击并选择【新建合成】选项，在弹出的【合成设置】面板中设置【合成名称】为1，【预设】为【自定义】，【宽度】为1000，【高度】为667，【像素长宽比】为【方形像素】，【帧速率】为25，【分辨率】为【完整】，【持续时间】为5秒，单击【确定】按钮。执行【文件】/【导入】/【文件】命令，导入所需要的素材。在【项目】面板中依次选择1.jpg~4.jpg素材文件，将它们拖曳到【时间轴】面板中，如图7-21所示。

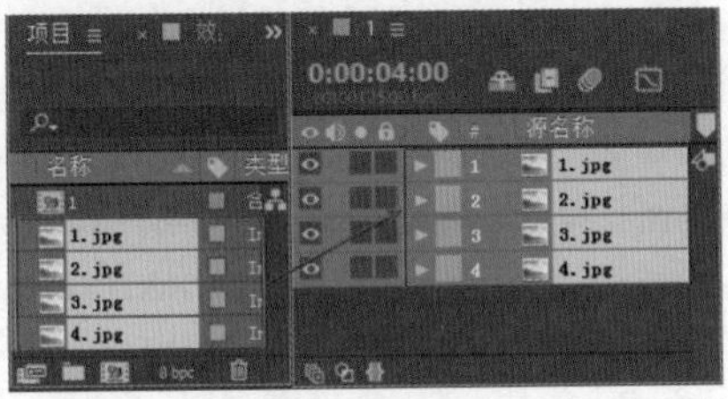

图 7-21

步骤 02 在【时间轴】面板的空白位置处右击，执行【新建】/【文本】命令，如图7-22所示。

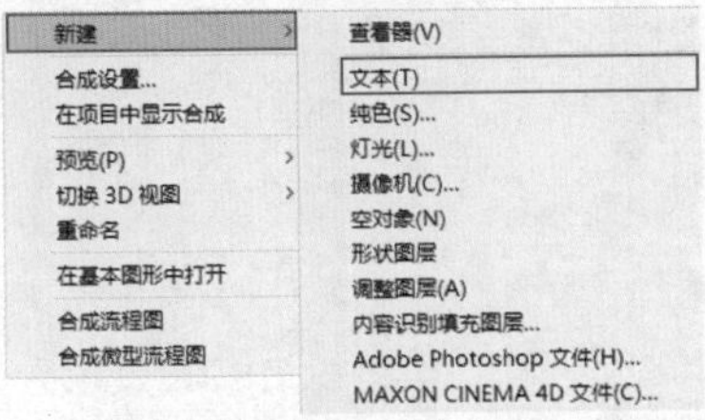

图 7-22

步骤 03 在【字符】面板中设置合适的【字体系列】，【填充颜色】为白色，【描边颜色】为无色，【字体大小】为70，然后单击选择 T （仿斜体），在【段落】面板中选择 ≡ （居中对齐文本），设置完成后输入文本 "CHERISH ETERNITY"，如图7-23所示。在输入过程中，可使用

大键盘上的Enter键进行换行操作。

图 7-23

步骤 04 选择第一个字母 "C"，更改【字体大小】为150，如图7-24所示。

图 7-24

步骤 05 制作画面的动画效果。在【效果和预设】面板中搜索【块溶解】效果，并将其拖曳到【时间轴】面板的1.jpg图层上，如图7-25所示。

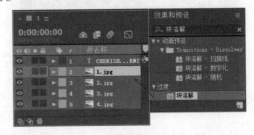

图 7-25

步骤 06 在【时间轴】面板中单击打开1.jpg图层下方的【效果】/【块溶解】，设置【块高度】为30.0，将时间线滑动至起始位置处，单击【过渡完成】及【块宽度】前方的 ⏱ （时间变化秒表）按钮，设置【过渡完成】为0%，【块宽度】为10.0，将时间线滑动至1秒位置处，设置【过渡完成】为100%，【块宽度】为40.0，如图7-26所示。滑动时间线查看画面效果，如图7-27所示。

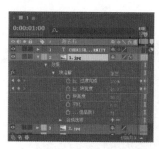

图 7-26

图 7-27

图 7-31

图 7-32

步骤 07 在【时间轴】面板中单击打开2.jpg图层下方的【变换】，将时间线滑动至1秒位置处，单击【缩放】及【旋转】前方的 ○（时间变化秒表）按钮，设置【缩放】为（230.0,230.0%），【旋转】为1x+0.0°，将时间线滑动至2秒位置处，设置【缩放】为（0.0,0.0%），【旋转】为0x+0.0°，如图7-28所示。滑动时间线查看画面效果，如图7-29所示。

步骤 10 在【效果和预设】面板中搜索【卡片擦除】效果，并将其拖曳到【时间轴】面板的4.jpg图层上，如图7-33所示。

图 7-28

图 7-29

图 7-33

步骤 08 在【效 果 和 预 设】面板中搜索CC Jaws效果，并将其拖曳到【时间轴】面板的3.jpg图层上，如图7-30所示。

步骤 11 在【时间轴】面板中单击打开4.jpg图层下方的【效果】/【卡片擦除】，设置【翻转轴】为X，【翻转方向】为【正向】，【翻转顺序】为【从左到右】；接着将时间线滑动至3秒位置处，单击【过渡完成】前方的 ○（时间变化秒表）按钮，设置【过渡完成】为0.0%，再将时间线滑动至4秒位置处，设置【过渡完成】为100.0%；如图7-34所示。滑动时间线查看画面效果，如图7-35所示。

图 7-30

图 7-34

步骤 09 在【时间轴】面板中单击打开3.jpg图层下方的【效果】/CC Jaws，设置Direction为0x+35.0°，将时间线滑动至2秒位置处，单击Completion前方的 ○（时间变化秒表）按钮，设置Completion为0.0%；再将时间线滑动至3秒位置处，设置Completion为100.0%，如图7-31所示。滑动时间线查看画面效果，如图7-32所示。

步骤 12 实例制作完成，滑动时间线查看实例最终效果，如图7-36所示。

中文版After Effects 2020完全案例教程（微课视频版）

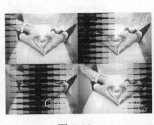

图 7-35 　　　　　　图 7-36

选项解读:【块溶解】重点参数速查

过渡完成:设置过渡完成百分比。

块宽度:设置溶解块的宽度。

块高度:设置溶解块的高度。

羽化:设置边缘的羽化程度。

柔化边缘(最佳品质):设置为【开】,可使边缘更加柔和。

选项解读:CC Jaws重点参数速查

Completion(过渡完成):设置过渡完成百分比。

Center(中心):设置擦除效果中心点。

Direction(方向):设置擦除方向。

Height(高):设置锯齿高度。

Width(宽):设置锯齿宽度。

Shape(形状):设置锯齿形状。

选项解读:【卡片擦除】重点参数速查

过渡完成:设置过渡完成百分比。

过渡宽度:设置过渡宽度的大小。

背面图层:设置擦除效果的背景图层。

行数和列数:设置方式为独立或列数受行数控制。

行数:设置行数数值。

列数:设置列数数值。

卡片缩放:设置卡片的缩放百分比。

翻转轴:设置卡片翻转轴向角度。

反转方向:设置反转的方向。

反转顺序:设置反转的顺序。

渐变图层:设置应用渐变效果的图层。

随机时间:设置卡片翻转的随机时间。

随机植入:设置随机时间后,设置卡片翻转的随机位置。

摄像机系统:设置显示模式为摄像机位置、边角定位或合成摄像机。

摄像机位置:设置【摄像机系统】为【摄像机位置】时,即可设置摄像机位置、旋转和焦距。

边角定位:设置【摄像机系统】为【边角定位】时,即可设置边角定位和焦距。

灯光:设置灯光照射强度、颜色或位置。

材质:设置漫反射、镜面反射和高光锐度。

位置抖动:设置【位置抖动】的轴向力量和速度。

旋转抖动:设置【旋转抖动】的轴向力量和速度。

实例:旅游产品介绍动画

文件路径:Chapter 7　过渡效果→实例:旅游产品介绍动画

扫一扫,看视频

本实例主要学习如何使用【块溶解】、CC Line Sweep以及【线性擦除】过渡效果制作出富有美感的旅游产品广告片。实例效果如图7-37所示。

图 7-37

步骤 01 在【项目】面板中右击并选择【新建合成】选项,在弹出的【合成设置】面板中设置【合成名称】为【合成1】,【预设】为【PAL D1/DV方形像素】,【宽度】为788,【高度】为576,【像素长宽比】为【方形像素】,【帧速率】为25,【分辨率】为【完整】,【持续时间】为5秒,单击【确定】按钮。执行【文件】/【导入】/【文件】命令,导入全部素材。在【项目】面板中依次选择1.jpg~4.jpg素材文件,将它们拖曳到【时间轴】面板中,如图7-38所示。

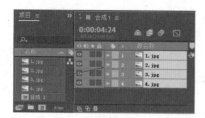

图 7-38

步骤 02 在【时间轴】面板的空白位置处右击，执行【新建】/【文本】命令，在【字符】面板中设置合适的【字体系列】，【填充颜色】为白色，【描边颜色】为无，【字体大小】为70，在【段落】面板中选择 ≡（居中对齐文本），设置完成后输入文本"新的启程 与心畅游"，如图7-39所示。

图 7-39

步骤 03 在【时间轴】面板中单击打开当前【文本】图层下方的【变换】，设置【位置】为（396.0,320.0），如图7-40所示。画面效果如图7-41所示。

图 7-40

图 7-41

步骤 04 在工具栏中选择 ∅（钢笔工具），设置【填充】为无，【描边】为白色，【描边宽度】为5；接着将光标移动到【合成】面板中文字的左上方，单击建立锚点；然后将光标移动到文字的右上角，再次单击建立锚点，一条白色的直线就绘制完成了，如图7-42所示。

步骤 05 适当调整直线的位置。在【时间轴】面板中单击打开【形状图层1】下方的【变换】，设置【位置】为（394.0,520.0），如图7-43所示。

图 7-42   图 7-43

步骤 06 在【时间轴】面板中选择【形状图层1】，使用快捷键Ctrl+D进行复制，接着打开【形状图层2】下方的【变换】，更改【位置】为（394.0,637.0），如图7-44所示。画面效果如图7-45所示。

图 7-44   图 7-45

步骤 07 制作画面的动画效果。在【效果和预设】面板中搜索【块溶解】效果，并将该效果拖曳到【时间轴】面板的1.jpg图层上，如图7-46所示。

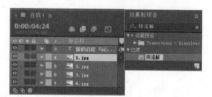

图 7-46

步骤 08 在【时间轴】面板中单击打开1.jpg图层下方的【效果】/【块溶解】，设置【块高度】与【块宽度】均为50.0，将时间线滑动至起始位置处，单击【过渡完成】前方的 ⏱（时间变化秒表）按钮，设置【过渡完成】为0.0%；将时间线滑动至1秒位置处，设置【过渡完成】为100.0%，如图7-47所示。滑动时间线查看画面效果，如图7-48所示。

图 7-47   图 7-48

步骤 09 在【效果和预设】面板中搜索CC Line Sweep效果，并将其拖曳到【时间轴】面板的2.jpg图层上，如图7-49所示。

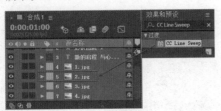

图 7-49

步骤 10 在【时间轴】面板中单击打开2.jpg图层下方的【效果】/CC Line Sweep，设置Direction为0x+130.0°，将时间线滑动至1秒位置处，单击Completion前方的 （时间变化秒表）按钮，设置Completion为0.0；再将时间线滑动至2秒位置处，设置Completion为100.0，如图7-50所示。滑动时间线查看画面效果，如图7-51所示。

图 7-50

图 7-51

步骤 11 在【效果和预设】面板中搜索【线性擦除】效果，并将其拖曳到【时间轴】面板的3.jpg图层上，如图7-52所示。

图 7-52

步骤 12 在【时间轴】面板中单击打开3.jpg图层下方的【效果】/【线性擦除】，设置【擦除角度】为0x+180.0°，【羽化】为90.0，将时间线滑动至2秒位置处，单击【过渡完成】前方的 （时间变化秒表）按钮，设置【过渡完成】为0%；再将时间线滑动至3秒位置处，设置【过渡完成】为100%，如图7-53所示。滑动时间线查看画面效果，如图7-54所示。

步骤 13 实例制作完成，滑动时间线查看实例最终效果，如图7-55所示。

图 7-53

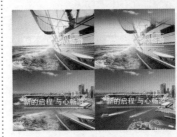 

图 7-54　　　　　　　图 7-55

选项解读：CC Line Sweep重点参数速查

Completion（过渡完成）：设置过渡完成百分比。
Direction（方向）：设置扫描方向。
Thickness（密度）：设置扫描密度。
Slant（倾斜）：设置扫描的倾斜角度。
Flip Direction（反转方向）：勾选该选项，可以将当前效果进行反转。

选项解读：【线性擦除】重点参数速查

过渡完成：设置过渡完成百分比。
擦除角度：设置线性擦除角度。
羽化：设置边缘羽化程度。

实例：使用【光圈擦除】制作宠物乐园宣传广告

文件路径：Chapter 7　过渡效果→实例：使用【光圈擦除】制作宠物乐园宣传广告

本实例主要使用【光圈擦除】来制作宠物乐园的宣传广告，在制作过程中通过调整【点光圈】的数量来变换形状边数。实例效果如图7-56所示。

扫一扫，看视频

第7章　过渡效果

165

图 7-56

步骤 01 在【项目】面板中右击并选择【新建合成】选项，在弹出的【合成设置】面板中设置【合成名称】为1，【预设】为【自定义】，【宽度】为1200，【高度】为800，【像素长宽比】为【方形像素】，【帧速率】为25，【分辨率】为【完整】，【持续时间】为5秒，单击【确定】按钮。执行【文件】/【导入】/【文件】命令，导入全部素材文件。在【项目】面板中依次选择1.jpg~4.jpg素材文件，将它们拖曳到【时间轴】面板中，如图7-57所示。

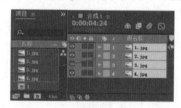

图 7-57

步骤 02 在【时间轴】面板的空白位置处右击，执行【新建】/【文本】命令。在【字符】面板中设置合适的【字体系列】，【填充颜色】为白色，【描边颜色】为无，【字体大小】为150，然后选择 T（仿斜体）；接着进入【段落】面板，选择 （居中对齐文本），设置完成后输入文本"Sunflower"，如图7-58所示。

图 7-58

步骤 03 在【时间轴】面板中单击打开当前【文本】图层下方的【变换】，设置【位置】为(608.0,412.0)，如图7-59所示。画面效果如图7-60所示。

图 7-59   图 7-60

步骤 04 在工具栏中选择 （矩形工具），设置【填充】为无，【描边】为白色，【描边宽度】为12，接着将光标移动到【合成】面板中文字的左上方，按住鼠标左键向右下角拖动，如图7-61所示。

图 7-61

步骤 05 制作画面的动画效果。在【效果和预设】面板中搜索【光圈擦除】效果，并将该效果拖曳到【时间轴】面板的1.jpg图层上，如图7-62所示。

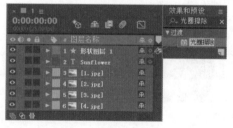

图 7-62

步骤 06 在【时间轴】面板中单击打开1.jpg图层下方的【效果】/【光圈擦除】，设置【点光圈】为6，将时间线滑动至起始位置处，单击【外径】前方的 （时间变化秒表）按钮，设置【外径】为0.0；将时间线滑动至1秒位置处，设置【外径】为1988.0，如图7-63所示。滑动时间线查看画面效果，如图7-64所示。

中文版After Effects 2020完全案例教程（微课视频版）

图 7-63　　　　　　　　　图 7-64

步骤 07 在【效果和预设】面板中再次搜索【光圈擦除】效果，并将其拖曳到【时间轴】面板的2.jpg图层上，如图7-65所示。

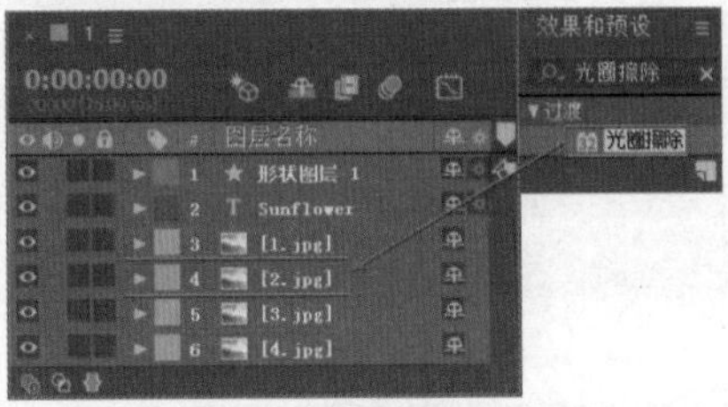

图 7-65

步骤 08 在【时间轴】面板中单击打开2.jpg图层下方的【变换】，设置【缩放】为（110.0,110.0%）；接着单击打开【效果】/【光圈擦除】，设置【点光圈】为12，将时间线滑动至1秒位置处，单击【外径】前方的 ⏱（时间变化秒表）按钮，设置【外径】为0.0；将时间线滑动至2秒位置处，设置【外径】为690.0，如图7-66所示。滑动时间线查看画面效果，如图7-67所示。

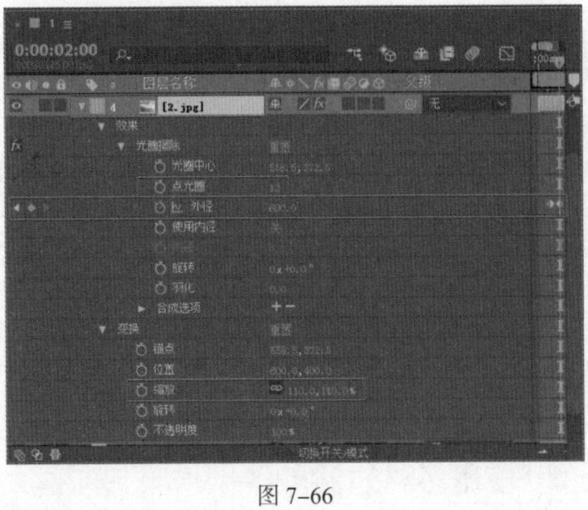

图 7-66

步骤 09 在【效果和预设】面板中搜索【光圈擦除】效果，并将其拖曳到【时间轴】面板的3.jpg图层上，如图7-68所示。

图 7-67 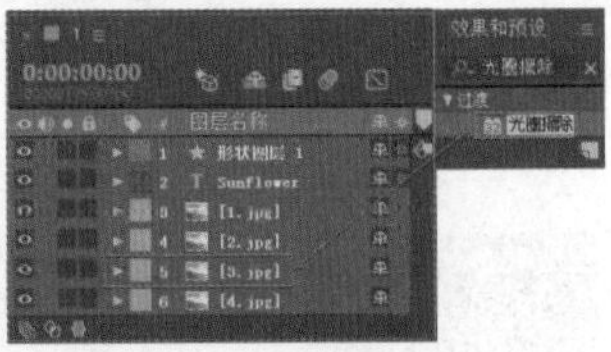　　　　　　　　　图 7-68

步骤 10 在【时间轴】面板中单击打开3.jpg图层下方的【变换】，设置【缩放】为（68,68%）；接着单击打开【效果】/【光圈擦除】，设置【点光圈】为18，将时间线滑动至2秒位置处，单击【外径】前方的 ⏱（时间变化秒表）按钮，设置【外径】为0.0；将时间线滑动至3秒位置处，设置【外径】为1423.0，如图7-69所示。滑动时间线查看画面效果，如图7-70所示。

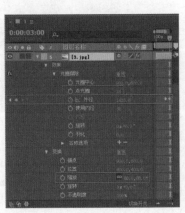

图 7-69

步骤 11 实例制作完成，滑动时间线查看实例最终效果，如图7-71所示。

图 7-70　　　　　　　　　图 7-71

> 🤓 **选项解读：【光圈擦除】重点参数速查**
>
> 光圈中心：设置光圈擦除中心点。
> 点光圈：设置光圈多边形程度。
> 外径：设置光圈的外半径。
> 内径：设置光圈的内半径。
> 旋转：设置旋转角度。
> 羽化：设置边缘的羽化程度。

实例：CC WarpoMatic制作神奇的冰冻动画

扫一扫，看视频

文件路径：Chapter 7 过渡效果→实例：CC WarpoMatic制作神奇的冰冻动画

本实例使用CC WarpoMatic效果将图片模拟出缓慢结冰的动画效果。实例效果如图7-72所示。

图7-72

步骤 01 在【项目】面板中右击并选择【新建合成】选项，在弹出的【合成设置】面板中设置【合成名称】为1，【预设】为【自定义】，【宽度】为1440，【高度】为1080，【像素长宽比】为【方形像素】，【帧速率】为25，【分辨率】为【完整】，【持续时间】为5秒，单击【确定】按钮。执行【文件】/【导入】/【文件】命令，导入1.jpg素材文件。在【项目】面板中选择1.jpg素材文件，将它拖曳到【时间轴】面板中，如图7-73所示。

图7-73

步骤 02 在【效果和预设】面板中搜索CC WarpoMatic效果，将该效果拖曳到【时间轴】面板的1.jpg图层上，如图7-74所示。

图7-74

步骤 03 在【时间轴】面板中打开1.jpg图层下方的【效果】/CC WarpoMatic，设置Completion为70.0，将时间

线滑动到起始帧位置，单击Smoothness和Warp Amount前的⏱（时间变化秒表）按钮，设置Smoothness为10.00，Warp Amount为10.0；将时间线滑动到结束帧位置，设置Smoothness为25.00，Warp Amount为400.0，设置Warp Direction为Twisting，如图7-75所示。画面最终效果如图7-76所示。

图7-75

图7-76

选项解读：CC WarpoMatic重点参数速查

Completion（过渡完成）：设置过渡完成百分比。
Layer to Reveal（揭示层）：设置揭示显示的图层。
Reactor（反应器）：设置过渡模式。
Smoothness（平滑）：设置边缘平滑程度。
Warp Amount（变形量）：设置变形程度。
Warp Direction（变形方向）：设置变形方向。
Blend Span（混合跨度）：设置混合跨度。

实例：使用多种过渡效果制作唯美花园

扫一扫，看视频

文件路径：Chapter 7 过渡效果→实例：使用多种过渡效果制作唯美花园

本实例主要使用CC Radial ScaleWipe、

中文版After Effects 2020完全案例教程（微课视频版）

CC Jaws、【渐变擦除】过渡效果并为效果添加关键帧，制作出清新美丽的动画效果。实例效果如图7-77所示。

图7-77

步骤 01 在【项目】面板中右击并选择【新建合成】选项，在弹出的【合成设置】面板中设置【合成名称】为【合成1】，【预设】为HDV/HDTV 720 25，【宽度】为1280，【高度】为720，【像素长宽比】为【方形像素】，【帧速率】为25，【分辨率】为【完整】，【持续时间】为5秒，单击【确定】按钮。执行【文件】/【导入】/【文件】命令，导入全部素材。在【项目】面板中依次选择1.jpg ~ 4.jpg素材文件，将它们拖曳到【时间轴】面板中，如图7-78所示。

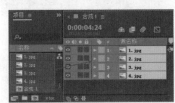

图7-78

步骤 02 制作画面的动画效果。在【效果和预设】面板中搜索CC Radial ScaleWipe效果，并将该效果拖曳到【时间轴】面板的1.jpg图层上，如图7-79所示。

图7-79

步骤 03 在【时间轴】面板中单击打开1.jpg图层下方的【效果】/CC Radial ScaleWipe，将时间线滑动至起始位置处，单击Completion前方的 ⏱ （时间变化秒表）按钮，设置Completion为0.0%；将时间线滑动至1秒位置处，设置Completion为100.0%，如图7-80所示。滑动时间线查看画面效果，如图7-81所示。

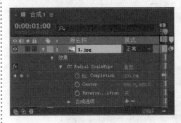 

图7-80 图7-81

步骤 04 在【效果和预设】面板中搜索CC Jaws效果，并将其拖曳到【时间轴】面板的2.jpg图层上，如图7-82所示。

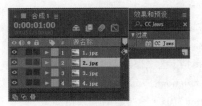

图7-82

步骤 05 在【时间轴】面板中单击打开2.jpg图层下方的【变换】，设置【缩放】为（105.0,105.0%）；接着展开【效果】/CC Jaws，将时间线滑动至1秒位置处，单击Completion前方的 ⏱ （时间变化秒表）按钮，设置Completion为0.0%；再将时间线滑动至2秒位置处，设置Completion为100.0%，如图7-83所示。滑动时间线查看画面效果，如图7-84所示。

图7-83

图 7-84

步骤 06 在【效果和预设】面板中搜索【渐变擦除】效果，并将其拖曳到【时间轴】面板的3.jpg图层上，如图7-85所示。

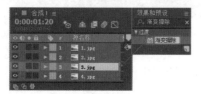

图 7-85

步骤 07 在【时间轴】面板中单击打开3.jpg图层下方的【变换】，设置【缩放】为（135.0,135.0%）；接着展开【效果】/【渐变擦除】，将时间线滑动至2秒位置处，单击Completion前方的 (时间变化秒表)按钮，设置Completion为0.0%；再将时间线滑动至3秒位置处，设置Completion为100.0%，如图7-86所示。滑动时间线查看画面效果，如图7-87所示。

图 7-86

图 7-87

步骤 08 在【时间轴】面板中单击打开4.jpg图层下方的【变换】，将时间线滑动至3秒位置处，单击【缩放】前方的 (时间变化秒表)按钮，设置【缩放】为（220.0,220.0%）；再将时间线滑动至4秒位置处，设置【缩放】为（80.0,80.0%），如图7-88所示。滑动时间线查看画面效果，如图7-89所示。

步骤 09 实例制作完成，滑动时间线查看实例最终效果，如图7-90所示。

图 7-88

图 7-89   图 7-90

选项解读：CC Radial ScaleWipe重点参数速查

Completion（过渡完成）：设置过渡完成百分比。
Center（中心）：设置效果中心点。
Reverse Transition（反转）：勾选该选项，可以反转擦除效果。

选项解读：【渐变擦除】重点参数速查

过渡完成：设置过渡完成百分比。
过渡柔和度：设置边缘柔和程度。
渐变图层：设置渐变的图层。
渐变位置：设置渐变放置方式。
反转渐变：勾选该选项，反转当前渐变过渡效果。

中文版After Effects 2020完全案例教程（微课视频版）

实例：使用多种过渡效果制作儿童电子相册动画

文件路径：Chapter 7　过渡效果→实例：使用多种过渡效果制作儿童电子相册动画

本实例使用CC Twister和【径向擦除】过渡效果制作精美的儿童电子相册动画。实例效果如图7-91所示。

扫一扫，看视频

图7-91

步骤 01 在【项目】面板中右击并选择【新建合成】选项，在弹出的【合成设置】面板中设置【合成名称】为1，【预设】为【自定义】，【宽度】为1000，【高度】为707，【像素长宽比】为【方形像素】，【帧速率】为25，【分辨率】为【完整】，【持续时间】为5秒，单击【确定】按钮。执行【文件】/【导入】/【文件】命令，导入所有素材文件。在【项目】面板中依次选择1.jpg和2.jpg素材文件，将它们拖曳到【时间轴】面板中，如图7-92所示。

图7-92

步骤 02 制作画面的动画效果。在【效果和预设】面板中搜索【径向擦除】效果，并将该效果拖曳到【时间轴】面板的2.jpg图层上，如图7-93所示。

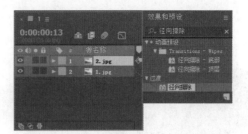

图7-93

步骤 03 在【时间轴】面板中首先单击打开2.jpg图层下方的【变换】，设置【缩放】为（35.0,35.0%），【旋转】为0x+12.0°，将时间线滑动至起始位置处，单击【位置】前方的 ⏱（时间变化秒表）按钮，设置【位置】为（1327.0,335.0）；将时间线滑动至1秒位置处，设置【位置】为（603.0,335.0），此时单击打开【效果】/【径向擦除】，在当前位置单击【过渡完成】前方的 ⏱（时间变化秒表）按钮，设置【过渡完成】为0.0%，将时间线滑动至2秒位置处，设置【过渡完成】为100.0%，如图7-94所示。滑动时间线查看此时画面效果，如图7-95所示。

图7-94

图7-95

步骤 04 在【项目】面板中将3.jpg文件拖曳到【时间轴】面板中最上方位置，如图7-96所示。

步骤 05 在【效果和预设】面板中搜索CC Twister效果，并将其拖曳到【时间轴】面板的3.jpg图层上，如图7-97所示。

图7-96　　　　　　　图7-97

步骤 06 在【时间轴】面板中单击打开3.jpg图层下方的【变换】，设置【位置】为(605.0,317.0)，将时间线滑动至2秒位置处，单击【缩放】前方的 （时间变化秒表）按钮，设置【缩放】为(0.0,0.0%)；将时间线滑动至3秒位置处，设置【缩放】为(60.0,60.0%)。单击打开【效果】/CC Twister，在当前位置单击Completion前方的 （时间变化秒表）按钮，设置Completion为0.0%；将时间线滑动至4秒位置处，设置Completion为100.0%，如图7-98所示。滑动时间线查看画面效果，如图7-99所示。

步骤 07 实例制作完成，滑动时间线查看实例最终效果，如图7-100所示。

图7-98

图7-99　　　　　　　图7-100

选项解读：【径向擦除】重点参数速查

过渡完成：设置过渡完成百分比。
起始角度：设置径向擦除开始的角度。
擦除中心：设置径向擦除中心点。
擦除：设置擦除方式为顺时针、逆时针或两者兼有。
羽化：设置边缘羽化程度。

选项解读：CC Twister重点参数速查

Completion（过渡完成）：设置过渡完成百分比。
Backside（背面）：设置背景图像图层。
Shading（阴影）：勾选该选项，增加阴影效果。
Center（中心）：设置扭曲中心点。
Axis（坐标轴）：设置扭曲旋转角度。

实例：CC Image Wipe制作清新风格夏日Vlog

文件路径：Chapter 7　过渡效果→实例：CC Image Wipe制作清新风格夏日Vlog

扫一扫，看视频

本实例使用【径向擦除】、CC Image Wipe过渡效果制作画面之间的转场，最终完成清新风格夏日Vlog的制作。实例效果如图7-101所示。

图7-101

步骤 01 在【项目】面板中右击并选择【新建合成】选项，在弹出的【合成设置】面板中设置【合成名称】为【合成1】，【预设】为【PAL D1/DV方形像素】，【宽度】为788，【高度】为576，【帧速率】为25，【分辨率】为【完整】，【持续时间】为5秒，单击【确定】按钮。单击【文件】/【导入】/【文件】命令，导入所有素材。在【项目】面板中依次选择1.jpg~3.jpg素材文件，将该素材文件拖曳到【时间轴】面板中，如图7-102所示。

步骤 02 在【时间轴】面板中单击打开1.jpg图层下方的【变换】，设置【缩放】为(87.0,87.0%)，如图7-103所示。

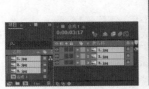

图 7-102　　　　　　　　图 7-103

步骤 03 画面效果如图7-104所示。

步骤 04 在【时间轴】面板的空白位置处右击，执行【新建】/【纯色】命令，如图7-105所示。

图 7-104　　　　　　　　图 7-105

步骤 05 在弹出的【纯色设置】面板中设置【颜色】为青色，创建一个纯色图层，如图7-106所示。画面效果如图7-107所示。

图 7-106　　　　　　　　图 7-107

步骤 06 在【时间轴】面板中单击打开纯色图层下方的【变换】，并将时间线滑动至起始帧位置处，单击【缩放】前的 ⏱ (时间变化秒表)按钮，设置【缩放】为(100.0,100.0%)；再将时间线滑动至1秒位置处，设置【缩放】为(0.0,0.0%)，如图7-108所示。

步骤 07 在【时间轴】面板的空白位置处右击，执行【新建】/【文本】命令。接着在【字符】面板中设置合适的【字体系列】，【填充颜色】为白色，【描边颜色】为

无，【字体大小】为62，在【段落】面板中选择【居中对齐文本】，设置完成后输入文本"Fading is true while flowering is past."，在输入过程中，可按大键盘上的Enter键将文字切换到下一行，如图7-109所示。

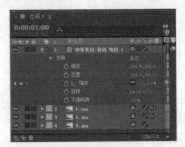

图 7-108

图 7-109

步骤 08 在【时间轴】面板中单击打开【文本】图层下方的【变换】，将时间线滑动至1秒位置处，依次单击【缩放】和【旋转】前的 ⏱ (时间变化秒表)按钮，设置【缩放】为(100.0,100.0%)，【旋转】为1x+0.0°；再将时间线滑动至2秒位置处，设置【缩放】为(0.0,0.0%)，【旋转】为0x+0.0°，如图7-110所示。滑动时间线查看画面效果，如图7-111所示。

图 7-110

步骤 09 制作图片的动画效果。在【效果和预设】面板中搜索【径向擦除】效果，并将其拖曳到【时间轴】面板

的1.jpg素材图层上,如图7-112所示。

图7-111

图7-115

图7-112

步骤⑩ 在【时间轴】面板中单击打开1.jpg图层下方的【效果】/【径向擦除】,并将时间线滑动至2秒位置处,单击【过渡完成】前方的 ⏱(时间变化秒表)按钮,设置【过渡完成】为0.0%;再将时间线滑动至3秒位置处,设置【过渡完成】为100.0%,如图7-113所示。滑动时间线查看画面效果,如图7-114所示。

图7-113　　　　　图7-114

步骤⑪ 在【效果和预设】面板中搜索CC Image Wipe效果,并将其拖曳到【时间轴】面板的2.jpg图层上,如图7-115所示。

步骤⑫ 在【时间轴】面板中单击打开2.jpg图层下方的【效果】/CC Image Wipe,将时间线滑动至3秒位置处,单击Completion前方的 ⏱(时间变化秒表)按钮,设置Completion为0.0%;再将时间线滑动至4秒位置处,设置Completion为100.0%,如图7-116所示。

图7-116

步骤⑬ 滑动时间线查看画面效果,如图7-117所示。

步骤⑭ 滑动时间线查看实例最终效果,如图7-118所示。

图7-117　　　　　　　　图7-118

选项解读:CC Image Wipe重点参数速查

Completion(过渡完成):设置过渡完成百分比。
Border Softness(柔化边缘):设置边缘柔化程度。
Gradient(渐变):设置渐变图层。

综合实例:眼睛转场效果

文件路径:Chapter 7 过渡效果→综合实例:眼睛转场效果

在After Effects中要制作转场效果,除了使用过渡类效果中的效果制作之外,还可以使用其他方法,例如,为基本属性设置关键帧动画、为素材添加效果并设置关键帧动画等。本实例主要使用蒙版抠出人物眼球部分,再使用【变换】属性调整素材

中文版After Effects 2020完全案例教程(微课视频版)

锚点及缩放。实例效果如图7-119所示。

图 7-119

步骤 01 在【项目】面板中右击并选择【新建合成】选项，在弹出的【合成设置】面板中设置【合成名称】为1，【预设】为【自定义】，【宽度】为1920，【高度】为1080，【像素长宽比】为【方形像素】，【帧速率】为30，【分辨率】为【完整】，【持续时间】为13秒，单击【确定】按钮。执行【文件】/【导入】/【文件】命令，导入全部素材文件。在【项目】面板中将2.mp4素材文件拖曳到【时间轴】面板中，如图7-120所示。在【时间轴】面板中选择2.mp4图层，右击执行【时间】/【时间伸缩】命令，在弹出的【时间伸缩】窗口中设置【新持续时间】为13秒，单击【确定】按钮，如图7-121所示。

图 7-120   图 7-121

步骤 02 调整画面亮度。在【效果和预设】面板中搜索【曲线】效果，将该效果拖曳到2.mp4图层上，如图7-122所示。

图 7-122

步骤 03 在【效果控件】面板中展开【曲线】效果，在曲线段上单击添加两个控制点并调整曲线形状，如图7-123所示。此时画面变亮，如图7-124所示。

图 7-123   图 7-124

步骤 04 在【项目】面板中将1.mp4素材文件拖曳到【时间轴】面板的2.mp4素材文件的上方，如图7-125所示。

图 7-125

步骤 05 单击打开1.mp4图层下方的【变换】，将时间线滑动到4秒位置处，单击打开【锚点】【缩放】【不透明度】关键帧，设置【锚点】为(960.0,540.0)，【缩放】为(100.0,100.0%)，【不透明度】为100%；继续将时间线滑动到7秒位置处，设置【锚点】为(1155.0,433.0)，【缩放】为(1100.0,1100.0%)，【不透明度】为0%，如图7-126所示。选择1.mp4图层，使用快捷键Ctrl+D创建副本图层，如图7-127所示。

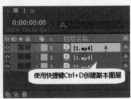

图 7-126   图 7-127

步骤 06 选择1.mp4图层（图层1），在工具栏中选择（钢笔工具），在人物眼球位置绘制蒙版路径，如图7-128所示。单击打开1.mp4图层下方的【蒙版】/【蒙版1】，勾选【反转】复选框，设置【蒙版羽化】为(20.0,20.0)。展开【变换】属性，关闭【不透明度】关键帧，设置【不透明度】为100%，如图7-129所示。

图7-128   图7-129

步骤 07 单击打开2.mp4图层下方的【变换】，将时间线滑动到3秒位置处，开启【缩放】关键帧，设置【缩放】为（100.0,100.0%）；继续将时间线滑动到5秒10帧位置处，设置【缩放】为（175.0,175.0%）；将时间线滑动到7秒20帧位置处，设置【缩放】为（100.0,100.0%），如图7-130所示。滑动时间线查看实例制作效果，如图7-131所示。

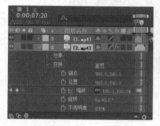 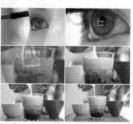

图7-130   图7-131

综合实例：短视频常用的热门特效转场

扫一扫，看视频

文件路径:Chapter 7 过渡效果→综合实例：短视频常用的热门特效转场

本实例使用【定向模糊】将图片制作出摇晃模糊的镜头效果。实例效果如图7-132所示。

图7-132

步骤 01 在【项目】面板中右击并选择【新建合成】选项，在弹出的【合成设置】面板中设置【合成名称】为1,

【预设】为【自定义】，【宽度】为1000，【高度】为625，【像素长宽比】为【方形像素】，【帧速率】为24，【分辨率】为【完整】，【持续时间】为3秒，单击【确定】按钮。执行【文件】/【导入】/【文件】命令，导入全部素材文件。在【项目】面板中依次将1.jpg~3.jpg素材文件拖曳到【时间轴】面板中，设置2.jpg图层的起始时间为1秒，3.jpg图层的起始时间为2秒，如图7-133所示。

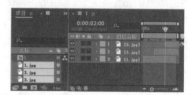

图7-133

步骤 02 在【效果和预设】面板中搜索【定向模糊】效果，并将该效果拖曳到【时间轴】面板的1.jpg图层上，如图7-134所示。

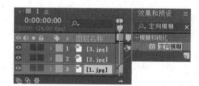

图7-134

步骤 03 在【时间轴】面板中单击打开1.jpg图层下方的【效果】，将时间线滑动到起始位置处，单击【模糊长度】前方的 （时间变化秒表）按钮，开启自动关键帧，设置【模糊长度】为0.0；将时间线滑动到第8帧位置，设置【模糊长度】为150.0；将时间线滑动到第9帧位置，设置【模糊长度】为9.0；将时间线滑动到第10帧位置，设置【模糊长度】为14.0；将时间线滑动到第11帧位置，设置【模糊长度】为0.0；将时间线滑动到第12帧位置，设置【模糊长度】为5.0；最后将时间线滑动到第14帧位置，设置【模糊长度】为0.0，如图7-135所示。画面效果如图7-136所示。

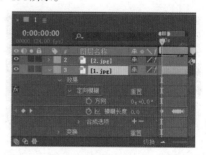

图7-135

中文版After Effects 2020完全案例教程（微课视频版）

图 7-136

步骤(04)在【时间轴】面板中将时间线滑动到1秒位置处，选择1.jpg图层下方的【定向模糊】效果，使用快捷键Ctrl+C进行复制；接着选择2.jpg图层，使用快捷键Ctrl+V进行粘贴，如图7-137所示。

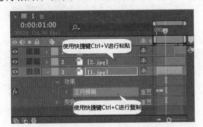

图 7-137

步骤(05)单击打开2.jpg图层下方的【定向模糊】效果，设置【方向】为90°，如图7-138所示。画面效果如图7-139所示。

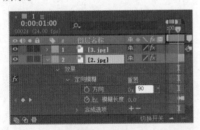

图 7-138

图 7-139

步骤(06)使用同样的方式在【时间轴】面板中将时间线滑动到2秒位置处，选择2.jpg图层下方的【定向模糊】效果，使用快捷键Ctrl+C进行复制；接着选择3.jpg图层，

使用快捷键Ctrl+V进行粘贴，如图7-140所示。

图 7-140

步骤(07)单击打开3.jpg图层下方的【定向模糊】效果，更改【方向】为0x+60.0°，如图7-141所示。画面效果如图7-142所示。

图 7-141

图 7-142

步骤(08)滑动时间线查看实例制作效果，如图7-143所示。

图 7-143

Chapter
8
第8章

扫一扫，看视频

调色效果

本章内容简介：

　　调色是After Effects中非常重要的功能，能够在很大程度上决定作品的质量。通常情况下，不同的色彩往往带有不同的情感倾向，在设计作品中也是一样，只有与作品主题相匹配的色彩才能正确地传达作品的主旨内涵。因此，正确地使用调色效果对设计作品而言是一道重要关卡。本章主要讲解在After Effects中作品调色的流程、调色效果的功能介绍，以及使用调色技术制作作品时的实例讲解。

重点知识掌握：

- 调色的概念
- 声道类效果的应用
- 颜色校正类效果的应用
- 综合使用多种调色效果调整作品颜色

重点 8.1 调色前的准备工作

对于设计师来说，调色是后期处理的"重头戏"。一幅作品的颜色能够在很大程度上影响观者的心理感受。比如同样一张食物的照片，哪张看起来更美味一些？（美食照片通常饱和度高一些看起来会美味）如图8-1所示。同样一张"行囊"的照片，以不同的颜色进行展示，迎接它的将是轻松愉快的郊游，还是充满悬疑与未知的探险？如图8-2所示。的确，"色彩"能够美化照片，同时色彩也具有强大的"欺骗性"。

扫一扫，看视频

图8-1

图8-2

调色技术不仅在摄影后期占有重要地位，在设计中也是一个不可忽视的重要组成部分。设计作品中经常需要使用到各种各样的图片元素，而图片元素的色调与画面是否匹配也会影响到设计作品的成败。调色不仅要使元素变"漂亮"，更重要的是通过色彩的调整使元素"融合"到画面中，图8-3和图8-4所示可以看到部分元素与画面整体"格格不入"，而经过颜色的调整，则会使元素不再显得突兀，画面整体气氛更统一。

图8-3　　　　　　图8-4

色彩的力量无比强大，想要"掌控"这个神奇的力量，After Effects必不可少。After Effects的调色功能非常强大，不仅可以对错误的颜色（即色彩方面不正确的问题，例如，

曝光过度、亮度不足、画面偏灰、色调偏色等）进行校正，如图8-5所示；还可以通过调色功能的使用增强画面视觉效果，丰富画面情感，打造出风格化的色彩，如图8-6所示。

图8-5　　　　　　图8-6

在进行调色的过程中，我们经常会听到一些关键词："色调""色阶""曝光度""对比度""明度""纯度""饱和度""色相""颜色模式""直方图"等。这些词大部分都与"色彩"的基本属性有关。下面就来简单了解一下"色彩"。

在视觉的世界里，"色彩"被分为两类：无彩色和有彩色，如图8-7所示。无彩色为黑、白、灰。有彩色则是除黑、白、灰以外的其他颜色，如图8-8所示。每种有彩色都有三大属性：色相、明度、纯度（饱和度），无彩色只具有明度这一个属性。

图8-7　　　　　　图8-8

1. 色相

色相是我们经常提到的一个词语，是指画面整体的颜色倾向，又称为"色调"。图8-9所示为青绿色调图像，图8-10所示为紫色调图像。

图8-9　　　　　　图8-10

2. 明度

明度是指色彩的明亮程度。色彩的明亮程度有两种情况：同一种颜色的明度变化和不同种颜色的明度变化。同一色相的明度深浅变化效果为从左至右明度由高到

低，如图8-11所示。不同的色彩也都存在明暗变化，其中黄色明度最高，紫色明度最低，红色、绿色、蓝色、橙色的明度相近，为中间明度，如图8-12所示。

图8-11　　　　　　　　图8-12

3. 纯度

纯度也称为色彩的彩度，是指色彩中所含有色成分的比例，比例越大，纯度越高。图8-13与图8-14所示为高纯度和低纯度的对比效果。

图8-13　　　　　　　　图8-14

从上面的调色命令的名称上来看，大致能猜到这些命令起到的作用。所谓的"调色"，是通过调整图像的明暗（亮度）、对比度、曝光度、饱和度、色相、色调等方面进行调整，从而实现图像整体颜色的改变。但如此多的调色命令，在真正调色时要从何处入手呢？很简单，只要把握住以下几点即可。

（1）校正画面整体的颜色错误。处理一幅作品时，通过对图像整体的观察，最先考虑到的就是整体的颜色有没有"错误"。比如，偏色（画面过于偏向暖色调/冷色调，偏紫色、偏绿色等）、画面太亮（曝光过度）、太暗（曝光不足）、偏灰（对比度低，整体看起来灰蒙蒙的）、明暗反差过大等。如果出现这些问题，首先要对以上问题进行处理，使作品变为曝光正确、色彩正常的图像，如图8-15和图8-16所示。

图8-15

图8-16

如果在对新闻图片进行处理时，可能无须对画面进行美化，需要最大限度地保留画面真实度，那么图像的调色可能就到这里结束了。如果想要进一步美化图像，接下来进行继续处理。

（2）细节美化。通过第一步整体的处理，我们已经得到了一张"正常"的图像。虽然这些图像是基本"正确"的，但是仍然可能存在一些不尽如人意的细节。比如，想要重点突出的部分比较暗，如图8-17所示；照片背景颜色不美观，如图8-18所示。

图8-17

图8-18

想要制作同款产品的不同颜色的效果图，如图8-19所示；改变头发、嘴唇、瞳孔的颜色，如图8-20所示。想要对这些"细节"进行处理也是非常必要的。因为画面的重点常常集中在一个很小的部分上。使用"调整图层"非常适合处理画面的细节。

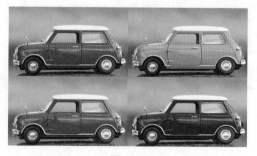

图8-19

中文版After Effects 2020完全案例教程（微课视频版）

图 8-20

图 8-23　　　　　　　图 8-24

（3）帮助元素融入画面。在制作一些设计作品或者创意合成作品时，经常需要在原有的画面中添加一些其他的元素，例如，在版面中添加主体人像，为人物添加装饰物，为海报中的产品周围添加一些陪衬元素，为整个画面更换一个新背景等。当后添加的元素出现在画面中时，可能会感觉合成得很"假"，或颜色看起来很奇怪。排除元素内容、虚实程度、大小比例、透视角度等问题，最可能的就是新元素与原始图像的"颜色"不统一。例如，环境中的元素均为偏冷的色调，而人物则偏暖，如图 8-21 所示。这时就需要对色调倾向不同的内容进行调色操作了。

图 8-21

例如，新换的背景颜色过于浓艳，与主体人像风格不一致时，也需要进行饱和度以及颜色倾向的调整，如图 8-22 所示。

图 8-22

（4）强化气氛，辅助主题表现。通过前面几个步骤，画面整体、细节以及新增元素的颜色都被处理"正确"了。但是，单纯"正确"的颜色是不够的，很多时候我们想要使自己的作品脱颖而出，需要的是超越其他作品的"视觉感受"。所以，我们需要对图像的颜色进行进一步的调整，而这里的调整考虑的是与图像主题相契合。图 8-23 和图 8-24 所示为表现不同主题的不同色调作品。

重点 8.2 声道类效果

【声道】效果组可以控制、混合、移除和转换图像的通道。其中包括【最小/最大】【复合运算】【通道混合器】、CC Composite、【转换通道】【反转】【固态层合成】【混合】【移除颜色遮罩】【算术】【计算】【设置通道】和【设置遮罩】，如图 8-25 所示。

扫一扫，看视频

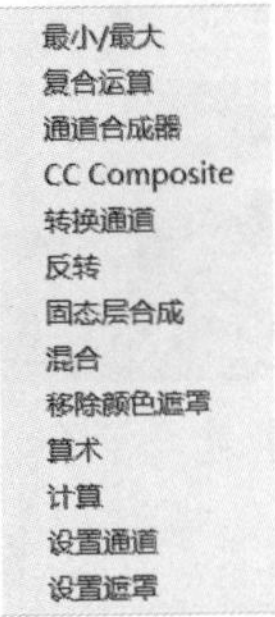

图 8-25

● 最小/最大：该效果可为像素的每个通道指定半径内该通道的最小或最大像素。为素材添加该效果的前后对比如图 8-26 所示。

（a）未使用该效果　　　（b）使用该效果

图 8-26

● 复合运算：该效果可以在图层之间执行数学运算。为素材添加该效果的前后对比如图 8-27 所示。

● 通道合成器：该效果可以提取、显示和调整图层的通道值。为素材添加该效果的前后对比如图 8-28 所示。

（a）未使用该效果　　（b）使用该效果

图 8-27

（a）未使用该效果　　（b）使用该效果

图 8-28

- CC Composite（CC 合成）：该效果可以与原图层混合形成复合层效果。为素材添加该效果的前后对比如图 8-29 所示。

（a）未使用该效果　　（b）使用该效果

图 8-29

- 转换通道：该效果可以将 Alpha、红色、绿色、蓝色通道进行替换，替换为其他通道的数值。为素材添加该效果的前后对比如图 8-30 所示。

（a）未使用该效果　　（b）使用该效果

图 8-30

- 反转：该效果可以将画面颜色进行反转。为素材添加该效果的前后对比如图 8-31 所示。

（a）未使用该效果　　（b）使用该效果

图 8-31

- 固态层合成：该效果能够用一种颜色与当前进行模式和透明度的合成，也可以用一种颜色填充当前图层。为素材添加该效果的前后对比如图 8-32 所示。

（a）未使用该效果　　（b）使用该效果

图 8-32

- 混合：该效果可以使用不同的模式将两个图层颜色混合叠加在一起，使画面信息更丰富。为素材添加该效果的前后对比如图 8-33 所示。

（a）未使用该效果　　（b）使用该效果

图 8-33

- 移除颜色遮罩：该效果可以从带有预乘颜色通道的图层移除色晕。
- 算术：该效果可以对红色、绿色和蓝色的通道执行多种算术函数。为素材添加该效果的前后对比如图 8-34 所示。

（a）未使用该效果　　（b）使用该效果

图 8-34

- 计算：该效果可以将两个图层的通道进行合并处理。为素材添加该效果的前后对比如图 8-35 所示。

（a）未使用该效果　　（b）使用该效果

图 8-35

- 设置通道：该效果可以将当前图层的通道设置为

中文版 After Effects 2020 完全案例教程（微课视频版）

其他图层的通道。为素材添加该效果的前后对比如图8-36所示。

（a）未使用该效果　　　（b）使用该效果

图 8-36

● 设置遮罩：该效果可以创建移动遮罩效果，并将图层的Alpha通道替换为上面图层的通道。为素材添加该效果的前后对比如图8-37所示。

（a）未使用该效果　　　（b）使用该效果

图 8-37

实例:【通道合成器】制作浓郁照片

文件路径:Chapter 8　调色效果→实例:【通道合成器】制作浓郁照片

本实例使用【通道合成器】效果提高画面中黄色数量，从而使黄色的树叶颜色更鲜艳。实例效果如图8-38所示。

扫一扫，看视频

图 8-38

步骤 01 在【项目】面板中右击并选择【新建合成】选项，在弹出的【合成设置】面板中设置【合成名称】为1，【预设】为【自定义】，【宽度】为1200，【高度】为801，【像素长宽比】为【方形像素】，【帧速率】为24，【分辨率】为【完整】，【持续时间】为5秒，单击【确定】按钮。执行【文件】/【导入】/【文件】命令，导入1.jpg素材文件。在【项目】面板中将1.jpg素材文件拖曳到【时间轴】面板中，如图8-39所示。

图 8-39

步骤 02 在【效果和预设】面板搜索框中搜索【通道合成器】，将该效果拖曳到【时间轴】面板的1.jpg图层上，如图8-40所示。

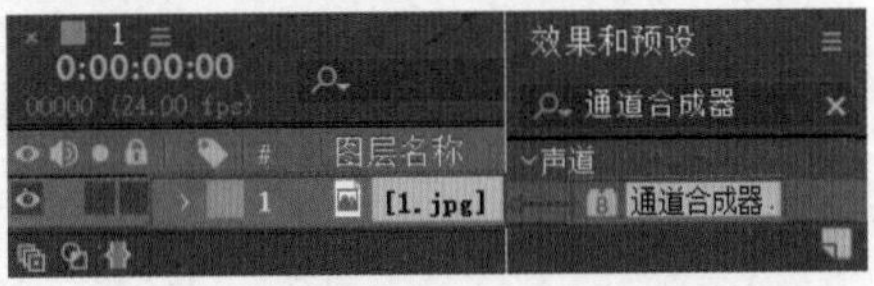

图 8-40

步骤 03 在【时间轴】面板中单击打开1.jpg图层下方的【效果】/【通道合成器】，设置【自】为【明亮度】，【至】为【亮度】，如图8-41所示。画面最终效果如图8-42所示。

图 8-41　　　　　　　　　图 8-42

> **选项解读:【通道合成器】重点参数速查**
>
> 使用第二个图层：勾选此复选框，可设置源图层。
> 源图层：设置混合图像。
> 自：设置需要转换的颜色。
> 至：设置目标颜色。
> 反转：勾选该选项，反转所设颜色。
> 纯色 Alpha：勾选该选项，使用纯色通道信息。

实例:【设置通道】【通道混合器】打造炫酷双色海报

文件路径:Chapter 8　调色效果→实例:【设置通道】【通道混合器】打造炫酷双色海报

本实例使用【设置通道】效果、【通道混合器】效果更改画面色调，使用遮罩制作双色文字。实例效果如图8-43所示。

扫一扫，看视频

图8-43

步骤（01）在【项目】面板中右击并选择【新建合成】选项，在弹出的【合成设置】面板中设置【合成名称】为1，【预设】为【自定义】，【宽度】为1000，【高度】为667，【像素长宽比】为【方形像素】，【帧速率】为24，【分辨率】为【完整】，【持续时间】为5秒，单击【确定】按钮。执行【文件】/【导入】/【文件】命令，导入1.jpg素材文件。在【项目】面板中将1.jpg素材文件拖曳到【时间轴】面板中，如图8-44所示。

图8-44

步骤（02）在【效果和预设】面板搜索框中搜索【设置通道】，将该效果拖曳到【时间轴】面板的1.jpg图层上，如图8-45所示。

图8-45

步骤（03）在【时间轴】面板中单击打开1.jpg图层下方的【效果】/【设置通道】，设置【将源1设置为红色】为【饱和度】，如图8-46所示。画面效果如图8-47所示。

图8-46

图8-47

步骤（04）再次将【项目】面板中的1.jpg素材文件拖曳到【时间轴】面板中，如图8-48所示。

图8-48

步骤（05）在【效果和预设】面板搜索框中搜索【通道混合器】，将该效果拖曳到【时间轴】面板的1.jpg图层（图层1）上，如图8-49所示。

图8-49

步骤（06）在【时间轴】面板中单击打开1.jpg（图层1）下方的【效果】/【通道混合器】，设置【红色-红色】为141，【绿色-红色】为-15，如图8-50所示。画面效果如图8-51所示。

图8-50

图8-51

步骤（07）在【效果和预设】面板搜索框中搜索【垂直翻转】，将该效果拖曳到【时间轴】面板的1.jpg图层（图层1）上，如图8-52所示。画面效果如图8-53所示。

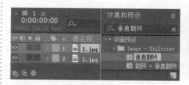

图8-52

图8-53

步骤（08）在1.jpg图层（图层1）上右击，在弹出的窗口中执行【混合模式】/【屏幕】命令，如图8-54所示。画面效果如图8-55所示。

中文版After Effects 2020完全案例教程（微课视频版）

图 8-54　　　　　　　　图 8-55

步骤 09 在【时间轴】面板的空白处右击，执行【新建】/【纯色】命令，在弹出的【纯色设置】面板中设置【颜色】为黑色，创建一个纯色图层，如图 8-56 所示。

步骤 10 在【时间轴】面板中选择纯色图层，在工具栏中选择 ◯（椭圆工具），接着在【合成】面板中按住鼠标左键绘制一个较大的椭圆遮罩，如图 8-57 所示。

图 8-56　　　　　　　　图 8-57

步骤 11 在【时间轴】面板中单击打开【黑色 纯色 1】图层下方的【蒙版】/【蒙版 1】，勾选后方的【反转】，接着设置【蒙版羽化】为（140.0,140.0），如图 8-58 所示。画面效果如图 8-59 所示。

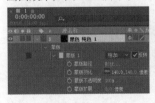

图 8-58　　　　　　　　图 8-59

步骤 12 制作文本部分。在【时间轴】面板的空白位置处右击，执行【新建】/【文本】命令，如图 8-60 所示。在【字符】面板中设置合适的【字体系列】，设置【填充颜色】为墨绿色，【描边颜色】为无，【字体大小】为 130 像素。接着选择 T（仿粗体），在【段落】面板中选择 ▤（左对齐文本），设置完成后输入文本 "Fantastic"，如图 8-61 所示。

图 8-60

图 8-61

步骤 13 在【时间轴】面板中单击打开【文本】图层下方的【变换】，设置【位置】为（184.0,561.5），如图 8-62 所示。文字效果如图 8-63 所示。

图 8-62　　　　　　　　图 8-63

步骤 14 使用同样的方式在【时间轴】面板的空白位置处右击，执行【新建】/【文本】命令。在【字符】面板中设置合适的【字体系列】，设置【填充颜色】同样为墨绿色，【描边颜色】为无，【字体大小】为 33 像素，接着单击 TT（全部大写字母），设置完成后输入文字内容，如图 8-64 所示。

图 8-64

步骤 15 在【时间轴】面板中选择 Love ma...love pass

文本图层，单击打开下方的【变换】，设置【位置】为（116.0,605.0），如图8-65所示。画面效果如图8-66所示。

图 8-65　　　　　　　图 8-66

步骤（16）选择【时间轴】面板中的两个文本图层，使用快捷键Ctrl+D创建文字副本图层，如图8-67所示。此时【时间轴】面板如图8-68所示。

图 8-67　　　　　　　图 8-68

步骤（17）在【字符】面板中更改这两个文字副本图层的【填充颜色】为红色，画面效果如图8-69所示。在当前选中两个文字副本图层的前提下，使用快捷键Ctrl+Shift+C进行预合成，如图8-70所示。

图 8-69　　　　　　　图 8-70

步骤（18）弹出【预合成】窗口，设置【新合成名称】为【预合成1】，单击【确定】按钮。在【时间轴】面板中得到【预合成1】图层，如图8-71所示。

步骤（19）制作双色文字。在【时间轴】面板中选择【预合成1】图层，在工具栏中选择 ✐（钢笔工具），然后在文字上方绘制一个四边形遮罩，如图8-72所示。使用同样的方式在文字右侧继续制作一个四边形遮罩，如图8-73所示。

步骤（20）实例制作完成，如图8-74所示。

图 8-71　　　　　　　图 8-72

图 8-73　　　　　　　图 8-74

选项解读:【设置通道】重点参数速查

源图层1：设置图层1的源为其他图层。
将源1设置为红色：设置源1需要替换的通道。
源图层2：设置图层2的源为其他图层。
将源2设置为绿色：设置源2需要替换的通道。
源图层3：设置图层3的源为其他图层。
将源3设置为蓝色：设置源3需要替换的通道。
源图层4：设置图层4的源为其他图层。
将源4设置为Alpha：设置源4需要替换的通道。
如果图层大小不同：设置为【开】，可将两个不同尺寸图层进行伸缩自适应。

重点 8.3 颜色校正类效果

扫一扫，看视频

【颜色校正】效果组可以更改画面色调，营造不同的视觉效果。其中包括【三色调】【通道混合器】【阴影/高光】【CC Color Neutralizer（CC 色彩中和）】【CC Color Offset（CC 色彩偏移）】【CC Kernel（CC 内核）】【CC Toner（CC 碳粉）】【照片滤镜】【Lumetri 颜色】【PS 任意映射】【灰度系数/基值/增益】【色调】【色调均化】【色阶】【色阶(单独控件)】【色光】【色相/饱和度】【广播颜色】【亮度和对比度】【保留颜色】【可选颜色】【曝光度】【曲线】【更改为颜色】【更改颜色】【自然饱和度】【自动色阶】【自动对比度】【自动颜色】【视频限幅器】【颜色稳定器】【颜色平衡】【颜色平衡(HLS)】【颜色链接】

和【黑色和白色】，如图8-75所示。

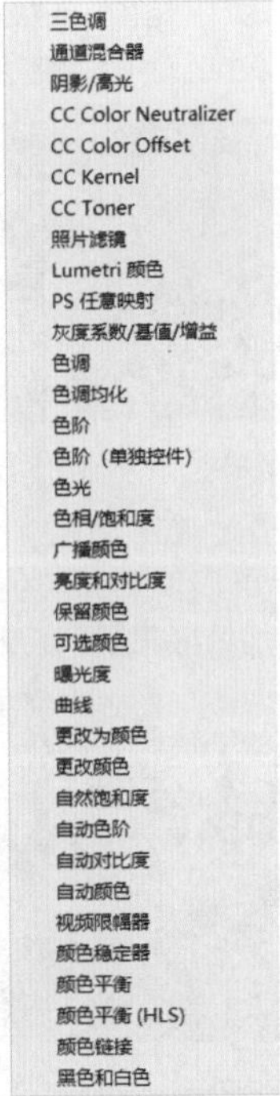

```
三色调
通道混合器
阴影/高光
CC Color Neutralizer
CC Color Offset
CC Kernel
CC Toner
照片滤镜
Lumetri 颜色
PS 任意映射
灰度系数/基值/增益
色调
色调均化
色阶
色阶（单独控件）
色光
色相/饱和度
广播颜色
亮度和对比度
保留颜色
可选颜色
曝光度
曲线
更改为颜色
更改颜色
自然饱和度
自动色阶
自动对比度
自动颜色
视频限幅器
颜色稳定器
颜色平衡
颜色平衡 (HLS)
颜色链接
黑色和白色
```

图 8-75

●**三色调**：该效果可以设置高光、中间调和阴影的颜色，使画面更改为3种颜色的效果。为素材添加该效果的前后对比如图8-76所示。

（a）未使用该效果　　　（b）使用该效果

图 8-76

●**通道混合器**：该效果可以使用当前彩色通道的值来修改颜色。为素材添加该效果的前后对比如图8-77所示。

（a）未使用该效果　　　（b）使用该效果

图 8-77

●**阴影/高光**：该效果可以使较暗区域变亮，使高光变暗。为素材添加该效果的前后对比如图8-78所示。

（a）未使用该效果　　　（b）使用该效果

图 8-78

●**CC Color Neutralizer（CC 色彩中和）**：该效果可以对颜色进行中和校正。为素材添加该效果的前后对比如图8-79所示。

（a）未使用该效果　　　（b）使用该效果

图 8-79

●**CC Color Offset（CC 色彩偏移）**：该效果可以调节红、绿、蓝三个通道。为素材添加该效果的前后对比如图8-80所示。

（a）未使用该效果　　　（b）使用该效果

图 8-80

●**CC Kernel（CC 内核）**：该效果可以制作一个3×3卷积内核。为素材添加该效果的前后对比如图8-81所示。

（a）未使用该效果　　　（b）使用该效果

图 8-81

●**CC Toner（CC 碳粉）**：该效果可以调节色彩的高

光、中间调和阴影的色调进行替换。为素材添加该效果的前后对比如图8-82所示。

（a）未使用该效果　　　（b）使用该效果

图 8-82

●**照片滤镜**：该效果可以对Photoshop照片进行滤镜调整，使其产生某种颜色的偏色效果。为素材添加该效果的前后对比如图8-83所示。

（a）未使用该效果　　　（b）使用该效果

图 8-83

●**Lumetri 颜色**：该效果是一种强大的、专业的调色效果，包含多种参数，可以用具有创意的全新方式按序列调整颜色、对比度和光照。为素材添加该效果的前后对比如图8-84所示。

（a）未使用该效果　　　（b）使用该效果

图 8-84

●**PS 任意映射**：该效果设置是指在 After Effects 早期版本中创建的使用任意映射效果的项目。而对于新的版本，则可以使用曲线效果。为素材添加该效果的前后对比如图8-85所示。

（a）未使用该效果　　　（b）使用该效果

图 8-85

●**灰度系数/基值/增益**：该效果可以单独调整每个通道的伸缩、系数、基值、增益参数。为素材添加该效果的前后对比如图8-86所示。

（a）未使用该效果　　　（b）使用该效果

图 8-86

●**色调**：该效果可以使画面产生两种颜色的变化效果。为素材添加该效果的前后对比如图8-87所示。

（a）未使用该效果　　　（b）使用该效果

图 8-87

●**色调均化**：该效果可以重新分布像素值以达到更均匀的亮度和颜色。为素材添加该效果的前后对比如图8-88所示。

（a）未使用该效果　　　（b）使用该效果

图 8-88

●**色阶**：该效果可以通过调整画面中的黑色、白色、灰色的明度色阶数值改变颜色。为素材添加该效果的前后对比如图8-89所示。

（a）未使用该效果　　　（b）使用该效果

图 8-89

● 色阶（单独控件）：该效果与【色阶】类似，而且可以为每个通道调整单独的颜色值。为素材添加该效果的前后对比如图8-90所示。

（a）未使用该效果　　　（b）使用该效果

图8-90

● 色光：该效果可以使画面产生强烈的高饱和度色彩光亮效果。为素材添加该效果的前后对比如图8-91所示。

（a）未使用该效果　　　（b）使用该效果

图8-91

● 色相/饱和度：该效果可以调节各个通道的色相、饱和度、亮度效果。为素材添加该效果的前后对比如图8-92所示。

（a）未使用该效果　　　（b）使用该效果

图8-92

● 广播颜色：该效果用于设置广播电视播出的信号振幅数值。为素材添加该效果的前后对比如图8-93所示。

（a）未使用该效果　　　（b）使用该效果

图8-93

● 亮度和对比度：该效果可以调整亮度和对比度。为素材添加该效果的前后对比如图8-94所示。

（a）未使用该效果　　　（b）使用该效果

图8-94

● 保留颜色：该效果可以单独保留作品中的一种颜色，其他颜色变为灰色。为素材添加该效果的前后对比如图8-95所示。

（a）未使用该效果　　　（b）使用该效果

图8-95

● 可选颜色：该效果可以对画面中不平衡的颜色进行校正，还可以选择画面中的某些特定颜色，并对其进行颜色调整。为素材添加该效果的前后对比如图8-96所示。

（a）未使用该效果　　　（b）使用该效果

图8-96

● 曝光度：该效果可以设置画面的曝光效果。为素材添加该效果的前后对比如图8-97所示。

（a）未使用该效果　　　　（b）使用该效果

图 8-97

● **曲线**：该效果可以调整图像的曲线亮度。为素材添加该效果的前后对比如图8-98所示。

（a）未使用该效果　　　　（b）使用该效果

图 8-98

● **更改为颜色**：该效果可以通过吸取作品中的某种颜色，将其替换为另外一种颜色。为素材添加该效果的前后对比如图8-99所示。

（a）未使用该效果　　　　（b）使用该效果

图 8-99

● **更改颜色**：该效果可以吸取画面中的某种颜色，设置该颜色的色相、饱和度和亮度进行改变颜色。为素材添加该效果的前后对比如图8-100所示。

（a）未使用该效果　　　　（b）使用该效果

图 8-100

● **自然饱和度**：该效果可以对图像进行自然饱和度、饱和度的调整。为素材添加该效果的前后对比如图8-101所示。

（a）未使用该效果　　　　（b）使用该效果

图 8-101

● **自动色阶**：该效果可以将图像各颜色通道中最亮和最暗的值映射为白色与黑色，然后重新分配中间的值。为素材添加该效果的前后对比如图8-102所示。

（a）未使用该效果　　　　（b）使用该效果

图 8-102

● **自动对比度**：该效果可以自动调整画面的对比度。为素材添加该效果的前后对比如图8-103所示。

（a）未使用该效果　　　　（b）使用该效果

图 8-103

● **自动颜色**：该效果可以自动调整画面颜色。为素材添加该效果的前后对比如图8-104所示。

（a）未使用该效果　　　　（b）使用该效果

图 8-104

- 视频限幅器：该效果是一种GPU加速效果，可将视频信号限制在广播合法范围内。它针对广播规范压缩明亮度和色度信号。
- 颜色稳定器：该效果可以稳定图像的亮度、色阶、曲线，常用于移除素材中的闪烁，以及均衡素材的曝光和因改变照明情况引起的色移。
- 颜色平衡：该效果可以调整颜色的红、绿、蓝通道的平衡，以及阴影、中间调、高光的平衡。为素材添加该效果的前后对比图8-105所示。

（a）未使用该效果　　　（b）使用该效果

图8-105

- 颜色平衡（HLS）：该效果可以调整色相、亮度和饱和度通道的数值，从而改变颜色。为素材添加该效果的前后对比图8-106所示。

（a）未使用该效果　　　（b）使用该效果

图8-106

- 颜色链接：该效果可以使用一个图层的平均像素值为另一个图层着色，常用于快速找到与背景图层的颜色匹配的颜色。为素材添加该效果的前后对比如图8-107所示。

（a）未使用该效果　　　（b）使用该效果

图8-107

- 黑色和白色：该效果可以将彩色的图像转换为黑白色或单色。为素材添加该效果的前后对比如图8-108所示。

（a）未使用该效果　　　（b）使用该效果

图8-108

实例：【阴影/高光】还原背光区域细节

文件路径：Chapter 8　调色效果→实例：【阴影/高光】还原背光区域细节

本实例主要使用【阴影/高光】效果将画面中暗部区域变亮，从而可以看到更多的画面细节。实例前后对比效果如图8-109所示。

扫一扫，看视频

图8-109

步骤 01 在【项目】面板中右击并选择【新建合成】选项，在弹出的【合成设置】面板中设置【合成名称】为【合成1】，【预设】为【PAL D1/DV 方形像素】，【宽度】为788，【高度】为576，【像素长宽比】为【方形像素】，【帧速率】为25，【分辨率】为【完整】，【持续时间】为5秒，单击【确定】按钮。执行【文件】/【导入】/【文件】命令，导入1.jpg素材文件。将【项目】面板中的1.jpg素材文件拖曳到【时间轴】面板中，如图8-110所示。

图8-110

步骤 02 在【时间轴】面板中单击打开1.jpg图层下方的【变换】，设置【位置】为(395.0,288.0)，【缩放】为(72.0,72.0%)，如图8-111所示。画面效果如图8-112所示。

图 8-111　　　　　　　　　图 8-112

步骤 03 在【效果和预设】面板中搜索【阴影/高光】效果，将它拖曳到【时间轴】面板的1.jpg图层上，如图 8-113 所示。

图 8-113

步骤 04 在【时间轴】面板中单击打开1.jpg图层下方的【效果】/【阴影/高光】，设置【自动数量】为【关】，【阴影数量】为70，如图 8-114 所示。本实例制作完成，画面最终效果如图 8-115 所示。

图 8-114　　　　　　　　　图 8-115

选项解读：【阴影/高光】重点参数速查

　　自动数量：设置为【开】时，可自动设置参数，均衡画面明暗关系。

　　阴影数量：【自动数量】为【关】时，可调整图像暗部，使图像阴影变亮。

　　高光数量：【自动数量】为【关】时，可调整图像亮部，使图像高光变暗。

　　瞬时平滑：设置瞬时平滑速度，单位为秒。

　　场景检测：当设置【瞬时平滑】为 0.00 以外的数值时，可进行场景检测。

　　更多选项：设置其他选项。

实例：CC Color Offset打造明朗的都市清晨

扫一扫，看视频

文件路径：Chapter 8　调色效果→实例：CC Color Offset打造明朗的都市清晨

本实例使用CC Color Offset效果调整画面色调，使用【锐化】效果将画面呈现得更加清晰，从而打造出色调偏蓝的商业广告效果。实例对比效果如图 8-116 所示。

图 8-116

步骤 01 在【项目】面板中右击并选择【新建合成】选项，在弹出的【合成设置】面板中设置【合成名称】为1，【预设】为【自定义】，【宽度】为1000，【高度】为667，【像素长宽比】为【方形像素】，帧速率】为24，【分辨率】为【完整】，【持续时间】为5秒，单击【确定】按钮。执行【文件】/【导入】/【文件】命令，导入1.jpg素材文件。在【项目】面板中将1.jpg素材文件拖曳到【时间轴】面板中，如图 8-117 所示。

步骤 02 在【效果和预设】面板搜索框中搜索CC Color Offset，将该效果拖曳到【时间轴】面板的1.jpg图层上，如图 8-118 所示。

图 8-117　　　　　　　　　图 8-118

步骤 03 在【时间轴】面板中单击打开1.jpg图层下方的【效果】/CC Color Offset，设置Red Phase为0x+25.0°，Green Phase为0x+40.0°，Blue Phase为0x+73.0°，Overflow为Polarize，如图 8-119 所示。画面效果如图 8-120 所示。

图 8-119　　　　　　　　　图 8-120

中文版After Effects 2020完全案例教程（微课视频版）

步骤 04 在【效果和预设】面板搜索框中搜索【锐化】，将该效果拖曳到【时间轴】面板的1.jpg图层上，如图8-121所示。

图 8-121

步骤 05 在【时间轴】面板中单击打开1.jpg图层下方的【效果】/【锐化】，设置【锐化量】为50，如图8-122所示。本实例制作完成，画面最终效果如图8-123所示。

图 8-122　　　　　　图 8-123

 选项解读:【CC Color Offset（CC 色彩偏移）】重点参数速查

Red Phase（红通道）：调整图像中的红色。
Green Phase（绿通道）：调整图像中的绿色。
Blue Phase（蓝通道）：调整图像中的蓝色。
Overflow（溢出）：设置超出允许范围的像素值的处理方法。

实例:【照片滤镜】调整复古色调

文件路径:Chapter 8　调色效果→实例:
【照片滤镜】调整复古色调

扫一扫，看视频

本实例使用【照片滤镜】效果将画面调整为暖橙色，呈现出一种复古的画面效果。实例效果如图8-124所示。

图 8-124

步骤 01 在【项目】面板中右击并选择【新建合成】选项，在弹出的【合成设置】面板中设置【合成名称】为1，【预设】为【自定义】，【宽度】为1000，【高度】为672，【像素长宽比】为【方形像素】，【帧速率】为24，【分辨率】为【完整】，【持续时间】为5秒，单击【确定】按钮。执行【文件】/【导入】/【文件】命令，导入全部素材文件。在【项目】面板中将1.jpg和2.png素材文件拖曳到【时间轴】面板中，如图8-125所示。

图 8-125

步骤 02 在【效果和预设】面板搜索框中搜索【照片滤镜】，将该效果拖曳到【时间轴】面板的2.png图层上，如图8-126所示。

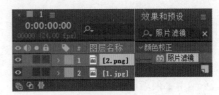

图 8-126

步骤 03 在【时间轴】面板中单击打开2.png图层下方的【效果】/【照片滤镜】，设置【滤镜】为【暖色滤镜（LBA）】，展开【变换】，设置【位置】为(500.0,294.0)，如图8-127所示。画面效果如图8-128所示。

图 8-127　　　　　　图 8-128

步骤 04 在【项目】面板中将3.png素材文件拖曳到【时间轴】面板中，如图8-129所示。

图 8-129

扫一扫，看视频

步骤 05 在【时间轴】面板中选择3.png素材文件，并单击打开其下方的【变换】，设置【位置】为（535.0,458.0），【缩放】为（70.0,70.0%），如图8-130所示。画面最终效果如图8-131所示。

图 8-130

图 8-131

选项解读：【照片滤镜】重点参数速查

滤镜：设置滤镜色调，其中包括暖色调、冷色调等其他颜色色彩。

颜色：设置色调颜色。

密度：设置滤镜浓度。

保持发光度：设置为【开】，设置是否保持发光。

实例：【Lumetri 颜色】制作冷艳时尚大片

文件路径：Chapter 8 调色效果→实例：【Lumetri 颜色】制作冷艳时尚大片

本实例使用【Lumetri 颜色】效果为画面添加晕影，并使用【自然饱和度】效果、【曲线】效果调整画面色调，最终制作出冷艳的、唯美的作品。实例效果如图8-132所示。

图 8-132

步骤 01 在【项目】面板中右击并选择【新建合成】选

项，在弹出的【合成设置】面板中设置【合成名称】为1，【预设】为【自定义】，【宽度】为2500，【高度】为1665，【像素长宽比】为【方形像素】，【帧速率】为25，【分辨率】为【完整】，【持续时间】为5秒，单击【确定】按钮。执行【文件】/【导入】/【文件】命令，导入全部素材文件。将【项目】面板中的1.jpg素材文件拖曳到【时间轴】面板中，如图8-133所示。在【效果和预设】面板中搜索【Lumetri 颜色】效果，将它拖曳到【时间轴】面板的1.jpg图层上，如图8-134所示。

图 8-133

图 8-134

步骤 02 在【效果控件】面板中展开【Lumetri 颜色】/【晕影】，设置【数量】为5.0，【中点】为40.0，【羽化】为50.0，如图8-135所示。画面效果如图8-136所示。

图 8-135

图 8-136

步骤 03 在【效果和预设】面板中搜索【自然饱和度】效果，将它拖曳到【时间轴】面板的1.jpg图层上，如图8-137所示。

图 8-137

中文版After Effects 2020完全案例教程（微课视频版）

步骤 04 在【时间轴】面板中单击打开1.jpg图层下方的【效果】/【自然饱和度】，设置【自然饱和度】为-35.0，如图8-138所示。画面效果如图8-139所示。

图 8-138　　　　　　　　图 8-139

步骤 05 为画面制作暗角。在【效果和预设】面板中搜索【曲线】效果，将它拖曳到【时间轴】面板的1.jpg图层上，如图8-140所示。

图 8-140

步骤 06 在【效果控件】面板中展开【曲线】效果，将【通道】设置为RGB。接着在曲线上添加两个控制点，将曲线调整为偏向S形；将【通道】设置为红色，在红色曲线上添加两个控制点并向右下角移动；将【通道】调整为绿色，在绿色曲线上单击添加控制点，同样向右下角拖动；最后将【通道】调整为蓝色，在蓝色曲线上添加两个控制点向左上角方向拖动，如图8-141所示。

图 8-141

步骤 07 画面效果如图8-142所示。

步骤 08 将2.png素材文件拖曳到【时间轴】面板中，如图8-143所示。

图 8-142　　　　　　　　图 8-143

步骤 09 在【时间轴】面板中单击打开2.png图层下方的【变换】，设置【位置】为(562.0,1282.5)，【缩放】为(110.0,110.0%)，如图8-144所示。实例画面最终效果如图8-145所示。

图 8-144　　　　　　　　图 8-145

选项解读：【Lumetri 颜色】重点参数速查

基本校正：设置输入LUT、白平衡、音调以及饱和度。

创意：通过设置参数制作创意图像。

曲线：调整图像明暗程度以及色相的饱和程度。

色轮：分别设置中间调、阴影和高光的色相。

HSL次要：优化画质，校正色调。

晕影：制作晕影效果。

实例：【灰度系数/基值/增益】调整照片的亮度及色调

文件路径：Chapter 8　调色效果→实例：【灰度系数/基值/增益】调整照片的亮度及色调

扫一扫，看视频

本实例使用【灰度系数/基值/增益】效果调整画面灰度及色调，使用【曝光度】效果提亮画面，从而使暗淡的作品变得温馨明亮。实例对比效果如图8-146所示。

图 8-146

步骤 01 在【项目】面板中右击并选择【新建合成】选项，在弹出的【合成设置】面板中设置【合成名称】为1，【预设】为【自定义】，【宽度】为1000，【高度】为667，【像素长宽比】为【方形像素】，【帧速率】为24，【分辨率】为【完整】，【持续时间】为5秒，单击【确定】按钮。

执行【文件】/【导入】/【文件】命令，导入1.jpg素材文件。在【项目】面板中将1.jpg素材文件拖曳到【时间轴】面板中，如图8-147所示。

步骤 02 在【效果和预设】面板搜索框中搜索【灰度系数/基值/增益】，将该效果拖曳到【时间轴】面板的1.jpg图层上，如图8-148所示。

图 8-147

图 8-148

步骤 03 在【时间轴】面板中单击打开1.jpg图层下方的【效果】/【灰度系数/基值/增益】，设置【黑色伸缩】为2.5，【红色灰度系数】为1.5，【红色基值】为0.1，【绿色灰度系数】为1.2，【绿色基值】为0.0，【绿色增益】为1.1，【蓝色灰度系数】为1.3，如图8-149所示。画面效果如图8-150所示。

图 8-149

图 8-150

步骤 04 在【效果和预设】面板搜索框中搜索【曝光度】，将该效果拖曳到【时间轴】面板的1.jpg图层上，如图8-151所示。

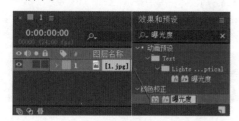
图 8-151

步骤 05 在【时间轴】面板中单击打开1.jpg图层下方的【效果】/【曝光度】/【主】，设置【曝光度】为0.50，如图8-152所示。画面最终效果如图8-153所示。

图 8-152

图 8-153

选项解读:【灰度系数/基值/增益】重点参数速查

黑色伸缩：设置重新映射所有通道的低像素值。

红/绿/蓝色灰度系数：设置红/绿/蓝通道的明暗程度。

红/绿/蓝色基值：设置红/绿/蓝通道的最小输出值。

红/绿/蓝色增益：设置红/绿/蓝通道的最大输出值。

实例:【色阶(单独控件)】打造暖色系童年回忆

文件路径:Chapter 8 调色效果→实例:【色阶(单独控件)】打造暖色系童年回忆

扫一扫，看视频

本实例使用【色阶(单独控件)】效果打造暖色系童年回忆的复古质感。实例对比效果如图8-154所示。

图 8-154

步骤 01 在【项目】面板中右击并选择【新建合成】选项，在弹出的【合成设置】面板中设置【合成名称】为1，【预设】为【自定义】，【宽度】为1500，【高度】为1000，【像素长宽比】为【方形像素】，【帧速率】为24，【分辨率】为【完整】，【持续时间】为5秒，单击【确定】按钮。执行【文件】/【导入】/【文件】命令，导入1.jpg素材文件。在【项目】面板中将1.jpg素材文件拖曳到【时间轴】面板中，如图8-155所示。

步骤 02 在【效果和预设】面板搜索框中搜索【色阶(单独控件)】，将该效果拖曳到【时间轴】面板的1.jpg图层上，如图8-156所示。

中文版After Effects 2020完全案例教程（微课视频版）

图 8-155 　　　　　　　图 8-156

步骤 03 在【时间轴】面板中选择1.jpg图层，在【效果控件】面板中展开【色阶（单独控件）】/RGB，设置【输入黑色】为-30.0，展开【红色】，设置【红色输入黑色】为-85.0，如图8-157所示。展开【蓝色】，设置【蓝色输入黑色】为35.0，如图8-158所示。

步骤 04 画面变为暖橙色，效果如图8-159所示。

图 8-157 　　　　　　　图 8-158

图 8-159

 选项解读:【色阶(单独控件)】重点参数速查

红色:设置红色通道阈值。
绿色:设置绿色通道阈值。
蓝色:设置蓝色通道阈值。
Alpha:设置Alpha通道阈值。

实例:【可选颜色】打造清新效果人像

文件路径:Chapter 8　调色效果→实例:【可选颜色】打造清新效果人像

本实例使用【可选颜色】效果将画面制作出清新的冷色调，使用【镜头光晕】效果

扫一扫,看视频

渲染画面氛围。实例对比效果如图8-160所示。

图 8-160

步骤 01 在【项目】面板中右击并选择【新建合成】选项，在弹出的【合成设置】面板中设置【合成名称】为1，【预设】为【自定义】，【宽度】为1200，【高度】为773，【像素长宽比】为【方形像素】，【帧速率】为24，【分辨率】为【完整】，【持续时间】为5秒，单击【确定】按钮。执行【文件】/【导入】/【文件】命令，导入1.jpg素材文件。在【项目】面板中将1.jpg素材文件拖曳到【时间轴】面板中，如图8-161所示。

步骤 02 在【效果和预设】面板搜索框中搜索【可选颜色】，将该效果拖曳到【时间轴】面板的1.jpg图层上，如图8-162所示。

图 8-161 　　　　　　　图 8-162

步骤 03 在【时间轴】面板中选择1.jpg图层，在【效果控件】面板中打开【可选颜色】，设置【颜色】为【黄色】，【黄色】为-100.0%，设置【颜色】为【绿色】，【青色】为100.0%，【黄色】为-100.0%，如图8-163和图8-164所示。

图 8-163 　　　　　　　图 8-164

步骤 04 设置【颜色】为【无色】，【黄色】为-50.0%，设置【颜色】为【黑色】，【黑色】为-30.0%，如图8-165和图8-166所示。

步骤 05 画面效果如图8-167所示。

步骤 06 在【效果和预设】面板搜索框中搜索【镜头光晕】，将该效果拖曳到【时间轴】面板的1.jpg图层上，如图8-168所示。

图 8-165　　　　　图 8-166　　　　　图 8-167

图 8-168

步骤 07 在【时间轴】面板中单击打开1.jpg图层下方的【效果】/【镜头光晕】，设置【光晕中心】为(298.0,24.0)，【光晕亮度】为115%，如图 8-169 所示。画面效果如图 8-170 所示。

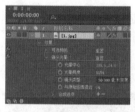

图 8-169　　　　　　　　图 8-170

选项解读:【可选颜色】重点参数速查

方法：设置相对值或绝对值。

颜色：设置需要调整的色系。

青色：设置图像中青色的含量值。

洋红色：设置图像中洋红色的含量值。

黄色：设置图像中黄色的含量值。

黑色：设置图像中黑色的含量值。

细节：设置各个色彩的细节含量。

实例:【曝光度】调整风景图片曝光度

扫一扫，看视频

文件路径:Chapter 8　调色效果→实例:【曝光度】调整风景图片曝光度

本实例使用【曝光度】效果将暗淡画面提亮。实例对比效果如图 8-171 所示。

图 8-171

步骤 01 在【项目】面板中右击并选择【新建合成】选项，在弹出的【合成设置】面板中设置【合成名称】为1，【预设】为【自定义】，【宽度】为1000，【高度】为563，【像素长宽比】为【方形像素】，【帧速率】为24，【分辨率】为【完整】，【持续时间】为5秒，单击【确定】按钮。执行【文件】/【导入】/【文件】命令，导入1.jpg素材文件。在【项目】面板中将1.jpg素材文件拖曳到【时间轴】面板中，如图 8-172 所示。

步骤 02 在【效果和预设】面板搜索框中搜索【曝光度】，将该效果拖曳到【时间轴】面板的1.jpg图层上，如图 8-173 所示。

图 8-172　　　　　　　图 8-173

步骤 03 在【时间轴】面板中单击打开1.jpg图层下方的【效果】/【曝光度】/【主】，设置【曝光度】为1.2.0，如图 8-174 所示。画面最终效果如图 8-175 所示。

图 8-174　　　　　　　图 8-175

选项解读:【曝光度】重点参数速查

通道：设置需要曝光的通道。

主：设置应用于整个画面。

曝光度：设置曝光程度。

偏移：设置曝光偏移程度。

灰度系数校正：设置图像灰度系数精准度。

红色：当【通道】设置为【单个通道】时，可设置红色曝光度、偏移、灰度系数矫正参数。

绿色：当【通道】设置为【单个通道】时，可设置绿色曝光度、偏移、灰度系数矫正参数。

蓝色：当【通道】设置为【单个通道】时，可设置蓝色曝光度、偏移、灰度系数矫正参数。

不适用线性光转换：勾选此选项，设置是否启用线性光转换。

中文版After Effects 2020完全案例教程（微课视频版）

实例:【曲线】调整清新色调宣传广告

文件路径:Chapter 8 调色效果→实例:【曲线】调整清新色调宣传广告

扫一扫,看视频

本实例主要使用【曲线】效果调整画面色调,使画面更偏向于夏日清新的风格。实例效果如图8-176所示。

图 8-176

步骤 01 在【项目】面板中右击并选择【新建合成】选项,在弹出的【合成设置】面板中设置【合成名称】为1,【预设】为【自定义】,【宽度】为1000,【高度】为1500,【像素长宽比】为【方形像素】,【帧速率】为25,【分辨率】为【完整】,【持续时间】为5秒,单击【确定】按钮。执行【文件】/【导入】/【文件】命令,导入1.jpg素材文件。将【项目】面板中的1.jpg素材文件拖曳到【时间轴】面板中,如图8-177所示。

图 8-177

步骤 02 在【时间轴】面板中单击打开1.jpg图层下方的【变换】,设置【位置】为(772.0,540.0),【缩放】为(92.0,92.0%),如图8-178所示。画面效果如图8-179所示。

图 8-178   图 8-179

步骤 03 调整画面色调。在【效果和预设】面板中搜索【曲线】效果,并将它拖曳到【时间轴】面板的1.jpg图层上,如图8-180所示。

图 8-180

步骤 04 在【效果控件】面板中将【通道】设置为RGB,接着在曲线上单击添加一个控制点,微微向右下角拖曳,将【通道】设置为【绿色】,按住绿色曲线左下角控制点垂直向上拖曳;继续将【通道】设置为【蓝色】;按住蓝色曲线左下角控制点垂直向上拖曳,如图8-181所示。画面色调如图8-182所示。

步骤 05 制作文字部分。在【时间轴】面板中的空白位置处右击,执行【新建】/【文本】命令,如图8-183所示。在【字符】面板中设置合适的【字体系列】,设置【填充】为淡黄色,【描边】为无色,【字体大小】为175,在【段落】面板中选择 ▤ (居中对齐文本),设置完成后输入文本"FELLOWSHIP"并适当调整文字位置,如图8-184所示。

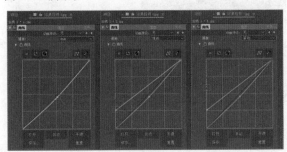

图 8-181

图 8-182

图 8-183

步骤 06 在【时间轴】面板中单击打开当前【文本】图层下方的【变换】,设置【位置】为(724.0,588.0),如图8-185所示。此时文字如图8-186所示。

图 8-184

图 8-185

图 8-186

步骤 07 制作文字边框。在工具栏中单击 ▭（矩形工具）按钮，设置【填充】为无，【描边】为白色，【描边宽度】为15像素，接着在文字周围合适位置按住鼠标左键拖动绘制，如图 8-187 所示。本实例制作完成，画面最终效果如图 8-188 所示。

图 8-187

图 8-188

平滑（平滑曲线）：设置曲线平滑程度。

重置（重置）：单击重置曲线面板参数。

自动（自动）：单击可自动调节面板色调及明暗程度。

实例：【更改为颜色】改变裤子颜色

扫一扫，看视频

文件路径：Chapter 8 调色效果→实例：【更改为颜色】改变裤子颜色

本实例主要使用【更改为颜色】效果将裤子进行换色。实例前后对比效果如图 8-189 所示。

图 8-189

步骤 01 在【项目】面板中右击并选择【新建合成】选项，在弹出的【合成设置】面板中设置【合成名称】为1，【预设】为【自定义】，【宽度】为1000，【高度】为1500，【像素长宽比】为【方形像素】，【帧速率】为25，【分辨率】为【完整】，【持续时间】为5秒，单击【确定】按钮。执行【文件】/【导入】/【文件】命令，导入1.jpg素材文件。将【项目】面板中的1.jpg素材文件拖曳到【时间轴】面板中，如图 8-190 所示。

图 8-190

步骤 02 在【效果和预设】面板中搜索【更改为颜色】效果，并将它拖曳到【时间轴】面板的1.jpg图层上，如图 8-191 所示。

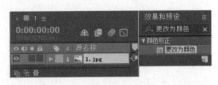

图 8-191

步骤 03 在【时间轴】面板中单击打开1.jpg图层下方的【效果】/【更改为颜色】，单击【自】后方的 █ (吸管工具)，吸取人物裤子颜色，单击【至】后方的色块，设置【颜色】为暗黄色；打开【容差】，设置【色相】为35.0%，如图8-192所示。此时裤子颜色被更改，效果如图8-193所示。

图 8-192　　　　　图 8-193

实例:【自然饱和度】打造极富食欲的食物

文件路径:Chapter 8　调色效果→实例:【自然饱和度】打造极富食欲的食物

本实例使用【亮度和对比度】效果和【自然饱和度】效果调整偏暗、偏灰的

扫一扫,看视频

食物,使画面看起来更加有食欲。实例对比效果如图8-194所示。

图 8-194

步骤 01 在【项目】面板中右击并选择【新建合成】选项,在弹出的【合成设置】面板中设置【合成名称】为1,【预设】为【自定义】,【宽度】为1000,【高度】为667,【像素长宽比】为【方形像素】,【帧速率】为24,【分辨率】为【完整】,【持续时间】为5秒,单击【确定】按钮。执行【文件】/【导入】/【文件】命令,导入1.jpg素材文件。在【项目】面板中将1.jpg素材文件拖曳到【时间轴】面板中,如图8-195所示。

图 8-195

步骤 02 在【效果和预设】面板搜索框中搜索【亮度和对比度】,将该效果拖曳到【时间轴】面板的1.jpg图层上,如图8-196所示。

图 8-196

步骤 03 在【时间轴】面板中单击打开1.jpg图层下方的【效果】/【亮度和对比度】,设置【亮度】为85,如图8-197所示。画面效果如图8-198所示。

图 8-197　　　　　图 8-198

步骤 04 在【效果和预设】面板搜索框中搜索【自然饱和度】，将该效果拖曳到【时间轴】面板的1.jpg图层上，如图8-199所示。

项，在弹出的【合成设置】面板中设置【合成名称】为1，【预设】为【自定义】，【宽度】为1500，【高度】为1060，【像素长宽比】为【方形像素】，【帧速率】为24，【分辨率】为【完整】，【持续时间】为5秒，单击【确定】按钮。执行【文件】/【导入】/【文件】命令，导入全部素材文件。在【项目】面板中将1.jpg和2.jpg素材文件拖曳到【时间轴】面板中，如图8-203所示。画面效果如图8-204所示。

图 8-199

步骤 05 在【时间轴】面板中单击打开1.jpg图层下方的【效果】/【自然饱和度】，设置【自然饱和度】为100.0，【饱和度】为50.0，如图8-200所示。画面效果如图8-201所示。

图 8-200　　　　　　图 8-201

选项解读：【自然饱和度】重点参数速查

自然饱和度：调整图像自然饱和程度。

饱和度：调整图像饱和程度。

实例：【颜色平衡】制作古籍风格画面

扫一扫，看视频

文件路径：Chapter 8 调色效果→实例：【颜色平衡】制作古籍风格画面

本实例使用【颜色平衡】效果调整画面中的风景色调，并合成为复古风格的古籍画面。实例效果如图8-202所示。

图 8-202

步骤 01 在【项目】面板中右击并选择【新建合成】选

图 8-203　　　　　　图 8-204

步骤 02 在【时间轴】面板中单击打开2.jpg图层下方的【变换】，设置【位置】为（750.0,994.0），如图8-205所示。画面效果如图8-206所示。

图 8-205　　　　　　图 8-206

步骤 03 在【时间轴】面板中选择2.jpg图层，在工具栏中选择■（矩形工具），然后在【合成】面板下方合适位置绘制一个矩形遮罩，如图8-207所示。

图 8-207

步骤 04 在【效果和预设】面板搜索框中搜索【颜色平衡】，将该效果拖曳到【时间轴】面板的2.jpg图层上，如图8-208所示。

中文版After Effects 2020完全案例教程（微课视频版）

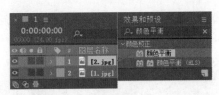

图 8-208

步骤 05 在【时间轴】面板中单击打开2.jpg图层下方的【效果】/【颜色平衡】，设置【阴影红色平衡】为82.0，【阴影蓝色平衡】为-30.0，如图8-209所示。画面效果如图8-210所示。

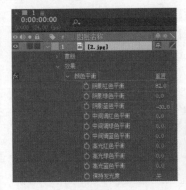

图 8-209　　　　　　　图 8-210

步骤 06 在【项目】面板中将3.png素材文件拖曳到【时间轴】面板最上层。在【时间轴】面板中单击打开3.png图层下方的【变换】，设置【位置】为（1022.0,262.0），如图8-211所示。画面最终效果如图8-212所示。

图 8-211　　　　　　　图 8-212

選 选项解读：【颜色平衡】重点参数速查

　　阴影红色/绿色/蓝色平衡：可调整红/黄/蓝色的阴影范围平衡程度。

　　中间调红色/绿色/蓝色平衡：可调整红/黄/蓝色的中间调范围平衡程度。

　　高光红色/绿色/蓝色平衡：可调整红/黄/蓝色的高光范围平衡程度。

实例：【黑色和白色】制作局部彩色效果

文件路径：Chapter 8　调色效果→实例：【黑色和白色】制作局部彩色效果

扫一扫，看视频

本实例先使用【黑色和白色】效果将画面变为灰色，然后使用蒙版围绕人物绘制一个树叶形状的遮罩，从而产生局部彩色效果。实例对比效果如图8-213所示。

步骤 01 在【项目】面板中右击并选择【新建合成】选项，在弹出的【合成设置】面板中设置【合成名称】为1，【预设】为【自定义】，【宽度】为1500，【高度】为1000，【像素长宽比】为【方形像素】，【帧速率】为24，【分辨率】为【完整】，【持续时间】为5秒，单击【确定】按钮。执行【文件】/【导入】/【文件】命令，导入全部素材文件。在【项目】面板中将1.jpg素材文件拖曳到【时间轴】面板中，如图8-214所示。

图 8-213　　　　　　　图 8-214

步骤 02 在【效果和预设】面板搜索框中搜索【黑色和白色】，将该效果拖曳到【时间轴】面板的1.jpg图层上，如图8-215所示。此时画面变为单色，如图8-216所示。

图 8-215　　　　　　　图 8-216

步骤 03 在【项目】面板中将1.jpg素材文件拖曳到【时间轴】面板中，如图8-217所示。

图 8-217

步骤 04 在【时间轴】面板中选择1.jpg图层（图层1），接着在工具栏中选择📝（钢笔工具），然后在【合成】面板中单击建立锚点，拖曳锚点两端控制柄可调整路径形状，绘制出一个树叶形状遮罩，如图8-218所示。

步骤 05 将【项目】面板中的2.png文字素材文件拖曳到【时间轴】面板中，如图8-219所示。

图 8-218

图 8-219

步骤 06 在【时间轴】面板中单击打开2.png图层下方的【变换】，设置【位置】为（310.0,728.0），如图8-220所示。画面最终效果如图8-221所示。

图 8-220

图 8-221

选项解读：【黑色和白色】重点参数速查

红色：设置在黑白图像中所含红色的明暗程度。
黄色：设置在黑白图像中所含黄色的明暗程度。
绿色：设置在黑白图像中所含绿色的明暗程度。
青色：设置在黑白图像中所含青色的明暗程度。
蓝色：设置在黑白图像中所含蓝色的明暗程度。
洋红：设置在黑白图像中所含洋红色的明暗程度。
淡色：勾选此选项，可调节该黑白图像的整体色调。
色调颜色：在勾选【淡色】选项的情况下，可设置需要转换的色调颜色。

实例：【曲线】【钝化蒙版】【曝光度】调整偏灰效果

扫一扫，看视频

文件路径：Chapter 8 调色效果→实例：【曲线】【钝化蒙版】【曝光度】调整偏灰效果

本实例首先使用【曲线】效果将画面调亮；其次使用【钝化蒙版】效果加强细节部分清晰度；最后调整画面曝光度及灰度值。实例对比效果如图8-222所示。

图 8-222

步骤 01 在【项目】面板中右击并选择【新建合成】选项，在弹出的【合成设置】面板中设置【合成名称】为【合成1】，【预设】为【PAL D1/DV 方形像素】，【宽度】为788，【高度】为576，【像素长宽比】为【方形像素】，【帧速率】为25，【分辨率】为【完整】，【持续时间】为5秒，单击【确定】按钮。执行【文件】/【导入】/【文件】命令，导入全部素材文件。将【项目】面板中的1.jpg素材文件拖曳到【时间轴】面板中，如图8-223所示。

步骤 02 在【时间轴】面板中单击打开1.jpg图层下方的【变换】，设置【缩放】为（73.0,73.0%），如图8-224所示。

图 8-223

图 8-224

步骤 03 画面如图8-225所示。

步骤 04 在【效果和预设】面板中搜索【曲线】效果，将它拖曳到【时间轴】面板的1.jpg图层上，如图8-226所示。

图 8-225

图 8-226

步骤 05 在【效果控件】中打开【曲线】效果，在曲线上单击添加两个控制点向左上角拖动，并适当调整曲线形状，如图8-227所示。画面效果如图8-228所示。

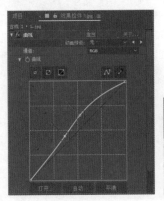

图 8-227

图 8-228

步骤 06 在【效果和预设】面板中搜索【钝化蒙版】效果，将它拖曳到【时间轴】面板的1.jpg图层上，如图 8-229 所示。

图 8-229

步骤 07 在【时间轴】面板中打开1.jpg素材文件下方的【效果】/【钝化蒙版】，设置【数量】为60.0，【半径】为5.0，如图 8-230 所示。此时画面更加清晰，如图 8-231 所示。

图 8-230

图 8-231

步骤 08 在【效果和预设】面板中搜索【曝光度】效果，将它拖曳到【时间轴】面板的1.jpg图层上，如图 8-232 所示。

图 8-232

步骤 09 在【时间轴】面板中打开1.jpg素材文件下方的【效果】/【曝光度】/【主】，设置【曝光度】为0.28，【灰度系数校正】为0.68，如图 8-233 所示。实例制作完成，画面最终效果如图 8-234 所示。

图 8-233

图 8-234

实例:【色相/饱和度】【锐化】【曲线】调整暗淡偏灰人像

文件路径:Chapter 8 调色效果→实例:【色相/饱和度】【锐化】【曲线】调整暗淡偏灰人像

扫一扫，看视频

本实例首先使用【色相/饱和度】效果丰富画面颜色；其次使用【锐化】效果突出画面细节；最后使用【曲线】效果进行整体提亮。实例对比效果如图 8-235 所示。

图 8-235

步骤 01 在【项目】面板中右击并选择【新建合成】选项，在弹出的【合成设置】面板中设置【合成名称】为1，【预设】为【自定义】，【宽度】为1000，【高度】为668，【像素长宽比】为【方形像素】，【帧速率】为24，【分辨率】为【完整】，【持续时间】为5秒，单击【确定】按钮。执行【文件】/【导入】/【文件】命令，导入1.jpg素材文件。在【项目】面板中将1.jpg素材文件拖曳到【时间轴】面板中，如图 8-236 所示。

步骤 02 调整画面色调。在【效果和预设】面板搜索框中搜索【色相/饱和度】，将该效果拖曳到【时间轴】面板的1.jpg图层上，如图 8-237 所示。

图 8-236　　　　　　　图 8-237

步骤 03 在【时间轴】面板中选择1.jpg图层，在【效果控件】面板中展开【色相/饱和度】，设置【主饱和度】为40，【主亮度】为3，如图8-238所示。画面效果如图8-239所示。

图 8-238　　　　　　　图 8-239

步骤 04 在【效果和预设】面板搜索框中搜索【锐化】，将该效果拖曳到【时间轴】面板的1.jpg图层上，如图8-240所示。

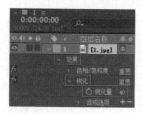

图 8-240

步骤 05 在【时间轴】面板中单击打开1.jpg图层下方的【效果】/【锐化】，设置【锐化量】为40，如图8-241所示。画面效果如图8-242所示。

图 8-241　　　　　　　图 8-242

步骤 06 在【效果和预设】面板搜索框中搜索【曲线】，将该效果拖曳到【时间轴】面板的1.jpg图层上，如图8-243所示。

图 8-243

步骤 07 在【时间轴】面板中选择1.jpg图层，在【效果控件】面板中展开【曲线】，在RGB通道下将曲线调整为S形，如图8-244所示。画面效果如图8-245所示。

图 8-244　　　　　　　图 8-245

实例：使用【颜色校正】打造晴朗风光效果

扫一扫，看视频

文件路径：Chapter 8　调色效果→实例：使用【颜色校正】打造晴朗风光效果

本实例首先使用【亮度和对比度】效果改善暗淡的画面色调；其次使用【阴影/高光】效果均衡画面颜色；最后使用【曲线】效果将画面颜色呈现得更加浓郁。实例对比效果如图8-246所示。

图 8-246

步骤 01 在【项目】面板中右击并选择【新建合成】选项，在弹出的【合成设置】面板中设置【合成名称】为【合成1】，【预设】为【PAL D1/DV 宽银幕方形像素】，【宽度】为1050，【高度】为576，【像素长宽比】为【方形像素】，【帧速率】为25，【分辨率】为【完整】，【持续时间】为5秒，单击【确定】按钮。执行【文件】/【导入】/【文件】命令，导入01.jpg素材文件。将【项目】面板中的01.jpg素材文件拖曳到【时间轴】面板中，如

中文版After Effects 2020完全案例教程（微课视频版）

图8-247所示。

图8-247

步骤 02 在【时间轴】面板中单击打开01.jpg图层下方的【变换】，设置【缩放】为（117.0,117.0%），如图8-248所示。画面效果如图8-249所示。

图8-248　　　　　　图8-249

步骤 03 进行调色操作。在【效果和预设】面板中搜索【亮度和对比度】效果，并将它拖曳到【时间轴】面板的01.jpg图层上，如图8-250所示。

图8-250

步骤 04 在【时间轴】面板中单击打开01.jpg图层下方的【效果】/【亮度和对比度】，设置【亮度】为15，【对比度】为70，如图8-251所示。画面效果如图8-252所示。

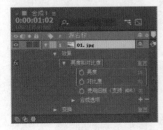 

图8-251　　　　　　图8-252

步骤 05 在【效果和预设】面板中搜索【阴影/高光】效果，并将它拖曳到【时间轴】面板的01.jpg图层上，如图8-253所示。

图8-253

步骤 06 在【时间轴】面板中单击打开01.jpg图层下方的【效果】/【阴影/高光】，设置【瞬时平滑（秒）】为10.0，如图8-254所示。画面效果如图8-255所示。

图8-254　　　　　　图8-255

步骤 07 在【效果和预设】面板中搜索【曲线】效果，并将它拖曳到【时间轴】面板的01.jpg图层上，如图8-256所示。

图8-256

步骤 08 在【效果控件】面板中展开【曲线】效果，在RGB通道下方曲线上单击添加两个控制点，适当调整曲线形状，如图8-257所示。此时画面更加明亮浓郁，最终效果如图8-258所示。

图8-257　　　　　　图8-258

实例：打造悬疑类型影片色调

扫一扫，看视频

文件路径：Chapter 8 调色效果→实例：打造悬疑类型影片色调

本实例使用【曝光度】效果、【色相/饱和度】效果、【色调】效果、【曲线】效果、CC Plastic效果、CC Vignette效果、【锐化】效果将旅行实拍效果调整为惊悚悬疑类的冷调影片效果。实例前后对比效果如图8-259所示。

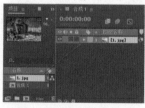

图 8-259

步骤 01 在【项目】面板中右击并选择【新建合成】选项，在弹出的【合成设置】面板中设置【合成名称】为【合成1】，【预设】为【PAL D1/DV 方形像素】，【宽度】为788，【高度】为576，【像素长宽比】为【方形像素】，【帧速率】为25，【分辨率】为【完整】，【持续时间】为5秒，单击【确定】按钮。执行【文件】/【导入】/【文件】命令，导入1.jpg素材文件。将【项目】面板中的1.jpg素材文件拖曳到【时间轴】面板中，如图8-260所示。

步骤 02 在【时间轴】面板中单击打开1.jpg图层下方的【变换】，设置【缩放】为（91.0,91.0%），如图8-261所示。

图 8-260   图 8-261

步骤 03 画面效果如图8-262所示。

步骤 04 在【效果和预设】面板中搜索【曝光度】效果，将它拖曳到【时间轴】面板的1.jpg图层上，如图8-263所示。

图 8-262

图 8-263

步骤 05 在【时间轴】面板中单击打开1.jpg图层下方的【效果】/【曝光度】/【主】，设置【曝光度】为-1.20，如图8-264所示。此时画面变暗，效果如图8-265所示。

图 8-264   图 8-265

步骤 06 在【效果和预设】面板中搜索【色相/饱和度】效果，将它拖曳到【时间轴】面板的1.jpg图层上，如图8-266所示。

图 8-266

步骤 07 在【效果控件】面板中展开【色相/饱和度】，设置【主色相】为0x+3.0°，【主饱和度】为-75，【主亮度】为-15，如图8-267所示。此时画面色调偏向于单色，如图8-268所示。

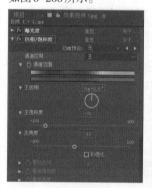   

图 8-267   图 8-268

步骤 08 在【效果和预设】面板中搜索【色调】效果，将它拖曳到【时间轴】面板的1.jpg图层上，如图8-269所示。

图 8-269

步骤 09 在【时间轴】面板中单击打开1.jpg图层下方的【效果】/【色调】,设置【将白色映射到】为蓝色,【着色数量】为40.0%,如图8-270所示。此时画面呈现蓝色调,如图8-271所示。

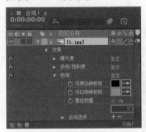 

图 8-270　　　　　　图 8-271

步骤 10 在【效果和预设】面板中搜索【曲线】效果,同样将它拖曳到【时间轴】面板的1.jpg图层上,如图8-272所示。

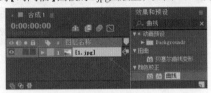

图 8-272

步骤 11 在【效果控件】面板中展开【曲线】效果,在当前曲线上单击添加两个控制点并适当调整曲线形状,如图8-273所示。此时画面变亮,如图8-274所示。

图 8-273　　　　　　图 8-274

步骤 12 为画面制作光点效果。在【效果和预设】面板中搜索CC Plastic效果,将它拖曳到【时间轴】面板的1.jpg图层上,如图8-275所示。

图 8-275

步骤 13 在【时间轴】面板中单击打开1.jpg图层下方的【效果】/CC Plastic/Surface Bump,设置Softness为50.0,如图8-276所示。画面效果如图8-277所示。

图 8-276　　　　　　图 8-277

步骤 14 制作暗角效果。在【效果和预设】面板中搜索CC Vignette效果,将它拖曳到【时间轴】面板的1.jpg图层上,如图8-278所示。

图 8-278

步骤 15 在【时间轴】面板中单击打开1.jpg图层下方的【效果】/CC Vignette,设置Amount为400.0,Angle of View为35.0,如图8-279所示。画面效果如图8-280所示。

图 8-279　　　　　　图 8-280

步骤 16 在【效果和预设】面板中搜索【曲线】效果,同样将它拖曳到【时间轴】面板的1.jpg图层上,如图8-281所示。

图 8-281

步骤 17 在【效果控件】面板中展开【曲线2】效果，在曲线上单击添加两个控制点并适当调整曲线形状，如图8-282所示。画面效果如图8-283所示。

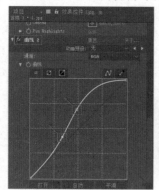

图 8-282

图 8-283

步骤 18 在【效果和预设】面板中搜索【锐化】效果，同样将它拖曳到【时间轴】面板的1.jpg图层上，如图8-284所示。

图 8-284

步骤 19 在【时间轴】面板中单击打开1.jpg图层下方的【效果】/【锐化】，设置【锐化量】为55.0，如图8-285所示。画面最终效果如图8-286所示。

图 8-285

图 8-286

Chapter
9
第9章

抠像与合成

本章内容简介：

　　抠像与合成是影视制作较为常用的技术手段，可让整个实景画面更有层次感和设计感，是实现制作虚拟场景的重要途径之一。本章主要学习各种抠像类效果的使用方法。通过本章的学习，能够掌握多种抠像方式，实现绝大部分的视频抠像操作。

重点知识掌握：

- 抠像的概念
- 抠像类效果的应用
- 使用抠像类效果抠像并合成

在影视作品中，常常可以看到很多夸张的、震撼的、虚拟的镜头画面，尤其是好莱坞的特效电影。例如，有些特效电影的人物在高楼来回穿梭、跳跃，这是演员无法达到的动作，因此可以借助技术手段处理画面，达到想要的效果。这里讲到的一个概念就是抠像，抠像是指人或物在绿棚或蓝棚中表演，然后在After Effects等后期软件中抠除绿色或蓝色背景，更换为合适的背景画面，人物和背景即可很好地结合在一起，制作出一场更具视觉冲击力的画面效果，如图9-1和图9-2所示。

图9-1　　　　　　　　　图9-2

抠像，即将画面中的某一种颜色进行抠除并转换为透明色，是影视制作领域较为常见的技术手段。当演员在绿色或蓝色的背景前表演，而在影片中却看不到这些背景时，这就是运用了抠像的技术手段。在影视制作过程中，背景的颜色不仅仅局限于绿色和蓝色两种颜色，可以是任何与演员服饰、妆容等区分开来的纯色，如图9-3所示。

（a）抠像前　　　　　　　（b）抠像后

图9-3

抠像的最终目的是将人物与背景进行融合。使用其他背景素材替换原背景，还可以添加一些相应的前景元素，使其与原始图像相互融合，形成两层或多层画面的叠加合成，以达到丰富的层次感、神奇的合成视觉艺术效果，如图9-4所示。

（a）合成前　　　　　　　（b）合成后

图9-4

除了使用After Effects进行人像抠除背景以外，更应该注意的是在拍摄抠像素材时尽量做到规范，这样会给后期工作节省很多时间，也会取得更好的画面质量。拍摄时的注意事项如下。

（1）在拍摄素材之前，尽量选择颜色均匀、平整的绿色或蓝色背景进行拍摄。

（2）要注意拍摄时的灯光照射方向应与最终合成的背景的光线一致，避免合成效果较假。

（3）注意拍摄的角度，使合成效果更加真实。

（4）尽量避免人物穿着与背景相同的绿色或蓝色服饰，以免这些颜色在后期抠像时被一并抠除。

重点 9.2 抠像类效果

扫一扫，看视频

【抠像】效果组可以将蓝色或绿色等图像的纯色背景进行抠除，以便替换其他背景。其中包括【Keying（主光）】组里的【Keylight（1.2）（主光（1.2））】和【抠像】组里的【Advanced Spill Suppressor（高级溢出抑制器）】【CC Simple Wire Removal（CC 简单金属丝移除）】【Key Cleaner（抠像清除器）】【内部/外部键】【差值遮罩】【提取】【线性颜色键】【颜色范围】【颜色差值键】，如图9-5所示。

图9-5

实例：使用Keylight（1.2）合成精美的婚纱照

文件路径：Chapter 9 抠像与合成→实例：使用Keylight（1.2）合成精美的婚纱照

扫一扫，看视频

本实例使用Keylight（1.2）效果去除人像中的绿色背景，为婚纱人像合成绚烂的星光斑点背景。实例效果如图9-6所示。

图9-6

步骤 01 在【项目】面板中右击并选择【新建合成】选项，在弹出的【合成设置】面板中设置【合成名称】为1，【预设】为【自定义】，【宽度】为1072，【高度】为1590，【像素长宽比】为【方形像素】，【帧速率】为24，【分辨率】为【完整】，【持续时间】为5秒，单击【确定】按钮。执行【文件】/【导入】/【文件】命令，导入1.jpg和2.png素材文件。【项目】面板中将1.jpg和2.png素材文件拖曳到【时间轴】面板中，如图9-7所示。

步骤 02 在【效果和预设】面板搜索框中搜索Keylight（1.2），将该效果拖曳到【时间轴】面板的2.png图层上，如图9-8所示。

图9-7　　　　　　　图9-8

步骤 03 在【时间轴】面板中单击选择2.png图层，在【效果控件】面板中单击Screen Colour后方的■（吸管工具）；接着将光标移到【合成】面板中绿色背景处，单击鼠标左键进行吸取，如图9-9所示。此时Screen Colour后方的色块变为绿色，画面效果如图9-10所示。

图9-9　　　　　　　　　　图9-10

选项解读：Keylight（1.2）重点参数速查

View（预览）：设置预览方式。

Screen Colour（屏幕颜色）：设置需要抠除的背景颜色。

Screen Gain（屏幕增益）：设置该参数可以扩大或缩小抠像的范围。

Screen Balance（屏幕平衡）：在抠像时设置合适的数值可提升抠像效果。

Despill Bias（色彩偏移）：可去除溢色的偏移程度。

Alpha Bias（Alpha偏移）：设置透明度偏移程度。

Lock Biases Together（锁定偏移）：锁定偏移参数。

Screen Pre-blur（屏幕模糊）：设置模糊程度。

Screen Matte（屏幕遮罩）：设置屏幕遮罩的具体参数。

Inside Mask（内测遮罩）：设置参数，使其与图像融合得更好。

Outside Mask（外侧遮罩）：设置参数，使其与图像融合得更好。

实例：使用Keylight（1.2）合成购物类型广告

文件路径：Chapter 9 抠像与合成→实例：使用Keylight（1.2）合成购物类型广告

扫一扫，看视频

本实例主要使用Keylight（1.2）效果去除人物图片的蓝色背景，然后调整人物位置以及文字位置，合成制作出购物类型广告。实例效果如图9-11所示。

步骤 01 在【项目】面板中右击并选择【新建合成】选项，在弹出的【合成设置】面板中设置【合成名称】为1，【预设】为【自定义】，【宽度】为1500，【高度】为1000，【像素长宽比】为【方形像素】，【帧速率】为24，【分辨率】为【完整】，【持续时间】为5秒，单击【确定】按钮。执行【文件】/【导入】/【文件】命令，导入1.jpg、2.jpg、3.png素材文件。在【项目】面板中将1.jpg和2.jpg素材文件拖曳到【时间轴】面板中，如图9-12所示。

图9-11

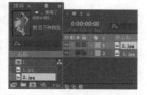
图9-12

步骤 02 在【时间轴】面板中单击打开2.jpg图层下方的【变换】，设置【位置】为(1107.0,552.0)，如图9-13所示。画面效果如图9-14所示。

图9-13

图9-14

步骤 03 在【效果和预设】面板搜索框中搜索Keylight（1.2），将该效果拖到【时间轴】面板的2.jpg图层上，如图9-15所示。

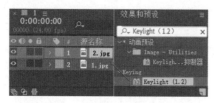
图9-15

步骤 04 在【时间轴】面板中单击选择2.jpg图层，在【效果控件】面板中展开Keylight（1.2）效果，单击Screen Colour后方的■■（吸管工具），然后将光标移到【合成】面板中蓝色背景处，单击进行吸取，如图9-16所示。接着设置Screen Bala为28.0，如图9-17所示。

图9-16

步骤 05 在【项目】面板中将3.png素材文件拖曳到【时间轴】面板中，如图9-18所示。

图9-17

图9-18

步骤 06 在【时间轴】面板中单击打开3.png图层下方的【变换】，设置【位置】为(418.0,525.0)，【缩放】为(105.0,105.0%)，如图9-19所示。画面最终效果如图9-20所示。

图9-19

图9-20

实例：使用【线性颜色键】制作清透化妆品广告

扫一扫，看视频

文件路径:Chapter 9 抠像与合成→实例：使用【线性颜色键】制作清透化妆品广告

本实例主要在【线性颜色键】效果中设置【主色】的颜色以及【匹配容差】，去除人物图像的绿色背景制作出清透的化妆品广告效果。实例效果如图9-21所示。

图9-21

步骤 01 在【项目】面板中右击并选择【新建合成】选项，在弹出的【合成设置】面板中设置【合成名称】为1，【预设】为【自定义】，【宽度】为1500，【高度】为918，

【像素长宽比】为【方形像素】,【帧速率】为24,【分辨率】为【完整】,【持续时间】为5秒,单击【确定】按钮。执行【文件】/【导入】/【文件】命令,在弹出的【导入文件】窗口中导入全部素材文件。在【项目】面板中依次将1.jpg、2.jpg、3.png素材文件拖曳到【时间轴】面板中,如图9-22所示。画面效果如图9-23所示。

图9-22　　　　　　　　图9-23

步骤02 在【效果和预设】面板搜索框中搜索【线性颜色键】,将该效果拖曳到【时间轴】面板的2.jpg图层上,如图9-24所示。

图9-24

步骤03 在【时间轴】面板中单击打开2.jpg图层下方的【效果】/【线性颜色键】,设置【主色】为绿色,【匹配容差】为28.0%,如图9-25所示。画面效果如图9-26所示。

图9-25　　　　　　　　图9-26

选项解读:【线性颜色键】重点参数速查

预览:可以直接观察键控选取效果。

视图:设置【合成】面板中的观察效果。

主色:设置键控基本色。

匹配颜色:设置匹配颜色模式。

匹配容差:设置匹配范围。

匹配柔和度:设置匹配柔和程度。

主要操作:设置主要操作方式为主色或保持颜色。

实例:使用【颜色范围】制作淘宝服饰主图广告

文件路径:Chapter 9 抠像与合成→实例:使用【颜色范围】制作淘宝服饰主图广告

扫一扫,看视频

本实例主要使用【颜色范围】效果去除人物图像的绿色背景,添加背景和前景元素,使得作品层次丰富、画面美观大气。实例效果如图9-27所示。

图9-27

步骤01 在【项目】面板中右击并选择【新建合成】选项,在弹出的【合成设置】面板中设置【合成名称】为【合成1】,【预设】为【自定义】,【宽度】为1440,【高度】为1080,【像素长宽比】为【方形像素】,【帧速率】为25,【分辨率】为【完整】,【持续时间】为5秒,单击【确定】按钮。执行【文件】/【导入】/【文件】命令,导入全部素材文件。在【项目】面板中依次将1.jpg、2.jpg、3.png素材文件拖曳到【时间轴】面板中,如图9-28所示。为了便于操作,首先在【时间轴】面板中单击2.jpg、3.png素材文件前的 (显现/隐藏)按钮,如图9-29所示。

图9-28　　　　　　　　图9-29

步骤02 在【时间轴】面板中单击打开1.jpg图层下方的【变换】,设置【位置】为(720.0,720.0),【缩放】为(122.0,122.0%),如图9-30所示。画面效果如图9-31所示。

图9-30

图9-31

步骤 03 在【时间轴】面板中显现并选择2.jpg图层，单击打开该图层下方的【变换】，设置【位置】为（1008.0,556.0），如图9-32所示。画面效果如图9-33所示。

图9-32

图9-33

步骤 04 在【效果和预设】面板搜索框中搜索【颜色范围】，将该效果拖曳到【时间轴】面板的2.jpg图层上，如图9-34所示。

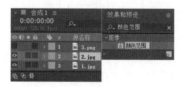

图9-34

步骤 05 在【时间轴】面板中单击打开2.jpg图层下方的【效果】/【颜色范围】，设置【模糊】为115，【最小值（L，Y，R）】为220，【最大值（L，Y，R）】为220，【最小值（a，U，G）】为45，【最大值（a，U，G）】为45，【最小值（b，V，B）】为176，【最大值（b，V，B）】为176，如图9-35所示。画面效果如图9-36所示。

图9-35

图9-36

步骤 06 显现并选择3.png图层，打开该图层下方的【变换】，设置【缩放】为（56.0,56.0%），如图9-37所示。实例最终效果如图9-38所示。

图9-37

图9-38

选项解读：【颜色范围】重点参数速查

预览：可以直接观察键控选取效果。

模糊：设置模糊程度。

色彩空间：设置色彩空间为Lab、YUV或RGB。

最小/大值（L，Y，R）/（a，U，G）/（b，V，B）：准确设置色彩空间参数。

实例：使用【颜色差值键】抠像制作简约海报

文件路径：Chapter 9 抠像与合成→实例：使用【颜色差值键】抠像制作简约海报

扫一扫，看视频　本实例主要使用【颜色差值键】效果去除人物图像的蓝色背景，接着在画面中制作文字并进行版式编排。实例效果如图9-39所示。

图9-39

步骤 01 在【项目】面板中右击并选择【新建合成】选项，在弹出的【合成设置】面板中设置【合成名称】为【合成1】，【预设】为【自定义】，【宽度】为745，【高度】为1000，【像素长宽比】为【方形像素】，【帧速率】为24，【分辨率】为【完整】，【持续时间】为5秒。执行【文件】/【导入】/【文件】命令，导入1.jpg素材文件。在【项目】面板中将1.jpg素材文件拖曳到【时间轴】面板中，如图9-40所示。

步骤02 在【时间轴】面板中单击打开1.jpg图层下方的【变换】，设置【位置】为（373.0,520.0），【缩放】为（150.0,150.0%），如图9-41所示。并新建一个浅黄色的纯色图层。

图9-40　　　　　　　　图9-41

步骤03 画面效果如图9-42所示。

步骤04 在【效果和预设】面板搜索框中搜索【颜色差值键】，将该效果拖曳到【时间轴】面板的1.jpg图层上，如图9-43所示。

图9-42　　　　　　　　图9-43

步骤05 在【时间轴】面板中单击选择1.jpg图层，在【效果控件】面板中展开【颜色差值键】效果，设置【黑色区域的A部分】为15，【A部分的灰度系数】为0.6，如图9-44所示。画面效果如图9-45所示。

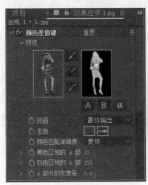

图9-44　　　　　　　　图9-45

步骤06 制作文字部分。在【时间轴】面板的空白位置处右击，执行【新建】/【文本】命令，如图9-46所示。在【字符】面板中设置合适的【字体系列】，【填充颜色】

为蓝色，【描边颜色】为无，【字体大小】为300像素，在【段落】面板中选择███（居中对齐文本），设置完成后输入文字"A"，如图9-47所示。

图9-46

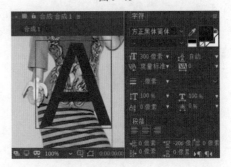

图9-47

步骤07 在【时间轴】面板中将文本图层A移动到1.jpg图层下方，接着单击打开该【文本】图层下方的【变换】，设置【位置】为（232.0,260.0），如图9-48所示。画面效果如图9-49所示。

图9-48　　　　　　　　图9-49

步骤08 在【时间轴】面板中的空白位置处继续右击，执行【新建】/【文本】命令，在【字符】面板中设置合适的【字体系列】，【填充颜色】为蓝色，【描边颜色】为无，【字体大小】为300像素，设置完成后输入文字"E"，如图9-50所示。在【时间轴】面板中单击打开E文本图层下方的【变换】，设置【位置】为（327.0,972.0），如图9-51所示。

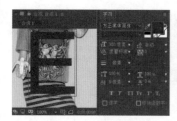

图 9-50　　　　　　　　　图 9-51

步骤 09 使用同样的方式制作文字 "K" "B" "C"，并适当更改它们的填充颜色以及位置，画面效果如图9-52所示。

图 9-52

步骤 10 在【时间轴】面板的空白位置处继续右击，执行【新建】/【文本】命令，在【字符】面板中设置合适的【字体系列】，【填充颜色】为黑色，【描边颜色】为无，【字体大小】为13像素，在【段落】面板中选择█（右对齐文本），设置完成后输入文字内容，在文字输入过程中若将文字切换到另一行，可按下大键盘上的Enter键，如图9-53所示。

图 9-53

步骤 11 在【时间轴】面板中单击打开当前文本图层下方的【变换】，设置【位置】为(692.0,65.0)，如图9-54所示。画面最终效果如图9-55所示。

图 9-54　　　　　　　　　图 9-55

 选项解读:【颜色差值键】重点参数速查

█（吸管工具）: 可在图像中单击吸取需要抠除的颜色。

█（加吸管）: 可增加吸取范围。

█（减吸管）: 可减少吸取范围。

预览: 可以直接观察键控选取效果。

视图: 设置【合成】面板中的观察效果。

主色: 设置键控基本色。

颜色匹配准确度: 设置颜色匹配的精准程度。

综合实例:AI智能屏幕

扫一扫，看视频

文件路径:**Chapter 9　抠像与合成→综合实例:AI智能屏幕**

AI、"人工智能"、VR都是近年来非常火爆的词语，广泛出现在影视作品中，用于模拟超未来感的、科幻的画面效果。本实例主要使用【发光】效果及【高斯模糊】效果制作画面中心的圆形元素，使用Keylight（1.2）效果抠除视频素材背景，使用【曲线】效果及【三色调】效果调整颜色。实例效果如图9-56所示。

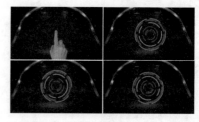

图 9-56

步骤 01 在【项目】面板中右击并选择【新建合成】选项，在弹出的【合成设置】面板中设置【合成名称】为【合成1】，【预设】为【自定义】，【宽度】为1280，【高度】为720，【像素长宽比】为【方形像素】，【帧速率】为23.976，【分辨率】为【完整】，【持续时间】为16秒，单

中文版After Effects 2020完全案例教程（微课视频版）

击【确定】按钮。执行【文件】/【导入】/【文件】命令，导入全部素材文件。在【项目】面板中分别将01.png~06.png素材文件拖曳到【时间轴】面板中，如图9-57所示。在【时间轴】面板中单击02.png~06.png图层前的 ◎（显现/隐藏）按钮，将图层进行隐藏，如图9-58所示。

图 9-57　　　　　　　　　图 9-58

步骤 02 单击打开01图层下方的【变换】属性，设置【缩放】为（10.0,10.0%），将时间线滑动到起始帧位置处，单击【旋转】前的 ◎（时间变化秒表）按钮，开启自动关键帧，设置【旋转】为0x+45.0°；继续将时间线滑动到结束帧位置处，设置【旋转】为3x+45.0°，如图9-59所示。在【效果和预设】面板搜索框中搜索【发光】，将该效果拖曳到【时间轴】面板的01图层上，如图9-60所示。

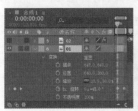

图 9-59　　　　　　　　　图 9-60

步骤 03 在【时间轴】面板中单击打开01图层下方的【效果】/【发光】，设置【发光阈值】为100.0%，【发光半径】为20.0，【颜色A】为天蓝色，【颜色B】为深蓝色，如图9-61所示。画面效果如图9-62所示。

图 9-61　　　　　　　　　图 9-62

步骤 04 显现并选择02图层，单击打开该图层下方的【变换】，设置【缩放】为（60.0,60.0%），将时间线滑动到起始帧位置处，单击【旋转】前的 ◎（时间变化秒表）按钮，开启自动关键帧，设置【旋转】为0x+20.0°；继续将时间线滑动到结束帧位置处，设置【旋转】为1x+20.0°，如图9-63所示。在【效果和预设】面板搜索框中搜索【高斯模糊】，将该效果拖曳到【时间轴】面板中的02图层上，如图9-64所示。

图 9-63　　　　　　　　　图 9-64

步骤 05 单击打开02图层下方的【效果】/【高斯模糊】，设置【模糊度】为20.0，如图9-65所示。滑动时间线查看当前画面效果，如图9-66所示。

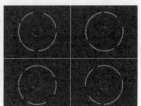

图 9-65　　　　　　　　　图 9-66

步骤 06 单击打开02图层，将时间线滑动到起始帧位置处，同时选择【高斯模糊】和【变换】属性，使用快捷键Ctrl+C进行复制，接着显现并选择03图层，使用快捷键Ctrl+V进行粘贴，继续选择02图层下方的【效果】/【高斯模糊】，复制该效果，选择03图层，再次进行粘贴，如图9-67所示。

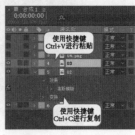

图 9-67

步骤 07 单击打开03图层下方的【变换】，将时间线滑动到起始帧位置，更改【旋转】为0x+60.0°；继续将时间线滑动到结束帧位置，更改【旋转】为6x+60.0°。展开【效果】/【高斯模糊】，更改【模糊度】为40.0，如图9-68所示。画面效果如图9-69所示。

图 9-68

步骤08 显现并选择04.png
图层，将时间线滑动到起始
帧位置处，使用同样的方
式将03图层下方的【变换】
以及【高斯模糊】效果复制
到04.png图层上；将时间线
滑动到结束帧位置处，更
改【旋转】为5x+60.0°，更

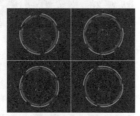

图 9-69

改【高斯模糊】下方的【模糊度】为5.0，如图9-70所
示。在【效果和预设】面板搜索框中搜索【发光】，将
该效果拖曳到【时间轴】面板的04.png图层上，如
图9-71所示。

图 9-70

步骤09 在【时间轴】面
板中单击打开04.png图
层下方的【效果】/【发
光】，设置【发光阈值】
为100.0%，【发光半径】
为20.0，如图9-72所示。

图 9-71

滑动时间线查看当前画面效果，如图9-73所示。

图 9-72

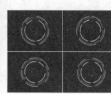

图 9-73

步骤10 使用同样的方式显现05.png图层，将时间线滑
动到起始帧位置处，将04.png图层下方的【变换】以及
【高斯模糊】效果复制到05.png图层上，然后在当前位置
更改05.png图层下方的【旋转】为0x-50.0°；继续将时间
线滑动到结束帧位置处，更改【旋转】为2x+310.0°，然
后更改【高斯模糊】下方的【模糊度】为21.2，如图9-74
所示。画面效果如图9-75所示。

图 9-74

图 9-75

步骤11 显现06.png图层，将时间线滑动到起始帧位置
处，将04.png图层下方的【变换】以及【发光】效果复
制到06.png图层上，在当前位置更改06.png图层下方的
【旋转】为0x-45.0°；继续将时间线滑动到结束帧位置处，
更改【旋转】为5x+315.0°，如图9-76所示。画面效果如
图9-77所示。

步骤12 在【时间轴】面板中选择全部素材文件，使
用快捷键Ctrl+Shift+C调出【预合成】窗口，如
图9-78所示。

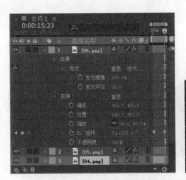

图 9-76

图 9-77

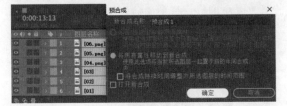

图 9-78

步骤 13 在【效果和预
设】面板搜索框中搜索
【三色调】，将该效果拖
曳到【时间轴】面板的
【预合成1】图层上，如
图 9-79 所示。

图 9-79

步骤 14 单击打开【预合成1】图层下方的【效果】/
【三色调】，设置【高光】为浅蓝色，【中间调】为湖蓝
色，【阴影】为深蓝色，如图9-80所示。画面效果如
图 9-81 所示。

图 9-80

图 9-81

步骤 15 在【效果和预
设】面板搜索框中搜
索【发光】，将该效果拖
曳到【时间轴】面板的
【预合成1】图层上，如
图 9-82 所示。

图 9-82

步骤 16 单击打开【预合成1】图层下方的【效果】/【发

光】，设置【发光半径】为5.0，【发光强度】为0.5，如
图9-83所示。画面效果如图9-84所示。

图 9-83

图 9-84

步骤 17 制作位置表达式。首先展开【预合成1】图层下
方的【变换】，按住Alt键的同时单击【位置】前的⏱（时
间变化秒表）按钮，此时出现表达式，如图9-85所示。
单击【表达式：位置】后方的 ▶（表达式语言菜单）按钮，
在菜单中执行Property/wiggle(freq,amp,octaves=1,amp_
mult=.5,t=time)命令，如图9-86所示。

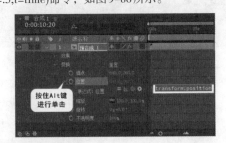

图 9-85

图 9-86

步骤 18 在【时间轴】面板的wiggle后的方括号内编辑参
数为（1.5,50），如图9-87所示。将时间线滑动到起始帧
位置处，单击【缩放】前的⏱（时间变化秒表）按钮，设
置【缩放】为（10.0,10.0%）；将时间线滑动到1秒16帧位
置处，设置【缩放】同样为（10.0,10.0%）；最后将时间线

滑动到2秒6帧位置处，设置【缩放】为（100.0,100.0%），如图9-88所示。

图9-87　　　　　　　图9-88

步骤 19 滑动时间线查看当前画面效果，如图9-89所示。

步骤 20 在【项目】面板中将【背景】素材文件拖曳到【时间轴】面板的【预合成1】图层的下方，如图9-90所示。在【效果和预设】面板搜索框中搜索【曲线】，将该效果拖曳到【时间轴】面板的【背景】图层上，如图9-91所示。

图9-89

图9-90　　　　　　　图9-91

步骤 21 在【时间轴】面板中选择【背景】图层，在【效果控件】面板中展开【曲线】效果，设置【通道】为RGB，在下方曲线上添加两个控制点并适当向右下角拖动，如图9-92所示。画面效果如图9-93所示。

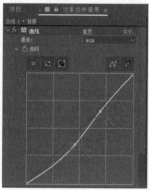

图9-92　　　　　　　图9-93

步骤 22 在【项目】面板中将【视频素材.mp4】图层拖曳到【时间轴】面板最上层，如图9-94所示。在【时间轴】

面板中单击打开【视频素材.mp4】图层下方的【变换】，设置【位置】为（668.7,564.5），【缩放】为（57.0,57.0%），如图9-95所示。

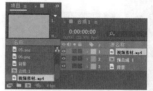

图9-94　　　　　　　图9-95

步骤 23 在【效果和预设】面板搜索框中搜索Keylight(1.2)，将该效果拖曳到【时间轴】面板的【视频素材.mp4】图层上，如图9-96所示。

图9-96

步骤 24 在【时间轴】面板中选择【视频素材.mp4】图层，在【效果控件】面板中单击打开Keylight (1.2)效果，单击Screen Colour后方的吸管按钮，然后在【合成】面板的绿色背景上单击，如图9-97所示。

图9-97

步骤 25 在【效果和预设】面板搜索框中搜索【曲线】，将该效果拖曳到【时间轴】面板的【视频素材.mp4】图层上，如图9-98所示。

图9-98

步骤 26 在【时间轴】面板中选择【视频素材.mp4】图层，在【效果控件】面板中展开【曲线】效果，设置【通道】为RGB，在下方曲线上单击添加一个控制点并向左上角拖动，如图9-99所示。画面效果如图9-100所示。

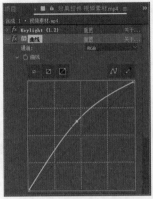

图 9-99　　　　　　　图 9-100

步骤 27 单击打开【预合成1】图层下方的【效果】，选择【三色调】，使用快捷键Ctrl+C进行复制；接着选择【视频素材.mp4】图层，使用快捷键Ctrl+V进行粘贴；然后打开该图层下方的【三色调】，设置【与原始图像混合】为80.0%，如图9-101所示。调色后的画面效果如图9-102所示。

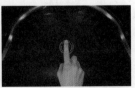

图 9-101　　　　　　　图 9-102

步骤 28 在【时间轴】面板下方的空白处右击，执行【新建】/【摄像机】命令，在弹出的【摄像机设置】窗口中单击【确定】按钮，如图9-103所示。

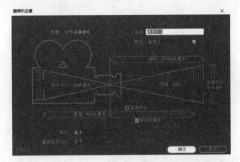

图 9-103

步骤 29 单击打开【摄像机1】图层下方的【变换】，设置【目标点】为(659.1,330.8,0.0)，【位置】为(659.1,330.8, -840.0)，如图9-104所示。接着展开【摄像机选项】，设置【缩放】为853.3像素，【景深】为【开】，【焦距】为853.3像素，【光圈】为103.1像素，如图9-105所示。

图 9-104　　　　　　　图 9-105

步骤 30 本实例制作完成，滑动时间线查看画面效果，如图9-106所示。

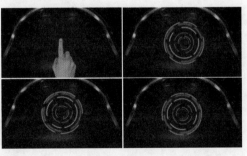

图 9-106

223

Chapter 10
第10章

文字效果

本章内容简介：

文字是设计作品中非常常见的元素，它不仅可以用来表述作品信息，也可以起到美化版面的作用，传达的内容更加直观、深刻。After Effects中有着非常强大的文字创建与编辑功能，不仅有多种文字工具供操作者使用，还有多种参数设置面板可供修改文字效果。本章主要讲解多种类型文字的创建以及文字属性的编辑方法，让文字形成一种视觉符号，展现文字独特的魅力。

重点知识掌握：

- 创建文字的方法
- 编辑文字参数
- 综合制作文字实例

10.1 初识文字效果

在After Effects中可以创建横排文字、直排文字，如图10-1和图10-2所示。

图10-1　　　　　　　　图10-2

除了简单的输入文字以外，还可以通过设置文字的版式、质感等制作出更精彩的文字效果，如图10-3～图10-6所示。

图10-3

图10-4

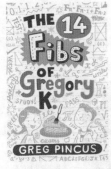

图10-5

图10-6

10.2 创建文字

无论在何种视觉媒体中，文字都是必不可少的设计元素之一，它能准确地表达作品所阐述的信息，同时也是丰富画面的重要途径。在After Effects中，创建文本的方式有

扫一扫，看视频

两种：利用文本图层进行创建和利用文本工具进行创建。

10.2.1 利用文本图层创建文字

方法1：在【时间轴】面板中进行创建

（1）在【时间轴】面板的空白位置处右击，执行【新建】/【文本】命令，如图10-7所示。

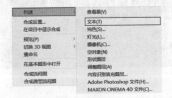

图10-7

（2）创建完成后，可以看到在【合成】面板中出现了一个光标符号，此时处于输入文字状态，如图10-8所示。

图10-8

方法2：在菜单栏中（或使用快捷键）进行创建

在菜单栏中执行【图层】/【新建】/【文本】命令（或使用快捷键Ctrl+Shift+Alt+T），即可创建文本图层，如图10-9所示。

图10-9

重点 10.2.2 利用文本工具创建文字

1. 创建横排文字

在工具栏中选择【横排文字工具】T（快捷键为Ctrl+T），然后在【合成】面板中单击，此时可以看到在

【合成】面板中出现了一个输入文字的光标符号，直接输入文本即可，如图10-10所示。

图10-10

2. 创建直排文字

在工具栏中长按【文字工具组】按钮 T（快捷键为Ctrl+T），选择【直排文字工具】 T，然后在【合成】面板中单击，此时可以看到在【合成】面板中出现了一个输入文字的光标符号，直接输入文本即可，如图10-11所示。

图10-11

3. 创建段落文字

（1）在工具栏中选择【横排文字工具】 T（快捷键为Ctrl+T），然后在【合成】面板中合适位置处按住鼠标左键并拖曳至合适大小，绘制文本框，直接输入文本即可，如图10-12所示。

图10-12

（2）在工具栏中选择【直排文字工具】 T（快捷键为Ctrl+T），然后在【合成】面板中合适位置处按住鼠标左键并拖曳至合适大小，绘制文本框，直接输入文本即可，如图10-13所示。

图10-13

重点 10.3 设置文字参数

扫一扫，看视频

在After Effects中创建文字后，可以进入【字符】面板和【段落】面板修改文字效果。

重点 10.3.1 【字符】面板

在创建文字后，可以在【字符】面板中对文字的【字体系列】【字体样式】【填充颜色】【描边颜色】【字体大小】【行距】【两个字符间的字偶间距】【所选字符的字符间距】【描边宽度】【描边类型】【垂直缩放】【水平缩放】【基线偏移】【所选字符比例间距】和【字体类型】进行设置。【字符】面板如图10-14所示。

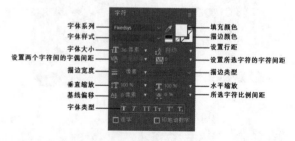

图10-14

● Fixedsys ∨ （字体系列）：在【字体系列】下拉菜单中选择所需要的字体类型，如图10-15所示。在选择某一字体后，当前所选文字即可应用该字体，如图10-16所示。

图 10-15　　　　　　　图 10-16

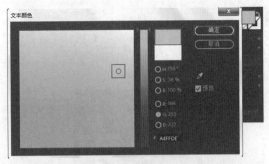

图 10-19

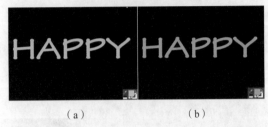

（a）　　　　　　　　（b）

图 10-20

- 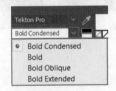（字体样式）：在设置【字体系列】后，有些字体还可以对其样式选择。在【字体样式】下拉菜单中可以选择所需应用的字体样式，如图 10-17 所示，在选择某一字体后，当前所选文字即可应用该样式。图 10-18 所示为同一字体系列不同字体样式的对比效果。

图 10-17

（a）　　　　　　　　（b）

图 10-18

- ☐（填充颜色）：在【字符】面板中单击【填充颜色】色块，在弹出的【文本颜色】面板中设置合适的文字颜色，也可以使用 （吸管工具）直接吸取所需颜色，如图 10-19 所示。图 10-20 所示为设置不同【填充颜色】的文字对比效果。
- （描边颜色）：在【字符】面板中双击【描边颜色】色块，在弹出的【文本颜色】面板中设置合适的文字颜色，也可以使用 （吸管工具）直接吸取所需颜色，如图 10-21 所示。

图 10-21

- **T**（字体大小）：可以在【字体大小】下拉菜单中单击选择预设的字体大小，也可以在数值处按住鼠标左键并左右拖动或在数值处单击直接输入数值。图 10-22 所示为【字体大小】为 50 和 100 的对比效果。

（a）字体大小：50　　　（b）字体大小：100

图 10-22

提示：有时候为什么改不了字体大小？

例如，使用【横排文字工具】在画面中输入文字。此时【字符】面板会显示【字体大小】为400，如图10-23所示。

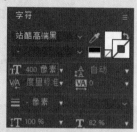

图10-23

如果在输入状态下，修改【字符】面板中的【字体大小】为500时，可以看到字体大小没有发生任何变化，如图10-24所示。

图10-24

此时需要单击▶（选取工具）按钮，选中文字图层，然后设置【字符】面板中的【字体大小】为500时，可以看到字体大小变大了，如图10-25所示。

图10-25

● ⬛（行距）：用于段落文字，设置行距数值可调节行与行之间的距离。图10-26所示为设置【行距】为60和72的对比效果。

（a）行距：60　　　　　　（b）行距：72

图10-26

● ⬛（两个字符间的字偶间距）：设置光标左右字符的间距。图10-27所示为设置【字偶间距】为-300和300的对比效果。

（a）字偶间距：-300　　（b）字偶间距：300

图10-27

● ⬛（所选字符的字符间距）：设置所选字符的字符间距。图10-28所示为设置【字符间距】为-100和100的对比效果。

（a）字符间距：-100　　（b）字符间距：100

图10-28

● ⬛（描边宽度）：设置描边的宽度。图10-29所示为设置【描边宽度】为5和20的对比效果。

（a）描边宽度：5　　　（b）描边宽度：20

图10-29

● ⬛（描边类型）：单击【描边类型】下拉菜单可以设置描边类型。图10-30所示为选择不同描边类型的对比效果。

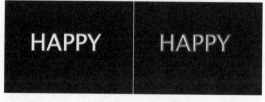

（a）描边类型：在描边上填充（b）描边类型：在填充上描边

图10-30

● ⬛（垂直缩放）：可以垂直拉伸文本。

- （水平缩放）：可以水平拉伸文本。
- ▲² （基线偏移）：可以上下平移所选字符。
- ᵃ⁴ （所选字符比例间距）：设置所选字符之间的比例间距。
- T T TT Tr Tᵗ T₁ （字体类型）：设置字体类型，包括【仿粗体】T、【仿斜体】*T*、【全部大写字母】TT、【小型大写字母】Tr、【上标】Tᵗ和【下标】T₁。图10-31所示为选择【仿粗体】和【仿斜体】的对比效果。

（a）字体类型：仿粗体　　（b）字体类型：仿斜体

图 10-31

> 提示：打开After Effects文件后，发现缺少字体类型？
>
> 当打开本书After Effects文件或从网络中下载After Effects文件时，在开启文件后，可能会发现缺少了字体类型，同时会弹出类似的提示窗口，如图10-32所示。这说明我们需要安装该字体类型，才可以打开与原来文件完全一致的文字效果。

图 10-32

图10-33所示为本书实例文件正确的字体效果。图10-34所示为缺少两种字体类型的文字效果，也就是说，当缺少该字体类型时，文件会自动替换为一种字体效果。

图 10-33　　　　　　图 10-34

其实没有规定必须使用某一种字体，只要在作品中感觉合理、合适、舒服即可。需要注意的是，不同的字体类型，字体大小是不同的，因此，若使用的字体与本书不完全相符，那么字体的大小等参数就会有一定的区别，这个时候可以自行根据画面的布局修改字体大小即可。本书只是给读者提供一种学习方法，而并非死记硬背式地将参数展示给读者。

如果一定要与本书的字体一致，那么需要按以下步骤安装字体。

（1）搜索并下载该字体，例如搜索KeiserSousa找到下载地址并下载，如图10-35所示。

（2）以Windows系统为例，在计算机中执行【开始】/【控制面板】命令，如图10-36所示。

KeiserSousa.ttf

图 10-35　　　　　　图 10-36

（3）在打开的窗口中单击【字体】，如图10-37所示。

图 10-37

（4）打开【字体】文件夹，如图10-38所示。

图 10-38

（5）将刚才的KeiserSousa.ttf文件复制并粘贴到该文件夹中，如图10-39所示。

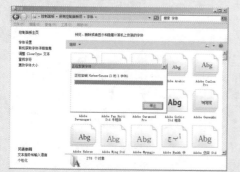

图10-39

（6）关闭After Effects软件，重新打开刚才的After Effects文件，即可看到字体已经改变了，如图10-40所示。

图10-40

 10.3.2 【段落】面板

在【段落】面板中可以设置文本的对齐方式和缩进距离。【段落】面板如图10-41所示。

图10-41

1. 段落对齐方式

【段落】面板包含7种文本对齐方式，分别为【居左对齐文本】【居中对齐文本】【居右对齐文本】【最后一行左对齐】【最后一行居中对齐】【最后一行右对齐】和【两端对齐】，如图10-42所示。

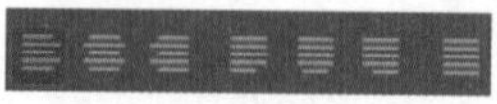

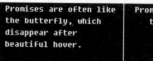

图10-42

图10-43所示为设置对齐方式为【居左对齐文本】和【居右对齐文本】的对比效果。

| Promises are often like the butterfly, which disappear after beautiful hover. | Promises are often like the butterfly, which disappear after beautiful hover. |

（a）居左对齐文本　　（b）居右对齐文本

图10-43

2. 段落缩进和边距设置

【段落】面板中包含【缩进左边距】【缩进右边距】和【首行缩进】三种段落缩进方式，【段前添加空格】和【段后添加空格】两种设置边距方式，如图10-44所示。

图10-44

图10-45所示为设置参数的前后对比效果。

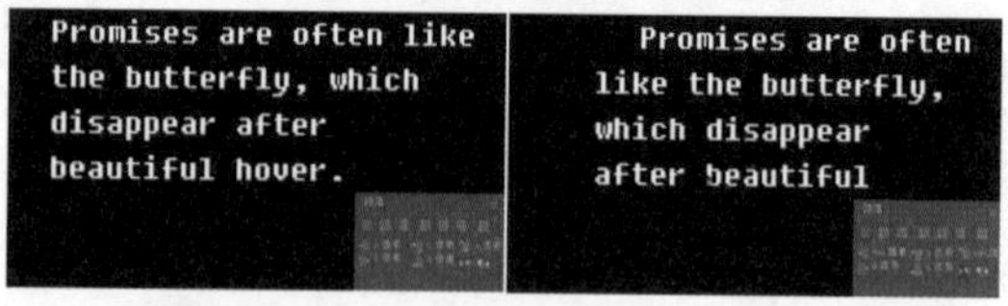

| Promises are often like the butterfly, which disappear after beautiful hover. | Promises are often like the butterfly, which disappear after beautiful |

（a）　　　　　　　（b）

图10-45

实例：设置文字的参数

扫一扫，看视频

文件路径：Chapter 10　文字效果→实例：设置文字的参数

本实例主要讲解在【字幕】面板中调整文字参数。实例效果如图10-46所示。

图10-46

步骤 01 在【项目】面板中右击并选择【新建合成】选

项，在弹出的【合成设置】面板中设置【合成名称】为1，【预设】为【自定义】，【宽度】为1200，【高度】为800，【像素长宽比】为【方形像素】，【帧速率】为24，【分辨率】为【完整】，【持续时间】为5秒，单击【确定】按钮。执行【文件】/【导入】/【文件】命令，导入1.jpg素材文件。在【项目】面板中选择1.jpg素材文件，将其拖曳到【时间轴】面板中，如图10-47所示。

步骤 02 在【时间轴】面板的空白位置处右击，执行【新建】/【文本】命令，如图10-48所示。

图 10-47　　　　　　　图 10-48

步骤 03 在【合成】面板中出现插入文本光标，如图10-49所示。

步骤 04 在【字符】面板中设置合适的【字体系列】，设置【填充颜色】为宝石绿，【描边颜色】为无，【字体大小】为200像素，【水平缩放】为140%；接着选择 TT（全部大写字母），在【段落】面板中选择 ≡（居中对齐文本），设置完成后输入文字"NAIVE"，如图10-50所示。

图 10-49　　　　　　　图 10-50

步骤 05 调整文字位置。在【时间轴】面板中单击打开【文本】图层下方的【变换】，设置【位置】为（592.0,454.0），如图10-51所示。画面效果如图10-52所示。

图 10-51　　　　　　　图 10-52

步骤 06 在【时间轴】面板中单击选择【文本】图层，

使用快捷键Ctrl+D创建副本文字图层，如图10-53所示。展开副本文字图层下方的【变换】，设置【位置】为（578.0,452.0），如图10-54所示。

 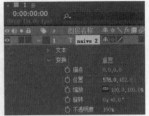

图 10-53　　　　　　　图 10-54

步骤 07 在【字符】面板中更改【填充颜色】为青色，如图10-55所示。画面最终效果如图10-56所示。

图 10-55　　　　　　　图 10-56

【重点】10.4　路径文字效果

在创建文本图层后，可以为文本图层添加遮罩路径，使该图层内的文字沿绘制的路径进行排列，从而产生路径文字效果。

扫一扫，看视频

（1）创建一个文本图层，并编辑合适的文字，然后在【时间轴】面板中选择该文本图层，并在工具栏中选择【钢笔工具】，在【合成】面板中绘制一个遮罩路径，如图10-57所示。

图 10-57

（2）在【时间轴】面板中单击打开该文本图层下方的【文本】/【路径选项】，设置【路径】为【蒙版1】，【垂直于路径】为【关】，如图10-58所示。

图10-58

（3）此时在【合成】面板中可以看到文字内容已沿遮罩路径排列，如图10-59所示。

图10-59

为文本图层添加路径后，可以在【时间轴】面板中设置路径下的相关参数来调整文本状态，其中包括【路径选项】和【更多选项】，如图10-60所示。

图10-60

路径：设置文本跟随的路径。

反转路径：设置是否反转路径。图10-61所示为设置【反转路径】为【关】和【开】的对比效果。

（a）反转路径：关　　（b）反转路径：开

图10-61

垂直于路径：设置文字是否垂直路径。图10-62所示为设置【垂直于路径】为【关】和【开】的对比效果。

（a）垂直于路径：关　　（b）垂直于路径：开

图10-62

强制对齐：设置文字与路径首尾是否对齐。图10-63所示为设置【强制对齐】为【关】和【开】的对比效果。

（a）强制对齐：关　　（b）强制对齐：开

图10-63

首字边距：设置首字的边距大小。图10-64所示为设置【首字边距】为-150和100的对比效果。

（a）首字边距：-150　　（b）首字边距：100

图10-64

末字边距：设置末字的边距大小。

选项解读：【更多选项】重点参数速查

锚点分组：对文字锚点进行分组。

分组对齐：设置锚点分组对齐的程度。

填充和描边：设置文本填充和描边的次序。

字符间混合：设置字符之间的混合模式。

{重点}10.5 添加文字属性

在创建文本图层后，在【时间轴】面板中单击打开文本图层下的属性，对文字动画进行设置，也可以为文字添加不同的属性，并设置合适的参数来制作相关动画效果。图10-65所示为文字属性面板。

扫一扫，看视频

图10-65

{重点}10.5.1 制作文字动画效果

（1）创建文本图层后，在【时间轴】面板中单击【文本】图层右侧的 动画: ○ 按钮，在弹出的属性栏中单击选择【旋转】选项，如图10-66所示。

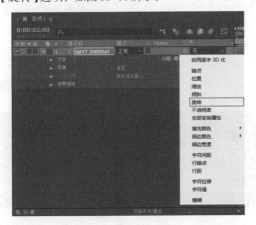

图10-66

（2）在【时间轴】面板中单击打开文本图层下方的【文本】/【动画制作工具1】，设置【旋转】为0x+180.0°，单击打开【范围选择器1】，并将时间线滑动至起始帧位置处，单击【偏移】前的 ○ （时间变化秒表）按钮，设置【偏移】为0%；再将时间线滑动至2秒位置处，设置【偏移】为100%，如图10-67所示。

图10-67

（3）滑动时间线查看文本效果，如图10-68所示。

图10-68

> ### 选项解读：【动画】重点参数速查
>
> 启用逐字3D化：将文字逐字开启三维图层模式。
>
> 锚点：制作文字中心定位点变换的动画。设置该属性参数的前后对比效果如图10-69所示。
>
>
>
> （a）锚点：（0.0,0.0）　（b）锚点：（116.0,191.0）
>
> 图10-69
>
> 位置：调整文本的位置。
>
> 缩放：对文字进行放大或缩小等设置。设置该属性参数的前后对比效果如图10-70所示。
>
>
>
> （a）缩放：（0.0,0.0%）　（b）缩放：（200.0,200.0%）
>
> 图10-70
>
> 倾斜：设置文本的倾斜程度。设置该属性参数的前后对比效果如图10-71所示。

（a）倾斜：0x+0.0°　　　（b）倾斜：0x−2.0°

图 10−71

旋转：设置文本的旋转角度。设置该属性参数的前后对比效果如图 10−72 所示。

（a）旋转：0x+0.0°　　　（b）旋转：0x+180.0°

图 10−72

不透明度：设置文本的透明程度。设置该属性参数的前后对比效果如图 10−73 所示。

（a）不透明度：100%　　　（b）不透明度：30%

图 10−73

全部变换属性：将所有属性都添加到【范围选择器】中。

填充颜色：设置文本的填充颜色。

◆RGB：文本填充颜色的RGB数值。

◆色相：文本填充颜色的色相数值。

◆饱和度：文本填充颜色的饱和度数值。

◆亮度：文本填充颜色的亮度数值。

◆不透明度：文本填充颜色的不透明度数值。

描边颜色：设置文本的描边颜色。

◆RGB：文本描边颜色的RGB数值。

◆色相：文本描边颜色的色相数值。

◆饱和度：文本描边颜色的饱和度数值。

◆亮度：文本描边颜色的亮度数值。

◆不透明度：文本描边颜色的不透明度数值。

描边宽度：设置文本的描边粗细。

字符间距：设置文本之间的距离。设置该属性参数

的前后对比效果如图 10−74 所示。

（a）字符间距大小：0　　　（b）字符间距大小：30

图 10−74

行锚点：设置文本的对齐方式。当数值为0%时为左对齐；当数值为50%时为居中对齐；当数值为100%时为居右对齐。

行距：设置段落文字行与行之间的距离。设置该属性参数的前后对比效果如图 10−75 所示。

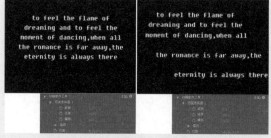

（a）行距：（0.0,0.0）　　　（b）行距：（133.0,104.0）

图 10−75

字符位移：按照统一的字符编码标准对文字进行位移。

字符值：按照统一的字符编码标准，统一替换设置字符值所代表的字符。

模糊：对文字进行模糊效果的处理。设置该属性参数的前后对比效果如图 10−76 所示。

（a）模糊：（0.0,0.0）　　　（b）模糊：（65.0,65.0）

图 10−76

范围：单击【添加】/【选择器】/【范围】，可添加【范围选择器】。此时【时间轴】面板如图 10−77 所示。

摆动：单击【添加】/【选择器】/【摆动】，可添加【摆动选择器】。此时【时间轴】面板如图 10−78 所示。

表达式：单击【添加】/【选择器】/【表达式】，可添加【表达式选择器】。此时【时间轴】面板如

图10-79所示。

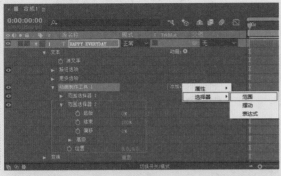

图10-77

图10-78

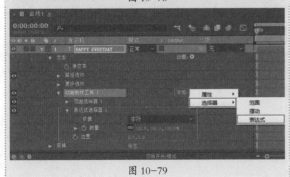

图10-79

【重点】10.5.2 使用3D文字属性

（1）创建文本图层后，在【时间轴】面板中单击该图层的 ■ （3D图层）按钮下方相对应的位置，即可将该图层转换为3D图层，如图10-80所示。

（2）单击打开该文本图层下方的【变换】，即可设置参数数值，调整文本状态，如图10-81所示。

图10-80

图10-81

- 锚点：设置文本在三维空间内的中心点位置。
- 位置：设置文本在三维空间内的位置。图10-82所示为设置【位置】为不同数值的对比效果。

（a）位置：（493.5,403.0,0.0）（b）位置：（300.0,326.0,708.0）

图10-82

- 缩放：将文本在三维空间内进行放大、缩小等拉伸操作。
- 方向：设置文本在三维空间内的方向。图10-83所示为设置【方向】为不同数值的对比效果。

（a）方向：（0.0°,0.0°,0.0°）（b）方向：（25.0°,51.0°,332.0°）

图10-83

- X轴旋转：设置文本以X轴为中心的旋转程度。图10-84所示为设置【X轴旋转】为不同数值的对比效果。

（a）X轴旋转：0x+0.0°　　（b）X轴旋转：0x+35.0°

图10-84

- Y轴旋转：设置文本以Y轴为中心的旋转程度。图10-85所示为设置【Y轴旋转】为不同数值的对比效果。

（a）Y轴旋转：0x+0.0°　　（b）Y轴旋转：0x+64.0°

图10-85

- Z轴旋转：设置文本以Z轴为中心的旋转程度。图10-86所示为设置【Z轴旋转】为不同数值的对比效果。

（a）Z轴旋转：0x+0.0°　　（b）Z轴旋转：0x+36.0°

图10-86

- 不透明度：设置文本的透明程度。图10-87所示为设置【不透明度】为50%和100%的对比效果。

（a）不透明度：50%　　（b）不透明度：100%

图10-87

（3）图10-88所示为调整后的文本效果。

图10-88

10.5.3　巧用文字预设效果

实例：制作文字飞舞动画

文件路径：Chapter 10　文字效果→实例：制作文字飞舞动画

扫一扫，看视频

本实例主要使用CC Snowfall效果、【曲线】效果制作下雪效果，为文字设置动画制作完成作品。实例效果如图10-89所示。

图10-89

Part 01　制作雪花效果

步骤 01 在【项目】面板中右击并选择【新建合成】选项，在弹出的【合成设置】面板中设置【合成名称】为01，【宽度】为1203，【高度】为800，【像素长宽比】为【方形像素】，【帧速率】为25，【分辨率】为【完整】，【持续时间】为6秒，单击【确定】按钮。执行【文件】/【导入】/【文件】命令，导入01.jpg素材文件，如图10-90所示。

步骤 02 在【项目】面板中将01.jpg素材文件拖曳到【时间轴】面板中，如图10-91所示。

中文版After Effects 2020完全案例教程（微课视频版）

图 10-90

图 10-91

步骤 03 在【效果和预设】面板中搜索CC Snowfall效果，并将其拖曳到【时间轴】面板的01.jpg图层上，如图10-92所示。

图 10-92

步骤 04 打开01.jpg图层下的【效果】，设置CC Snowfall的Size为12.00，Variation%（Size）为100.0，Variation%（Speed）为60.0，Wind为50.0，Opacity为100，如图10-93所示。此时画面效果如图10-94所示。

图 10-93

图 10-94

步骤 05 在【效果和预设】面板中搜索【曲线】效果，并将其拖曳到【时间轴】面板的01.jpg图层上，如图10-95所示。

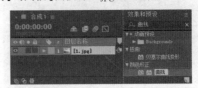

图 10-95

步骤 06 在【时间轴】面板中选中01.jpg图层，在【效果控件】面板中调整【曲线】的曲线形状，如图10-96所示。画面效果如图10-97所示。

图 10-96

图 10-97

Part 02 制作文字动画

步骤 01 在工具栏中选择【横排文字工具】，并在【字符】面板中设置【字体系列】为Swis721 BT，【字体样式】为Bold Italic，【填充颜色】为白色，【描边颜色】为无，【字体大小】为41。在画面中右上角合适位置处按住鼠标左键并拖曳至合适大小，绘制文本框。然后输入文本"Fading is true while flowering is past"，如图10-98所示。

步骤 02 在【合成】面板中选中字母"F"，并在【字符】面板中设置【字体大小】为60，如图10-99所示。

图 10-98

图 10-99

步骤 03 将时间线滑动到起始位置处，在【效果和预设】面板中展开【动画预设】/Text/Blurs，选中【运输车】并将其拖曳到【时间轴】面板的文字图层上，如图 10-100 所示。

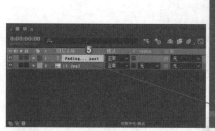

图 10-100

步骤 04 滑动时间线即可查看动画效果，如图 10-101 所示。

图 10-101

【重点】10.6 常用的文字质感

扫一扫，看视频

选择文字图层，在【时间轴】面板中选择文本图层，然后在菜单栏中执行【图层】/【图层样式】命令，可以选择的效果有【投影】【内阴影】【外发光】【内发光】【斜面和浮雕】【光泽】【颜色叠加】【渐变叠加】【描边】，如图 10-102 所示。

图 10-102

图 10-103～图 10-111 所示为文字图层添加投影、内阴影、外发光、内发光、斜面和浮雕、光泽、颜色叠加、渐变叠加、描边的对比效果。

图 10-103   图 10-104   图 10-105

图 10-106   图 10-107   图 10-108

图 10-109   图 10-110   图 10-111

实例：使用图层样式打造光滑果冻质感

文件路径：Chapter 10　文字效果→实例：使用图层样式打造光滑果冻质感

扫一扫，看视频

本实例为文字添加【投影】【斜面和浮雕】【渐变叠加】及【描边】图层样式，制作出彩色果冻质感的立体文字。实例效果如图10-112所示。

图10-112

步骤 01 在【项目】面板中右击并选择【新建合成】选项，在弹出的【合成设置】面板中设置【合成名称】为【合成1】，【预设】为【PALD1/DV方形像素】，【宽度】为788，【高度】为576，【像素长宽比】为【方形像素】，【帧速率】为25，【分辨率】为【完整】，【持续时间】为5秒，单击【确定】按钮。执行【文件】/【导入】/【文件】命令，导入01.jpg素材文件。将【项目】面板中的01.jpg素材文件拖曳到【时间轴】面板中，如图10-113所示。

图10-113

步骤 02 在【时间轴】面板中展开【变换】，设置【缩放】为（90.0,90.0%），如图10-114所示。背景效果如图10-115所示。

图10-114　　　　　图10-115

步骤 03 在【时间轴】面板的空白位置处右击，执行【新建】/【文本】命令。接着在【字符】面板中设置合适的【字体系列】，设置【填充】为白色，【描边】为无，【字体大小】为260，选择 ▮（仿粗体）和 ▮（仿斜体），设置完成后输入文本"ART"并适当调整文字位置，如图10-116所示。

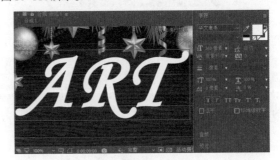

图10-116

步骤 04 在【时间轴】面板中单击选中当前文本图层，并将光标定位在该图层上，右击，执行【图层样式】/【渐变叠加】命令，如图10-117所示。

图10-117

步骤 05 在【时间轴】面板中单击打开ART文本图层下方的【变换】，设置【位置】为（350.0,398.0）；打开【图层样式】/【渐变叠加】，单击【颜色】后方的【编辑渐变】按钮，在弹出的【渐变编辑器】窗口的渐变色条下单击添加色标，并编辑一个彩色的渐变，设置【角度】为0x+33.0°，如图10-118所示。画面效果如图10-119所示。

图10-118

图 10-119

步骤 06 为文字制作凸起感效果。在【时间轴】面板中单击选中当前文本图层，右击并执行【图层样式】/【斜面和浮雕】命令。在【时间轴】面板中打开ART文本图层下方的【图层样式】/【斜面和浮雕】，设置【深度】为200.0%，【大小】为13.0，【柔化】为5.0，【角度】为0x+100.0°，【阴影颜色】为柠檬黄，如图10-120所示。画面效果如图10-121所示。

图 10-120

图 10-121

步骤 07 为文字添加描边效果。在【时间轴】面板中单击选中当前文本图层，右击并执行【图层样式】/【描边】命令。在【时间轴】面板中单击打开文本图层下方的【图层样式】/【描边】，设置【颜色】为白色，如图10-122所示。画面效果如图10-123所示。

图 10-122

图 10-123

步骤 08 再次在【时间轴】面板中单击选中当前文本图层，并将光标定位在该图层上，右击并执行【图层样

式】/【投影】命令。在【时间轴】面板中单击打开文本图层下方的【图层样式】/【投影】，设置【不透明度】为100%，【距离】为15.0，【大小】为35.0，如图10-124所示。画面效果如图10-125所示。

图 10-124

图 10-125

10.7 经典文字效果案例

实例：梦幻感化妆品广告

扫一扫，看视频

文件路径：Chapter 10 文字效果→实例：梦幻感化妆品广告

本实例主要使用文字工具和【渐变叠加】图层样式制作渐变文字。实例效果如图10-126所示。

图 10-126

步骤 01 在【项目】面板中右击并选择【新建合成】选项，在弹出的【合成设置】面板中设置【合成名称】为【合成1】，【预设】为PAL D1/DV，【宽度】为720，【高度】为576，【像素长宽比】为D1/DV PAL（1.09），【帧速率】为25，【分辨率】为【完整】，【持续时间】为5秒，单击【确定】按钮。执行【文件】/【导入】/【文件】命令，导入全部素材文件。在【项目】面板中将素材文件1.jpg拖曳到【时间轴】面板中，如图10-127所示。

步骤 02 在【时间轴】面板中单击打开01.jpg图层下方的【变换】，设置【位置】为（500.0,305.0），【缩放】为（110.0,110.0%），如图10-128所示。

图 10-127

图 10-128

步骤 03 画面效果如图 10-129 所示。

步骤 04 在【时间轴】面板的空白位置处右击并执行【新建】/【文本】命令。在【字符】面板中设置合适的【字体系列】，设置【填充颜色】为粉色，【描边颜色】为无，【字体大小】为 160，设置完成后输入文本"香氛袭人"并适当调整文字位置，如图 10-130 所示。

图 10-129

图 10-130

步骤 05 调整文字大小。在【合成】面板中选中文字"香"，在【字符】面板中更改【字体大小】为 120，如图 10-131 所示。使用同样的方式选中文字"袭"，在【字符】面板中更改【字体大小】为 200，如图 10-132 所示。

图 10-131

图 10-132

步骤 06 在【时间轴】面板中单击选中当前的文本图层，并将光标定位在该图层上，右击并执行【图层样式】/

【渐变叠加】命令。在【时间轴】面板中首先单击打开文本图层下方的【变换】，设置【位置】为 (507.0,328.0)；接着打开【图层样式】/【渐变叠加】，单击【颜色】后方的【编辑渐变】按钮，在弹出的【渐变编辑器】窗口中编辑一个粉色系的渐变，接着设置【角度】为 0x+102.0°，如图 10-133 所示。此时文字效果如图 10-134 所示。

图 10-133

图 10-134

步骤 07 在【时间轴】面板的空白位置处右击，执行【新建】/【文本】命令，接着在【字符】面板中设置合适的【字体系列】，【填充】为粉色，【描边】为无，【字体大小】为 90，选择 T (仿斜体)，设置完成后输入英文单词并适当调整它的位置，如图 10-135 所示。

图 10-135

步骤 08 在【时间轴】面板中单击打开英文单词图层下方的【变换】，设置【位置】为 (307.0,175.0)，如图 10-136 所示。画面效果如图 10-137 所示。

图 10-136　　　　　　　图 10-137

步骤 09 在主体文字下方继续输入文字内容。在工具栏中选择◯（椭圆工具），设置【填充颜色】为粉色，【描边颜色】为无，在主体文字下方按住Shift键的同时按住鼠标左键绘制一个正圆，如图10-138所示。

图 10-138

步骤 10 在【时间轴】面板中单击打开该形状图层下方的【变换】，设置【位置】为（485.0,280.0），如图10-139所示。画面效果如图10-140所示。

图 10-139　　　　　　　图 10-140

步骤 11 在【时间轴】面板中选择【形状图层1】，使用快捷键Ctrl+D复制图层，接着打开【形状图层2】下方的【变换】，设置【位置】为（577.0,280.0），如图10-141所示。画面效果如图10-142所示。

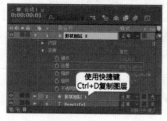

图 10-141　　　　　　　图 10-142

步骤 12 在工具栏中选择Ｔ（横排文字工具），在【字符】面板中设置合适的【字体系列】，设置【填充颜色】为白色，【描边颜色】为无，【字体大小】为55，【字符间距】为650，设置完成后输入文本"真我"并适当调整文字位置，如图10-143所示。

图 10-143

步骤 13 在【时间轴】面板中单击选中该文本图层下方的【变换】，设置【位置】为（313.0,425.0），如图10-144所示。画面效果如图10-145所示。

图 10-144　　　　　　　图 10-145

步骤 14 使用同样的方式继续在【字符】面板中设置参数，然后在"真我"文字的右侧和下方输入文字内容并适当调整文字位置，如图10-146和图10-147所示。

图 10-146

中文版After Effects 2020完全案例教程（微课视频版）

图 10-147

步骤 15 本实例制作完成，画面最终效果如图 10-148 所示。

图 10-148

实例：男士运动产品广告文字

文件路径：Chapter 10 文字效果→实例：男士运动产品广告文字

本实例的界面清晰，主要使用【曲线】效果调亮背景色调，并在界面中输入不同字体的文本内容。实例效果如图 10-149 所示。

扫一扫，看视频

图 10-149

步骤 01 在【项目】面板中右击并选择【新建合成】选项，在弹出的【合成设置】面板中设置【合成名称】为【合成1】，【预设】为【NTSC D1 宽银幕方形像素】，【宽度】为872，【高度】为486，【像素长宽比】为【方形像素】，【帧速率】为29.97，【分辨率】为【完整】，【持续时间】为5秒，单击【确定】按钮。执行【文件】/【导入】/【文件】命令，导入全部素材文件。将【项目】面

板中的素材文件01.jpg拖曳到【时间轴】面板中，如图 10-150 所示。

步骤 02 在【时间轴】面板中打开1.jpg图层下方的【变换】，设置【缩放】为（58.0,58.0%），如图 10-151 所示。

图 10-150

图 10-151

步骤 03 画面效果如图 10-152 所示。

步骤 04 调整画面色调。在【效果和预设】面板中搜索【曲线】效果，并拖曳到【时间轴】面板的1.jpg图层上，如图 10-153 所示。

图 10-152

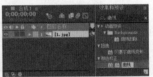

图 10-153

步骤 05 在【时间轴】面板中选择1.jpg图层，在【效果控件】面板中展开【曲线】效果，设置【通道】为RGB，在曲线上单击添加两个控制点使其调整为S形，如图 10-154 所示。继续设置【通道】为【红色】，在红色曲线上单击添加一个控制点向左上角拖曳，增加画面中红色数量，如图 10-155 所示。最后将【通道】设置为【蓝色】，同样在蓝色曲线上单击添加一个控制点向左上角拖曳，增加画面中蓝色数量，如图 10-156 所示。

图 10-154

图 10-155

图 10-156

步骤 06 画面效果如图 10-157 所示。

图 10-157

步骤 07 制作画面的主体文字部分。在【时间轴】面板的空白位置处右击并执行【新建】/【文本】命令，在【字符】面板中设置合适的【字体系列】，设置【字体样式】为Regular，【填充颜色】为白色，【描边颜色】为无，【字体大小】为80；打开【段落】面板，单击【居中对齐文本】按钮，设置完成后输入文字内容，如图 10-158 所示。

图 10-158

步骤 08 在【时间轴】面板中单击打开【文本】图层下方的【变换】，设置【位置】为（430.0,220.0），如图 10-159 所示。画面效果如图 10-160 所示。

步骤 09 在主体文字上方制作较小文字。使用同样的方式在【时间轴】面板的空白位置处右击并执行【新建】/【文本】命令，在【字符】面板中设置合适的【字体系列】，设置【字体样式】为Regular，【填充颜色】为白色，【描

边颜色】为无，【字体大小】为10；打开【段落】面板，单击【居中对齐文本】按钮，设置完成后输入文字内容，如图 10-161 所示。

图 10-159

图 10-160

图 10-161

步骤 10 在【时间轴】面板中单击打开【文本】图层下方的【变换】，设置【位置】为（312.0,142.0），如图 10-162 所示。画面效果如图 10-163 所示。

图 10-162

步骤 11 使用同样的方式继续在主体文字下方制作文字，如图 10-164 所示。

图 10-163

图 10-164

步骤12 在工具栏中单击【圆角矩形工具】按钮，设置【填充颜色】为白色，【描边颜色】为无，然后在【合成】面板底部位置拖曳绘制一个圆角矩形，如图 10-165 所示。

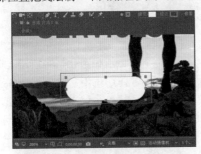

图 10-165

步骤13 在白色圆角矩形中输入文字。再次在【时间轴】面板的空白位置处右击并执行【新建】/【文本】命令，然后在【字符】面板中设置合适的【字体系列】和【字体样式】，设置【填充颜色】为藏蓝色，【描边颜色】为无，【字体大小】为26；打开【段落】面板，单击【居中对齐文本】按钮，设置完成后输入文字内容，如图 10-166 所示。

图 10-166

步骤14 在【时间轴】面板中打开COMPANY文本图层下方的【变换】，设置【位置】为（448.5,402.0），如图 10-167 所示。画面最终效果如图 10-168 所示。

图 10-167

图 10-168

实例：使用【描边】制作艺术感文字

扫一扫，看视频

文件路径：Chapter 10　文字效果→实例：使用【描边】制作艺术感文字

本实例创建文字，并为文字添加【描边】图层样式制作文字，增添艺术感。实例效果如图 10-169 所示。

图 10-169

步骤01 在【项目】面板中右击并选择【新建合成】选项，在弹出的【合成设置】面板中设置【合成名称】为【合成1】，【预设】为HDV/HDTV 720 29.97，【宽度】为1280，【高度】为720，【像素长宽比】为【方形像素】，【帧速率】为29.97，【分辨率】为【完整】，【持续时间】为5秒，单击【确定】按钮。执行【文件】/【导入】/【文件】命令，导入全部素材文件。将【项目】面板中的01.jpg、02.png、03.png素材文件拖曳到【时间轴】面板中，如图 10-170 所示。

图 10-170

步骤02 为了便于观看和操作，单击02.png、03.png图层前方的 ◉（显现/隐藏）按钮，将这两个图层进行隐藏。选择01.jpg图层，打开该图层下方的【变换】，设置【位置】为(635.0,242.0)，【缩放】为(217.0,217.0%)，如图10-171所示。画面效果如图10-172所示。

图10-171　　　　　图10-172

步骤 03 显现并选择02.png图层，打开该图层下方的【变换】，设置【缩放】为(133.0,133.0%)，如图10-173所示。画面效果如图10-174所示。

图10-173　　　　　图10-174

步骤 04 显现并选择03.png图层，打开该图层下方的【变换】，设置【位置】为(625.0,263.0)，【缩放】为(180.0,180.0%)，如图10-175所示。画面效果如图10-176所示。

图10-175　　　　　图10-176

步骤 05 制作主体文字部分。在【时间轴】面板的空白位置处右击，执行【新建】/【文本】命令。在【字符】面板中设置合适的【字体系列】，设置【填充颜色】为白色，【描边颜色】为黄色，【字体大小】为280像素，【字符间距】为12，【描边宽度】为8，选择【在填充上描边】；在【段落】面板中选择▤（居中对齐文本），接着在画面中合适位置处输入文字"Fashion"，如图10-177所示。

步骤 06 在【时间轴】面板中单击选中Fashion文本图层，并将光标定位在该图层上，右击执行【图层样式】/【描边】命令。在【时间轴】面板中单击打开Fashion文本图

层下方的【变换】，设置【位置】为(654.0,428.0)；打开【图层样式】/【描边】，设置【颜色】为橘色，【大小】为12，如图10-178所示。文字效果如图10-179所示。

图10-177

图10-178　　　　　图10-179

步骤 07 在【时间轴】面板中选择Fashion文本图层，使用快捷键Ctrl+D进行复制，如图10-180所示。在工具栏中选择**T**（横排文字工具），选中复制的"Fashion"内容，将它更改为"Trend"；接着在【字符】面板中更改【字体大小】为70，【描边宽度】为5，如图10-181所示。

图10-180

图10-181

步骤 08 在【时间轴】面板中选择Trend文本图层下方的

中文版After Effects 2020完全案例教程（微课视频版）

【变换】，设置【位置】为(356.0,584.0)，打开【图层样式】/【描边】，更改【大小】为7，如图10-182所示。画面效果如图10-183所示。

图10-182　　　　　　图10-183

步骤 09 在工具栏中选择 T（横排文字工具），在【字符】面板中设置合适的【字体系列】，设置【填充颜色】为白色，【描边颜色】为无，【字体大小】为33，选择 T（仿粗体），在画面中的合适位置输入文字内容，如图10-184所示。

图10-184

步骤 10 在【时间轴】面板中单击打开当前文本图层下方的【变换】，设置【位置】为(400.0,504.0)，如图10-185所示。文字效果如图10-186所示。

图10-185　　　　　　图10-186

步骤 11 使用同样的方式在工具栏中选择 T（横排文字工具），在【字符】面板中设置合适的【字体系列】，设置【填充颜色】为白色，【描边颜色】为无，【字体大小】为55，选择 T（仿粗体），在画面中的合适位置输入文字内容，如图10-187所示。

图10-187

步骤 12 在【时间轴】面板中单击打开（Live）文本图层下方的【变换】，设置【位置】为(1012.0,516.0)，如图10-188所示。实例制作完成，画面最终效果如图10-189所示。

图10-188　　　　　　图10-189

实例：使用【投影】样式制作3D影视广告

文件路径：Chapter 10　文字效果→实例：使用【投影】样式制作3D影视广告

扫一扫，看视频

本实例主要使用3D图层搭配【投影】图层样式使主体文字呈现立体效果，使用【缩放】【Y轴旋转】【X轴旋转】效果为画面制作动画效果。实例效果如图10-190所示。

图10-190

步骤 01 在【项目】面板中右击并选择【新建合成】选项，在弹出的【合成设置】面板中设置【合成名称】为【合成1】，【预设】为【PALD1/DV宽银幕方形像素】，

【宽度】为1050，【高度】为576，【像素长宽比】为【方形像素】，【帧速率】为25，【分辨率】为【完整】，【持续时间】为5秒，单击【确定】按钮。执行【文件】/【导入】/【文件】命令，导入01.jpg素材文件。将【项目】面板中的素材文件01.jpg拖曳到【时间轴】面板中，如图10-191所示。

图10-191

步骤 02 在【时间轴】面板中单击打开01.jpg图层下方的【变换】，设置【缩放】为(45.0,45.0%)，如图10-192所示。画面效果如图10-193所示。

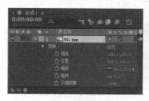

图10-192　　　　　图10-193

步骤 03 制作主体文字部分。在【时间轴】面板的空白位置处右击，执行【新建】/【文本】命令。在【字符】面板中设置合适的【字体系列】，设置【填充颜色】为白色，【描边颜色】为无，【字体大小】为100，选择 **T**(仿粗体)，在【段落】面板中选择 ▇ (居中对齐文本)，在画面中的合适位置输入文字内容，如图10-194所示。

图10-194

步骤 04 在【时间轴】面板中单击当前文本图层后方的【3D图层】按钮，将其进行开启。打开图层下方的【变换】，设置【位置】为(232.0,250.0,0.0)，【方向】为(0.0,20.0,2.0)；将时间线滑动到起始帧位置，单击【X

轴旋转】前的 🕐 (时间变化秒表)按钮，设置【X轴旋转】为1x+0.0°；将时间线滑动到1秒位置，设置【X轴旋转】为0x+0.0°，此时单击【Y轴旋转】前的 🕐 (时间变化秒表)按钮，设置【Y轴旋转】为0x+60.0°；将时间线滑动到2秒位置，设置【Y轴旋转】为0x+245.0°；将时间线滑动到3秒位置，设置【Y轴旋转】为0x+0.0°，与此同时单击【缩放】前的 🕐 (时间变化秒表)按钮，设置【缩放】为(100.0,100.0,100.0%)；将时间线滑动到3秒15帧位置，设置【缩放】为(140.0,140.0,140.0%)；将时间线滑动到4秒位置，设置【缩放】为(100.0,100.0,100.0%)，如图10-195所示。滑动时间线查看此时的文字效果，如图10-196所示。

图10-195

图10-196

步骤 05 在【时间轴】面板中单击选中当前文本图层，并将光标定位在该图层上，右击执行【图层样式】/【投影】命令。在【时间轴】面板中单击打开文本图层下方的【图层样式】/【投影】，设置【混合模式】为【正常】，【颜色】为灰色，【不透明度】为100%，【角度】为0x+150.0°，【距离】为10.0，【扩展】为100.0%，【图层镂空投影】为【关】，如图10-197所示。画面效果如图10-198所示。

步骤 06 在工具栏中选择 **T**(横排文字工具)，在【字符】面板中设置合适的【字体系列】，设置【填充颜色】为白色，【描边颜色】为无，【字体大小】为30，设置完成后输入文本内容，如图10-199所示。

图 10-197

图 10-198

图 10-199

步骤 07 在【时间轴】面板中单击打开当前文本图层下方的【变换】，设置【位置】为(222.0,150.0)，如图 10-200 所示。画面效果如图 10-201 所示。

图 10-200

图 10-201

步骤 08 在工具栏中选择 T (横排文字工具)，在【字符】面板中设置合适的【字体系列】，设置【填充颜色】为白色，【描边颜色】为无，【字体大小】为 30，设置完成后在主体文字下方输入文本内容，如图 10-202 所示。

图 10-202

步骤 09 在【时间轴】面板中单击打开当前文本图层下方的【变换】，设置【位置】为(236.0,420.0)，如图 10-203 所示。画面效果如图 10-204 所示。

图 10-203

图 10-204

实例练习：制作光感文字动画

练习说明

文件路径:Chapter 10 文字效果→实例：制作光感文字动画

扫一扫，看视频

本实例主要使用【椭圆工具】绘制文字外轮廓，接着在正圆内部输入文字并赋予文字外发光效果。实例效果如图 10-205 所示。

图 10-205

实例练习：制作金属质感文字动画

练习说明

文件路径:Chapter 10 文字效果→实例：制作金属质感文字动画

扫一扫，看视频

本实例使用【斜面和浮雕】效果、【渐变叠加】效果以及【描边】效果制作文字质感，并使用【缩放】【不透明度】等属性及过渡为文字制作出动感效果。实例效果如图 10-206 所示。

图 10-206

实例：制作趣味路径文字

扫一扫，看视频

文件路径：Chapter 10　文字效果→实例：制作趣味路径文字

本实例使用【钢笔工具】在画面中绘制一个弯曲路径，使用【横排文字工具】在路径上方输入文字，操作方法非常简单。实例效果如图 10-207 所示。

图 10-207

步骤 01 在【项目】面板中右击并选择【新建合成】选项，在弹出的【合成设置】面板中设置【合成名称】为【合成1】，【预设】为【自定义】，【宽度】为1440，【高度】为1080，【像素长宽比】为【方形像素】，【帧速率】为29.97，【分辨率】为【完整】，【持续时间】为5秒，单击【确定】按钮。执行【文件】/【导入】/【文件】命令，导入全部素材文件。在【时间轴】面板的空白处右击，执行【新建】/【纯色】命令，在弹出的【纯色设置】面板中设置【名称】为【黑色 纯色 1】，【宽度】为1440，【高度】为1080，【颜色】为黑色，单击【确定】按钮，如图 10-208 所示。

步骤 02 为纯色图层添加渐变效果。在【时间轴】面板中单击选中【黑色 纯色 1】图层，并将光标定位在该图层上，右击执行【图层样式】/【渐变叠加】命令，如图 10-209 所示。

图 10-208

图 10-209

步骤 03 在【时间轴】面板中单击打开【黑色 纯色 1】下方的【图层样式】/【渐变叠加】，单击【颜色】后方的【编辑渐变】按钮，在弹出的【渐变编辑器】窗口中编辑一个由浅蓝色到天蓝色的渐变，设置【样式】为【径向】，【缩放】为150.0%，【偏移】为(0.0,5.0)，如图 10-210 所示。纯色背景效果如图 10-211 所示。

图 10-210

图 10-211

步骤 04 将【项目】面板中的01.png素材文件拖曳到【时

间轴】面板中，如图10-212所示。

图10-212

步骤（05 在【时间轴】面板中单击打开01.png图层下方的【变换】，设置【位置】为(715.0,523.0)，【缩放】为(47.0,47.0%)，如图10-213所示。画面效果如图10-214所示。

图10-213　　　　　　图10-214

步骤（06 接下来制作文字部分。在【时间轴】面板空白位置单击鼠标右键，执行【新建】/【文本】命令，并输入文字内容。在【字符】面板中设置合适的【字体系列】，设置【填充颜色】为白色，【描边颜色】为无，【字体大小】为76，在【段落】面板中选择 （左对齐文本）。并选择当前的文字图层，在工具栏中单击【钢笔工具】，然后在合成面板中的绿色雨伞上方绘制一个弯曲的路径，如图10-215所示。

图10-215

步骤（07 展开【文本】/【路径选项】，设置【路径】为【蒙版1】，如图10-216所示。

步骤（08 在【时间轴】面板中打开当前文本图层下方的【变换】，设置【位置】为(304.0,212.0)，如图10-217所示。文字效果如图10-218所示。

图10-216

图10-217　　　　　　　图10-218

步骤（09 在【时间轴】面板中选择文本图层，使用快捷键Ctrl+D复制图层，如图10-219所示。

图10-219

步骤（10 在【效果和预设】面板中搜索【翻转+垂直翻转】效果，并将它拖曳到【时间轴】面板中复制的文本图层上，如图10-220所示。此时文字进行翻转变换，画面最终效果如图10-221所示。

图10-220　　　　　　图10-221

实例：制作有趣的文字翅膀

文件路径：Chapter 10　文字效果→实例：制作有趣的文字翅膀

本实例创建文字并为文字添加【贝塞尔曲线变形】效果，制作带有弧度的文字效果。实例效果如图10-222所示。

扫一扫，看视频

图 10-222

步骤 01 在【项目】面板中右击并选择【新建合成】选项，在弹出的【合成设置】面板中设置【合成名称】为【合成1】，【预设】为【自定义】，【宽度】为1700，【高度】为1080，【像素长宽比】为【方形像素】，【帧速率】为24，【分辨率】为【完整】，【持续时间】为5秒，单击【确定】按钮。执行【文件】/【导入】/【文件】命令，导入1.jpg素材文件。在【时间轴】面板的空白位置处右击，执行【新建】/【纯色】命令，在弹出的【纯色设置】窗口中设置【颜色】为白色，创建一个【纯色】图层，如图10-223所示。

图 10-223

步骤 02 在【时间轴】面板中选择纯色图层，右击执行【图层样式】/【渐变叠加】命令。单击打开纯色图层下方的【图层样式】/【渐变叠加】，单击【颜色】后方的【编辑渐变】按钮，在【渐变编辑器】窗口中编辑一个淡黄色系的渐变，如图10-224所示。画面中的渐变背景如图10-225所示。

图 10-224

图 10-225

步骤 03 在【时间轴】面板的空白位置处右击执行【新建】/【文本】命令。在【字符】面板中设置合适的【字体系列】及【字体样式】，设置【填充颜色】和【描边颜色】均为红色，【字体大小】为70像素，【字符距离】为740，【描边宽度】为5，选择【在填充上描边】，设置【垂直缩放】为200%，选择 TT（全部大写字母），在【段落】面板中选择 ▤（左对齐文本），设置完成后输入文字，在输入过程中可按下大键盘上的Enter键将文字切换到下一行，如图10-226所示。

图 10-226

步骤 04 在【时间轴】面板中单击打开文本图层下方的【变换】，设置【位置】为(466.0,328.0)，如图10-227所示。画面效果如图10-228所示。

图 10-227　　　　　图 10-228

步骤 05 在【效果和预设】面板搜索框中搜索【贝塞尔曲线变形】，将该效果拖曳到【时间轴】面板的文本图层上，如图10-229所示。

图 10-229

中文版After Effects 2020完全案例教程（微课视频版）

步骤 06 在【时间轴】面板中单击打开文本图层下方的【效果】/【贝塞尔曲线变形】，设置【上左顶点】为(542.0,485.0)，【上左切点】为(1100.0,152.0)，【上右切点】为(1105.0,336.0)，【右上顶点】为(1564.0, −352.0)，【右上切点】为(1816.0,252.0)，【下右顶点】为(1568.0,356.0)，【下右切点】为(930.0,1440.0)，【下左切点】为(30.0,740.0)，【左下切点】为(185.0,508.0)，如图10−230所示。画面效果如图10−231所示。

图 10−230

图 10−231

步骤 07 为文字添加渐变效果。选择文本图层，右击执行【图层样式】/【渐变叠加】命令。单击打开文本图层下方的【图层样式】/【渐变叠加】，单击【颜色】后方的【编辑渐变】按钮，在【渐变编辑器】窗口中编辑一个红色系的渐变，编辑时在渐变色条下方空白位置处单击可以添加色标，然后设置【角度】为0x+160.0°，如图10−232所示。画面效果如图10−233所示。

图 10−232

图 10−233

步骤 08 在【项目】面板中将1.png素材文件拖曳到【时间轴】面板中，如图10−234所示。

图 10−234

步骤 09 在【时间轴】面板中单击打开1.png图层下方的【变换】，设置【位置】为(450.0,528.0)，【缩放】为(115.0,115.0%)，如图10−235所示。画面效果如图10−236所示。

图 10−235

图 10−236

步骤 10 使用快捷键Ctrl+Shift+Alt+T新建文本，在【字符】面板中设置合适的【字体系列】及【字体样式】，设置【填充颜色】为深灰色，【字体大小】为30像素，设置【垂直缩放】为130%，【水平缩放】为105%，选择TT（全部大写字母），设置完成后输入文字，如图10−237所示。

图 10−237

步骤 11 在【时间轴】面板中单击打开Full of vigor文本图层下方的【变换】，设置【位置】为(1280.0,1000.0)，如图10−238所示。画面最终效果如图10−239所示。

图 10−238

图 10−239

实例：制作山水画效果

文件路径:Chapter 10　文字效果→实例：制作山水画效果

本实例使用【黑色和白色】效果将风景图片制作出单色调效果，使用【直排文字工具】在画面左侧输入诗词。实例效果如图10-240所示。

图 10-240

步骤 01 在【项目】面板中右击并选择【新建合成】选项，在弹出的【合成设置】面板中设置【合成名称】为1，【预设】为【自定义】，【宽度】为1200，【高度】为775，【像素长宽比】为【方形像素】，【帧速率】为25，【分辨率】为【完整】，【持续时间】为5秒，单击【确定】按钮。执行【文件】/【导入】/【文件】命令，导入1.jpg素材文件。在【项目】面板中将1.jpg素材文件拖曳到【时间轴】面板中，如图10-241所示。

图 10-241

步骤 02 在【效果和预设】面板搜索框中搜索【黑色和白色】，将该效果拖曳到【时间轴】面板的1.jpg图层上，如图10-242所示。

图 10-242

步骤 03 在【时间轴】面板中选择1.jpg图层，在【效果

控件】面板中展开【黑色和白色】，勾选【淡色】复选框，设置【黄色】为300.0，【蓝色】为130.0，如图10-243所示。画面效果如图10-244所示。

图 10-243　　　　　　图 10-244

步骤 04 在【时间轴】面板的空白位置处右击执行【新建】/【纯色】命令，在弹出的【纯色设置】面板中设置【颜色】为黄灰色，创建一个纯色图层，如图10-245所示。

图 10-245

步骤 05 在【时间轴】面板中选择纯色图层，在工具栏中选择（矩形工具），然后在画面中绘制一个矩形蒙版，如图10-246所示。

图 10-246

步骤 06 在【时间轴】面板中单击打开纯色图层下方的【蒙版】，勾选【反转】复选框，如图10-247所示。画面效果如图10-248所示。

图 10-247

图 10-248

步骤 07 在工具栏中单击【直排文字工具】按钮，在【字符】面板中设置合适的【字体系列】，设置【填充颜色】为白色，【字体大小】为40像素，【行距】为152像素；在【段落】面板中选择▊▊（顶对齐文本），设置【段前添加空格】为-206，设置完成后输入诗词，如图10-249所示。

图 10-249

步骤 08 在【时间轴】面板中单击打开文本图层下方的【变换】，设置【位置】为(106.0,152.0)，如图10-250所示。画面效果如图10-251所示。

图 10-250

图 10-251

实例练习：制作同类色搭配文字广告

练习说明

文件路径:Chapter 10　文字效果→实例：制作同类色搭配文字广告

扫一扫，看视频

本实例主要使用【矩形工具】绘制蓝色板块，然后使用不同字体类型及大小输入文字，制作出同类色促销广告。实例效果如图10-252所示。

图 10-252

实例练习：制作饼干文字

练习说明

文件路径:Chapter 10　文字效果→实例：制作饼干文字

扫一扫，看视频

本实例主要使用【投影】效果为文字制作出3D效果。使用【矩形工具】和【画笔工具】使文字更加丰富。实例效果如图10-253所示。

图 10-253

综合实例：为MV配字幕

文件路径:Chapter 10　文字效果→综合实例：为MV配字幕

扫一扫，看视频

本实例使用【文本工具】及【径向擦除】效果制作MV字幕滑动效果。实例效果如图10-254所示。

图 10-254

步骤 01 在【项目】面板中右击并选择【新建合成】选项，在弹出的【合成设置】面板中设置【合成名称】为1,

【预设】为【自定义】,【宽度】为1920,【高度】为1080,【像素长宽比】为【方形像素】,【帧速率】为59.94,【分辨率】为【完整】,【持续时间】为16秒30帧,单击【确定】按钮。执行【文件】/【导入】/【文件】命令,导入全部素材文件,如图10-255所示。

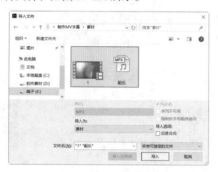

图 10-255

步骤 02 将【项目】面板中的素材文件1.mp4和"配乐.mp3"素材文件拖曳到【时间轴】面板中,如图10-256所示。

图 10-256

步骤 03 在工具栏中选择◯(椭圆工具),设置【填充颜色】为洋红色,【描边颜色】为无,接着在画面合适位置按住Shift键的同时按住鼠标左键绘制一个较小的正圆,如图10-257所示。单击打开【形状图层1】下方的【变换】,设置【位置】为(972.0,502.0),将时间线滑动到起始帧位置,单击【不透明度】前方的◯(时间变化秒表)按钮,开启关键帧,设置【不透明度】为0%;继续将时间线滑动到3秒33帧,设置【不透明度】为100%,如图10-258所示。

图 10-257　　　　　　图 10-258

步骤 04 将时间线滑动到起始帧位置,在【时间轴】面板中选择【形状图层1】,使用快捷键Ctrl+D创建【形

状图层2】和【形状图层3】,如图10-259所示。展开【形状图层2】下方的【变换】,设置【位置】为(972.0,502.0),选中【不透明度】后方的两个关键帧,按住鼠标左键移动到3秒33帧位置。使用同样的方式展开【形状图形3】下方的【变换】,设置【位置】为(1168.0,502.0),选中【不透明度】后方的两个关键帧,按住鼠标左键向7秒6帧位置移动,如图10-260所示。

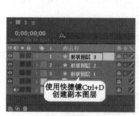　

图 10-259　　　　　　图 10-260

步骤 05 选择【形状图层1】~【形状图层3】,右击执行【预合成】命令,在弹出的【预合成】窗口中设置【新合成名称】为【预合成1】,单击【确定】按钮,如图10-261和图10-262所示。

图 10-261　　　　　　图 10-262

步骤 06 选择【预合成1】图层,将结束时间设置为10秒40帧,如图10-263所示。

步骤 07 在【时间轴】面板下方的空白位置处右击执行【新建】/【文本】命令。在【字符】面板中设置合适的【字体系列】,设置【填充颜色】为白色,【描边颜色】为无,【字体大小】为80;在【段落】面板中选择▤(左对齐文本),在画面中输入文字"She got me going psycho",如图10-264所示。

图 10-263　　　　　　图 10-264

步骤 08 在【时间轴】面板中打开当前文本图层下方的

中文版After Effects 2020完全案例教程(微课视频版)

【变换】，设置【位置】为(84.0,880.0)，如图10-265所示。文字效果如图10-266所示。

图10-265   图10-266

步骤09 选择文本图层，使用快捷键Ctrl+D创建文字副本图层，如图10-267所示。选择刚刚创建的副本，在【字符】面板中更改【填充颜色】为洋红色，【描边颜色】为白色，【描边宽度】为10，如图10-268所示。

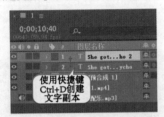

图10-267

图10-268

步骤10 在【时间轴】面板中将文字副本图层的起始时间设置为10秒40帧，在【效果和预设】面板中搜索【径向擦除】效果，将它拖曳到该文字图层上，如图10-269所示。

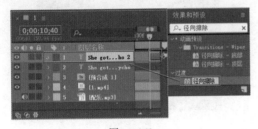

图10-269

步骤11 单击打开文字副本图层下方的【效果】/【径向擦除】，将时间线滑动到10秒40帧时，开启【过渡完成】关键帧，设置【过渡完成】为70%；继续将时间线滑动到13秒38帧，设置【过渡完成】为48%，如图10-270所示。滑动时间线查看文字效果，如图10-271所示。

图10-270

图10-271

步骤12 使用同样的方式制作另外一组文字，并设置描边文字图层的起始时间为13秒39帧，如图10-272所示。

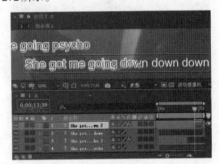

图10-272

步骤13 滑动时间线查看画面最终效果，如图10-273所示。

图 10-273

综合实例：制作Vlog片头文字

扫一扫，看视频

文件路径:Chapter 10　文字效果→综合实例:制作Vlog片头文字

本实例主要使用TrkMat效果制作反转遮罩文字。实例效果如图10-274所示。

步骤 01 在【项目】面板中右击并选择【新建合成】选项，在弹出的【合成设置】面板中设置【合成名称】为1，【预设】为【自定义】，【宽度】为1920，【高度】为1080，【像素长宽比】为【方形像素】，【帧速率】为23.976，【分辨率】为【完整】，【持续时间】为7秒18帧，单击【确定】按钮。执行【文件】/【导入】/【文件】命令，导入1.mp4素材文件，如图10-275所示。

图 10-274

图 10-275

步骤 02 将【项目】面板中的1.mp4素材文件拖曳到【时间轴】面板中，如图10-276所示。

步骤 03 在【时间轴】面板下方的空白位置处右击执行

【新建】/【纯色】命令，在【纯色设置】面板中设置【颜色】为黑色，创建一个纯色图层，如图10-277所示。

图 10-276

图 10-277

步骤 04 将时间线滑动到起始帧位置，选择【黑色 纯色1】图层，在工具栏中选择【矩形工具】，在【合成】面板中绘制两个矩形蒙版，在当前位置开启【蒙版路径】关键帧，如图10-278所示。将时间线滑动到2秒20帧，调整两个蒙版形状，将其移动到画面以外，如图10-279所示。

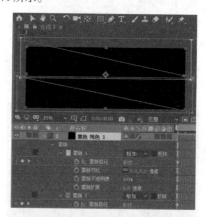

图 10-278

图 10-279

步骤 05 将时间线滑动到6秒位置，将蒙版向画面中移动，如图10-280所示。

图 10-280

步骤 06 在工具栏中选择 ▊（横排文字工具），在【字符】面板中设置合适的【字体系列】，设置【填充颜色】为白色，【描边颜色】为无，【字体大小】为270，在【段落】面板中选择 ▊（左对齐文本），在画面中输入文字"灿烂绚丽"，如图10-281所示。

图 10-281

步骤 07 在【时间轴】面板中将文字的起始时间设置为4秒，打开文字图层下方的【变换】，设置【位置】为（432.0,360.0），如图10-282所示。将时间线滑动到5秒位置，开启【不透明度】关键帧，设置【不透明度】为0%；继续将时间线滑动到6秒10帧位置，设置【不透明度】为100%；在【黑色 纯色1】图层后方设置【轨道遮罩】为【Alpha反转遮罩"灿烂绚丽"】，并隐藏文字图层，如图10-283所示。

图 10-282

图 10-283

步骤 08 本实例制作完成，滑动时间线查看画面效果，如图10-284所示。

图 10-284

综合实例：制作电影片尾字幕

文件路径：Chapter 10 文字效果→综合实例：制作电影片尾字幕

本实例主要使用【文字工具】及位置关键帧制作片尾字幕。实例效果如图10-285所示。

扫一扫，看视频

图 10-285

步骤 01 在【项目】面板中右击并选择【新建合成】选项，在弹出的【合成设置】面板中设置【合成名称】为【合成1】，【预设】为【自定义】，【宽度】为1050，【高度】为576，【像素长宽比】为【方形像素】，【帧速率】为24，【分辨率】为【完整】，【持续时间】为41秒3帧，单击【确定】按钮。执行【文件】/【导入】/【文件】命令，导入【视频素材.mp4】和【配乐.mp3】素材文件，如图10-286所示。

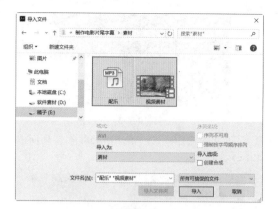

图 10-286

步骤 02 将【项目】面板中的【视频素材.mp4】和【配乐.mp3】拖曳到【时间轴】面板中，如图 10-287 所示。

图 10-287

步骤 03 在【时间轴】面板中展开【视频素材.mp4】图层下方的【变换】，设置【位置】为 (700.0,263.0)，【缩放】为 (55.0,55.0%)，如图 10-288 所示。画面效果如图 10-289 所示。

图 10-288

图 10-289

步骤 04 制作倒影效果。选择【视频素材.mp4】图层，使用快捷键Ctrl+D进行复制，打开复制【视频素材.mp4】图层下方的【变换】，设置【位置】为 (700.0,570.0)，【不透明度】为 15%，如图 10-290 所示。在【效果和预设】面板中搜索【翻转】，将该效果拖曳到【视频素材.mp4】图层上，如图 10-291 所示。

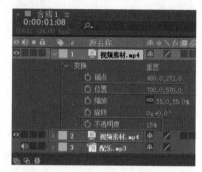

图 10-290

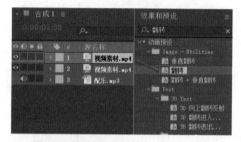

图 10-291

步骤 05 画面效果如图 10-292 所示。

图 10-292

步骤 06 在工具栏中选择 **T**（横排文字工具），在【字符】面板中设置合适的【字体系列】，设置【填充颜色】为白色，【描边颜色】为无，【字体大小】为35；在【段落】面板中选择 ▤（居中对齐文本），在画面中输入字幕内容（此处需要制作文字自下而上移动的位置动画，且此处文字内容通常较多，所以此处的文字行数较多，在当前界面中可能无法完全显示），如图10-293所示。

图 10-293

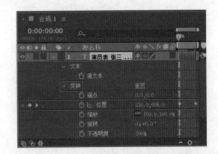

图 10-294

步骤 07 在【时间轴】面板中展开文本图层下方的【变换】，将时间线滑动到起始帧位置，单击【位置】前方的 ⏱（时间变化秒表）按钮，开启关键帧，设置【位置】为（210.0,608.0），如图10-294所示；继续将时间线滑动到结束帧位置，设置【位置】为（210.0,−1305.0）。本实例制作完成，画面最终效果如图10-295所示。

图 10-295

Chapter 11
第11章

扫一扫，看视频

渲染不同格式的作品

本章内容简介：

在After Effects中，大多数读者认为当作品创作完成时就是操作的最后一个步骤了，其实并非如此。通常会在作品制作完成后进行渲染操作，将【合成】面板中的画面渲染出来，便于影像的保存和传播。本章主要讲解如何渲染不同格式的文件，包括常用的视频格式、图片格式、音频格式等。

重点知识掌握：

- 在After Effects中渲染多种格式的方法
- 在【渲染队列】中进行渲染
- 在【Adobe Media Encoder】中进行渲染

11.1 初识渲染

很多三维软件、后期制作软件在制作完成作品后，都需要进行渲染，将最终的作品以可以打开或播放的格式呈现出来，可以在更多的设备上进行播放。影片的渲染是指将构成影片的每个帧进行逐帧渲染。

扫一扫，看视频

11.1.1 什么是渲染

渲染通常是指最终的输出过程。其实创建在【素材】【图层】和【合成】面板中显示预览的过程也属于渲染，但这些并不是最终渲染。真正的渲染是最终输出一个可用的文件格式。在After Effects中主要有两种渲染方式，分别是在【渲染队列】中渲染、在Adobe Media Encoder中渲染。

11.1.2 为什么要渲染

在After Effects中制作完成复制的动画效果后，可以直接按空格键进行播放查看动画效果。但这不是真正的渲染，真正的渲染是需要将After Effects中的动画效果生成输出为一个视频、图片、音频、序列等需要的格式（如输出常用的视频格式.mov、.avi），这样就可以将渲染的文件在计算机和手机上播放，甚至可以上传到网络上播放。图11-1所示为After Effects创作作品的步骤，After Effects文件制作完成→进行渲染→渲染出的文件。

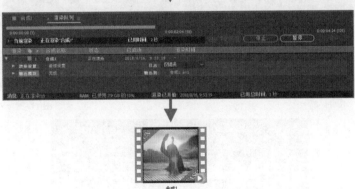

图 11-1

11.1.3 After Effects中可以渲染的格式

在After Effects中可以渲染很多格式，例如，视频和动画格式、静止图像格式、仅音频格式、视频项目格式。

1. 视频和动画格式
- QuickTime（MOV）
- Video for Windows（AVI；仅限Windows）

2. 静止图像格式
- Adobe Photoshop（PSD）
- Cineon（CIN、DPX）
- Maya IFF（IFF）
- JPEG（JPG、JPE）
- OpenEXR（EXR）
- PNG（PNG）
- Radiance（HDR、RGBE、XYZE）
- SGI（SGI、BW、RGB）
- Targa（TGA、VBA、ICB、VST）
- TIFF（TIF）

3. 仅音频格式
- 音频交换文件格式（AIFF）

- MP3
- WAV

4. 视频项目格式
Adobe Premiere Pro 项目（PRPROJ）

【重点】11.2 渲染队列

【渲染队列】中可以设置要渲染的格式、品质、名称等很多参数。

扫一扫，看视频

【重点】11.2.1 实例：最常用的渲染步骤

文件路径：Chapter 11 渲染不同格式的作品→实例：最常用的渲染步骤

步骤 01 打开本书配套文件01.aep，如图11-2所示。

扫一扫，看视频

步骤 02 激活【时间轴】面板，然后按快捷键Ctrl+M弹出【渲染队列】，如图11-3所示。

步骤 03 修改【输出到】的名称为【渲染.avi】，并更改保存的位置，最后单击【渲染】按钮，如图11-4所示。

图 11-2

图 11-3

图 11-4

中文版After Effects 2020完全案例教程（微课视频版）

步骤(04)等待一段时间，在刚才修改的路径下就能看到已经渲染完成的视频【渲染.avi】，如图11-5所示。

素材　　轻松动手学：最　渲染
　　　　常用的渲染步骤

图 11-5

{重点}11.2.2　添加到渲染队列

要想将当前的文件渲染，首先要激活【时间轴】面板，然后在菜单栏中执行【文件】/【导出】/【添加到渲染队列】命令或执行【合成】/【添加到渲染队列】命令，如图11-6和图11-7所示。

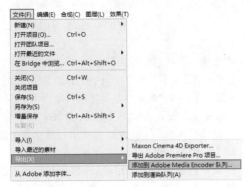

图 11-6

图 11-7

此时可以在【时间轴】面板中弹出【渲染队列】面板，如图11-8所示。

图 11-8

- 当前渲染：显示当前渲染的相关信息。
- 已用时间：显示当前渲染已经花费的时间。
- AME中的队列：将加入队列的渲染项目添加到 Adobe Media Encoder队列中。
- 停止：单击该按钮，可以将渲染停止。
- 暂停：单击该按钮，可以将渲染暂停。
- 渲染：单击该按钮，即可开始进行渲染，如图11-9 所示。

图 11-9

- 渲染设置：单击 最佳设置 按钮，即可设置渲染设置 的相关参数，如图11-10所示。

图 11-10

- 输出模块设置：单击 无损 按钮，即可设置输出模块 设置的相关参数，如图11-11所示。

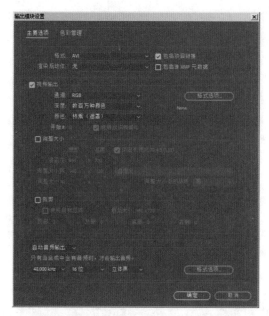

图 11-11

- 日志：可设置【仅错误】【增加设置】【增加每帧信息】选项。
- 输出到：单击后面的蓝色文字 合成 1_2.avi，即可设置作品要输出的位置和文件名，如图11-12所示。

图 11-12

【重点】11.2.3 渲染设置

【渲染设置】主要用于设置【合成】【时间采样】【选项】选项组，其中包括【品质】【分辨率】【自定义时间范围】等选项，如图11-13所示。

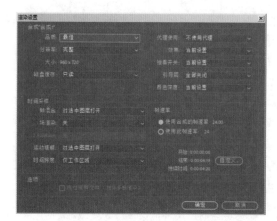

图 11-13

1. 合成

- 品质：选择渲染的品质，包括当前设置、最佳、草图、线框。
- 分辨率：设置渲染合成的分辨率，相对于原始合成大小。
- 磁盘缓存：确定渲染期间是否使用磁盘缓存，包括【只读】和【当前设置】两种方式。
- 代理使用：确定渲染时是否使用代理。
- 效果：【当前设置】（默认）使用【效果】开关的当前设置；【全部开启】渲染所有应用的效果；【全部关闭】不渲染任何效果。
- 独奏开关【当前设置】（默认）将使用每个图层的独奏开关。
- 引导层：默认渲染顶层合成中的引导层。
- 颜色深度：【当前设置】（默认）使用项目位深度。

2. 时间采样

- 帧混合：包括【当前设置】【对选中图层打开】【对所有图层关闭】。
- 场渲染：设置场渲染的类型，包括关、高场优先、低场优先。
- 运动模糊：设置运动模糊的类型，包括当前设置、对选中图层打开、对所有图层关闭。
- 时间跨度：设置要渲染合成中的多少内容。
- 帧速率：设置渲染影片时使用的采样帧速率。
- 自定义：设置自定义时间范围，包括起始、结束、持续时间。

3. 选项

跳过现有文件（允许多机渲染）：允许渲染一系列文件的一部分，而不在已渲染的帧上浪费时间。

[重点]11.2.4 输出模块设置

【输出模块设置】主要用于确定如何针对最终输出处理渲染的影片，包括【主要选项】和【色彩管理】选项卡。图11-14所示为【主要选项】选项卡，用于设置格式、调整大小、裁剪等参数。

图 11-14

- 格式：为输出文件或文件序列指定格式，如图11-15所示。

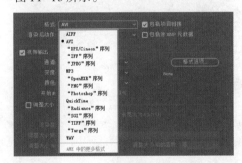

图 11-15

- 包括项目链接：指定是否在输出文件中包括链接到源 After Effects 项目的信息。
- 包括源 XMP 元数据：指定是否在输出文件中包括用作渲染合成的源文件中的 XMP 元数据。
- 渲染后动作：指定 After Effects 在渲染合成之后要执行的动作。
- 格式选项：打开一个对话框，可在其中指定格式特定的选项。
- 通道：输出影片中包含的输出通道。
- 深度：指定输出影片的颜色深度。

- 颜色：指定使用 Alpha 通道创建颜色的方式。
- 开始#：指定序列起始帧的编号。
- 调整大小：勾选该复选框，即可重新设置输出影片的大小。
- 裁剪：用于在输出影片的边缘减去或增加像素行或列。
- 自动音频输出：指定采样率、采样深度（8位或16位）和播放格式（单声道或立体声）。其中，8位采样深度用于计算机播放，16位采样深度用于 CD 和数字音频播放或用于支持16位播放的硬件。

> **提示**：有时候发现怎么缺少一些视频的格式？
>
> 如果发现在【渲染队列】中的输出格式很少，不是很全，如图11-16所示。那么建议安装Adobe Media Encoder 2020软件，并使用Adobe Media Encoder设置格式，会发现格式非常多，如图11-17所示。

图 11-16

图 11-17

【色彩管理】选项卡主要用于设置配置文件参数，如图11-18所示。

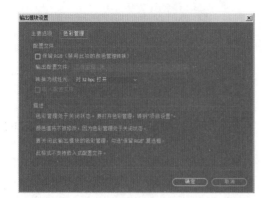

图 11-18

图 11-20

【重点】11.3 使用 Adobe Media Encoder 渲染和导出

11.3.1 什么是Adobe Media Encoder

扫一扫，看视频

Adobe Media Encoder是视频音频编码程序，可用于渲染输出不同格式的作品。需要安装与After Effects 2020版本一致的Adobe Media Encoder 2020，才可以打开并使用Adobe Media Encoder。

Adobe Media Encoder界面包括五大部分，分别是【媒体浏览器】面板、【预设浏览器】面板、【队列】面板、【监视文件夹】面板、【编码】面板，如图11-19所示。

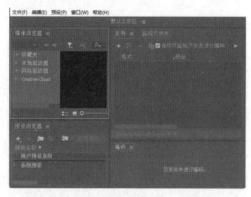

图 11-19

1. 【媒体浏览器】面板

使用【媒体浏览器】面板，可以在将媒体文件添加到队列之前预览这些文件，如图11-20所示。

2. 【预设浏览器】面板

【预设浏览器】面板提供各种选项，帮助简化 Adobe Media Encoder 中的工作流程，如图11-21所示。

图 11-21

3. 【队列】面板

将想要编码的文件添加到【队列】面板中，可以将源视频或音频文件、Adobe Premiere Pro 序列和 Adobe After Effects 合成添加到要编码的项目队列中，如图11-22所示。

4. 【监视文件夹】面板

硬盘驱动器中的任何文件夹都可以被指定为【监视文件夹】。当选择【监视文件夹】后，任何添加到该文件夹的文件都将使用所选预设进行编码，如图11-23所示。

图 11-22

图 11-23

5. 【编码】面板

【编码】面板提供有关每个编码项目的状态的信息，如图11-24所示。

图 11-24

11.3.2 直接将合成添加到 Adobe Media Encoder队列

（1）在After Effects中制作完成作品后，此时激活【时间轴】面板，然后在菜单栏中执行【合成】/【添加到 Adobe Media Encoder 队列】命令，或在菜单栏中执行【文件】/【导出】/【添加到 Adobe Media Encoder 队列】命令，如图11-25和图11-26所示。

图 11-25

图 11-26

（2）此时正在开启Adobe Media Encoder，如图11-27所示。

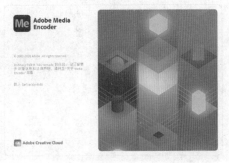

图 11-27

（3）此时已经打开了Adobe Media Encoder，如图11-28所示。

（4）进入【队列】面板，单击▼按钮，设置合适的格式，然后设置保存文件的位置和名称，单击右上角的■（启动队列）按钮，如图11-29所示。

图 11-28

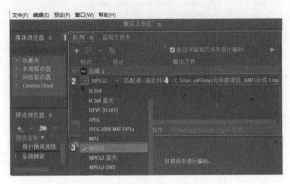

图 11-29

（5）此时正在渲染，如图11-30所示。

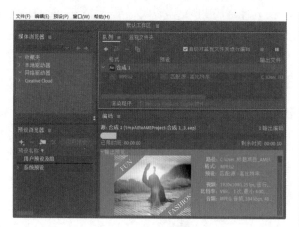

图 11-30

（6）等待一段时间渲染完成，就可以在刚才设置的位置找到渲染完成的视频【合成1.mpg】，如图11-31所示。

图 11-31

11.3.3 从渲染队列将合成添加到 Adobe Media Encoder

（1）在After Effects中制作完成作品后，此时激活【时间轴】面板，然后在菜单栏中执行【合成】/【添加到渲染队列】命令，或者按快捷键Ctrl+M，如图11-32所示。

图 11-32

（2）在【渲染队列】面板中单击【AME中的队列】按钮，如图11-33所示。

图 11-33

（3）此时正在开启Adobe Media Encoder，如图11-34所示。

图 11-34

（4）此时已经打开了Adobe Media Encoder，如图11-35所示。

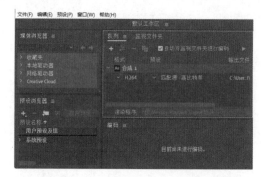

图 11-35

（5）单击进入【队列】面板，单击 按钮，设置合适的格式，然后设置保存文件的位置和名称，单击右上角的 （启动队列）按钮，如图11-36所示。

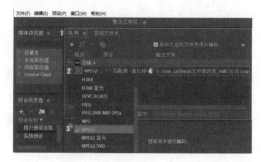

图 11-36

中文版After Effects 2020完全案例教程（微课视频版）

（6）此时正在渲染，如图11-37所示。

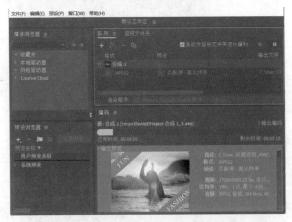

图 11-37

（7）等待一段时间渲染完成，就可以在刚才设置的位置找到渲染完成的视频【合成1.mpg】，如图11-38所示。

合成1

图 11-38

11.4　渲染常用的作品格式

实例：渲染一张JPG格式的静帧图片

文件路径：Chapter 11　渲染不同格式的作品→实例：渲染一张JPG格式的静帧图片

本实例主要渲染单张JPG图片。实例效果如图11-39所示。

扫一扫，看视频

图 11-39

步骤 01 打开本书配套文件02.aep，如图11-40所示。将时间线滑动到6秒10帧位置，如图11-41所示。

图 11-40

图 11-41

步骤 02 在当前位置执行【合成】/【帧另存为】/【文件】命令，如图11-42所示。此时在界面下方自动跳转到【渲染队列】面板，如图11-43所示。

步骤 03 单击【输出模块】后的 Photoshop 按钮，如图11-44所示。

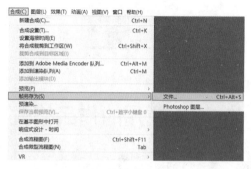

图 11-42

图 11-43

图 11-44

步骤 04 在弹出的【输出模块设置】窗口中设置【格式】为【"JPEG"序列】，取消勾选【使用合成帧编号】复选框，单击【格式选项】，在打开的窗口中设置【品质】为10，单击【确定】按钮，如图11-45和图11-46所示。

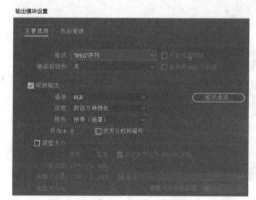

图 11-45

图 11-46

步骤 05 单击【输出到】后面的文字，如图11-47所示。在弹出的【将帧输出到】窗口中修改保存位置和文件名称，单击【保存】按钮完成修改，如图11-48所示。

图 11-47

图 11-48

步骤 06 在【渲染队列】面板中单击【渲染】按钮，如图11-49所示。渲染完成后，在刚才保存路径的文件夹中可以看到渲染出的图片，如图11-50所示。

图 11-49

图 11-50

中文版After Effects 2020完全案例教程（微课视频版）

实例：渲染AVI格式的视频

文件路径：Chapter 11　渲染不同格式的
作品→实例：渲染AVI格式的视频

本实例主要渲染AVI视频。实例效果如
图11-51所示。

扫一扫，看视频

图 11-51

步骤01 打开本书配套文件03.aep，如图11-52所示。

图 11-52

步骤02 在【时间轴】面板中使用快捷键Ctrl+M打开【渲染队列】面板，如图11-53所示。

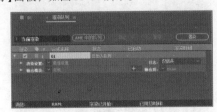

图 11-53

步骤03 单击【输出模块】后的【无损】按钮，如图11-54所示。在弹出的【输出模块设置】窗口中设置【格式】为AVI，如图11-55所示。

图 11-54

步骤04 单击【输出到】后面的 01.avi 按钮，如图11-56所示。在弹出的【将影片输出到】窗口中设置保存位置和文件名称，设置完成后单击【保存】按钮，如图11-57所示。

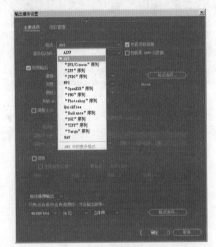

图 11-55

图 11-56

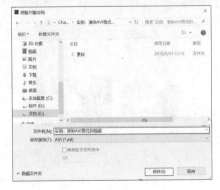

图 11-57

步骤 05 在【渲染队列】面板中单击【渲染】按钮，此时出现渲染进度条，如图11-58所示。渲染完成后，在刚才设置的路径文件夹下即可看到渲染完成【实例：渲染AVI格式的视频.avi】，如图11-59所示。

图 11-58

图 11-59

实例：渲染MOV格式的视频

扫一扫，看视频

文件路径:Chapter 11 渲染不同格式的作品→实例：渲染MOV格式的视频

本实例学习渲染MOV格式的视频。实例效果如图11-60所示。

图 11-60

步骤 01 打开本书配套文件04.aep，如图11-61所示。

步骤 02 在【时间轴】面板中使用快捷键Ctrl+M打开【渲染队列】面板，如图11-62所示。

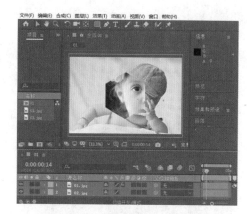

图 11-61

图 11-62

步骤 03 单击【输出模块】后方的【无损】按钮，如图11-63所示。在弹出的【输出模块设置】窗口中设置【格式】为QuickTime，如图11-64所示。

图 11-63

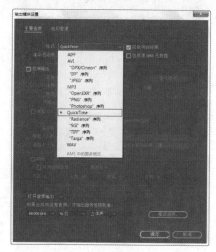

图 11-64

步骤 04 修改视频的名称。单击【输出到】后面的 01.mov 按钮，如图11-65所示。在弹出的【将影片输出到】窗口中修改保存路径和文件名称，单击【保存】按钮完成修改，如图11-66所示。

图 11-65

图 11-66

步骤 05 在【渲染队列】面板中单击【渲染】按钮，如图11-67所示。渲染完成后，在刚才设置的路径文件夹下就能看到渲染完成【实例：渲染MOV格式的视频.mov】，如图11-68所示。

图 11-67

图 11-68

实例：渲染WAV格式的音频

文件路径：Chapter 11　渲染不同格式的作品→实例：渲染WAV格式的音频

本实例学习渲染WAV格式的音频。实例效果如图11-69所示。

扫一扫，看视频

图 11-69

步骤 01 打开本书配套文件05.aep，如图11-70所示。

图 11-70

步骤 02 在【时间轴】面板中使用快捷键Ctrl+M打开【渲染队列】面板，如图11-71所示。

图 11-71

步骤 03 单击【输出模块】后方的【无损】按钮，如图11-72所示。在弹出的【输出模块设置】窗口中设置【格式】为WAV，如图11-73所示。

图 11-72

图 11-73

步骤 04 修改视频的保存路径和文件名称。单击【输出到】后面的 **01.wav** 按钮，如图11-74所示。在弹出的【将影片输出到】窗口中修改保存路径和文件名称，单击【保存】按钮完成修改，如图11-75所示。

图 11-74

图 11-75

步骤 05 在【渲染队列】面板中单击【渲染】按钮，如图11-76所示。渲染完成后，在刚才设置的路径文件夹下就能看到渲染完成【实例：渲染WAV格式的音频.wav】，如图11-77所示。

图 11-76

图 11-77

实例：渲染序列图片

扫一扫，看视频

文件路径：Chapter 11　渲染不同格式的作品→实例：渲染序列图片

本实例学习渲染序列图片。实例效果如图11-78所示。

图 11-78

步骤 01 打开本书配套文件06.aep，如图11-79所示。滑动时间线查看文件的动画效果，如图11-80所示。

步骤 02 在【时间轴】面板中使用快捷键Ctrl+M打开【渲染队列】面板，如图11-81所示。

图 11-79

图 11-80

图 11-81

步骤 03 单击【输出模块】后方的【无损】按钮，如图 11-82 所示。在弹出的【输出模块设置】窗口中设置【格式】为【"Targa"序列】，如图 11-83 所示。

图 11-82

步骤 04 修改视频的名称。单击【输出到】后面的 `01\01_[#####].tga` 按钮，如图 11-84 所示。在弹出的【将影片输出到】窗口中设置合适的文件名称，在窗口下方勾选【保存在子文件夹中】复选框并设置子文件夹的名称为 01，设置完成后单击【保存】按钮完成修改，如图 11-85 所示。（注意：因为序列图片数量很多，所以勾选【保存在子文件夹中】，便于对序列图片的管理。）

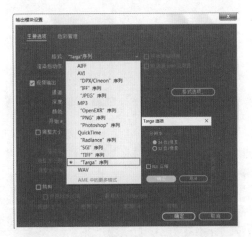

图 11-83

图 11-84

图 11-85

步骤 05 单击【渲染队列】面板右上方的【渲染】按钮，如图 11-86 所示。

图 11-86

步骤 06 此时在路径文件夹 01 中即可查看已输出的序列，如图 11-87 所示。

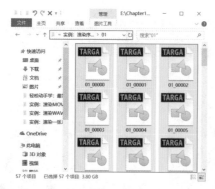

图 11-87

实例：渲染小尺寸的视频

扫一扫，看视频

文件路径：Chapter 11　渲染不同格式的
作品→实例：渲染小尺寸的视频

本实例学习渲染小尺寸的视频。实例
效果如图 11-88 所示。

图 11-88

步骤 01 打开本书配套文件 07.aep，如图 11-89 所示。
此时滑动时间线查看动画效果，如图 11-90 所示。

图 11-89

图 11-90

步骤 02 在【时间轴】面板中使用快捷键 Ctrl+M 打开【渲
染队列】面板，单击【渲染设置】后方的【最佳设置】按
钮，如图 11-91 所示。在弹出的窗口中设置【分辨率】
为【三分之一】，单击【确定】按钮，如图 11-92 所示。

图 11-91

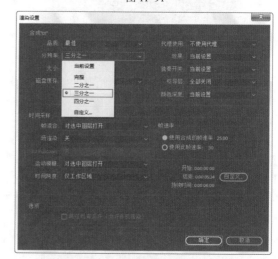

图 11-92

步骤 03 单击【输出模块】后方的【无损】按钮，如
图 11-93 所示。在弹出的【输出模块设置】窗口中设置
【格式】为 AVI，单击【确定】按钮，如图 11-94 所示。

图 11-93

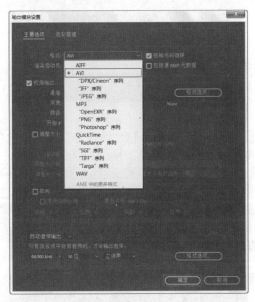

图 11-94

步骤 04 修改视频的保存路径和文件名称。单击【输出到】后面的 01.avi 按钮,如图11-95所示。在弹出的【将影片输出到】窗口中修改保存路径和文件名称,单击【保存】按钮完成修改,如图11-96所示。

图 11-95

图 11-96

步骤 05 单击【渲染队列】面板右上方的【渲染】按钮,如图11-97所示。渲染完成后,在刚才设置的路径文件夹下就能看到渲染完成【实例:渲染小尺寸的视频.avi】,如图11-98所示。

图 11-97

图 11-98

步骤 06 双击该视频,会看到视频的尺寸变得非常小,如图11-99所示。

图 11-99

实例:渲染PSD格式文件

文件路径:Chapter 11 渲染不同格式的作品→实例:渲染PSD格式文件

本实例学习渲染PSD格式的文件。实例效果如图11-100所示。

扫一扫,看视频

图 11-100

步骤 01 打开本书配套文件08.aep，如图11-101所示。此时滑动时间线查看动画效果，如图11-102所示。

图 11-101

图 11-102

步骤 02 在菜单栏中执行【合成】/【帧另存为】/【文件】命令，如图11-103所示。此时调出【渲染队列】面板，如图11-104所示。

图 11-103

图 11-104

步骤 03 单击【输出模块】后方的文字，在弹出的【输出模块设置】窗口中设置【格式】为【"Photoshop"序列】，取消勾选【使用合成帧编号】复选框，如图11-105所示。接着在【渲染队列】面板中单击【输出到】后方的 01 (0-00-04-09).psd 按钮，在弹出的【将影片输出到】窗口中设置保存路径和文件名称，设置完成后单击【保存】按钮，如图11-106所示。

图 11-105

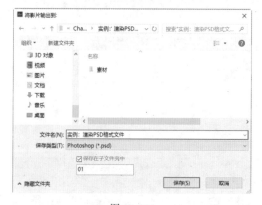

图 11-106

步骤 04 单击【渲染队列】面板右上方的【渲染】按钮，如图11-107所示。

中文版After Effects 2020完全案例教程（微课视频版）

图 11-107

步骤 05 渲染完成后，在刚才设置的路径文件夹下就能看到渲染完成【实例：渲染PSD格式文件.psd】，如图11-108所示。

图 11-108

实例：设置渲染自定义时间范围

文件路径:Chapter 11 渲染不同格式的作品→实例:设置渲染自定义时间范围

本实例学习设置渲染自定义时间范围。实例效果如图11-109所示。

扫一扫，看视频

图 11-109

步骤 01 打开本书配套文件09.aep，如图11-110所示。在【时间轴】面板中使用快捷键Ctrl+M打开【渲染队列】面板，在【渲染队列】面板中单击【渲染设置】后的【最佳设置】按钮，如图11-111所示。

图 11-110

图 11-111

步骤 02 在弹出的窗口中单击【自定义】按钮，如图11-112所示。设置【起始】时间为第0帧，【结束】时间为2秒，单击【确定】按钮，如图11-113所示。

图 11-112

图 11-113

步骤 03 单击【输出到】后面的 01.avi 按钮，如图11-114所示。在弹出的【将影片输出到】窗口中设置合适的文件名称及保存路径，设置完成后单击【保存】按钮，如图11-115所示。

图 11-114

图 11-115

步骤 04 单击【渲染队列】面板右上方的【渲染】按钮，如图11-116所示。

图 11-116

步骤 05 渲染完成后，在刚才设置的路径文件夹下就能看到渲染完成【实例：设置渲染自定义时间范围.avi】，如图11-117所示。

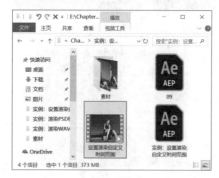

图 11-117

实例：Adobe Media Encoder中渲染质量好、又小的视频

扫一扫，看视频

文件路径：Chapter 11 渲染不同格式的作品→实例：Adobe Media Encoder中渲染质量好、又小的视频

渲染一个质量好、又小的视频是很多朋友非常需要的，因为通常使用After Effects渲染出的视频都较大。本实例讲解一种既能保证渲染的视频质量比较好，又能保证文件较小的方法。实例效果如图11-118所示。

图 11-118

步骤 01 打开本书配套文件10.aep，如图11-119所示。此时滑动时间线查看文件的动画效果，如图11-120所示。

图 11-119

图 11-120

步骤 02 激活【时间轴】面板，在菜单栏中执行【合成】/【添加到Adobe Media Encoder队列】命令，如图11-121所示。由于计算机中安装了软件Adobe Media Encoder 2020，因此可以成功开启，此时正在开启该软件，如图11-122所示。

图 11-121

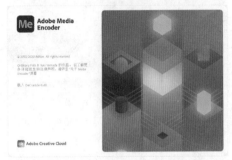

图 11-122

步骤 03 单击进入【队列】面板，单击 ▼ 按钮，选择H.264选项，然后设置保存文件的路径和名称，如图11-123所示。

图 11-123

步骤 04 单击H.264按钮，如图11-124所示。

步骤 05 在弹出的【导出设置】面板中单击【视频】按钮，设置【目标比特率】为5、【最大比特率】为5，单击

【确定】按钮，如图11-125所示。

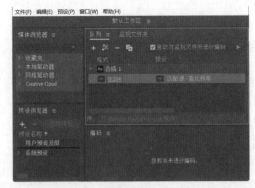

图 11-124

图 11-125

步骤 06 单击右上角的 ▶ (启动队列)按钮，如图11-126所示。

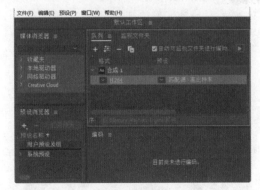

图 11-126

步骤 07 等待渲染完成后，在刚才设置的路径文件夹下可以找到渲染出的视频【实例：Adobe Media Encoder中渲染质量好且小的视频.mp4】，如图11-127所示。并且可以看到这个文件大小为3555KB，是非常小的，但是画面清晰度还是不错的。若需要更小的视频文件，那么可以将刚才的【目标比特率】和【最大比特率】数值再调小一些。

图 11-127

图 11-129

> 提示：除了修改比特率的方法外，还有
> 什么方法可以让视频变小？

　　有时，会需要渲染特定格式的视频，但是这些格式在After Effects渲染完成后，文件依然很大。那么怎么办？建议可以下载并安装一些视频转换软件（可百度一下"视频转换软件"选择一两款下载安装），这些软件可以快速地将较大的文件转为较小的文件，而且还可以将格式进行更改，更改为我们需要的其他格式。

图 11-130

实例：Adobe Media Encoder中渲染GIF格式小动画

扫一扫，看视频

　　文件路径：Chapter 11　渲染不同格式的作品→实例：Adobe Media Encoder中渲染GIF格式小动画

　　本实例学习在Adobe Media Encoder中渲染GIF格式小动画。实例效果如图11-128所示。

　　步骤 02 激活【时间轴】面板，在菜单栏中执行【合成】/【添加到Adobe Media Encoder队列】命令，如图11-131所示。由于计算机中安装了软件Adobe Media Encoder 2020，因此可以成功开启，此时正在开启该软件，如图11-132所示。

图 11-131

图 11-128

　　步骤 01 打开本书配套文件11.aep，如图11-129所示。此时滑动时间线查看文件的动画效果，如图11-130所示。

图 11-132

步骤 03 单击进入【队列】面板，单击 ∨ 按钮，选择【动画GIF】选项，然后设置保存文件的路径和名称。最后单击右上角的 ▶ (启动队列)按钮，如图11-133所示。

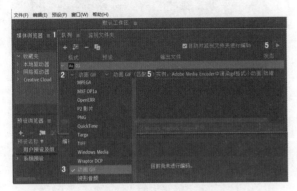

图 11-133

步骤 04 此时正在渲染，如图11-134所示。

图 11-134

步骤 05 等待一段时间，在刚才设置的路径文件夹下可以看到渲染的GIF格式的动画文件，如图11-135所示。

图 11-135

步骤 06 双击该文件，即可看到出现了动画效果，如图11-136所示。

图 11-136

实例：Adobe Media Encoder中渲染MPG格式视频

文件路径：Chapter 11 渲染不同格式的作品→实例：Adobe Media Encoder中渲染MPG格式视频

扫一扫，看视频

本实例学习在Adobe Media Encoder中渲染MPG格式视频。实例效果如图11-137所示。

图 11-137

步骤 01 打开本书配套文件12.aep，如图11-138所示。

图 11-138

步骤 02 滑动时间线查看实例制作效果，如图11-139所示。

图 11-139

步骤 03 在菜单栏中执行【合成】/【添加到Adobe Media Encoder队列】命令，如图11-140所示。

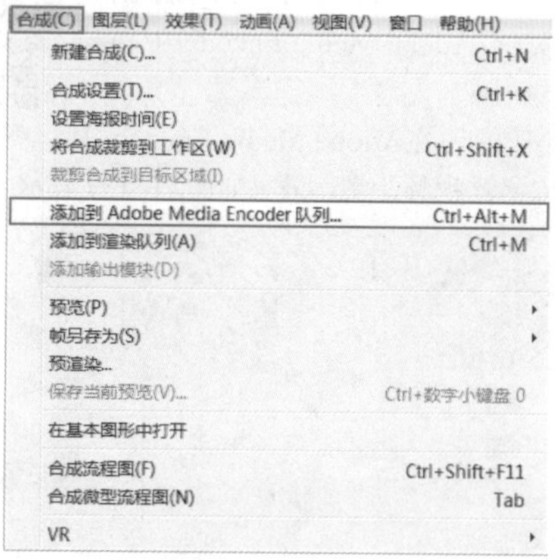

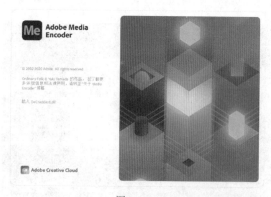

图 11-140

步骤 04 此时正在开启Adobe Media Encoder软件，如图11-141所示。

图 11-141

步骤 05 单击进入【队列】面板，单击 ▾ 按钮，选择MPEG2选项，然后设置保存文件的路径和名称。最后单

击右上角的 ▶（启动队列）按钮，如图11-142所示。

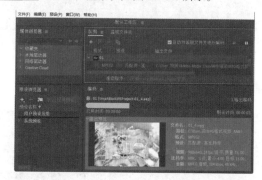

图 11-142

步骤 06 此时正在渲染，如图11-143所示。

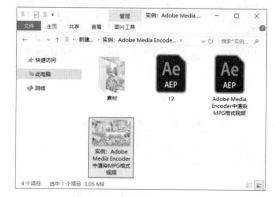

图 11-143

步骤 07 等待一段时间，在刚才设置的路径文件夹下可以看到渲染的MPG格式的动画文件，如图11-144所示。

图 11-144

实例：渲染常见尺寸电影

扫一扫，看视频

文件路径：Chapter 11　渲染不同格式的作品→实例：渲染常见尺寸电影

我们大多数观看的电影通常分辨率达到1920×1080，可使画面呈现出强烈的震撼感和特有的质感。实例效果如图11-145所示。

图 11-145

图 11-150

图 11-151

步骤 01 在【项目】面板中右击并选择【新建合成】选项，在弹出的【合成设置】面板中设置【合成名称】为【合成1】，【预设】为HDTV 1080 25，【宽度】为1920，【高度】为1080，【像素长宽比】为【方形像素】，【帧速率】为25，【分辨率】为【完整】，【持续时间】为20秒，单击【确定】按钮。执行【文件】/【导入】/【文件】命令，导入1.mp4素材文件。在【项目】面板中将1.mp4素材文件拖曳到【时间轴】面板中，如图11-146所示。

步骤 02 在【时间轴】面板中单击打开1.mp4图层下方的【变换】，设置【缩放】为（205.0,205.0%），如图11-147所示。

步骤 06 在【时间轴】面板中使用快捷键Ctrl+M打开【渲染队列】面板，如图11-152所示。单击【输出模块】后方的【无损】按钮，在弹出的【输出模块设置】窗口中设置【格式】为AVI，设置完成后单击【确定】按钮，如图11-153所示。

图 11-152

图 11-146　　　　　　　　图 11-147

步骤 03 画面被放大，效果如图11-148所示。

步骤 04 调整画面颜色。在【效果和预设】面板中搜索【自然饱和度】，将该效果拖曳到【时间轴】面板的1.mp4图层上，如图11-149所示。

图 11-148

图 11-149

步骤 05 在【时间轴】面板中单击打开1.mp4图层下方的【效果】/【自然饱和度】，设置【自然饱和度】为50.0，【饱和度】为30.0，如图11-150所示。此时画面颜色更加鲜艳，如图11-151所示。

图 11-153

步骤 07 修改输出视频的名称及保存路径。单击【输出到】后面的 01.avi 按钮，在弹出的【将影片输出到】窗口中修改保存路径和文件名称，如图11-154所示。在【渲染队列】面板中单击【渲染】按钮，如图11-155所示。

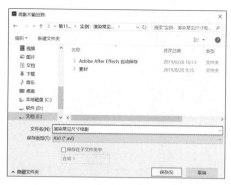

图 11-154

图 11-155

步骤 08 此时出现蓝色进度条,开始进行渲染,如图 11-156 所示。等待几分钟后,渲染完成,在刚才设置的路径文件夹下方即可看到渲染完成的视频【渲染常见尺寸电影】,如图 11-157 所示。

图 11-156

图 11-157

实例:输出常见的电视播放尺寸

扫一扫,看视频

文件路径:Chapter 11 渲染不同格式的作品→实例:输出常见的电视播放尺寸

最常见的电视播放尺寸分别为 720×576 和 1920×1080,本实例以 720×576 为例进行视频输出。实例效果如图 11-158 所示。

图 11-158

步骤 01 在【项目】面板中右击并选择【新建合成】选项,在弹出的【合成设置】面板中设置【合成名称】为【合成1】,【预设】为 PAL D1/DV,【宽度】为720,【高度】为576,【像素长宽比】为 D1/DV PAL(1.09),【帧速率】为25,【分辨率】为【完整】,【持续时间】为22秒15帧,单击【确定】按钮。执行【文件】/【导入】/【文件】命令,导入全部素材文件。

步骤 02 在【项目】面板中依次将 1.mp4~4.mp4 素材文件拖曳到【时间轴】面板中,如图 11-159 所示。在【时间轴】面板中单击这4个图层的 ◀)(音频)按钮,将视频进行静音,然后分别设置 2.mp4 的起始时间为第7秒,3.mp4 的起始时间为第11秒,4.mp4 的起始时间为第17秒,如图 11-160 所示。

图 11-159

中文版 After Effects 2020完全案例教程(微课视频版)

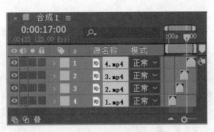

图 11-160

步骤 03 调整画面大小。在【时间轴】面板中使用快捷键S快速调出所有图层的【缩放】属性，设置【缩放】均为（110.0，110.0%），如图 11-161 所示。画面效果如图 11-162 所示。

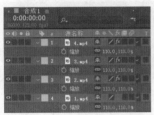

图 11-161　　　　　　　图 11-162

步骤 04 在【效果和预设】面板中搜索CC Grid Wipe效果，并将该效果拖曳到【时间轴】面板的2.mp4图层上，如图 11-163 所示。

图 11-163

步骤 05 在【时间轴】面板中单击打开2.mp4图层下方的【效果】/CC Grid Wipe，将时间线滑动到7秒位置，设置Completion为100.0%；继续将时间线滑动到7秒18帧位置，设置Completion为0.0%，如图 11-164 所示。画面效果如图 11-165 所示。

图 11-164　　　　　　　图 11-165

步骤 06 在【效果和预设】面板中搜索CC Image Wipe效果，将该效果拖曳到【时间轴】面板的3.mp4图层上，

如图 11-166 所示。

图 11-166

步骤 07 在【时间轴】面板中单击打开3.mp4图层下方的【效果】/CC Image Wipe，将时间线滑动到11秒位置，设置Completion为100.0%；将时间线滑动到13秒位置，设置Completion为0.0%，如图 11-167 所示。画面效果如图 11-168 所示。

图 11-167　　　　　　　图 11-168

步骤 08 使用同样的方式为4.mp4图层添加CC Image Wipe效果，调整参数制作出关键帧效果，画面效果如图 11-169 所示。

图 11-169

步骤 09 在【时间轴】面板的空白位置处右击执行【新建】/【调整图层】命令，如图 11-170 所示。

图 11-170

步骤 10 在【效果和预设】面板中搜索【曲线】效果，将该效果拖曳到【时间轴】面板的【调整图层1】上，如图11-171所示。

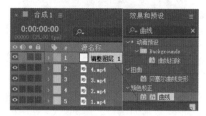

图 11-171

步骤 11 在【时间轴】面板中选择【调整图层1】，在【效果控件】面板中单击打开【曲线】，在RGB通道下的曲线上单击添加两个控制点并适当向左上角拖曳，如图11-172所示。此时画面整体提亮，如图11-173所示。

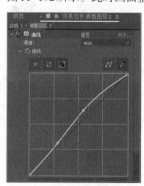 

图 11-172　　　　　图 11-173

步骤 12 在【时间轴】面板中使用快捷键Ctrl+M打开【渲染队列】面板，如图11-174所示。

图 11-174

步骤 13 单击【输出模块】后方的【无损】按钮，如图11-175所示。在弹出的【输出模块设置】窗口中设置【格式】为AVI，设置完成后单击【确定】按钮，如图11-176所示。

图 11-175

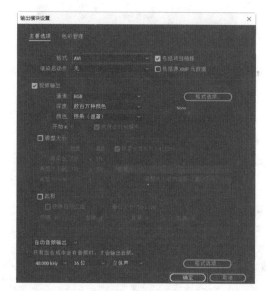

图 11-176

步骤 14 修改输出视频的名称。单击【输出到】后面的合成 1.avi按钮，如图11-177所示。在弹出的【将影片输出到】窗口中修改保存路径和文件名称，如图11-178所示。

图 11-177

图 11-178

步骤 15 在【渲染队列】面板中单击【渲染】按钮，如图11-179所示。等待几分钟后，渲染完成，在刚才设置的路径文件夹下就可以看到渲染出的视频【输出常见电视播放尺寸.avi】，如图11-180所示。

中文版After Effects 2020完全案例教程（微课视频版）

图 11-179

图 11-180

实例：输出淘宝主图视频尺寸

文件路径：Chapter 11　渲染不同格式的作品→实例：输出淘宝主图视频尺寸

扫一扫，看视频

本实例主要针对淘宝主图视频尺寸（淘宝主图尺寸为1:1或3:4）进行输出。实例效果如图11-181所示。

图 11-181

步骤 01 在【项目】面板中右击并选择【新建合成】选项，在弹出的【合成设置】面板中设置【合成名称】为【合成1】，【预设】为【自定义】，【宽度】为750，【高度】为1000，【像素长宽比】为【方形像素】，【帧速率】为25，【分辨率】为【完整】，【持续时间】为15秒，单击【确定】按钮。执行【文件】/【导入】/【文件】命令，导入1.MOV素材文件。在【项目】面板中将1.MOV素材文件拖曳到【时间轴】面板中，如图11-182所示。在【时间轴】面板中单击打开1.MOV图层下方的【变换】，设置【缩放】为(93.0,93.0%)，如图11-183所示。

步骤 02 在【效果和预设】面板中搜索【曲线】，将该效果拖曳到【时间轴】面板的1.MOV图层上，如图11-184所示。

图 11-182

图 11-183

图 11-184

步骤 03 在【时间轴】面板中选择单击1.MOV图层，在【效果控件】面板中单击打开【曲线】，在曲线上单击添加两个控制点并向左上角拖动，提亮画面亮度，如图11-185所示。画面效果如图11-186所示。

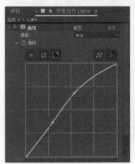

图 11-185

图 11-186

步骤 04 在【时间轴】面板中使用快捷键Ctrl+M打开【渲染队列】面板，如图11-187所示。单击【输出模块】后方的【无损】按钮，在弹出的【输出模块设置】窗口中设置【格式】为AVI，设置完成后单击【确定】按钮，如图11-188所示。

图 11-187

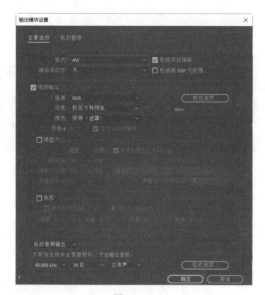

图 11-188

图 11-191

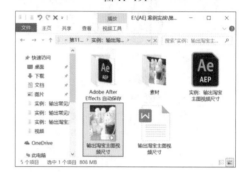

图 11-192

步骤 05 修改输出视频的名称及保存路径。单击【输出到】后面的【01.avi】，在弹出的【将影片输出到】窗口中修改保存路径和文件名称，如图 11-189 所示。在【渲染队列】面板中单击【渲染】按钮，如图 11-190 所示。

图 11-189

图 11-190

步骤 06 此时出现蓝色进度条，开始进行渲染，如图 11-191 所示。等待几分钟后，渲染完成，在刚才设置的路径文件夹下方即可看到渲染完成的视频【输出淘宝主图视频尺寸.avi】，如图 11-192 所示。

实例：输出抖音短视频

扫一扫，看视频

文件路径：Chapter 11　渲染不同格式的作品→实例：输出抖音短视频

抖音短视频通常为竖屏的 16:9，这种满屏的画面状态通常给人更直观、更饱满的视觉感。实例效果如图 11-193 所示。

图 11-193

步骤 01 在【项目】面板中右击并选择【新建合成】选项，在弹出的【合成设置】面板中设置【合成名称】为【合成 1】，【预设】为【自定义】，【宽度】为 1080，【高度】为 1920，【像素长宽比】为【方形像素】，【帧速率】

为25,【分辨率】为【完整】,【持续时间】为12秒,单击【确定】按钮。执行【文件】/【导入】/【文件】命令,导入1.mp4素材文件。在【项目】面板中将1.mp4素材文件拖曳到【时间轴】面板中,如图11-194所示。

图 11-194

步骤 02 在【时间轴】面板中单击打开1.mp4图层下方的【变换】,设置【缩放】为(55.0,55.0%),如图11-195所示。画面效果如图11-196所示。

图 11-195

图 11-196

步骤 03 在【时间轴】面板中使用快捷键Ctrl+M打开【渲染队列】面板,如图11-197所示。单击【渲染设置】后方的【最佳设置】按钮,在弹出的【渲染设置】窗口中设置【分辨率】为【三分之一】,将输出体积缩小,如图11-198所示。

图 11-197

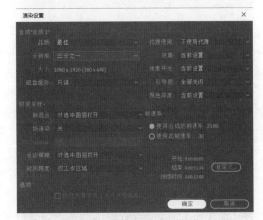

图 11-198

步骤 04 单击【输出模块】后方的【无损】按钮,在弹出的【输出模块设置】窗口中设置【格式】为QuickTime,设置完成后单击【确定】按钮,如图11-199所示。

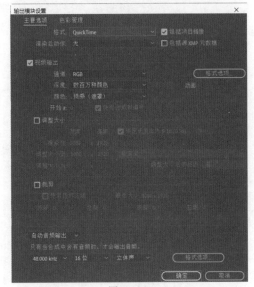

图 11-199

步骤 05 修改输出视频的名称及保存路径,单击【输出到】后面的 01.avi 按钮,在弹出的【将影片输出到】窗口中修改保存路径和文件名称,如图11-200所示。在【渲染队列】面板中单击【渲染】按钮，如图11-201所示。

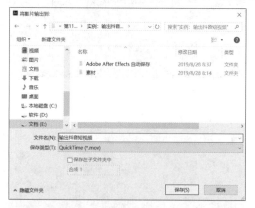

图 11-200

图 11-201

步骤 06 此时出现蓝色进度条，开始进行渲染，如图11-202所示。等待几分钟后，渲染完成，在刚才设置

的路径文件夹下方即可看到渲染完成的视频【输出抖音短视频】，如图11-203所示。

图 11-202

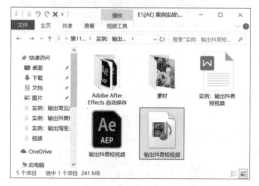

图 11-203

Chapter

12

第12章

扫一扫，看视频

影视包装综合实例

本章内容简介：

  影视包装是指对影视类作品进行后期包装设计的过程，常见的包括电视节目、栏目、频道、自媒体视频、广告片头的包装，目的是突出节目、栏目、频道个性特征和特点。本章将重点学习多种影视包装实例。

重点知识掌握：

- 电视节目包装设计
- 影视片头设计

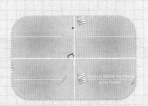

综合实例：雪季东北旅游宣传

扫一扫，看视频

文件路径：Chapter 12　影视包装综合实例→综合实例：雪季东北旅游宣传

旅游宣传片是将拍摄的镜头画面进行组接、视频修饰、包装，从而形成完整视频的作品。本实例首先使用【分形杂色】效果制作云雾效果；其次使用【CC Particle World（CC 粒子世界）】效果制作飘落的雪花；最后使用【光束】效果制作文字底部效果。实例效果如图12-1所示。

图 12-1

步骤 01 在【项目】面板中右击并选择【新建合成】选项，在弹出的【合成设置】面板中设置【合成名称】为【合成 1】，【预设】为HDTV 1080 24，【宽度】为1920，【高度】为1080，【像素长宽比】为【方形像素】，【帧速率】为24，【分辨率】为【完整】，【持续时间】为8秒，单击【确定】按钮。执行【文件】/【导入】/【文件】命令，导入全部素材文件。在【项目】面板中依次选择1.jpg~4.jpg素材文件，将它们拖曳到【时间轴】面板中，如图12-2所示。为了便于操作和观看，在【时间轴】面板中单击2.jpg~4.jpg图层前的👁（显现/隐藏）按钮，将图层进行隐藏，如图12-3所示。

图 12-2　　　　　　　　　图 12-3

步骤 02 选择1.jpg图层，打开该图层下方的【变换】，设置【缩放】为（195.0,195.0%），如图12-4所示。画面效果如图12-5所示。

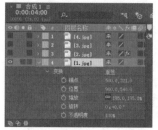 

图 12-4　　　　　　　　　图 12-5

步骤 03 显现并选择2.jpg图层，打开该图层下方的【变换】，设置【缩放】为（277.0,277.0%），将时间线滑动到1秒位置，单击【不透明度】前的🕐（时间变化秒表）按钮，开启自动关键帧，设置【不透明度】为0%。继续将时间线滑动到1秒10帧位置，设置【不透明度】为100%，如图12-6所示。画面效果如图12-7所示。

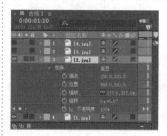 

图 12-6　　　　　　　　　图 12-7

步骤 04 在【效果和预设】面板搜索框中搜索【湍流置换】，将该效果拖曳到【时间轴】面板的2.jpg图层上，如图12-8所示。

图 12-8

步骤 05 在【时间轴】面板中选择2.jpg图层，打开该图层下方的【效果】/【湍流置换】，设置【大小】为70.0，【偏移（湍流）】为（500.0,333.5），将时间线滑动到1秒位置，单击【数量】前的🕐（时间变化秒表）按钮，开启自动关键帧，设置【数量】为150.0，如图12-9所示；继续将时间线滑动到2秒位置，设置【数量】为0.0。滑动时间线查看画面效果，如图12-10所示。

步骤 06 显现并选择3.jpg图层，打开该图层下方的【变换】，设置【缩放】为（194.0,194.0%），将时间线滑动到3秒位置，单击【位置】前的🕐（时间变化秒表）按钮，开启自动关键

中文版After Effects 2020完全案例教程（微课视频版）

帧，设置【位置】为(3150.0,540.0)；继续将时间线滑动到4秒位置，设置【位置】为(960.0,540.0)，如图12-11所示。滑动时间线查看画面效果，如图12-12所示。

图 12-9 　　　　　　　　　图 12-10

图 12-11 　　　　　　　　　图 12-12

步骤 07 显现并选择4.jpg图层，打开该图层下方的【变换】，设置【缩放】为(280.0,280.0%)，将时间线滑动到4秒位置，单击【不透明度】前的 (时间变化秒表)按钮，开启自动关键帧，设置【不透明度】为0%；继续将时间线滑动到5秒位置，设置【不透明度】为100%，如图12-13所示。滑动时间线查看画面效果，如图12-14所示。

图 12-13 　　　　　　　　　图 12-14

步骤 08 制作云雾效果。使用快捷键Ctrl+Y调出【纯色设置】窗口，设置【颜色】为白色，创建一个纯色图层，如图12-15所示。在【效果和预设】面板搜索框中搜索【分形杂色】，将该效果拖曳到【时间轴】面板的【白色 纯色 1】图层上，如图12-16所示。

图 12-15 　　　　　　　　　图 12-16

步骤 09 在【时间轴】面板中选择【白色 纯色 1】图层，打开该图层下方的【效果】/【分形杂色】，设置【反转】为【开】，【对比度】为120.0，【溢出】为【剪切】，展开【变换】，设置【缩放】为600.0，【透视位移】为【开】，【复杂度】为17.0，将时间线滑动到起始帧位置，单击【偏移(湍流)】前的 (时间变化秒表)按钮，开启自动关键帧，设置【偏移(湍流)】为(0.0,213.0)，将时间线滑动到7秒23帧位置，设置【偏移(湍流)】为(1000.0,213.0)。展开【子设置】，设置【子影响(%)】为50.0，【子缩放】为50.0，将时间线滑动到起始帧位置，单击【子位移】和【演化】前的 (时间变化秒表)按钮，开启自动关键帧，设置【子位移】为(0.0,275.0)，【演化】为0.0°；将时间线滑动到7秒23帧位置，设置【子位移】为(1000.0,275.0)，【演化】为2x+0.0°，最后设置【模式】为【屏幕】，如图12-17所示。滑动时间线查看画面效果，如图12-18所示。

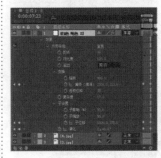

图 12-17 　　　　　　　　　图 12-18

步骤 10 在【时间轴】面板的空白位置处右击，执行【新建】/【纯色】命令。此时在弹出的【纯色设置】窗口中设置【名称】为【白色 纯色 2】，【颜色】为白色，单击【确定】按钮，如图12-19所示。

步骤 11 在【效果和预设】面板搜索框中搜索CC Particle World，将该效果拖曳到【时间轴】面板的【白色 纯色 2】图层上，如图12-20所示。

图 12-19 　　　　　　　　　图 12-20

步骤 12 在【时间轴】面板中选择【白色 纯色 2】图层，打开该图层下方的【效果】/CC Particle World，设置Birth Rate为1.0，展开Producer，设置Position Y为0.70，Position Z为3.20，Radius X为1.600，Radius Y为2.500，Radius Z为4.000。展开Physics，设置Animation为Jet Sideways，Velocity为2.00，Inherit Velocity%为110.0，Gravity为0.600，Resistance为3.0，Extra为1.00，如图12-21所示。接着展开Particle，设置Particle Type为Faded Sphere，Birth Size为0.000，Death Size为1.850，Max Opacity为15.0%，Birth Color和Death Color均为白色，如图12-22所示。

图12-21　　　　　　　　图12-22

步骤 13 在【效果和预设】面板搜索框中搜索【发光】，将该效果拖曳到【时间轴】面板的【白色 纯色2】图层上，如图12-23所示。

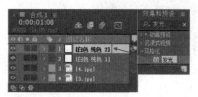

图12-23

步骤 14 在【时间轴】面板中选择【白色 纯色2】图层，打开该图层下方的【效果】/【发光】，设置【发光强度】为2.0，如图12-24所示。此时画面中出现一些白色粒子，滑动时间线查看画面效果，如图12-25所示。

图12-24　　　　　　　　图12-25

步骤 15 在工具栏中选择▇（矩形工具），设置【填充】为黑色，在【合成1】面板中的画面顶部合适位置绘制

一个长条矩形，如图12-26所示。在【时间轴】面板中选择刚绘制的形状图层，使用同样的方式在画面底部绘制一个矩形，此时电影片段的黑边制作完成，如图12-27所示。

图12-26　　　　　　　　图12-27

步骤 16 执行【新建】/【纯色】命令，设置【名称】为【黑色 纯色1】，【颜色】为黑色，单击【确定】按钮，如图12-28所示。

步骤 17 在【效果和预设】面板搜索框中搜索【光束】，将该效果拖曳到【时间轴】面板的【黑色 纯色1】图层上，如图12-29所示。

图12-28　　　　　　　　图12-29

步骤 18 在【时间轴】面板中选择【黑色 纯色1】图层，打开该图层下方的【效果】/【光束】，设置【起始点】为（406.0,558.0），【结束点】为（1944.0,558.0），【时间】为36.0%，【起始厚度】为65.0，【柔和度】为100.0%，【内部颜色】与【外部颜色】均为白色，接着将时间线滑动到起始帧位置，单击【结束厚度】前的 （时间变化秒表）按钮，开启自动关键帧，设置【结束厚度】为0.0；继续将时间线滑动到1秒位置，设置【结束厚度】为50.0。在当前位置单击【长度】前的 （时间变化秒表）按钮，开启自动关键帧，设置【长度】为0.0%，如图12-30所示，将时间线滑动到3秒位置，设置【长度】为100.0%。展开【黑色 纯色1】图层下方的【变换】，将时间线滑动到6秒位置，单击【不透明度】前的 （时间变化秒表）按钮，开启自动关键帧，设置【不透明度】为100%，如图12-31所示；继续将时间线滑动到结束帧位置，设置【不透明度】为0%。

中文版After Effects 2020完全案例教程（微课视频版）

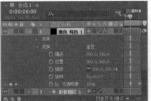

图 12-30　　　　　　　图 12-31

步骤 19 此时滑动时间线查看画面效果，如图 12-32 所示。

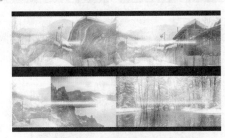

图 12-32

步骤 20 制作画面的文字部分。在【时间轴】面板的空白位置处右击执行【新建】/【文本】命令。在【字符】面板中设置合适的【字体系列】，设置【填充颜色】为白色，【描边颜色】为无颜色，【字体大小】为 130 像素，在【段落】面板中选择 ≡（居中对齐文本），设置完成后输入文本内容，如图 12-33 所示。

步骤 21 在【时间轴】面板中单击打开文本图层下方的【变换】，设置【位置】为（976.0,596.0），将时间线滑动到 3 秒位置，单击【缩放】和【不透明度】前的 ◎（时间变化秒表）按钮，开启自动关键帧，设置【缩放】为（400.0,400.0%），【不透明度】为 0%；继续将时间线滑动到 4 秒位置，设置【缩放】为（100.0,100.0%）；将时间线滑动到 5 秒位置，设置【不透明度】为 100%，如图 12-34 所示。

图 12-33　　　　　　　图 12-34

步骤 22 在【时间轴】面板中选择文本图层，右击执行【图层样式】/【渐变叠加】命令。在【时间轴】面板中继续选择文本图层，单击打开【图层样式】/【渐变叠加】，单击【颜色】后方的【编辑渐变】按钮，在弹出的【渐变编辑器】窗口中编辑一个青蓝色系的渐变，如

图 12-35 所示。

步骤 23 本实例制作完成，滑动时间线查看画面效果，如图 12-36 所示。

图 12-35

图 12-36

综合实例：英语类栏目包装设计

文件路径：Chapter 12　影视包装综合实例→综合实例：英语类栏目包装设计

本实例使用形状图层及蒙版工具制作栏目框架，使用【渐变叠加】图层样式及【镜像】效果制作倒影效果。在色彩搭配方面使用了简单的黄色、白色、黑色搭配，黑色与白色搭配在一起简洁大方，而点缀黄色则使包装设计变得更青春活力。实例效果如图 12-37 所示。

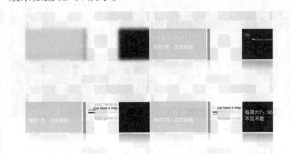

图 12-37

步骤 01 在【项目】面板中右击并选择【新建合成】选项，在弹出的【合成设置】面板中设置【合成名称】为【合成1】，【预设】为【HDTV 1080 24】，【宽度】为1920，【高度】为1080，【像素长宽比】为【方形像素】，【帧速率】为24，【分辨率】为【完整】，【持续时间】为7秒，单击【确定】按钮。执行【文件】/【导入】/【文件】命令，导入【背景.jpg】素材文件。在【项目】面板中选择【背景.jpg】素材文件，将它拖曳到【时间轴】面板中，如图12-38所示。

图12-38

步骤 02 在【时间轴】面板中单击打开【背景.jpg】图层下方的【变换】，设置【不透明度】为40%，如图12-39所示。背景画面减淡，效果如图12-40所示。

图12-39　　　　　　　图12-40

步骤 03 在工具栏中选择■（矩形工具），设置【填充】为黄色，在【合成】面板左侧的合适位置按住鼠标左键拖动绘制一个矩形，如图12-41所示。在【时间轴】面板中继续选择这个形状图层，在【合成】面板中黄色矩形的右侧继续绘制两个不同宽度的矩形，如图12-42所示。

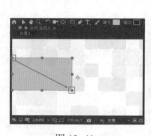

图12-41　　　　　　　图12-42

步骤 04 在【时间轴】面板中单击打开【形状图层1】下方的【内容】，选择【矩形2】，更改【填充】为黑色，如

图12-43所示。选择【矩形3】，更改【填充】为灰色，如图12-44所示。

 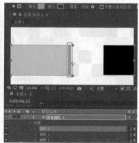

图12-43　　　　　　　图12-44

步骤 05 在【效果和预设】面板搜索框中搜索【散布】，将该效果拖曳到【时间轴】面板的【形状图层1】上，如图12-45所示。

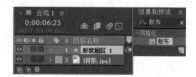

图12-45

步骤 06 在【时间轴】面板中选择【形状图层1】，打开该图层下方的【效果】/【散布】，将时间线滑动到起始帧位置，单击【散布数量】前的◎（时间变化秒表）按钮，开启自动关键帧，设置【散布数量】为800.0；继续将时间线滑动到15帧位置，设置【散布数量】为0.0，如图12-46所示。滑动时间线查看画面效果，如图12-47所示。

图12-46　　　　　　　图12-47

步骤 07 制作倒影部分。在【时间轴】面板中选择【形状图层1】，使用快捷键Ctrl+D进行复制，如图12-48所示。单击打开【形状图层2】下方的【效果】，按Delete键将删除效果；展开【变换】，设置【位置】为（960.0,831.0），单击【缩放】后方的◎（约束比例）按钮，将其进行取消，设置【缩放】为（100.0,35.0%），将时间线滑动到15帧位置，单击【不透明度】前的◎（时间变化秒表）按钮，开启自动关键帧，设置【不透明度】为0%；继续将

中文版After Effects 2020完全案例教程（微课视频版）

时间线滑动到1秒位置，设置【不透明度】为25%，如图12-49所示。

图12-48　　　　　　　图12-49

步骤08 在【时间轴】面板中右击【形状图层2】，在弹出的快捷菜单中执行【图层样式】/【渐变叠加】命令。打开【形状图层2】下方的【渐变叠加】，单击【颜色】后方的【编辑渐变】按钮，在弹出的【渐变编辑器】窗口中设置右上角的不透明度色标为白色（不透明度为0%），将左下角的白色色标向右侧移动，如图12-50所示。

步骤09 画面效果如图12-51所示。

图12-50

图12-51

步骤10 在【时间轴】面板的空白位置处右击执行【新建】/【文本】命令。在【字符】面板中设置合适的【字体系列】，设置【填充颜色】为薄荷绿色，【描边颜色】为无，【字体大小】为95像素，【行距】为110，在【段落】面板中选择■（左对齐文本），设置完成后输入文字内容，如图12-52所示。

步骤11 在【合成】面板中选中文字"相约7月，正式起航"，在【字符】面板中设置【填充颜色】为白色，【字体大小】为73像素，如图12-53所示。

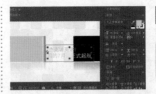 

图12-52　　　　　　　图12-53

步骤12 在【时间轴】面板中单击打开文本图层下方的【变换】，设置【位置】为（48.0,452.0），单击【缩放】后方的 （约束比例）按钮，取消对形状比例的限制。将时间线滑动到1秒位置，单击【缩放】前的 （时间变化秒表）按钮，开启自动关键帧，设置【缩放】为（0.0,100.0%）；继续将时间线滑动到1秒15帧位置，设置【缩放】为（100.0,100.0%），如图12-54所示。滑动时间线查看文字效果，如图12-55所示。

图12-54　　　　　　　图12-55

步骤13 制作中间部分文字。在【时间轴】面板的空白位置处右击执行【新建】/【文本】命令。在【字符】面板中设置合适的【字体系列】，设置【填充颜色】为黑色，【描边颜色】为无，【字体大小】为54像素，设置完成后输入"Do you have a map"文字内容，如图12-56所示。

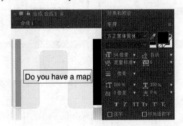

图12-56

步骤14 在【合成】面板中选中文字"Do"，在【字符】面板中设置【填充颜色】为黄色，如图12-57所示。在【时间轴】面板中选择当前文本图层（图层1），打开该图层下方的【变换】，设置【位置】为（958.0,370.0），如图12-58所示。

步骤15 使用同样的方式在"Do you have a map"文字下方的合适位置继续新建文字，并在【字符】面板中设置合适的【字体系列】【颜色】及【字体大小】，如

图 12-59 所示。

图 12-57　　　　　　图 12-58

图 12-59

步骤 16 在工具栏中选择 ▭（矩形工具），设置【填充】为黑色，在【合成】面板中的文字"Do"下方绘制一个黑色矩形，如图 12-60 所示。使用同样的方式将【填充】设置为黄色，在黑色矩形右侧合适位置绘制一个较小的黄色矩形，如图 12-61 所示。

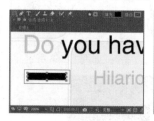

图 12-60　　　　　　图 12-61

步骤 17 在【时间轴】面板中选择图层 1~图层 4，使用快捷键 Ctrl+Shift+C 进行预合成，如图 12-62 所示。

步骤 18 在弹出的【预合成】窗口中设置【新合成名称】为【预合成 1】，单击【确定】按钮。此时图层以预合成的形式进行呈现，如图 12-63 所示。

图 12-62　　　　　　图 12-63

步骤 19 在【时间轴】面板中选择【预合成 1】图层，打开该图层下方的【变换】，将时间线滑动到 1 秒 15 帧位置，单击【位置】前的 ◎（时间变化秒表）按钮，开启自动关键帧，设置【位置】为（1925.0,540.0）；继续将时间线滑动到 2 秒位置，设置【位置】为（960.0,540.0），如图 12-64 所示。画面效果如图 12-65 所示。

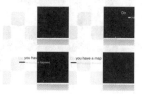

图 12-64　　　　　　图 12-65

步骤 20 在【时间轴】面板中选择【预合成 1】图层，使用快捷键 Ctrl+D 进行复制，单击打开复制【预合成 1】图层下方的【变换】，单击【位置】前的 ◎（时间变化秒表）按钮，关闭自动关键帧，设置【位置】为（960.0,540.0），设置【不透明度】为 30%。将时间线滑动到 2 秒位置，单击【缩放】前的 ◎（时间变化秒表）按钮，设置【缩放】为（0.0,0.0%）；继续将时间线滑动到 2 秒 10 帧位置，设置【缩放】为（150.0,150.0%）；最后将时间线滑动到 2 秒 20 帧位置，设置【缩放】为（100.0,100.0%），如图 12-66 所示。在【效果和预设】面板搜索框中搜索【镜像】，将该效果拖曳到【时间轴】面板的【预合成 1】图层（图层 1）上，如图 12-67 所示。

图 12-66　　　　　　图 12-67

步骤 21 在【时间轴】面板中选择【预合成 1】图层（图层 1），打开该图层下方的【效果】/【镜像】，设置【反射中心】为（1920.0,434.0），【反射角度】为 0x+90.0°，如图 12-68 所示。此时滑动时间线查看文字效果，如图 12-69 所示。

图 12-68　　　　　　图 12-69

步骤 22 在【时间轴】面板的空白位置处右击执行【新建】/【文本】命令。在【字符】面板中设置合适的【字体系列】，设置【填充颜色】为白色，【描边颜色】为无，【字体大小】为75像素，接着在【段落】面板中选择▤（左对齐文本），设置完成后输入"每周六7:30不见不散"文字内容，当输入完"7:30"时，按下大键盘上的Enter键将后方文字切换到另一行，如图12-70所示。

图 12-70

步骤 23 在【时间轴】面板中心选择当前文本图层，单击打开该图层下方的【变换】，设置【位置】为（1480.0,448.0），将时间线滑动到3秒位置，单击【不透明度】前的◎（时间变化秒表）按钮，设置【不透明度】为0%；继续将时间线滑动到4秒位置，设置【不透明度】为100%，如图12-71所示。实例完成，查看画面效果，如图12-72所示。

图 12-71

图 12-72

综合实例：简洁色块拼接风格栏目包装设计

文件路径:Chapter 12 影视包装综合实例→综合实例：简洁色块拼接风格栏目包装设计

本实例使用蒙版工具在多个纯色图层上绘制形状制作多个色块，并使用关键帧动画制作拼接动画效果。实例效果如图12-73所示。

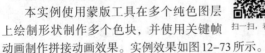

扫一扫，看视频

步骤 01 在【项目】面板中右击并选择【新建合成】选项，在弹出的【合成设置】面板中设置【合成名称】为【合成1】，【预设】为【PALD1/DV宽银幕方形像素】，【宽度】为1050，【高度】为576，【像素长宽比】为【方形像素】，【帧速率】为25，【分辨率】为【完整】，【持续

时间】为5秒，单击【确定】按钮。在【时间轴】面板的空白位置处右击，执行【新建】/【纯色】命令，在弹出的【纯色设置】窗口中设置【名称】为【深色 暗黄绿色 纯色1】，【颜色】为墨绿色，单击【确定】按钮，如图12-74所示。

图 12-73

图 12-74

步骤 02 在【时间轴】面板中单击打开纯色图层下方的【变换】，将时间线滑动到到起始帧位置，单击【位置】前的◎（时间变化秒表）按钮，开启自动关键帧，设置【位置】为（-535.0,288.0）；继续将时间线滑动到10帧位置，设置【位置】为（525.0,288.0），如图12-75所示。使用快捷键Ctrl+Y继续新建一个草绿色纯色图层，如图12-76所示。

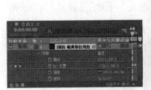

图 12-75

图 12-76

步骤 03 在【时间轴】面板中单击打开【深色 暗黄绿色 纯色1】图层下方的【变换】，单击选择【位置】属性，使用快捷键Ctrl+C进行复制，将时间线滑动到10帧位置，选择【中等灰色-绿色 纯色1】图层，使用快捷键Ctrl+V进行粘贴，如图12-77所示。

步骤 04 使用快捷键Ctrl+Y继续新建一个淡绿色的纯色图层，如图12-78所示。

步骤 05 在【时间轴】面板中单击打开【深色 暗黄绿色 纯色1】图层下方的【变换】，单击选择【位置】属性，使用快捷键Ctrl+C进行复制，将时间线滑动到20帧位置，选择【中间色绿色 纯色1】图层，使用快捷键Ctrl+V进行粘贴，如图12-79所示。

步骤 06 使用快捷键Ctrl+Y继续新建一个白色的纯色图层，如图12-80所示。

图 12-77　　　　　图 12-78

图 12-79　　　　　图 12-80

步骤 07 在【时间轴】面板中单击打开【深色 暗黄绿色 纯色 1】图层下方的【变换】，单击选择【位置】属性，使用快捷键Ctrl+C进行复制，将时间线滑动到1秒5帧位置，选择【白色 纯色 1】图层，使用快捷键Ctrl+V进行粘贴，如图12-81所示。

步骤 08 选择图层1~图层4这4个纯色图层，使用快捷键Ctrl+Shift+C进行预合成，如图12-82所示。

图 12-81　　　　　图 12-82

步骤 09 在【预合成】窗口中设置【新合成名称】为【颜色】，单击【确定】按钮。此时在【时间轴】面板中得到【颜色】预合成图层，如图12-83所示。

图 12-83

步骤 10 在【时间轴】面板中选择【颜色】预合成图层，在工具栏中选择（钢笔工具），接着在该图层上绘制一个四边形蒙版，如图12-84所示。

步骤 11 在【时间轴】面板中单击打开【颜色】预合成图层下方的【变换】，设置【位置】为（285.0,288.0），【旋转】为0x+90.0°，如图12-85所示。

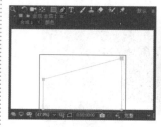

图 12-84　　　　　图 12-85

步骤 12 滑动时间线查看画面效果，如图12-86所示。

图 12-86

步骤 13 在【时间轴】面板中选择【颜色】预合成图层，使用快捷键Ctrl+D复制图层，如图12-87所示。

步骤 14 在【效果和预设】面板搜索框中搜索【反转】，将该效果拖曳到【时间轴】面板中复制的【颜色】预合成图层上，如图12-88所示。

图 12-87　　　　　图 12-88

步骤 15 在【时间轴】面板中单击打开【颜色】预合成图层（图层1）下方的【变换】进行参数调整，设置【位置】为（763.0,288.0），【旋转】为0x+270.0°，接着将时间线滑动到1秒13帧位置，单击【不透明度】前的（时间变化秒表）按钮，开启自动关键帧，设置【不透明度】为100%；继续将时间线滑动到1秒15帧位置，设置【不透明度】为0%，如图12-89所示。选择【不透明度】后方的两个关键帧，右击，在弹出的快捷菜单中执行【切

中文版After Effects 2020完全案例教程（微课视频版）

换定格关键帧】命令，此时关键帧形状发生变化，如图12-90所示。

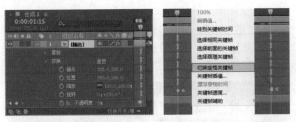

图12-89　　　　　　图12-90

步骤 16 滑动时间线查看画面效果，如图12-91所示。

步骤 17 制作一个四边形形状。在工具栏中选择【钢笔工具】，设置【填充】为橙色，在【合成】面板中单击建立锚点，绘制一个四边形，如图12-92所示。

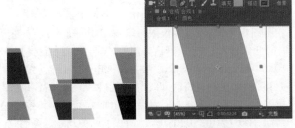

图12-91　　　　　　图12-92

步骤 18 在【时间轴】面板中单击打开【形状图层1】下方的【变换】，将时间线滑动到1秒10帧位置，单击【锚点】和【位置】前的 （时间变化秒表）按钮，设置【锚点】为（160.0,0.0），【位置】为（525.0,−289.0）；继续将时间线滑动到2秒10帧位置，设置【锚点】为（−160.0,0.0），【位置】为（525.0,870.0），如图12-93所示。画面效果如图12-94所示。

图12-93　　　　　　图12-94

步骤 19 在【时间轴】面板中按住Ctrl键加选两个【颜色】图层，使用快捷键Ctrl+D进行复制，然后按住鼠标左键，将复制出来的两个【颜色】图层拖曳到最上层，如图12-95所示。

步骤 20 将时间线滑动到3秒位置，选中复制的两个【颜色】图层，将光标移动到时间条位置，按住鼠标左键向

右侧滑动，将起始位置与时间线重合，如图12-96所示。

步骤 21 在工具栏中选择 （矩形工具），设置【填充】为橙色，【描边】为无，然后在【合成】面板中按住鼠标左键拖动绘制一个矩形，如图12-97所示。

图12-95

使用快捷键Ctrl+D进行复制

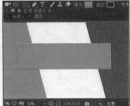

图12-96　　　　　　图12-97

步骤 22 在【时间轴】面板中单击打开【形状图层2】下方的【变换】，设置【位置】为（507.0,285.0），将时间线滑动到4秒位置，单击【缩放】后方的 （约束比例）按钮，取消对形状比例的限制，单击【缩放】前的 （时间变化秒表）按钮，开启自动关键帧，设置【缩放】为（100.0,0.0%）；将时间线滑动到4秒5帧位置，设置【缩放】为（100.0,65.0%）；将时间线滑动到4秒10帧位置，设置【缩放】为（100.0,16.0%）；将时间线滑动到4秒15帧位置，设置【缩放】为（100.0,100.0%）；最后将时间线滑动到4秒20帧位置，设置【缩放】为（100.0,0.0%），如图12-98所示。画面效果如图12-99所示。

图12-98　　　　　　图12-99

步骤 23 在【时间轴】面板的空白位置处右击执行【新建】/【文本】命令。在【字符】面板中设置合适的【字体系列】，设置【填充颜色】为暗红色，【描边颜色】为无，【字体大小】为85像素，在【段落】面板中选择 （居中对齐文本），设置完成后输入文字"DELICACY"，如图12-100所示。

图 12-100

步骤 24 在【时间轴】面板中单击打开文本图层下方的【变换】，设置【位置】为(512.0,302.0)，如图 12-101 所示。画面效果如图 12-102 所示。

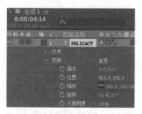

图 12-101　　　　　　　图 12-102

步骤 25 制作文字底部形状。在工具栏中选择▢(矩形工具)，设置【填充颜色】为淡紫色，【描边颜色】为无，在【合成】面板中的文字上方按住鼠标左键拖动绘制一个矩形，如图 12-103 所示。

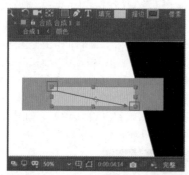

图 12-103

步骤 26 在【时间轴】面板中选择【形状图层3】，按住鼠标左键将它拖曳到文本图层的下方，如图 12-104 所示。画面效果如图 12-105 所示。

图 12-104　　　　　　　图 12-105

步骤 27 在【时间轴】面板中选择文本图层和【形状图层3】，使用快捷键Ctrl+Shift+C进行预合成，如图 12-106 所示。

步骤 28 在弹出的【预合成】窗口中设置【新合成名称】为【文字】，单击【确定】按钮。此时在【时间轴】面板中得到【文字】预合成图层，如图 12-107 所示。

图 12-106　　　　　　　图 12-107

步骤 29 单击打开文字图层下方的【变换】，单击【缩放】后方的◍(约束比例)按钮，取消对形状比例的限制，然后将时间线滑动到3秒位置，接着单击【缩放】前的◉(时间变化秒表)按钮，开启自动关键帧，设置【缩放】为(0.0,100.0%)；将时间线滑动到3秒10帧位置，设置【缩放】为(188.0,100.0%)；将时间线滑动到3秒20帧位置，设置【缩放】为(100.0,100.0%)；最后将时间线滑动到4秒位置，设置【缩放】为(135.0,135.0%)，如图 12-108 所示。画面效果如图 12-109 所示。

图 12-108　　　　　　　图 12-109

步骤 30 制作主体文字下方的小文字及背景形状。在工具栏中选择▢(矩形工具)，设置【填充】为橙色，接着在【合成】面板中主体文字下方按住鼠标左键拖动，绘制一个细长矩形，如图 12-110 所示。在【时间轴】面板的空白位置处右击执行【新建】/【文本】命令。在【字符】面板中设置合适的【字体系列】，设置【填充颜色】为白色，【描边颜色】为无，【字体大小】为28像素，设置完成后输入文字内容，如图 12-111 所示。

步骤 31 在【时间轴】面板中单击打开Fading is...past.文本图层下方的【变换】，设置【位置】为(508.0,377.0)，如图 12-112 所示。画面效果如图 12-113 所示。

中文版After Effects 2020完全案例教程（微课视频版）

图12-110

图12-111

图12-112

图12-113

步骤 32 在【时间轴】面板中选择文本图层和【形状图层3】，使用快捷键Ctrl+Shift+C进行预合成，如图12-114所示。

步骤 33 在弹出的【预合成】窗口中设置【新合成名称】为【小文字】，单击【确定】按钮。此时在【时间轴】面板中得到【小文字】预合成图层，如图12-115所示。

图12-114

图12-115

步骤 34 单击打开【小文字】预合成图层下方的【变换】，单击【缩放】后方的【（约束比例）按钮，取消对形状比例的限制，然后将时间线滑动到4秒5帧位置，接着单击【缩放】前的【时间变化秒表）按钮，开启自动关键帧，设置【缩放】为(0.0,100.0%)；将时间线滑动到4秒15帧位置，设置【缩放】为(122.0,100.0%)；将时间线滑动到4秒20帧位置，设置【缩放】为(100.0,100.0%)，如图12-116所示。本实例制作完成，画面效果如图12-117所示。

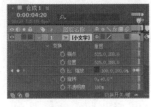

图12-116

图12-117

综合实例：星光缭绕的金属质感片头

文件路径：Chapter 12 影视包装综合实例→综合实例：星光缭绕的金属质感片头

本实例使用【发光】效果、【投影】效果、【湍流置换】效果制作文字，使用【CC Particle World（CC 粒子世界）】效果制作飞舞的细小粒子。实例效果如图12-118所示。

扫一扫，看视频

图12-118

步骤 01 在【项目】面板中右击并选择【新建合成】选项，在弹出的【合成设置】面板中设置【合成名称】为【合成1】，【预设】为HDTV 1080 24，【宽度】为1920，【高度】为1080，【像素长宽比】为【方形像素】，【帧速率】为24，【分辨率】为【完整】，【持续时间】为7秒，单击【确定】按钮。执行【文件】/【导入】/【文件】命令，导入1.jpg素材文件。在【项目】面板中选择1.jpg素材文件，将它拖曳到【时间轴】面板中，如图12-119所示。

图12-119

步骤 02 在【时间轴】面板中单击打开1.jpg图层下方的【变换】，设置【缩放】为(130.0,130.0%)，如图12-120所示。画面效果如图12-121所示。

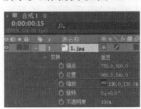

图12-120

图12-121

步骤 03 在【时间轴】面板的空白位置处右击，执行【新建】/【文本】命令。在【字符】面板中设置合适的【字体系列】，设置【填充颜色】为淡黄色，【描边颜色】为无，【字体大小】为240，在【段落】面板中选择 ▤（居中对齐文本），设置完成后在画面中输入文字，如图12-122所示。

图12-122

步骤 04 在【时间轴】面板中单击打开文本图层下方的【变换】，设置【位置】为(955.0,512.0)，如图12-123所示。文字位置如图12-124所示。

图12-123　　　　图12-124

步骤 05 制作文字效果。在【效果和预设】面板搜索框中搜索【发光】，将该效果拖曳到【时间轴】面板的文本图层上，如图12-125所示。

图12-125

步骤 06 在【时间轴】面板中选择文本图层，打开该图层下方的【效果】/【发光】，设置【发光阈值】为38.0%，【发光半径】为20.0，【发光强度】为1.0，【发光颜色】为【A和B颜色】，【颜色A】为黄色，【颜色B】为白色，如图12-126所示。文字效果如图12-127所示。

步骤 07 在【效果和预设】面板搜索框中搜索【投影】，将该效果拖曳到【时间轴】面板的文本图层上，如图12-128所示。

步骤 08 打开文本图层下方的【效果】/【投影】，设置【不透明度】为100%，【距离】为20.0，【柔和度】为40.0，如图12-129所示。文字效果如图12-130所示。

图12-126　　　　　　　　　图12-127

图12-128

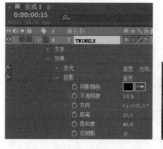 

图12-129　　　　　　　　　图12-130

步骤 09 在【效果和预设】面板搜索框中搜索【湍流置换】，将该效果拖曳到【时间轴】面板的文本图层上，如图12-131所示。

图12-131

步骤 10 打开文本图层下方的【效果】/【湍流置换】，将时间线滑动到起始帧位置，单击【大小】前的 ◎（时间变化秒表）按钮，开启自动关键帧，设置【大小】为20；继续将时间线滑动到3秒位置，设置【大小】为40，如图12-132所示。文字效果如图12-133所示。

步骤 11 在【时间轴】面板的空白位置处右击，再次执行【新建】/【文本】命令，在【字符】面板中设置合适的【字体系列】，设置【填充颜色】为淡黄色，【描边颜

中文版After Effects 2020完全案例教程（微课视频版）

色】为无,【字体大小】为64,在画面中输入文字内容,如图12-134所示。选中文字"BETWEEN",在【字符】面板中设置【填充颜色】为西瓜红,如图12-135所示。

图 12-132　　　　　图 12-133

图 12-134

图 12-135

步骤 12 将时间线滑动到1秒位置,在【效果和预设】面板搜索框中搜索【3D下飞和展开】,将该效果拖曳到【时间轴】面板的PROMISED BETWEEN FINGERS文本图层上,如图12-136所示。

图 12-136

步骤 13 在【时间轴】面板中单击打开PROMISED BETWEEN FINGERS文本图层下方的【变换】,设置【位置】为(972.0,680.0,0.0),如图12-137所示。滑动时间线查看画面效果,如图12-138所示。

步骤 14 制作粒子。在【时间轴】面板的空白位置处右击,执行【新建】/【纯色】命令。在弹出的【纯色设置】窗口中设置【名称】为【橙色 纯色 1】,【颜色】为橙色,单击【确定】按钮,如图12-139所示。

图 12-137　　　　　图 12-138

图 12-139

步骤 15 在【效果和预设】面板搜索框中搜索CC Particle World,将该效果拖曳到【时间轴】面板的【橙色 纯色 1】图层上,如图12-140所示。

图 12-140

步骤 16 在【时间轴】面板中选择【橙色 纯色 1】图层,打开该图层下方的【效果】/CC Particle World,将时间线滑动到2秒15帧位置,单击Birth Rate前的 (时间变化秒表)按钮,开启自动关键帧,设置Birth Rate为13.0,如图12-141所示;将时间线滑动到4秒位置,设置Birth Rate为0.0。 展开Producer, 设置Position Y为-0.040,Radius X为0.800,Radius Y为0.100。展开Physics,设置Animation为Twirly,Gravity为0.010,Resistance为3.0。展开Particle,设置Particle Type为Shaded Sphere,Birth Size为0.030,Death Size为0.000,Size Variation为100.0%,Max Opacity为100.0%。 展开Custom Color Map,设置Transfer Mode为Add,然后在该图层后方设置【模式】为【相加】,如图12-142所示。

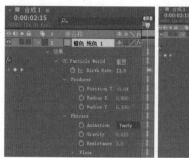

图 12-141   图 12-142

图 12-146   图 12-147

步骤 17 在【效果和预设】面板搜索框中搜索【波形变形】，将该效果拖曳到【时间轴】面板的【橙色 纯色 1】图层上，如图 12-143 所示。

图 12-143

步骤 18 在【时间轴】面板中选择【橙色 纯色 1】图层，打开该图层下方的【效果】/【波形变形】，设置【波形高度】为5，【波形宽度】为45，如图 12-144 所示。此时画面效果并不明显。在【效果和预设】面板搜索框中搜索【发光】，将该效果拖曳到【时间轴】面板的【橙色 纯色 1】图层上，如图 12-145 所示。

图 12-144   图 12-145

步骤 19 在【时间轴】面板中选择【橙色 纯色 1】图层，打开该图层下方的【效果】/【发光】，设置【发光阈值】为30.0%，【发光半径】为50.0，【发光强度】为2.0，【颜色循环】为2.0，【颜色A】为橘色，【颜色B】为青色，如图 12-146 所示。此时滑动时间线查看粒子效果，如图 12-147 所示。

步骤 20 制作红色的粒子。再次在【时间轴】面板的空白位置处右击，执行【新建】/【纯色】命令。此时在弹出的【纯色设置】窗口中设置【名称】为【红色 纯色 1】，【颜色】为红色，单击【确定】按钮，如图 12-148 所示。

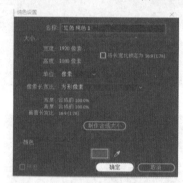

图 12-148

步骤 21 在【效果和预设】面板搜索框中搜索CC Particle World，将该效果拖曳到【时间轴】面板的【红色 纯色 1】图层上，如图 12-149 所示。

图 12-149

步骤 22 在【时间轴】面板中选择【红色 纯色 1】图层，打开该图层下方的【效果】/CC Particle World，设置 Longevity（sec）为1.30，将时间线滑动到2秒10帧位置，单击Birth Rate前的 ⏱（时间变化秒表）按钮，开启自动关键帧，设置Birth Rate为12.0；将时间线滑动到3秒10帧位置，设置Birth Rate为0.0。展开Producer，设置Position X为-0.030，Radius X为0.250，Radius Y为0.180；展开Physics，设置Resistance为1.0。展开Particle，设置Particle Type为Lens Concave，Birth Size为0.015，Death Size为0.000，Max Opacity为100.0%，Transfer Mode为Add，最后设置该图层的【模式】为【相

中文版After Effects 2020完全案例教程（微课视频版）

加】，如图12-150所示。在【效果和预设】面板搜索框中搜索【波形变形】，将该效果拖曳到【时间轴】面板的【红色 纯色 1】图层上，如图12-151所示。

图12-150

图12-151

步骤 23 在【时间轴】面板中选择【红色 纯色 1】图层，打开该图层下方的【效果】/【波形变形】，设置【波形高度】为5，如图12-152所示。画面效果并不明显。接着在【效果和预设】面板搜索框中搜索【发光】，将该效果拖曳到【时间轴】面板的【红色 纯色 1】图层上，如图12-153所示。

图12-152　　　　　图12-153

步骤 24 在【时间轴】面板中选择【红色 纯色 1】图层，打开该图层下方的【效果】/【发光】，设置【发光阈值】为50.0%，【发光半径】为50.0，【发光强度】为3.0，【发光颜色】为【A和B颜色】，如图12-154所示。本实例制作完成，滑动时间线查看画面效果，如图12-155所示。

图12-154

图12-155

综合实例：玄妙冷调风格电影片头设计

文件路径：Chapter 12　影视包装综合实例→综合实例：玄妙冷调风格电影片头设计

本实例使用【分形杂色】效果、【三色调】效果以及【曲线】效果制作青蓝色流动的云雾背景，使用【CC Particle World（CC 粒子世界）】效果制作爆破碎片效果，制作带有斜面及发光效果的文字，最后使用【镜头光晕】效果制作文字周围的光效。实例效果如图12-156所示。

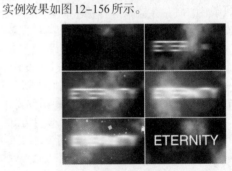

图12-156

步骤 01 在【项目】面板中右击并选择【新建合成】选项，在弹出的【合成设置】面板中设置【合成名称】为【合成1】，【预设】为【PALD1/DV宽银幕方形像素】，【宽度】为1050，【高度】为576，【像素长宽比】为【方形像素】，【帧速率】为25，【分辨率】为【完整】，【持续时间】为10秒，单击【确定】按钮。在【时间轴】面板的空白位置处右击，执行【新建】/【纯色】命令；在弹出的【纯色设置】窗口中设置【名称】为【黑色 纯色 1】，【颜色】为黑色，单击【确定】按钮，如图12-157所示。此时新建的纯色图层出现在【时间轴】面板中。

步骤 02 在【效果和预设】面板搜索框中搜索【分形杂色】，将该效果拖曳到【时间轴】面板的【黑色 纯色 1】

图层上,如图12-158所示。

图 12-157

图 12-158

步骤 03 在【时间轴】面板中选择【黑色 纯色1】图层,打开该图层下方的【效果】/【分形杂色】,设置【反转】为【开】,【溢出】为【剪切】。展开【变换】,设置【缩放】为600.0,【透视位移】为【开】,【复杂度】为15.0,将时间线滑动到起始帧位置,单击【旋转】和【偏移(湍流)】前的 (时间变化秒表)按钮,开启自动关键帧,设置【旋转】为0.0°,【偏移(湍流)】为(295.0,213.0);将时间线滑动到9秒24帧位置,设置【旋转】为0x-2.0°,【偏移(湍流)】为(317.0,233.0)。展开【子设置】,设置【子影响(%)】及【子缩放】均为50.0,将时间线滑动到起始帧位置,单击【子位移】和【演化】前的 (时间变化秒表)按钮,设置【子位移】为(360.0,288.0),【演化】为0.0;将时间线滑动到9秒24帧位置,设置【子位移】为(1722.0,-865.0),【演化】为2x+0.0°,如图12-159所示。滑动时间线查看画面效果,如图12-160所示。

图 12-159

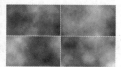

图 12-160

步骤 04 调整云雾颜色。在【效果和预设】面板搜索框中搜索【三色调】,将该效果拖曳到【时间轴】面板的【黑色 纯色1】图层上,如图12-161所示。

图 12-161

步骤 05 在【时间轴】面板中选择【黑色 纯色1】图层,打开该图层下方的【效果】/【三色调】,设置【高光】为白色,【中间调】为藏蓝色,【阴影】为黑色,如图12-162所示。此时云雾呈现蓝色调效果,如图12-163所示。

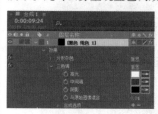

图 12-162   图 12-163

步骤 06 在【效果和预设】面板搜索框中搜索【曲线】,将该效果拖曳到【时间轴】面板的【黑色 纯色1】图层上,如图12-164所示。

图 12-164

步骤 07 在【效果控件】面板中展开【曲线】效果,首先将【通道】设置为RGB,在RGB曲线上单击添加两个控制点并向右下角拖动,调整曲线形状;将【通道】设置为【红色】,在红色曲线中间位置单击添加一个控制点向左上角微微拖动,提高画面中红色的数量;最后将【通道】设置为【绿色】,在绿色曲线中部偏上位置单击添加控制点,同样向左上角拖动,提高画面中绿色的数量,如图12-165所示。画面色调如图12-166所示。

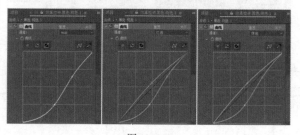

图 12-165

中文版After Effects 2020完全案例教程(微课视频版)

图12-166

步骤 08 在【时间轴】面板的空白位置处右击，执行【新建】/【纯色】命令，在弹出的【纯色设置】窗口中设置【名称】为【黑色 纯色 2】，【颜色】为黑色，单击【确定】按钮，如图12-167所示。

步骤 09 在【效果和预设】面板搜索框中搜索CC Particle World，将该效果拖曳到【时间轴】面板的【黑色 纯色 2】图层上，如图12-168所示。

图12-167

图12-168

步骤 10 在【时间轴】面板中选择【黑色 纯色 2】图层，打开该图层下方的【效果】/CC Particle World，设置Longevity（sec）为0.20，接着将时间线滑动到2秒位置，单击Birth Rate前的 (时间变化秒表)按钮，开启自动关键帧，设置Birth Rate为0.0；将时间线滑动到2秒6帧位置，设置Birth Rate为20.0；最后将时间线滑动到2秒18帧位置，设置Birth Rate为0.0，如图12-169所示。按住鼠标左键框选这3个关键帧，并在关键帧上方右击，在弹出的快捷菜单中执行【切换定格关键帧】命令，此时关键帧形状发生变化，如图12-170所示。

图12-169

图12-170

步骤 11 展开Physics，设置Inherit Velocity%为60.0，Gravity为0.100，将时间线滑动到2秒位置，单击Veloc-

ity前的 (时间变化秒表)按钮，开启自动关键帧，设置Velocity为15.00；将时间线滑动到2秒15帧位置，设置Velocity为17.27。展开Particle，设置Particle Type为QuadPolygon，Rotation Speed为400.0，Birth Size为0.01，Death Size为0.25，Birth Color为白色，Death Color为蓝色，Volume Shade（Approx）为100.0%，如图12-171所示。滑动时间线查看爆破碎片效果，如图12-172所示。

图12-171

步骤 12 在【时间轴】面板中选择【黑色 纯色 2】图层，使用快捷键Ctrl+D进行复制，修改名称为【黑色 纯色 3】，如图12-173所示。

图12-172

图12-173

步骤 13 在【时间轴】面板中选择【黑色 纯色 3】图层，在键盘上连续按两次U键，此时可将修改过的参数属性进行展开，下面将时间线拖动到4秒位置，选中全部关键帧，按住鼠标左键将它们向时间线位置拖动，当最左侧关键帧与时间线重合时，松开鼠标左键，如图12-174所示。当时间线停留在4秒位置时，更改Velocity为5.00，更改Birth Size为0.40，Death Size为0.10，最后设置【模式】为【相加】，如图12-175所示。

图12-174

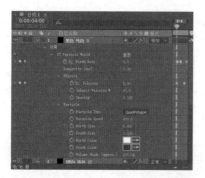

图 12-175

步骤 14 滑动时间线查看画面效果，如图 12-176 所示。

步骤 15 在【时间轴】面板的空白位置处右击，执行【新建】/【文本】命令，在【字符】面板中设置合适的【字体系列】，设置【填充颜色】与【描边颜色】均为白色，【字体大小】为 176，【描边宽度】为 4，在【段落】面板中选择▇（左对齐文本），在画面中合适位置输入文字，如图 12-177 所示。

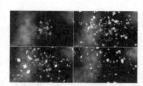

图 12-176

图 12-177

步骤 16 在【时间轴】面板中打开当前文本图层下方的【变换】，设置【锚点】为 (15.0,0.0)，【位置】为 (125.0,335.0)，如图 12-178 所示。此时文字位置如图 12-179 所示。

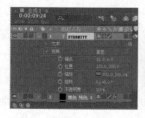

图 12-178

图 12-179

步骤 17 在【效果和预设】面板搜索框中搜索【斜面Alpha】，将该效果拖曳到【时间轴】面板的文本图层上，如图 12-180 所示。

图 12-180

步骤 18 在【时间轴】面板中选择文本图层，打开该图层下方的【效果】/【斜面 Alpha】，设置【边缘厚度】为 4.00，【灯光角度】为 0x+245.0°，【灯光颜色】为肉粉色，【灯光强度】为 1.00，如图 12-181 所示。画面效果如图 12-182 所示。

图 12-181

图 12-182

步骤 19 在【效果和预设】面板搜索框中搜索【发光】，将该效果拖曳到【时间轴】面板的文本图层上，如图 12-183 所示。

图 12-183

步骤 20 在【时间轴】面板中选择文本图层，打开该图层下方的【效果】/【发光】，设置【发光阈值】为 0%，【发光颜色】为【A 和 B 颜色】，【颜色 B】为白色，接着将时间线滑动到起始帧位置，单击【发光半径】及【发光强度】前的 ◎（时间变化秒表）按钮，开启自动关键帧，设置【发光半径】为 0.0，【发光强度】为 0.0；继续将时间线滑动到 5 秒位置，设置【发光半径】为 60.0，【发光强度】为 2.5；最后将时间线滑动到 6 秒位置，设置【发光半径】为 0.0，【发光强度】为 0.0，如图 12-184 所示。画面效果如图 12-185 所示。

图 12-184

图 12-185

步骤 21 在【效果和预设】面板搜索框中搜索【定向模

中文版 After Effects 2020 完全案例教程（微课视频版）

糊】，将该效果同样拖曳到【时间轴】面板的文本图层上，如图12-186所示。

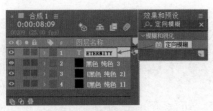

图 12-186

步骤 22 在【时间轴】面板中选择文本图层，打开该图层下方的【效果】/【定向模糊】，将时间线滑动到起始帧位置，单击【方向】及【模糊长度】前的 (时间变化秒表)按钮，开启自动关键帧，设置【方向】为0x+90.0°，【模糊长度】为90.0；继续将时间线滑动到5秒位置，设置【方向】为0x+0.0°，【模糊长度】为0.0，如图12-187所示。选择【定向模糊】效果中的4个关键帧，在关键帧上方右击，在弹出的快捷菜单中执行【切换定格关键帧】命令，此时改变关键帧状态，如图12-188所示。

图 12-187

图 12-188

步骤 23 在【效果和预设】面板中，展开【动画预设】/【Text】，并任意选择一个文字预设拖至当前文字图层。滑动时间线查看画面效果，如图12-189所示。

步骤 24 使用同样的方式继续新建一个黑色的纯色图层，命名为【黑色 纯色 4】，如图12-190所示。

步骤 25 在【效果和预设】面板搜索框中搜索【镜头光晕】，将该效果拖曳到【时间轴】面板的【黑色 纯色 4】图层上，如图12-191所示。

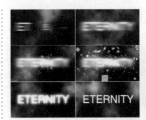

图 12-189 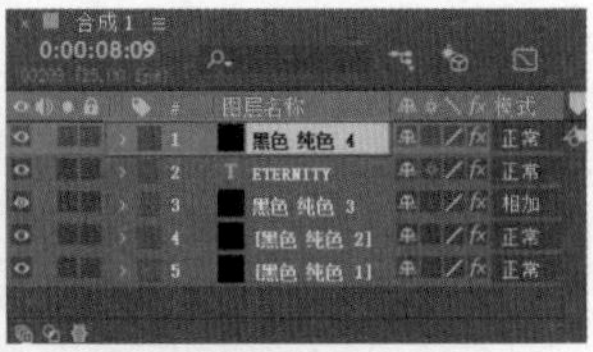   图 12-190

图 12-191

步骤 26 在【时间轴】面板中选择【黑色 纯色 4】图层，打开该图层下方的【效果】/【镜头光晕】，设置【光晕中心】为（306.0,262.0），【光晕亮度】为150%，【镜头类型】为【35毫米定焦】，将时间线滑动到1秒15帧位置，单击【与原始图像混合】前的 (时间变化秒表)按钮，开启自动关键帧，设置【与原始图像混合】为100%；继续将时间线滑动到4秒10帧位置，设置【与原始图像混合】为0%；最后将时间线滑动到5秒15帧位置，设置【与原始图像混合】为100%，接着设置该图层的【模式】为【屏幕】，如图12-192所示。本实例制作完成，滑动时间线查看实例效果，如图12-193所示。

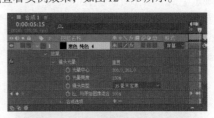

图 12-192

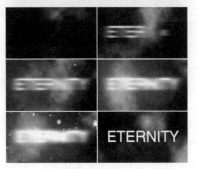

图 12-193

综合实例：扁平化风格的包装片头设计

文件路径：Chapter 12 影视包装综合实例→综合实例：扁平化风格的包装片头设计

本实例使用【椭圆工具】【矩形工具】及【钢笔工具】绘制画面中的形状元素，使用CC Light Wipe效果制作扫光效果，最后输入文字内容。实例效果如图12-194所示。

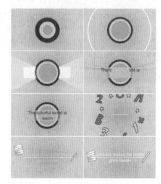

图 12-194

步骤 01 在【项目】面板中右击并选择【新建合成】选项，在弹出的【合成设置】面板中设置【合成名称】为【合成1】，【预设】为HDTV 1080 24，【宽度】为1920，【高度】为1080，【像素长宽比】为【方形像素】，【帧速率】为24，【分辨率】为【完整】，【持续时间】为8秒，单击【确定】按钮。在【时间轴】面板的空白位置处右击，执行【新建】/【纯色】命令，在弹出的【纯色设置】窗口中设置【名称】为【黄色 纯色 1】，【颜色】为黄色，单击【确定】按钮，如图12-195所示。

图 12-195

步骤 02 在【时间轴】面板中选择【黄色 纯色 1】，右击，执行【图层样式】/【渐变叠加】命令。单击打开该纯色图层下方的【图层样式】/【渐变叠加】，单击【颜色】后方的【编辑渐变】按钮，在弹出的【渐变编辑器】窗口中

编辑一个黄色系的渐变，设置【样式】为【径向】，【缩放】为150.0%，单击【确定】按钮，如图12-196所示。

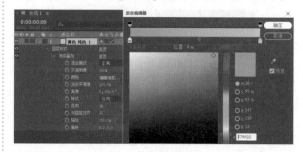

图 12-196

步骤 03 背景效果如图12-197所示。

步骤 04 制作正圆形状动画效果。在工具栏中选择◯（椭圆工具），设置【填充】为棕色，在画面中按住Shift键的同时按住鼠标左键绘制一个正圆形状，如图12-198所示。

图 12-197　　　　　图 12-198

步骤 05 使用同样的方式在棕色正圆内部的合适位置继续绘制两个正圆，并更改【填充】颜色，制作出同心圆效果，如图12-199和图12-200所示。

图 12-199　　　　　图 12-200

步骤 06 在【时间轴】面板中单击打开【形状图层1】下方的【变换】，将时间线滑动到起始帧位置，单击【缩放】前的◯（时间变化秒表）按钮，开启自动关键帧，设置【缩放】为（0.0,0.0%）；继续将时间线滑动到2秒位置，设置【缩放】为（100.0,100.0%），如图12-201所示。选择【缩放】属性，使用快捷键Ctrl+C进行复制，然后将时间线滑动到10帧位置，选择形状图层2，使用快捷键

Ctrl+V进行粘贴，如图12-202所示。

图12-201　　　　　　　图12-202

步骤 07 将时间线滑动到20帧位置，选择【形状图层3】，使用快捷键Ctrl+V进行粘贴，如图12-203所示。滑动时间线查看制作效果，如图12-204所示。

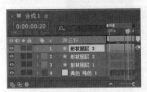 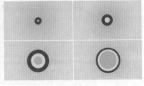

图12-203　　　　　　　图12-204

步骤 08 选择【椭圆工具】，设置【填充】为无，【描边】为白色，【描边宽度】为10像素，在棕色正圆外侧边缘处按住Shift键的同时按住鼠标左键绘制一个白色空心圆，如图12-205所示。

图12-205

步骤 09 在【时间轴】面板中单击打开【形状图层4】下方的【变换】，将时间线滑动到2秒20帧位置，单击【缩放】前的 (时间变化秒表)按钮，开启自动关键帧，设置【缩放】为(0.0,0.0%)；继续将时间线滑动到4秒位置，设置【缩放】为(363.0,363.0%)，如图12-206所示。画面效果如图12-207所示。

图12-206　　　　　　　图12-207

步骤 10 在【时间轴】面板中选择【形状图层1】~【形状图层4】，使用快捷键Ctrl+Shift+C进行预合成，如图12-208所示。

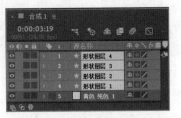

图12-208

步骤 11 在【预合成】窗口中设置【新合成名称】为【预合成1】，单击【确定】按钮。此时在【时间轴】面板中得到【预合成1】图层，如图12-209所示。单击打开【预合成1】图层下方的【变换】，将时间线滑动到6秒位置，单击【缩放】前的 (时间变化秒表)按钮，设置【缩放】为100.0%，如图12-210所示；继续将时间线滑动到6秒15帧位置，设置【缩放】为0.0%。

图12-209　　　　　　　图12-210

步骤 12 执行【文件】/【导入】/【文件】命令，在弹出的【导入文件】窗口中导入全部素材文件。在【项目】面板中选择1.png素材文件，将它拖曳到【时间轴】面板的最上层，如图12-211所示。

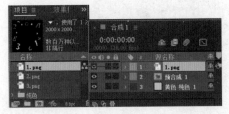

图12-211

步骤 13 在【时间轴】面板中单击打开1.png图层下方的【变换】，将时间线滑动到6秒13帧位置，单击【缩放】前的 (时间变化秒表)按钮，开启自动关键帧，设置【缩放】为(0.0,0.0%)；将时间线滑动到7秒2帧位置，设置【缩放】为(180.0,180.0%)，设置【不透明度】为80%，如图12-212所示。滑动时间线查看画面效果，如

图12-213所示。

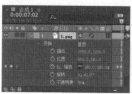

图12-212

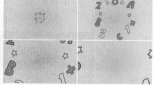

图12-213

步骤 14 制作文字及其背景。首先在工具栏中选择 ▭ （矩形工具），设置【填充】为青色，【描边】为无，在画面中心位置绘制一个矩形，如图12-214所示。

步骤 15 在【效果和预设】面板搜索框中搜索CC Light Wipe，将该效果拖曳到【时间轴】面板的【形状图层5】上，如图12-215所示。

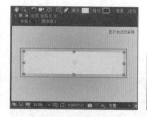

图12-214

图12-215

步骤 16 在【时间轴】面板中单击打开【形状图层5】下方的【效果】/CC Light Wipe，将时间线滑动到3秒20帧位置，单击Completion前的 ⏱ （时间变化秒表）按钮，设置Completion为（100.0,100.0%）；将时间线滑动到4秒20帧位置，设置Completion为（0.0,0.0%）。展开【变换】属性，设置【不透明度】为80%，如图12-216所示。滑动时间线查看画面效果，如图12-217所示。

图12-216

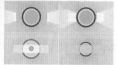

图12-217

步骤 17 制作文字部分。在【时间轴】面板的空白位置处右击执行【新建】/【文本】命令。在【字符】面板中设置合适的【字体系列】，设置【填充颜色】为黑色，【描

边颜色】为无，【字体大小】为116像素，在【段落】面板中选择 ≡ （居中对齐文本），设置 ⊟ （首字边距）为0像素，设置完成后在长方形局部输入文字内容，当输入完"is"时，按下大键盘上的Enter键将文字切换到下一行，如图12-218所示。

图12-218

步骤 18 在【时间轴】面板中单击打开【形状图层5】下方的【效果】，选择CC Light Wipe，使用快捷键Ctrl+C进行复制，接着将时间线滑动到4秒15帧位置，选择文本图层，使用快捷键Ctrl+V进行粘贴；展开【变换】，设置【位置】为（964.0,524.0），如图12-219所示。改变扫光的颜色，展开文本图层下的CC Light Wipe，设置Color为黄色，如图12-220所示。

步骤 19 文字效果如图12-221所示。

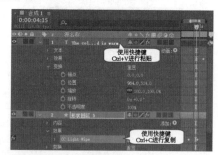

图12-219

图12-220

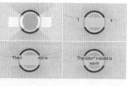

图12-221

步骤 20 在【时间轴】面板中选择文本图层及【形状图层5】，使用快捷键Ctrl+Shift+C进行预合成，如图12-222所示。

中文版After Effects 2020完全案例教程（微课视频版）

图 12-222

步骤 21 在【预合成】窗口中设置【新合成名称】为【预合成 2】，单击【确定】按钮。此时在【时间轴】面板中得到【预合成 2】图层，如图 12-223 所示。在【效果和预设】面板搜索框中搜索【块溶解】，将该效果拖曳到【时间轴】面板的【预合成 2】图层上，如图 12-224 所示。

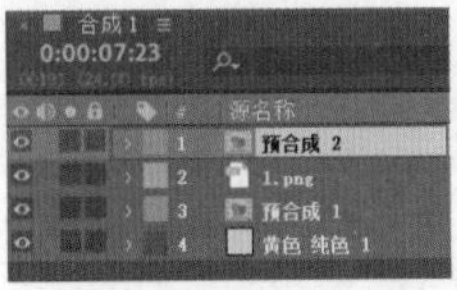

图 12-223

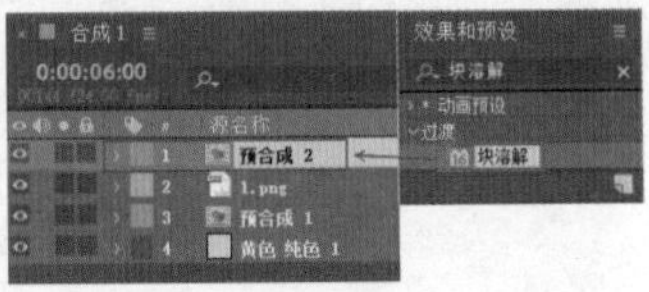

图 12-224

步骤 22 在【时间轴】面板中单击打开【预合成 2】图层下方的【效果】/【块溶解】，设置【块宽度】和【块高度】均为 3.0，将时间线滑动到 5 秒 15 帧位置，单击【过渡完成】前的（时间变化秒表）按钮，设置【过渡完成】为 0%；继续将时间线滑动到 6 秒位置，设置【过渡完成】为 100%，如图 12-225 所示。画面效果如图 12-226 所示。

图 12-225

图 12-226

步骤 23 在【时间轴】面板的空白位置处右击执行【新建】/【文本】命令。在【字符】面板中设置合适的【字体系列】，设置【填充颜色】为白色，【描边颜色】为无，【字体大小】为 110 像素，在【段落】面板中选择（居中对齐文本），设置（首字边距）为 0 像素，设置完成后在画面中心位置输入文字，当输入完 "hearts" 时按下大键盘上的 Enter 键将文字切换到下一行，如图 12-227 所示。

步骤 24 在【时间轴】面板中单击打开 Distance...fonder 文本图层下方的【变换】，设置【位置】为 (964.0,488.0)，将时间线滑动到 7 秒位置，单击【不透明度】前的（时间变化秒表）按钮，设置【不透明度】为 0%；继续

将时间线滑动到 7 秒 15 帧位置，设置【不透明度】为 100%，如图 12-228 所示。文字效果如图 12-229 所示。

图 12-227

图 12-228

图 12-229

步骤 25 在文字中间绘制一条分隔线。在工具栏中选择（钢笔工具），设置【填充】为无，【描边】为白色，【描边宽度】为 10 像素，接着在两排文字的中间位置单击建立锚点，按住 Shift 键绘制一条水平直线，如图 12-230 所示。

步骤 26 在【时间轴】面板中选择刚制作的【形状图层 1】，单击打开【变换】，设置【位置】为 (960.0,592.0)，接着将时间线滑动到 6 秒 15 帧位置，单击【缩放】后方的（约束比例）按钮，取消对形状的限制，然后单击【缩放】前的（时间变化秒表）按钮，开启自动关键帧，设置【缩放】为 (0.0,100.0%)；继续将时间线滑动到 7 秒位置，设置【缩放】为 (100.0,100.0%)，如图 12-231 所示。

图 12-230

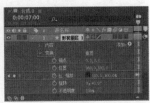

图 12-231

步骤 27 画面效果如图 12-232 所示。

步骤 28 将【项目】面板中的 2.png 和 3.png 素材文件拖曳到【时间轴】面板中，如图 12-233 所示。

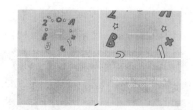

图 12-232

图 12-233

步骤 29 在【时间轴】面板中单击打开2.png图层下的【变换】，设置【缩放】为（70.0,70.0%），【旋转】为0x-18.0°，将时间线滑动到7秒位置，单击【位置】前的 🕐（时间变化秒表）按钮，开启自动关键帧，设置【位置】为（193.0,-158.0）；继续将时间线滑动到7秒8帧位置，设置【位置】为（210.0,500.0），如图12-234所示。接着单击打开3.png图层下方的【变换】，设置【位置】为（1650.0,522.0），【旋转】为0x-53.0°，将时间线滑动到7秒位置，单击【缩放】前的🕐（时间变化秒表）按钮，设置【缩放】为（0.0,0.0%）；继续将时间线滑动

到7秒8帧位置，设置【缩放】为（100.0,100.0%），如图12-235所示。

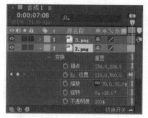

图 12-234

图 12-235

步骤 30 滑动时间线查看效果，如图12-236所示。

步骤 31 本实例制作完成，滑动时间线查看画面效果，如图12-237所示。

图 12-236

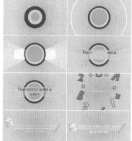

图 12-237

中文版After Effects 2020完全案例教程（微课视频版）

Chapter

13

第13章

扫一扫，看视频

广告动画综合实例

本章内容简介：

广告设计是After Effects重要的应用领域之一。After Effects中大量的效果可以模拟不同的画面质感，配合关键帧动画则会创建出更多的动画效果。本章将重点对MG动画、产品动画、饼图动画等实例进行学习。

重点知识掌握：

- MG动画的制作
- 产品广告的制作
- 饼图动画的制作

综合实例：MG动态图形动画

文件路径：Chapter 13 广告动画综合实例→综合实例：MG动态图形动画

MG（Motion Graphics，动态图形）融合了平面设计、动画设计和电影语言，它的表现形式丰富多样，具有极强的包容性，常与各种表现形式以及艺术风格混搭；主要应用在广告设计、节目频道包装、电影电视片头、商业广告、MV、现场舞台屏幕、互动装置等。本实例使用【椭圆工具】绘制形状，并为【旋转】【缩放】等属性创建关键帧动画制作动画效果。实例效果如图13-1所示。

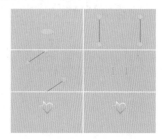

图13-1

步骤（01 在【项目】面板中右击并选择【新建合成】选项，在弹出的【合成设置】面板中设置【合成名称】为【合成1】，【预设】为【PALD1/DV宽银幕方形像素】，【宽度】为1050，【高度】为576，【像素长宽比】为【方形像素】，【帧速率】为25，【分辨率】为【完整】，【持续时间】为5秒，单击【确定】按钮。在【时间轴】面板的空白位置处右击，执行【新建】/【纯色】命令。在弹出的【纯色设置】窗口中设置【名称】为【中间色蓝色纯色1】，【颜色】为浅蓝色，单击【确定】按钮，如图13-2所示。

步骤（02 在工具栏中选择（椭圆工具），设置【填充】为黄色，在【合成】面板中按住Shift键绘制一个正圆，如图13-3所示。

图13-2　　　　　图13-3

步骤（03 在【时间轴】面板中单击打开【形状图层1】下方的【变换】，将时间线滑动到起始帧位置，单击【位置】及【缩放】前的（时间变化秒表）按钮，开启自动关键帧，设置【位置】为（463.0,14.0），单击【缩放】后方的（约束比例）按钮，取消对形状比例的限制，设置【缩放】为（100.0,-200.0%）；将时间线滑动到15帧位置，设置【位置】为（455.0,376.0），【缩放】为（145.0,-49.0），将时间线滑动到20帧位置，设置【位置】为（455.0,225.0），【缩放】为（120.0,130.0%），如图13-4所示；将时间线滑动到24帧位置，设置【位置】为（468.0,250.0），【缩放】为（100.0,100.0%）；继续将时间线滑动到1秒5帧位置，单击【不透明度】前的（时间变化秒表）按钮，设置【不透明度】为100%；最后将时间线滑动到1秒10帧位置，设置【不透明度】为0%。滑动时间线查看画面效果，如图13-5所示。

图13-4　　　　　　　　图13-5

步骤（04 制作形状动画。在工具栏中选择（椭圆工具），设置【填充】为黄色，【描边】为无，在【合成】面板左上方按住Shift键绘制一个较小的正圆，如图13-6所示。

步骤（05 在【时间轴】面板中选择刚制作完成的【形状图层2】，使用快捷键Ctrl+D复制图层，如图13-7所示。

图13-6　　　　　　　　图13-7

步骤（06 调整正圆的位置。在【时间轴】面板中单击打开【形状图层3】下方的【变换】，设置【位置】为（525.0,605.0），如图13-8所示。画面效果如图13-9所示。

图 13-8　　　　　　　　　　图 13-9

步骤 07 绘制一条直线，将两个黄色正圆进行连接。首先在工具栏中选择 ✎（钢笔工具），设置【填充】为无，【描边】为深红色，【描边宽度】为 5 像素，设置完成后在两个正圆之间单击建立锚点进行绘制直线，如图 13-10 所示。

步骤 08 在【时间轴】面板中选择【形状图层 2】~【形状图层 4】，使用快捷键 Ctrl+Shift+C 进行预合成，如图 13-11 所示。

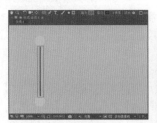

图 13-10　　　　　　　　　图 13-11

步骤 09 在弹出的【预合成】窗口中设置【新合成名称】为【预合成 1】，单击【确定】按钮。此时在【时间轴】面板中得到【预合成 1】图层，如图 13-12 所示。

步骤 10 在【时间轴】面板中选择【预合成 1】图层，使用快捷键 Ctrl+D 进行复制，如图 13-13 所示。

图 13-12　　　　　　　　　图 13-13

步骤 11 单击打开【预合成 1】（图层 1）下方的【变换】，设置【位置】为（1010.0,288.0），如图 13-14 所示。画面效果如图 13-15 所示。

步骤 12 在【时间轴】面板中选择这两个【预合成 1】图层，使用快捷键 Ctrl+Shift+C 再次进行预合成，如图 13-16 所示。在弹出的【预合成】窗口中设置【新合成名称】为【预合成 2】。

步骤 13 在【时间轴】面板中得到【预合成 2】图层，如图 13-17 所示。

图 13-14　　　　　　　　　图 13-15

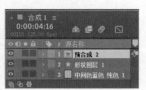

图 13-16　　　　　　　　　图 13-17

步骤 14 单击打开【预合成 2】下方的【变换】，将时间线滑动到起始帧位置，单击【缩放】前的 ⏱（时间变化秒表）按钮，开启自动关键帧，设置【缩放】为（0.0,0.0%）；将时间线滑动到 1 秒 15 帧位置，设置【缩放】为（140.0,140.0%）；继续将时间线滑动到 1 秒 20 帧位置，设置【缩放】为（100.0,100.0%），在当前位置单击【旋转】前的 ⏱（时间变化秒表）按钮，设置【旋转】为 0.0°；将时间线滑动到 2 秒 20 帧位置，设置【缩放】为（100.0,100.0%），【旋转】为 1x+0.0°；最后将时间线滑动到 3 秒 05 帧位置，设置【旋转】为 0.0°，如图 13-18 所示。滑动时间线查看画面效果，如图 13-19 所示。

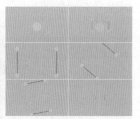

图 13-18　　　　　　　　　图 13-19

步骤 15 在【时间轴】面板的空白位置处右击执行【新建】/【文本】命令。在【字符】面板中设置合适的【字体系列】，设置【填充颜色】为白色，【描边颜色】为无，【字体大小】为 60 像素，设置完成后输入文字"Blow Up Antonioni"，如图 13-20 所示。

步骤 16 在【时间轴】面板中将时间线滑动到 3 秒 20 帧位置，单击【位置】前的 ⏱（时间变化秒表）按钮，开启自动关键帧，设置【位置】为（536.0,620.0）；将时间线滑动到 4 秒 5 帧位置，设置【位置】为（536.0,465.0），如

图 13-21 所示。画面效果如图 13-22 所示。

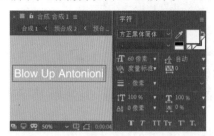

图 13-20

图 13-21

图 13-22

步骤 17 为文字添加渐变效果。在【时间轴】面板中选择文字图层，右击执行【图层样式】/【渐变叠加】命令。在【时间轴】面板中单击打开文本图层下方的【图层样式】/【渐变叠加】，单击【颜色】后方的【编辑渐变】按钮，在弹出的【渐变编辑器】窗口中编辑一个由洋红色到黄色的渐变，编辑完成后单击【确定】按钮，如图 13-23 所示。滑动时间线查看文字效果，如图 13-24 所示。

步骤 18 执行【文件】/【导入】/【文件】命令，导入 1.png 素材文件。在【项目】面板中将素材文件 1.png 拖曳到【时间轴】面板的最上层，如图 13-25 所示。

图 13-23

图 13-24

图 13-25

步骤 19 在【时间轴】面板中单击打开 1.png 图层下方的【变换】，设置【位置】为（525.0,215.0），将时间线滑动到 3 秒 5 帧位置，单击【缩放】前的 ⏱（时间变化秒表）按钮，开启自动关键帧，设置【缩放】为（0.0,0.0%）；继续将时间线滑动到 3 秒 20 帧位置，设置【缩放】为（160.0,160.0%），如图 13-26 所示。本实例制作完成，画面最终效果如图 13-27 所示。

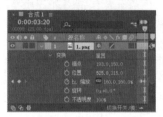

图 13-26

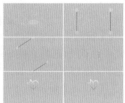

图 13-27

综合实例：茶叶广告动画

扫一扫，看视频

文件路径：Chapter 13 广告动画综合实例→综合实例：茶叶广告动画

本实例使用形状工具以及【钢笔工具】绘制蒙版，并配合【橡皮擦工具】弱化茶具的阴影效果，使其看起来更加自然，最后创建动画。实例效果如图 13-28 所示。

图 13-28

Part 01 图片部分

步骤 01 在【项目】面板中右击并选择【新建合成】选项，在弹出的【合成设置】面板中设置【合成名称】为 01，【预设】为【自定义】，【宽度】为 1521，【高度】为 828，【像素长宽比】为【方形像素】，【帧速率】为 29.97，【分辨率】为【完整】，【持续时间】为 7 秒，单击【确定】按钮。执行【文件】/【导入】/【文件】命令，导入全部素材文件。在【项目】面板中将素材文件 01.jpg 和素材文件 02.jpg 拖曳到【时间轴】面板中，如图 13-29 所示。

中文版 After Effects 2020 完全案例教程（微课视频版）

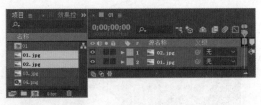

图 13-29

步骤 02 在【时间轴】面板中单击打开02.jpg图层下方的【变换】，设置【位置】为(872.5,374.0)，【缩放】为(71.0,71.0%)，如图 13-30 所示。画面效果如图 13-31 所示。

图 13-30　　　　　　　图 13-31

步骤 03 在【时间轴】面板中选中素材文件02.jpg，然后在工具栏中选择【椭圆工具】，在风景图片的合适位置按住Shift键的同时按住鼠标左键绘制正圆遮罩路径。如图 13-32 所示。

步骤 04 在【效果和预设】面板中搜索【复合模糊】效果，并将其拖曳到【时间轴】面板的02.jpg图层上，如图 13-33 所示。

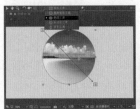 

图 13-32　　　　　　　图 13-33

步骤 05 在【时间轴】面板中单击打开02.jpg图层下方的【效果】，设置【最大模糊】为5.0，如图 13-34 所示。画面效果如图 13-35 所示。

图 13-34　　　　　　　图 13-35

步骤 06 调整风景图片颜色。在【效果和预设】面板中搜索【色相/饱和度】效果，将其拖曳到【时间轴】面板的02.jpg图层上，如图 13-36 所示。

图 13-36

步骤 07 在【效果控件】面板中展开【色相/饱和度】效果，勾选【彩色化】，设置【着色色相】为0x+43.0°，【着色饱和度】为18，【着色亮度】为5，如图 13-37 所示。画面效果如图 13-38 所示。

图 13-37　　　　　　　图 13-38

步骤 08 将【项目】面板中的素材文件03.jpg拖曳到【时间轴】面板中，如图 13-39 所示。

图 13-39

步骤 09 在【时间轴】面板中单击打开03.jpg图层下方的【变换】，设置【位置】为(756.5,538.0)，【缩放】为(14.0,14.0%)，如图 13-40 所示。画面效果如图 13-41 所示。

图 13-40

图 13-41

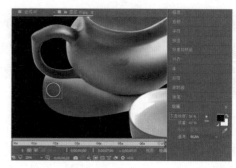

图 13-45

步骤 10 在图片上方使用【钢笔工具】绘制遮罩路径。首先在【时间轴】面板中选择素材文件03.jpg，在工具栏中选择【钢笔工具】，将光标移动到画面中，单击添加锚点，移动锚点两侧控制柄可调整路径形状，如图13-42所示。继续沿茶壶和茶杯边缘进行绘制路径，绘制完成后的效果如图13-43所示。此时遮罩路径以外的部分已被隐藏。

图 13-42

图 13-43

步骤 11 使用【橡皮擦工具】减淡茶具的阴影部分。在【时间轴】面板中双击图层03.jpg，打开该图层的预览窗口。选择工具箱中的【橡皮擦工具】，在界面右侧的【绘画】面板中设置【直径】为300，【不透明度】为60%，【流量】为60%，并设置前景色为黑色，然后在茶具的阴影处进行涂抹，涂抹完成后可以看见涂抹过的区域较之前相比颜色更暗，如图13-44所示。继续在【绘画】面板中更改【不透明度】为26%，涂抹茶壶阴影处，如图13-45所示。

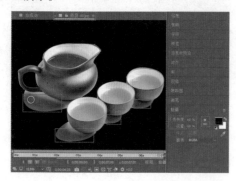

图 13-44

步骤 12 返回【合成】面板中，可以看到茶具的阴影效果更加柔和，如图13-46所示。

步骤 13 制作画面的文字部分。在【时间轴】面板的空白位置处右击执行【新建】/【文本】命令。在【字符】面板中设置合适的【字体系列】，设置【填充颜色】为黑色，【描边颜色】为无，【字体大小】为350像素，在【段落】面板中选择■（居中对齐文本），设置完成后输入文本"茶"，如图13-47所示。

图 13-46

图 13-47

步骤 14 在【时间轴】面板中单击打开【茶】文本图层下方的【变换】，设置【位置】为（342.0,276.0），【不透明度】为50%，如图13-48所示。画面效果如图13-49所示。

图 13-48

图 13-49

步骤 15 再次在【时间轴】面板的空白位置处右击执行【新建】/【文本】命令，并在【字符】面板中设置合适的【字体系列】，设置【填充颜色】为黑色，【描边颜色】为无，【字体大小】为230像素，设置完成后输入文本"香"，如图13-50所示。

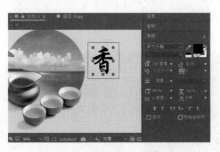

图 13-50

步骤 16 在【时间轴】面板中单击打开【香】文本图层下方的【变换】，设置【位置】为（1208.0,348.0），【不透明度】为30%，如图 13-51 所示。画面效果如图 13-52 所示。

图 13-51　　　　　　　　图 13-52

步骤 17 继续输入文本"味"，设置【字体大小】为190 像素，其他参数不变，如图 13-53 所示。

图 13-53

步骤 18 在【时间轴】面板中单击打开【味】文本图层下方的【变换】，设置【位置】为（1086.0,612.0），【不透明度】为15%，并将该图层移动到03.jpg图层的下方，如图 13-54 所示。画面效果如图 13-55 所示。

图 13-54　　　　　　　　图 13-55

步骤 19 继续在画面右下角使用同样的方式输入文本，设置合适的【字体系列】，设置【填充颜色】为黑色，【描边颜色】为无，【字体大小】为15 像素，并选择【左对齐文本】，当文字需要切换到下一行时，可按下大键盘上的Enter键，如图 13-56 所示。

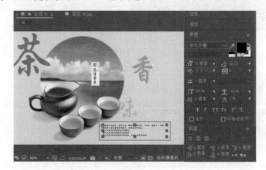

图 13-56

步骤 20 在【时间轴】面板中单击打开该文本图层下方的【变换】，设置【位置】为（898.0,692.0），如图 13-57 所示。画面效果如图 13-58 所示。

图 13-57　　　　　　　　图 13-58

步骤 21 将【项目】面板中的素材文件04.png拖曳到【时间轴】面板中，如图 13-59 所示。

图 13-59

步骤 22 在【时间轴】面板中单击打开04.png图层下方的【变换】，设置【位置】为（848.5,310.0），如图 13-60 所示。画面效果如图 13-61 所示。

图 13-60 　　　　图 13-61

Part 02　动画部分

步骤 01 为了便于观看，先将图层1~图层6进行隐藏。然后在【效果和预设】面板中搜索CC Image Wipe效果，并将其拖曳到【时间轴】面板的02.jpg图层上，如图13-62所示。

图 13-62

步骤 02 在【时间轴】面板中单击打开02.jpg图层下方的【效果】/CC Image Wipe，并将时间线滑动到5帧位置处，单击Completion前的 🕙（时间变化秒表）按钮，设置Completion为100.0%；继续将时间线滑动到1秒位置，设置Completion为0.0%，如图13-63所示。画面效果如图13-64所示。

图 13-63 　　　　图 13-64

步骤 03 显现并选择图层6，在【时间轴】面板中单击打开该文本图层下方的【变换】，将时间线滑动到4秒位置，单击【缩放】和【不透明度】前的 🕙（时间变化秒表）按钮，设置【缩放】为（860.0,860.0%），【不透明度】为0%，继续将时间线滑动到5秒位置，设置【缩放】为

（100.0,100.0%），【不透明度】为15%，如图13-65所示。画面效果如图13-66所示。

图 13-65 　　　　图 13-66

步骤 04 显现并选择图层5，然后在【效果和预设】面板中搜索【块溶解】效果，并将它拖曳到【时间轴】面板的03.jpg图层上，如图13-67所示。

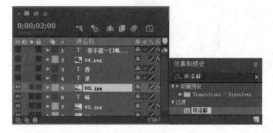

图 13-67

步骤 05 在【时间轴】面板中单击打开该图层下方的【效果】，将时间线滑动到1秒位置，单击【过渡完成】前的 🕙（时间变化秒表）按钮，设置【过渡完成】为100%；继续将时间线滑动到2秒位置，设置【过渡完成】为0%，如图13-68所示。画面效果如图13-69所示。

图 13-68 　　　　图 13-69

步骤 06 显现并选择图层4，在【时间轴】面板中单击打开该图层下方的【变换】，将时间线滑动到2秒位置，单击【位置】前的 🕙（时间变化秒表）按钮，设置【位置】为（-175.0,276.0）；继续将时间线滑动到3秒位置，设置【位置】为（342.0,276.0），如图13-70所示。画面效果如图13-71所示。

步骤 07 显现并选择图层3，在【时间轴】面板中单击打开该图层下方的【变换】，将时间线滑动到3秒位置，单

中文版After Effects 2020完全案例教程（微课视频版）

击【位置】前的 ⏱ ，设置【位置】为（1208.0，–50.0）；继续将时间线滑动到4秒位置，设置【位置】为（1208.0，348.0），如图13-72所示。画面效果如图13-73所示。

图 13-70

图 13-71

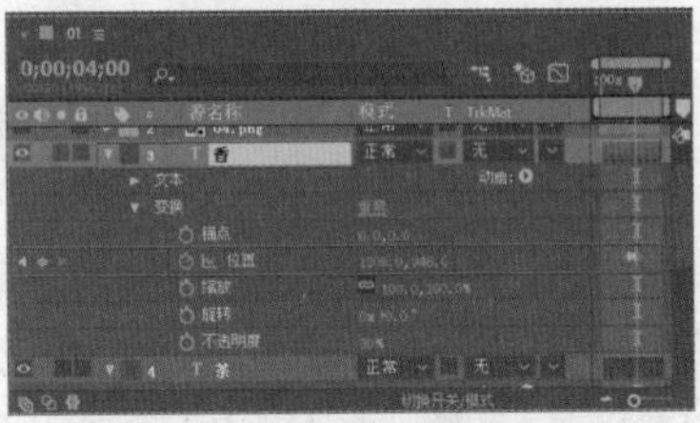

图 13-72

图 13-73

步骤 08 显现并选择图层2，然后在【效果和预设】面板中搜索【百叶窗】效果，并将它拖曳到【时间轴】面板的04.png图层上，如图13-74所示。

图 13-74

步骤 09 在【时间轴】面板中单击打开该图层下方的【效果】，将时间线滑动到5秒位置，单击【过渡完成】前的 ⏱ （时间变化秒表）按钮，设置【过渡完成】为100%；继续将时间线拖动到6秒位置，设置【过渡完成】为0%，如图13-75所示。画面效果如图13-76所示。

图 13-75

图 13-76

步骤 10 显现并选择图层1，然后在【效果和预设】面板中搜索【线性擦除】效果，并将它拖曳到【时间轴】面板的图层1上，如图13-77所示。

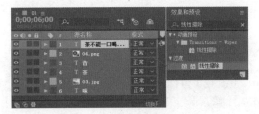
图 13-77

步骤 11 在【时间轴】面板中单击打开该图层下方的【效果】，将时间线滑动到6秒位置，单击【过渡完成】前的 ⏱ （时间变化秒表）按钮，设置【过渡完成】为100%；继续将时间线滑动到结束帧位置，设置【过渡完成】为0%，如图13-78所示。画面最终效果如图13-79所示。

图 13-78

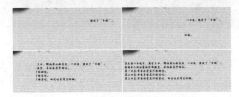
图 13-79

综合实例：化妆品促销广告动画

文件路径：Chapter 13 广告动画综合实例→综合实例：化妆品促销广告动画

本实例使用蒙版制作背景色块，使用【矩形工具】搭配【渐变叠加】效果制作线性色条，最后使用【百叶窗】【线性擦除】等效果制作动画。实例效果如图13-80所示。

扫一扫，看视频

图 13-80

步骤 01 在【项目】面板中右击并选择【新建合成】选项，在弹出的【合成设置】面板中设置【合成名称】为01，【预设】为【自定义】，【宽度】为716，【高度】为537，【像素长宽比】为【方形像素】，【帧速率】为23.976，【分辨率】为【完整】，【持续时间】为6秒，单击【确定】按钮。执行【文件】/【导入】/【文件】命令，导入全部素材文件。将【项目】面板中的素材文件01.png拖曳到【时间轴】面板中，如图13-81所示。

步骤 02 在【时间轴】面板的空白位置处右击执行【新建】/【纯色】命令，在弹出的【纯色设置】中设置【名称】为【黑色 纯色 1】，【颜色】为黑色，单击【确定】按钮，如图13-82所示。

图 13-81　　　　　　　　图 13-82

步骤 03 在【时间轴】面板中选择该纯色图层，然后选择工具栏中的 (钢笔工具)，在【合成】面板左下角建立锚点绘制一个四边形遮罩，如图13-83所示。执行【图层】/【图层样式】/【渐变叠加】命令，在【时间轴】面板中单击打开纯色图层下方的【效果】/【渐变叠加】，单击【颜色】后方的【编辑渐变】按钮，在弹出的【渐变编辑器】窗口中编辑一个由黑色到深红色的渐变，如图13-84所示。

图 13-83　　　　　　　　图 13-84

步骤 04 设置渐变叠加的【角度】为0x+80.0°，【偏移】为(75.0,2.0)。展开【变换】，设置【不透明度】为37%，

如图13-85所示。画面效果如图13-86所示。

图 13-85　　　　　　　　图 13-86

步骤 05 使用同样的方式再次制作两个形状，并设置合适的参数，如图13-87和图13-88所示。

图 13-87　　　　　　　　图 13-88

步骤 06 在【时间轴】面板中单击一下空白位置，然后在工具栏中选择【矩形工具】，设置【填充】为白色，在【合成】面板中绘制一个长条形状，如图13-89所示。

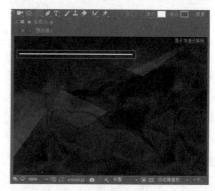

图 13-89

步骤 07 在【时间轴】面板中单击打开【形状图层1】下方的【变换】，设置【位置】为(241.0,219.0)，单击【缩放】后方的 (约束比例)按钮，取消比例的约束，并设置【缩放】为(96.70,105.0%)，设置【旋转】为0x+21.0°，如图13-90所示。此时该形状的效果如图13-91所示。

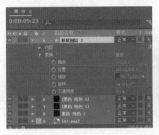
图 13-90

图 13-91

步骤 08 为白色长条形状制作渐变效果。在【时间轴】面板中右击选择【形状图层1】，在弹出的快捷菜单中执行【图层样式】/【渐变叠加】命令，如图13-92所示。然后单击打开该图层下方的【图层样式】/【渐变叠加】，单击【颜色】后方的【编辑渐变】按钮，在弹出的【渐变编辑器】窗口中编辑一个由红色到白色再到深红色的渐变，如图13-93所示。

图 13-92

图 13-93

步骤 09 画面效果如图13-94所示。使用同样的方式制作其他4个形状，画面效果如图13-95所示。

图 13-94

图 13-95

步骤 10 在【时间轴】面板中选中【形状图层1】~【形状图层5】，然后右击，执行【预合成】命令，如图13-96所示。在弹出的【预合成】面板中设置【新合成名称】为【预合成1】，单击【确定】按钮，如图13-97所示。

步骤 11 得到【预合成1】图层，如图13-98所示。将【项目】面板中的素材文件02.png和03.png拖曳到【时间轴】面板中，如图13-99所示。

图 13-96

图 13-97

图 13-98

图 13-99

步骤 12 为了便于操作，先将【时间轴】面板中的03.png图层隐藏，然后选择02.png图层，单击打开该图层下方的【变换】，设置【位置】为（523.0,299.5），【缩放】为（100.0,100.0%），如图13-100所示。画面效果如图13-101所示。

图 13-100

图 13-101

步骤 13 制作化妆品的倒影效果。在【时间轴】面板中选择02.png图层，使用快捷键Ctrl+D复制图层，如图13-102所示。

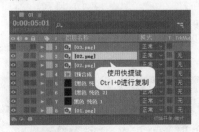
图 13-102

步骤 14 展开图层2下方的【变换】，更改【位置】为（523.0,630.5），设置【不透明度】为30%，如图13-103所示。画面效果如图13-104所示。

图 13-103

图 13-104

图 13-109

图 13-110

步骤 15 在【效果和预设】面板中搜索【翻转+垂直翻转】，将该效果拖曳到【时间轴】面板的图层2上，如图13-105所示。继续搜索【垂直翻转】，同样拖曳到图层2上，如图13-106所示。

图 13-105

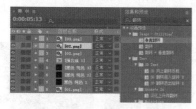
图 13-106

步骤 16 倒影效果制作完成，如图13-107所示。

步骤 17 为化妆品添加背景光晕。将【项目】面板中的素材文件04.png拖曳到【时间轴】面板中02.png图层的下方，然后在【时间轴】面板中单击打开该图层下方的【变换】，设置【位置】为（362.0,268.0），【缩放】为（115.0,115.0%），如图13-108所示。画面效果如图13-109所示。

步骤 18 显现【时间轴】面板中的素材文件03.png，画面效果如图13-110所示。

图 13-107

图 13-108

Part 02　制作画面动画效果

步骤 01 首先在【时间轴】面板中隐藏图层1～图层7，接着在【效果和预设】面板中搜索【线性擦除】效果，并将其拖曳到【时间轴】面板的图层8上，如图13-111所示。

图 13-111

步骤 02 在【时间轴】面板中单击打开该图层下方的【效果】/【线性擦除】，并将时间线滑动至1秒位置，单击【过渡完成】前的 （时间变化秒表）按钮，设置【过渡完成】为100%；再将时间线滑动至2秒位置，设置【过渡完成】为0%，如图13-112所示。滑动时间线查看画面效果如图13-113所示。

图 13-112

图 13-113

步骤 03 将光标移动到【线性擦除】效果上方，使用快捷键Ctrl+C进行复制，接着显现并选择图层7，并将时间线滑动到2秒位置，使用快捷键Ctrl+V进行粘贴，如图13-114和图13-115所示。

图 13-114

图 13-115

步骤 04 再次复制【线性擦除】效果，并将时间线滑动到3秒位置，显现并选择图层6，使用快捷键Ctrl+V进行粘贴，如图13-116和图13-117所示。

图 13-116　　　　　　　　　图 13-117

步骤 05 滑动时间线查看效果，如图13-118所示。

步骤 06 显现并选择图层5，在【效果和预设】面板中搜索【百叶窗】效果，并将其拖曳到【时间轴】面板的图层5上，如图13-119所示。

 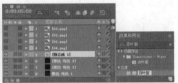

图 13-118　　　　　　　　　图 13-119

步骤 07 在【时间轴】面板中单击图层5下方的【效果】/【百叶窗】，并将时间线滑动至4秒位置，单击【过渡完成】前的 🕘（时间变化秒表）按钮，设置【过渡完成】为100%；再将时间线滑动至5秒位置，设置【过渡完成】为0%，接着设置【宽度】为50，如图13-120所示。滑动时间线查看此时画面效果，如图13-12I所示。

图 13-120　　　　　　　　　图 13-121

步骤 08 显现并选择图层4，展开该图层下方的【变换】，将时间线滑动至1秒位置，单击【不透明度】前的 🕘（时间变化秒表）按钮，设置【不透明度】为0%；再将时间线滑动至2秒位置，设置【不透明度】为100%，如图13-122所示。画面效果如图13-123所示。

步骤 09 显现并选择图层3，在【效果和预设】面板中再次搜索【百叶窗】效果，并将其拖曳到【时间轴】面板的图层3上，如图13-124所示。

图 13-122　　　　　　　　　图 13-123

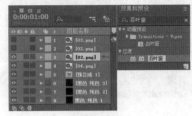

图 13-124

步骤 10 在【时间轴】面板中单击打开该图层下方的【效果】/【百叶窗】，并将时间线滑动至起始帧位置，单击【过渡完成】前的 🕘（时间变化秒表）按钮，设置【过渡完成】为100%；再将时间线滑动至1秒位置，设置【过渡完成】为0%，如图13-125所示。滑动时间线查看画面效果，如图13-126所示。

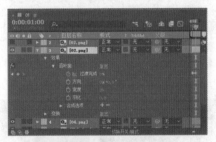

图 13-125

图 13-126

步骤 11 制作化妆品倒影动画。显现并选择图层2，并将其置于化妆品素材下方，然后展开该图层下方的【变换】，将时间线滑动至起始帧位置，单击【不透明度】

前的 ◎（时间变化秒表）按钮，设置【不透明度】为0%；再将时间线滑动至1秒位置，设置【不透明度】为30%，如图13-127所示。滑动时间线查看画面效果，如图13-128所示。

图13-127

图13-128

步骤 12 显现并选择图层1，展开该图层下方的【变换】，将时间线滑动至5秒位置，单击【不透明度】前的 ◎（时间变化秒表）按钮，设置【不透明度】为0%；再将时间线滑动至结束帧位置，设置【不透明度】为100%，如图13-129所示。画面最终动画效果如图13-130所示。

图13-129

图13-130

综合实例：水果展示广告动画

扫一扫，看视频

文件路径：Chapter 13 广告动画综合实例→综合实例：水果展示广告动画

本实例使用【钢笔工具】制作背景中的虚线部分，使用形状工具搭配文字制作水果的展示卡片，最后在画面下方输入主体文字，并使用关键帧动画制作水果展示动画效果。实例效果如图13-131所示。

图13-131

Part 01 制作背景部分

步骤 01 在【项目】面板中右击并选择【新建合成】选项，在弹出的【合成设置】面板中设置【合成名称】为【合成1】，【预设】为【NTSC D1方形像素】，【宽度】为720，【高度】为534，【像素长宽比】为【方形像素】，【帧速率】为29.97，【持续时间】为8秒，【背景颜色】为红色，单击【确定】按钮。执行【文件】/【导入】/【文件】命令，导入全部素材文件。

步骤 02 在工具栏中选择【钢笔工具】，设置【填充】为无，【描边】为白色，【描边宽度】为3像素，设置完成后在【合成】面板中绘制一个线条，如图13-132所示。

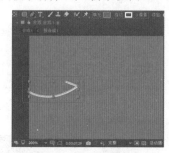

图13-132

步骤 03 在【时间轴】面板中单击打开该形状图层下方的【内容】/【形状1】/【描边1】，单击【虚线】后方的加号 ➕ 按钮，如图13-133所示。画面效果如图13-134所示。

图13-133

图13-134

中文版After Effects 2020完全案例教程（微课视频版）

步骤 04 使用同样的方式继续制作多条虚线，如图13-135所示。

步骤 05 在【效果和预设】面板中搜索CC Line Sweep效果，将其拖曳到【时间轴】面板的【形状图层1】上，如图13-136所示。

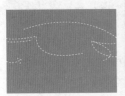
图 13-135

图 13-136

步骤 06 单击打开该图层下方的【效果】/CC Line Sweep，将时间线滑动至起始帧位置，单击Completion前的（时间变化秒表）按钮，设置Completion为100.0；再将时间线滑动至1秒位置，设置Completion为0.0，如图13-137所示。滑动时间线查看此时画面效果，如图13-138所示。

图 13-137

图 13-138

Part 02　制作水果展示卡片

步骤 01 制作水果展示卡片。在工具栏中选择【矩形工具】，设置【填充】为白色，【描边】为无，设置完成后在【合成】面板中合适的位置绘制一个矩形，如图13-139所示。

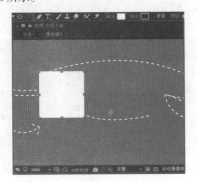
图 13-139

步骤 02 在【时间轴】面板的【形状图层2】上方右击，在弹出的快捷菜单中执行【图层样式】/【投影】命令。在【时间轴】面板中单击打开【形状图层2】/【图层样式】/【投影】，设置【不透明度】为50%，如图13-140所示。此时形状效果如图13-141所示。

图 13-140

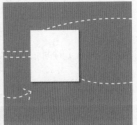
图 13-141

步骤 03 将【项目】面板中的素材文件01.jpg拖曳到【时间轴】面板中，如图13-142所示。

图 13-142

步骤 04 在【时间轴】面板中单击打开该图层下方的【变换】，设置【位置】为(177.5,180.5)，【缩放】为(17.0,17.0%)，如图13-143所示。查看此时的画面效果，如图13-144所示。

图 13-143

图 13-144

步骤 05 在图片下方输入文字。在【时间轴】面板的空白位置处右击执行【新建】/【文本】命令，在【字符】面板中设置合适的【字体系列】及【字体样式】，设置【填充颜色】为橙色，【描边颜色】为无，【字体大小】为22像素，然后单击选择 T（仿粗体），在【段落】面板中选择 ≣（左对齐文本），设置完成后输入文字内容，如图13-145所示。

图 13-145

图 13-150　　　　　　图 13-151

步骤 06 在【时间轴】面板中单击打开该文本图层下方的【变换】，设置【位置】为(110.3,262.5)，如图 13-146所示。查看此时画面效果，如图 13-147所示。

图 13-146　　　　　　图 13-147

步骤 07 在橙色文字下方继续输入文本内容。首先在【时间轴】面板的空白位置处右击执行【新建】/【文本】命令，然后在【字符】面板中设置合适的【字体系列】，设置【填充颜色】为黑色，【描边颜色】为无，【字体大小】为10像素，然后选择 **T**（仿粗体），设置完成后输入文字内容，如图 13-148所示。

步骤 08 选择"$:"，在【字符】面板中更改【字体大小】为15像素；选择"79"，在【字符】面板中更改【字体大小】为18像素，如图 13-149所示。

图 13-148　　　　　　图 13-149

步骤 09 在【时间轴】面板中单击打开ABOUT US $:79文本图层下方的【变换】，设置【位置】为(131.8,279.8)如图 13-150所示。查看此时画面效果，如图 13-151所示。

步骤 10 在【时间轴】面板中选中所有文本图层、【形状图层2】及01.jpg图层，如图 13-152所示。

步骤 11 使用预合成快捷键Ctrl+Shift+C得到【预合成1】，如图 13-153所示。

图 13-152　　　　　　图 13-153

步骤 12 在【效果和预设】面板中搜索【百叶窗】效果，将其拖曳到【时间轴】面板的【预合成1】图层上，如图 13-154所示。

图 13-154

步骤 13 在【时间轴】面板中单击打开【预合成1】图层下方的【效果】/【百叶窗】，设置【方向】为0x+45.0°，将时间线滑动至1秒位置，单击【过渡完成】前的 ◎（时间变化秒表）按钮，设置【过渡完成】为100%；再将时间线滑动至2秒位置，设置【过渡完成】为0%。打开【变换】，设置【位置】为(363.0,207.0)，【旋转】为0x-16.0°，如图 13-155所示。滑动时间线查看此时画面效果，如图 13-156所示。

图 13-155　　　　　　图 13-156

步骤 14 使用同样的方式制作其他水果展示卡片，如图 13-157 所示。

图 13-157

步骤 15 为了便于观看和操作，先将【时间轴】面板中的【预合成3】图层和【预合成4】图层隐藏。然后打开【预合成2】图层下方的【变换】，设置【旋转】为0x+16.0°，将时间线滑动至2秒位置，单击【位置】前的 (时间变化秒表)按钮，设置【位置】为(460.0,0.0)；再将时间线滑动至3秒位置，设置【位置】为(460.0,375.0)，如图 13-158 所示。画面效果如图 13-159 所示。

图 13-158　　　　　　图 13-159

步骤 16 在【时间轴】面板中显现并选择【预合成3】图层，然后在【效果和预设】面板中搜索【散布】效果，将它拖曳到【时间轴】面板的【预合成3】图层上，如图 13-160 所示。

图 13-160

步骤 17 在【时间轴】面板中打开【预合成3】图层下方的【变换】以及【效果】/【散布】，设置【变换】下方的

【旋转】为0x+6.0°，将时间线滑动至3秒位置，单击【散布数量】及【位置】前的 (时间变化秒表)按钮，设置【散布数量】为200.0，【位置】为(985.0,243.0)；再将时间线滑动至4秒位置，设置【散布数量】为0.0，【位置】为(607.0,243.0)，如图 13-161 所示。画面效果如图 13-162 所示。

图 13-161　　　　　　图 13-162

步骤 18 在【时间轴】面板中显现并选择【预合成4】图层，打开该图层下方的【变换】，设置如图 13-163 所示。画面效果如图 13-164 所示。

图 13-163　　　　　　图 13-164

Part 03　制作主体文字动画

步骤 01 制作主体文字的背景形状。在工具栏中选择【钢笔工具】，设置【填充】为黄色，然后在【合成】面板中的水果卡片下方绘制一个四边形，如图 13-165 所示。

步骤 02 在【效果和预设】面板中搜索【块溶解】效果，将它拖曳到【时间轴】面板的【形状图层3】上，如图 13-166 所示。

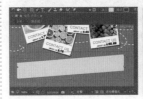

图 13-165　　　　　　图 13-166

步骤 03 在【时间轴】面板中打开【形状图层3】下方的

【效果】/【块溶解】，设置【块宽度】为2.0，【块高度】为2.0，将时间线滑动至5秒位置，单击【过渡完成】前的⏱（时间变化秒表）按钮，设置【过渡完成】为100%；再将时间线滑动至6秒位置，设置【过渡完成】为0%，如图13-167所示。画面效果如图13-168所示。

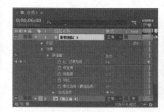 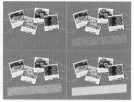

图 13-167　　　　　图 13-168

步骤 04 在【时间轴】面板的空白位置处右击执行【新建】/【文本】命令。在【字符】面板中设置合适的【字体系列】，设置【填充颜色】为白色，【描边颜色】为无，【字体大小】为60像素，在【段落】面板中选择▤（居中对齐文本），设置完成后输入文字内容，如图13-169所示。

步骤 05 制作文字的动画效果。在【效果和预设】面板中搜索CC Twister效果，将其拖曳到【时间轴】面板的Full of vigor文本图层上，如图13-170所示。

图 13-169

图 13-170

步骤 06 单击打开该文本图层下方的【效果】/CC Twister以及【变换】，设置【位置】为（360.0,435.0），【旋转】为0x-4.0°，将时间线滑动至6秒位置，单击Completion以及【不透明度】前的⏱（时间变化秒表）按钮，设置Completion为0.0%，【不透明度】为0%；再将时间线滑动

至7秒位置，设置Completion为100.0%，【不透明度】为100%，如图13-171所示。滑动时间线查看此时画面效果，如图13-172所示。

图 13-171　　　　　图 13-172

步骤 07 在橙色文字下方继续输入文字。首先在【时间轴】面板的空白位置处右击执行【新建】/【文本】命令，在【字符】面板中设置合适的【字体系列】，设置【填充颜色】为黄褐色，【描边颜色】为无，【字体大小】为17像素，然后选择▉（仿粗体），设置完成后输入文字内容，如图13-173所示。

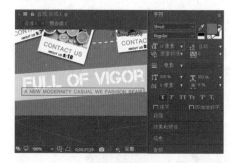

图 13-173

步骤 08 在【时间轴】面板中单击打开该图层下方的【变换】，设置【位置】为（360.0,460.0），【旋转】为0x-4.0°，将时间线滑动至7秒位置，单击【缩放】及【不透明度】前的⏱（时间变化秒表）按钮，设置【缩放】为（430.0,430.0%），【不透明度】为0%；再将时间线滑动至结束帧位置，设置【缩放】为（100.0,100.0%），【不透明度】为100%，如图13-174所示。滑动时间线查看此时画面效果，如图13-175所示。

图 13-174　　　　　图 13-175

中文版After Effects 2020完全案例教程（微课视频版）

步骤 09 本实例制作完成，画面最终效果如图13-176所示。

图 13-176

综合实例：饼图数据演示动画

文件路径:Chapter 13 广告动画综合实例→综合实例:饼图数据演示动画

饼图常用于企业会议、产品发布、社会调查等统计数据的效果显示。本实例使用【椭圆工具】及蒙版工具制作饼图，使用CC WarpoMatic效果制作逐渐显现的扇形。实例效果如图13-177所示。

扫一扫，看视频

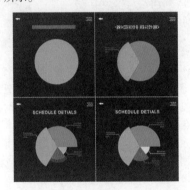

图 13-177

Part 01 制作饼图动画

步骤 01 在【项目】面板中右击并选择【新建合成】选项，在弹出的【合成设置】面板中设置【合成名称】为【合成1】，【预设】为【自定义】，【宽度】为1000，【高度】为1000，【像素长宽比】为【方形像素】，【帧速率】为24，【分辨率】为【完整】，【持续时间】为5秒，【背景颜色】为深蓝色，单击【确定】按钮。在工具栏中选择◯(椭圆工具)，设置【填充】为淡黄色，【描边】为无，在画面中合适位置按住Shift键的同时按住鼠标左键绘制一个正圆，如图13-178所示。

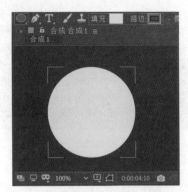

图 13-178

步骤 02 在【时间轴】面板中选择【形状图层1】，使用快捷键Ctrl+Shift+C进行预合成，在弹出的【预合成】窗口中设置【新合成名称】为【形状图层1合成1】，单击【确定】按钮，如图13-179所示。此时在【时间轴】面板中得到【形状图层1合成1】图层，如图13-180所示。

步骤 03 在工具栏中选择◯(椭圆工具)，设置【填充】为洋红色，【描边】为无，在淡黄色正圆形状上方按住Shift键的同时按住鼠标左键绘制一个正圆，如图13-181所示。

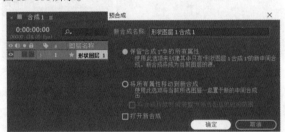

图 13-179

图 13-180

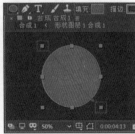

图 13-181

步骤 04 在【时间轴】面板中选择【形状图层2】，使用快捷键Ctrl+Shift+C进行预合成，在弹出的【预合成】窗口中设置【新合成名称】为【形状图层2合成1】，单击【确定】按钮，如图13-182所示。此时在【时间轴】面板中得到【形状图层2合成1】图层，如图13-183所示。

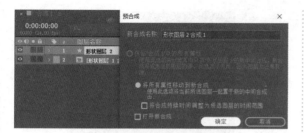

图 13-182

图 13-183

步骤 05 使用同样的方式在洋红色正圆上方继续制作一个蓝色正圆和一个橙色正圆，且直径相对前一个正圆依次变大，如图 13-184 所示。继续将这两个正圆分别制作成预合成图层，如图 13-185 所示。

图 13-184　　　　　　　图 13-185

步骤 06 在各个正圆形状上方制作扇形蒙版。首先在【时间轴】面板中单击选择【形状图层 4 合成 1】，在工具栏中选择 ✏（钢笔工具）；然后在橙色正圆上面单击建立锚点，绘制一个扇形遮罩，如图 13-186 所示。继续在【时间轴】面板中选择【形状图层 3 合成 1】，在【合成】面板的蓝色形状上方绘制扇形遮罩，如图 13-187 所示。

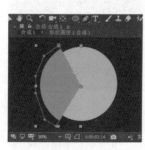

图 13-186　　　　　　　图 13-187

步骤 07 在【时间轴】面板中选择【形状图层 2 合成 1】，在【合成】面板的洋红色形状上方绘制扇形遮罩，如

图 13-188 所示。

步骤 08 在【效果和预设】面板搜索框中搜索 CC WarpoMatic，将该效果拖曳到【时间轴】面板的【形状图层 4 合成 1】上，如图 13-189 所示。

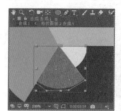

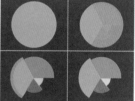

图 13-188　　　　　　　图 13-189

步骤 09 在【时间轴】面板中单击打开【形状图层 4 合成 1】下方的【效果】/CC WarpoMatic，将时间线滑动到起始帧位置，单击 Completion 前方的 ⏱（时间变化秒表）按钮，开启自动关键帧，设置 Completion 为 100.0；继续将时间线滑动到 1 秒位置，设置 Completion 为 0.0，如图 13-190 所示。滑动时间线查看画面效果，如图 13-191 所示。

图 13-190　　　　　　　图 13-191

步骤 10 在【时间轴】面板中选择【形状图层 4 合成 1】下方的【效果】/CC WarpoMatic，将时间线滑动到 1 秒位置，使用快捷键 Ctrl+C 复制 CC WarpoMatic 效果；接着选择【形状图层 3 合成 1】，使用快捷键 Ctrl+V 进行粘贴，如图 13-192 所示。继续将时间线滑动到 2 秒位置，选择【形状图层 2 合成 1】，使用快捷键 Ctrl+V 进行粘贴，如图 13-193 所示。

图 13-192　　　　　　　图 13-193

步骤 11 将时间线滑动到 3 秒位置，选择【形状图层 1 合成 1】，使用快捷键 Ctrl+V 进行粘贴，如图 13-194 所示。

滑动时间线查看画面效果，如图13-195所示。

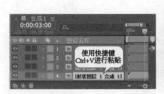
图13-194

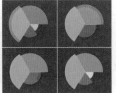
图13-195

Part 02　制作文字数据动画

步骤 01 在工具栏中选择 ✍（钢笔工具），设置【填充】为无，【描边】为橙色，【描边宽度】为4像素，接着在橙色扇形左侧绘制一条折线，如图13-196所示。

步骤 02 在【时间轴】面板的空白位置处右击执行【新建】/【文本】命令。接着在【字符】面板中设置合适的【字体系列】，设置【填充颜色】为橙色，【描边颜色】为无，【字体大小】为22像素，在【段落】面板中选择 ▤（左对齐文本），设置完成后输入 "Tomatoes 40%"，在输入文字时可按下大键盘上的Enter键将文字切换到下一行，如图13-197所示。

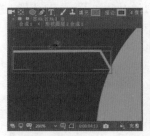
图13-196

图13-197

步骤 03 在【时间轴】面板中单击打开Tomatoes 40%文本图层下方的【变换】，设置【位置】为（126.0,428.0），如图13-198所示。画面效果如图13-199所示。

图13-198

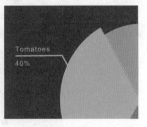
图13-199

步骤 04 选中刚创建的文字和折线两个图层，按快捷键Ctrl+Shift+C进行预合成，命名为【预合成1】，并为

其在第0秒开始设置【不透明度】从0%到100%的关键帧动画，持续时间为1秒。用同样的方式继续创建文字和折线，并进行预合成，最后制作不透明度动画，并设置【预合成2】【预合成3】【预合成4】的关键帧起始位置分别为第1秒、2秒、3秒，持续时间为1秒。如图13-200所示。

图13-200

步骤 05 在工具栏中选择 T（横排文字工具），在画面顶部单击鼠标左键插入光标，然后在【字符】面板中设置合适的【字体系列】，设置【填充颜色】为白色，【描边颜色】为无，【字体大小】为50像素，【水平缩放】为89%，选择 T（仿粗体）和 TT（全部大写字母），设置完成后输入文字，并适当调整文字位置，如图13-201所示。最后在【效果和预设】面板搜索框中搜索【CC Tiler】，将该效果拖拽到【时间轴】面板中主体文字图层上。

步骤 06 在【效果和预设】面板搜索框中搜索CC Tiler，将该效果拖曳到【时间轴】面板的主体文字图层上，如图13-202所示。并继续使用【钢笔工具】绘制折线，使用【横排文字工具】创建文字，进行预合成，为其设置简单的【不透明度】动画，制作出【预合成1】【预合成2】【预合成3】【预合成4】。

图13-201

图13-202

步骤 07 在【时间轴】面板中单击打开图层（图层2）下方的【效果】/CC Tiler，将时间线滑动到起始帧位置，单击Scale前方的 ◎（时间变化秒表）按钮，设置Scale为0.0%；继续将时间线滑动到1秒位置，设置Scale为100.0%，滑动时间线查看画面效果，如图13-203所示。

图 13-203

步骤 (08 绘制返回箭头。在工具栏中选择✐(钢笔工具)，设置【填充】为白色，【描边】为无，接着在画面左上角绘制一个箭头形状，如图 13-204 所示。继续单击选择✐(钢笔工具)，设置【填充】为无，【描边】为白色，【描边宽度】为4像素，然后在画面右上角绘制3条直线线段并适当调整它们的位置，如图 13-205 所示。

图 13-204

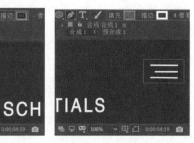

图 13-205

步骤 (09 本实例制作完成，滑动时间线查看画面最终效果，如图 13-206 所示。

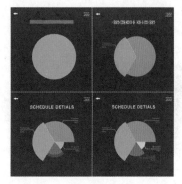

图 13-206

综合实例：薄荷口味糖果广告

扫一扫，看视频

文件路径：Chapter 13 广告动画综合实例→综合实例：薄荷口味糖果广告

本实例使用【椭圆工具】制作同心圆效果，使用【CC Particle World（CC 粒子世界）】效果制作四边形粒子及气泡效果。实例效果如

图 13-207 所示。

图 13-207

步骤 (01 在【项目】面板中右击并选择【新建合成】选项，在弹出的【合成设置】面板中设置【合成名称】为【合成1】，【预设】为HDTV 1080 24，【宽度】为1920，【高度】为1080，【像素长宽比】为【方形像素】，【帧速率】为24，【分辨率】为完整，【持续时间】为8秒，【背景颜色】设置为青绿色。执行【文件】/【导入】/【文件】命令，导入1.png素材文件。在工具栏中选择✐(钢笔工具)，设置【填充】为淡粉色，【描边】为无，接着在【合成】面板左上角单击建立锚点，绘制一个三角形形状，如图 13-208 所示。

步骤 (02 在画面中绘制同心圆形状。在工具栏中选择⬭(椭圆工具)，设置【填充】为无，【描边】为白色，【描边宽度】为10像素，然后在画面中合适位置按住Shift键的同时按住鼠标左键绘制一个正圆，如图 13-209 所示。

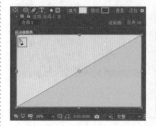

图 13-208

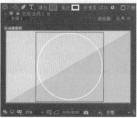

图 13-209

步骤 (03 在【时间轴】面板中打开【形状图层2】下方的【内容】，单击选择【椭圆1】，使用创建副本快捷键Ctrl+D进行复制，得到【椭圆2】，如图 13-210 所示。

图 13-210

中文版After Effects 2020完全案例教程（微课视频版）

步骤 04 单击选择【椭圆2】,在工具栏中选择▶(选取工具),在【合成】面板中将光标定位在选框一角处,按住快捷键Shift+Alt的同时按住鼠标左键向内侧拖动,将正圆进行缩小,得到同心圆,如图13-211所示。使用同样的方式制作其他同心圆,如图13-212所示。

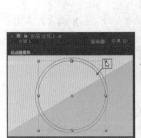
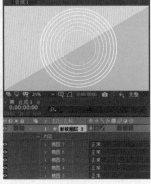

图 13-211　　　　　　　图 13-212

步骤 05 单击打开【形状图层2】下方的【变换】,设置【锚点】为(-28.0,0.0),【位置】为(988.0,356.0),将时间线滑动到起始帧位置,单击【缩放】前的 (时间变化秒表)按钮,开启自动关键帧,设置【缩放】为(0.0,0.0%);继续将时间线滑动到1秒15帧位置,设置【缩放】为(1527.0,1527.0%),如图13-213所示。此时画面效果如图13-214所示。

图 13-213　　　　　　　图 13-214

步骤 06 制作文字背景。在工具栏中选择■(矩形工具),设置【填充】为白色,在【合成】面板中心位置按住鼠标左键绘制一个长方形,如图13-215所示。

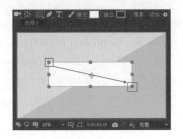

图 13-215

步骤 07 在【时间轴】面板中单击打开【形状图层3】下方的【变换】,单击【缩放】后方的 (约束比例)按钮,将时间线滑动到20帧位置,单击【缩放】前的 (时间变化秒表)按钮,开启自动关键帧,设置【缩放】为(0.0,100.0%);继续将时间线滑动到1秒20帧位置,设置【缩放】为(10.0,100.0%),如图13-216所示。画面效果如图13-217所示。

图 13-216　　　　　　　图 13-217

步骤 08 在【时间轴】面板的空白位置处右击执行【新建】/【文本】命令。在【字符】面板中设置合适的【字体系列】,设置【填充颜色】为粉色,【描边颜色】为无,【字体大小】为143像素,在【段落】面板中选择■(居中对齐文本),设置完成后输入文字"沁芯薄荷味糖果",如图13-218所示。

图 13-218

步骤 09 选中"薄荷味"三个文字,在【字符】面板中更改【填充颜色】为绿色,如图13-219所示。然后在【时间轴】面板中单击打开文本图层下方的【变换】,设置【位置】为(932.0,568.0),如图13-220所示。

图 13-219　　　　　　　图 13-220

步骤 10 将时间线滑动到1秒20帧位置,在【效果和预设】面板搜索框中搜索【3D下飞和展开】,将该效果拖曳到【时间轴】面板的文本图层上,如图13-221所示。滑动时间线查看文字效果，如图13-222所示。

图13-221　　　　　　　图13-222

步骤 11 在工具栏中选择 ✎（钢笔工具），设置【填充】为无，【描边】为白色，【描边宽度】为10像素，在白色矩形右下角绘制一条转角线段，如图13-223所示。

图13-223

步骤 12 在【效果和预设】面板搜索框中搜索【百叶窗】，将该效果拖曳到【时间轴】面板的【形状图层4】上，如图13-224所示。

图13-224

步骤 13 单击打开【形状图层4】下方的【效果】/【百叶窗】，设置【宽度】为100，将时间线滑动到3秒15帧位置，单击【过渡完成】前的 ⏱（时间变化秒表）按钮，设置【过渡完成】为100%；继续将时间线滑动到4秒位置，设置【过渡完成】为0%，如图13-225所示。使用同样的方式制作白色矩形左上角转角线段及动画，滑动时间线查看画面效果，如图13-226所示。

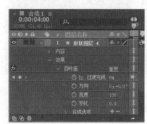

图13-225　　　　　　　图13-226

步骤 14 制作飞舞的多边形及气泡效果。使用快捷键Ctrl+Y新建纯色图层，在弹出的【纯色设置】窗口中设置【名称】为【黑色 纯色 1】，【颜色】为黑色，单击【确定】按钮，如图13-227所示。

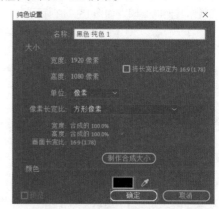

图13-227

步骤 15 在【效果和预设】面板搜索框中搜索CC Particle World，将该效果拖曳到【时间轴】面板中的【黑色 纯色 1】图层上，如图13-228所示。

图13-228

步骤 16 在【时间轴】面板中单击打开【黑色 纯色1】图层下方的【效果】/CC Particle World/Producer，设置Position X为2.00，Position Z为10.00，Radius X为15.000，Radius Y为2.000，Radius Z为21.000。展开Physics，设置Animation为Cone Axis，Velocity为4.00，Extra为5.00，如图13-229所示。展开Particle，将时间线滑动到3秒位置时，单击Particle Type前的 ⏱（时间变化秒表）按钮，设置Particle Type为QuadPolygon；将时间线滑动到5秒位置，设置Particle Type为Bubble，设置Birth Size为0.500，Death Size为3.000，Size Variation为100.0%，Max Opacity为100.0%，Birth Color为蓝色，Death Color为白色；展开Extras/Effect Camera，设置Distance为0.45，Rotation Y和Rotation Z均为0x+120.0°，如图13-230所示。

中文版After Effects 2020完全案例教程（微课视频版）

图 13-229

图 13-230

步骤 17 滑动时间线查看画面效果，如图 13-231 所示。

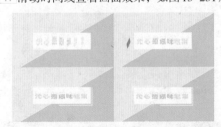

图 13-231

步骤 18 在【项目】面板中选择 1.png 素材文件，按住鼠标左键将它拖曳到【时间轴】面板中，如图 13-232 所示。

步骤 19 在【时间轴】面板中单击打开 1.png 图层下方的【变换】，设置【位置】为（1326.0,364.0），将时间线滑动到 4 秒 20 帧位置，单击【缩放】前的 ◎（时间变化秒表）按钮，设置【缩放】为（0.0,0.0%）；继续将时间线滑动到

5 秒位置，设置【缩放】为（70.0,70.0%）；最后将时间线滑动到 5 秒 10 帧位置，设置【缩放】为（24.0,24.0%），如图 13-233 所示。本实例制作完成，滑动时间线查看画面最终效果，如图 13-234 所示。

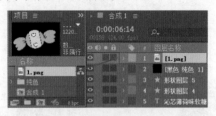

图 13-232

图 13-233

图 13-234

Chapter
14
第14章

影视特效综合实例

本章内容简介：

　　影视特效是影视作品中重要的组成部分，大部分电影中都有特效镜头的存在。除了院线电影外，微电影、自媒体短视频也越来越多地应用影视特效，使得影视作品给人更震撼的感觉。本章将通过多个实例学习不同画面的视觉特效，如科幻类、超现实类、唯美类、震撼类等。

重点知识掌握：

- 唯美、梦幻风格的影视特效
- 超现实、科幻感的影视特效
- 震撼感的影视特效

综合实例：梦幻仙境桃源

文件路径:Chapter 14 影视特效综合实例→综合实例：梦幻仙境桃源

扫一扫，看视频

梦幻仙境般的画面效果，需要注意画面轻柔、唯美，应像CG童话般的效果。本实例使用【CC Particle World（CC 粒子世界）】效果制作飞舞的粒子效果、使用【镜头光晕】效果及【色相/饱和度】效果制作光晕动画效果。实例效果如图14-1所示。

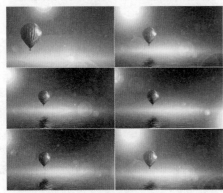

图 14-1

步骤 01 在【项目】面板中右击并选择【新建合成】选项，在弹出的【合成设置】面板中设置【合成名称】为【合成1】，【预设】为【PALD1/DV宽银幕方形像素】，【宽度】为1050，【高度】为576，【像素长宽比】为【方形像素】，【帧速率】为25，【分辨率】为【完整】，【持续时间】为7秒，单击【确定】按钮。执行【文件】/【导入】/【文件】命令，导入1.jpg素材文件。在【项目】面板中将素材文件1.jpg拖曳到【时间轴】面板中，如图14-2所示。

图 14-2

步骤 02 在【时间轴】面板中选择1.jpg图层，打开该图层下方的【变换】，将时间线滑动到起始帧位置，单击【缩放】前的 (时间变化秒表)按钮，开启自动关键帧，设置【缩放】为(158.0,158.0%)；将时间线滑动到2秒位置，设置【缩放】为(88.0,88.0%)，如图14-3所示。

步骤 03 滑动时间线查看画面效果，如图14-4所示。

图 14-3   图 14-4

步骤 04 制作水波纹效果。在【效果和预设】面板搜索框中搜索【波纹】，将该效果拖曳到【时间轴】面板的1.jpg图层上，如图14-5所示。

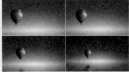

图 14-5

步骤 05 在【时间轴】面板中选择1.jpg图层，打开该图层下方的【效果】/【波纹】，设置【半径】为10.0，【波纹中心】为(428.7,688.5)，【波形宽度】为26.0，【波形高度】为15.0，如图14-6所示。此时水面呈现流动的效果，如图14-7所示。

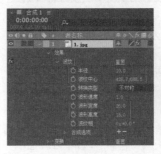

图 14-6   图 14-7

步骤 06 在【时间轴】面板的空白位置处右击，执行【新建】/【纯色】命令。在弹出的【纯色设置】窗口中设置【名称】为【中间色洋红色 纯色 1】，【颜色】为浅洋红色，单击【确定】按钮，如图14-8所示。

图 14-8

步骤 07 在【效果和预设】面板搜索框中搜索CC Particle World，将该效果拖曳到【时间轴】面板的【中间色洋红

色 纯色1】图层上, 如图14-9所示。

图 14-9

步骤 08 在【时间轴】面板中选择【中间色洋红色 纯色1】图层, 打开该图层下方的【效果】/CC Particle World, 设置 Longevity (sec) 为23.00, 展开 Producer, 设置 Position X为0.23, Position Y为0.80, Position Z为1.60, Radius X为0.800,

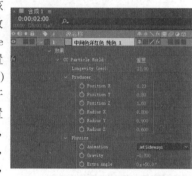

图 14-10

Radius Y为0.900, Radius Z为0.600。展开Physics, 设置 Animation为Jet Sideways, Gravity为-0.700, Extra Angle 为0x+50.0°, 如图14-10所示。展开Particle, 设置Particle Type为Lens Fade, Birth Size为0.100, Death Size为 0.000, Color Map为Custom; 展开Custom Color Map, 设置Color At Birth为柠檬黄, Color At 25%为中黄, Color At 50%为橙黄, Color At 75%为橘黄, Color At Death为 橘红色; 继续展开Extras/Effect Camera, 设置Rotation X 为0x+10°, Rotation Z为0x-38°, 如图14-11所示。

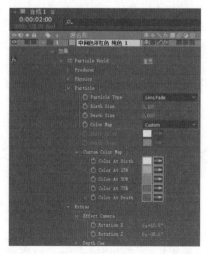

图 14-11

步骤 09 在【效果和预设】面板搜索框中搜索【发光】, 将该效果拖曳到【时间轴】面板的【中间色洋红色 纯色1】图层上, 如图14-12所示。此时画面中出现一些较小的粉色粒子, 滑动时间线查看画面效果, 如图14-13所示。

图 14-12

步骤 10 在【时间轴】面板中选择【中间色洋红色 纯色1】图层, 使用快捷键Ctrl+D进行复制, 如图14-14所示。

图 14-13　　　　　　　　图 14-14

步骤 11 在【时间轴】面板中选择复制的【中间色洋红色 纯色1】图层(图层1), 打开该图层下方的【效果】/CC Particle World, 将部分参数进行重新修改设置, 设置Birth Rate为0.2, Longevity (sec) 为10.00; 展开Physics, 设置Velocity为10.0; 展开Particle, 设置Birth Size为2.270, Death Size为1.730, Max Opacity为18%, 如图14-15所示。滑动时间线查看画面效果, 如图14-16所示。

图 14-15

步骤 12 在【时间轴】面板的空白位置处右击, 执行【新

中文版After Effects 2020完全案例教程 (微课视频版)

建】/【纯色】命令。在弹出的【纯色设置】窗口中设置
【名称】为【黑色 纯色1】,【颜色】为【黑色】,单击【确
定】按钮,如图14-17所示。

图14-16   图14-17

步骤 13 在【效果和预设】面板搜索框中搜索【镜头光
晕】,将该效果拖曳到【时间轴】面板的【黑色 纯色1】
图层上,如图14-18所示。

图14-18

步骤 14 在【时间轴】面板中选择【黑色 纯色1】图层,
打开该图层下方的【效果】/【镜头光晕】,将时间线滑
动到3秒位置,单击【光晕中心】及【光晕亮度】前的
🕐(时间变化秒表)按钮,开启自动关键帧,设置【光晕
中心】为(1200.0,120.0),【光晕亮度】为122%;将时间
线滑动到5秒位置,设置【光晕中心】为(1230.0,680.0),
【光晕亮度】为192%;将时间线滑动到6秒位置,设置
【光晕中心】为(1035.0,442.0),【光晕亮度】为122%,设
置该图层的【模式】为【相加】,如图14-19所示。画面
效果如图14-20所示。

图14-19

步骤 15 在【效果和预设】面板搜索框中搜索【镜头光
晕】,将该效果拖曳到【时间轴】面板的【黑色 纯色1】
图层上,如图14-21所示。

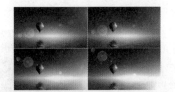

图14-20

图14-21

步骤 16 在【时间轴】面板中选择【黑色 纯色1】图层,
打开该图层下方的【效果】/【镜头光晕2】,将时间线滑
动到起始帧位置,单击【光晕中心】及【光晕亮度】前的
🕐(时间变化秒表)按钮,开启自动关键帧,设置【光晕
中心】为(365.0,-35.0),【光晕亮度】为150%;将时间线滑
动到2秒位置,设置【光晕亮度】为168%;将时间线滑动
到3秒位置,设置【光晕中心】为(-40.0,73.0),【光晕亮
度】为150%,如图14-22所示。画面效果如图14-23所示。

图14-22

图14-23

步骤 17 调整画面色调。在【效果和预设】面板搜索框
中搜索【色相/饱和度】,将该效果拖曳到【时间轴】面板
的【黑色 纯色1】图层上,如图14-24所示。

图14-24

步骤 18 在【效果控件】面板中展开【色相/饱和度】，在该效果下方勾选【彩色化】复选框，设置【着色色相】为0x+256.0°，【着色饱和度】为75，如图14-25所示。

步骤 19 画面呈现蓝紫色调，如图14-26所示。

步骤 20 本实例制作完成，滑动时间线查看画面最终效果，如图14-27所示。

图 14-25

图 14-26

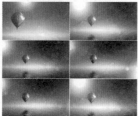
图 14-27

综合实例：炫彩迷幻空间

扫一扫，看视频

文件路径：Chapter 14 影视特效综合实例→综合实例：炫彩迷幻空间

畅想一下游离于梦境般空间中，斑斓的色彩在晃动、空间随镜头而向前推进的感受，这就是本实例要制作的效果。本实例主要使用【动态拼贴】效果及【摄像机】效果制作三维背景空间。实例效果如图14-28所示。

图 14-28

步骤 01 在【项目】面板中右击并选择【新建合成】选项，在弹出的【合成设置】面板中设置【合成名称】为【合成1】，【预设】为【自定义】，【宽度】为960，【高度】为498，【像素长宽比】为【方形像素】，【帧速率】为29.97，【分辨率】为【完整】，【持续时间】为2秒15帧，

单击【确定】按钮。执行【文件】/【导入】/【文件】命令，导入【背景.mp4】素材文件。在【项目】面板中选择【背景.mp4】素材文件，将它拖曳到【时间轴】面板中，如图14-29所示。

步骤 02 在【效果和预设】面板搜索框中搜索【动态拼贴】，将该效果拖曳到【时间轴】面板的【背景.mp4】图层上，如图14-30所示。

图 14-29

图 14-30

步骤 03 在【时间轴】面板中单击打开【背景.mp4】图层下方的【效果】/【动态拼贴】，设置【输出宽度】为500，如图14-31所示。单击 与 下方对应位置，开启【运动模糊】和【3D图层】，然后打开【变换】属性，设置【位置】为(126.0,249.0,403.8)，【方向】为(0.0°,270.0°,0.0°)，如图14-32所示。

图 14-31

图 14-32

步骤 04 画面效果如图14-33所示。在【时间轴】面板中选择【背景.mp4】图层，使用快捷键Ctrl+D复制图层，如图14-34所示。

图 14-33

使用快捷键
Ctrl+D复制图层
图 14-34

步骤 05 单击打开【背景.mp4】图层（图层1）下方的【变换】，更改【位置】为(418.0,486.9,339.8)，【方向】为(270.0°,0.0°,270.0°)，单击【缩放】后方的 （约束比例）按钮，取消对形状比例的约束，设置【缩放】为(153.7,131.1,153.7%)，如图14-35所示。画面效果如图14-36所示。

中文版After Effects 2020完全案例教程（微课视频版）

图 14-35

图 14-36

步骤 06 在【时间轴】面板中选择当前【背景.mp4】图层，使用快捷键Ctrl+D继续复制图层，单击打开复制的【背景.mp4】图层(图层1)，更改【位置】为(418.0,6.9,339.8)，如图14-37所示。画面效果如图14-38所示。

图 14-37

图 14-38

步骤 07 使用同样的方式再次使用快捷键Ctrl+D复制当前【背景.mp4】图层，单击打开刚复制的【背景.mp4】图层(图层1)下方的【变换】，更改【位置】为(724.0,249.0,403.8)，【缩放】为(100.0,100.0,100.0%)，【方向】为(0.0°,270.0°,0.0°)，如图14-39所示。此时右侧背景制作完成，画面效果如图14-40所示。

图 14-39

图 14-40

步骤 08 复制当前图层，并单击打开新复制的【背景.mp4】图层(图层1)，选择下方的【效果】，按Delete键将效果删除。展开【变换】，更改【位置】为(418.0,249.0,2599.8)，【缩放】为(100.0,100.0,100.0%)，【方向】为(0.0°,0.0°,0.0°)，如图14-41所示。画面效果如图14-42所示。

图 14-41

图 14-42

步骤 09 在【效果和预设】面板搜索框中搜索【曝光度】，将该效果拖曳到【时间轴】面板的【背景.mp4】图层(图层1)上，如图14-43所示。

图 14-43

步骤 10 单击打开【背景.mp4】图层(图层1)下方的【效果】/【曝光度】/【主】，设置【曝光度】为-4.40，如图14-44所示。画面效果如图14-45所示。

图 14-44

图 14-45

步骤 11 在【时间轴】面板的空白位置处右击执行【新建】/【摄像机】命令，在弹出的【摄像机设置】窗口中单击【确定】按钮，如图14-46所示。

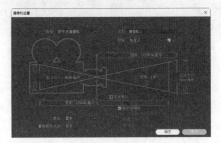

图 14-46

步骤 12 单击打开【摄像机1】图层下方的【变换】，将时间线滑动到起始帧位置，单击【目标点】与【位置】前的（时间变化秒表）按钮，开启自动关键帧，设置

【目标点】为（290.0,250.0,-1000.0），【位置】为（260.0,250.0,-3000.0）；继续将时间线滑动到22帧，设置【目标点】为（310.0,200.0,-300.0），【位置】为（490.0,250.0,-900.0）；最后将时间线滑动到1秒7帧位置，设置【目标点】为（454.2,236.5,-96.2），【位置】为（490.0,252.0,-700.0），如图14-47所示。按住Shift键加选左侧和右侧的关键帧，此时这4个关键帧已被选中，在关键帧上方右击执行【关键帧插值】命令，在弹出的

图 14-47

【关键帧插值】窗口中设置【临时插值】为【贝塞尔曲线】，单击【确定】按钮，如图14-48所示。

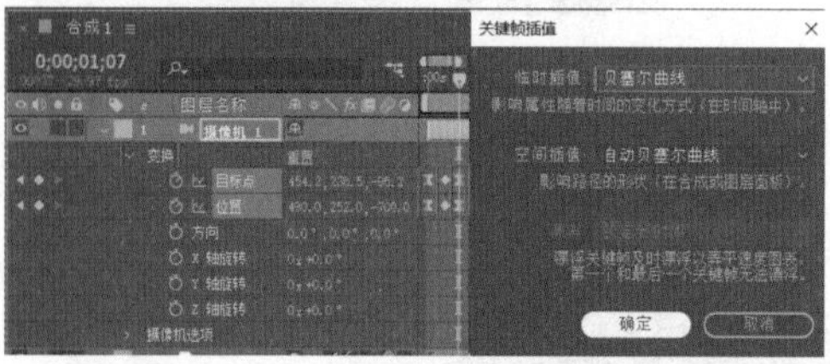

图 14-48

步骤⑬ 框选中间两个关键帧，在关键帧上方右击执行【关键帧插值】命令，在弹出的【关键帧插值】窗口中设置【临时插值】为【自动贝塞尔曲线】，单击【确定】按钮，如图14-49所示。

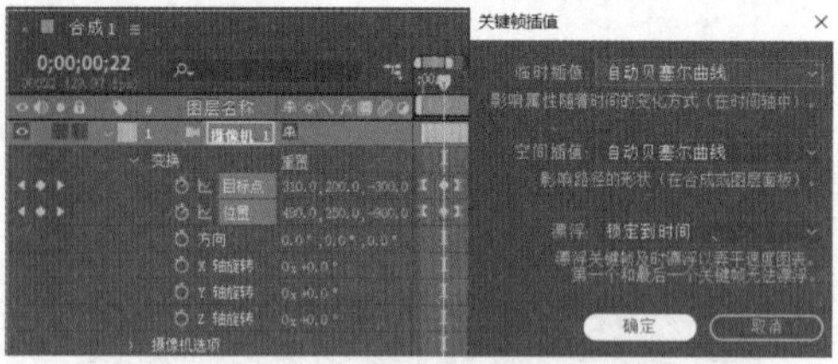

图 14-49

步骤⑭ 单击打开【摄像机选项】，设置【缩放】为816.5像素，【焦距】为1000.0像素，【光圈】为20.0像素，【模糊层次】为300%，如图14-50所示。此时画面空间效果增强，如图14-51所示。

步骤⑮ 在【时间轴】面板的空白位置处右击，执行【新建】/【文本】命令，在【字符】面板中设置合适的【字体系列】，设置【填充颜色】为白色，【字体大小】为50像素，【字符间距】为-26，【垂直缩放】为92%，单击TT（全部大写字母）按钮，在【段落】面板中选择■（居中对齐文本），设置完成后输入文字"DREAM SPACE"，如图14-52所示。在【时间轴】面板中选择文本图层，单击◎与◎下方对应位置，开启【运动模糊】和【3D图层】，打开【变换】属性，设置【位置】为（469.0,263,-367.7），如图14-53所示。

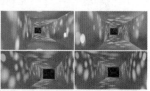

图 14-50

图 14-51

图 14-52

图 14-53

步骤⑯ 本实例制作完成，滑动时间线查看画面最终效果，如图14-54~图14-58所示。

图 14-54

图 14-55

图 14-56

图 14-57

图 14-58

综合实例：科技感Pad播放画面

文件路径：Chapter 14 影视特效综合实例→综合实例：科技感Pad播放画面

本实例使用【矩形工具】以及【钢笔工具】绘制Pad界面中的大体框架，使用【定向模糊】效果、【发光】效果制作主体文字，使用【动态跟踪器】和抠像为画面添加手图像，最终完成手单击出现变化的效果。实例效果如图14-59所示。

图 14-59

步骤 01 在【项目】面板中右击并选择【新建合成】选项，在弹出的【合成设置】面板中设置【合成名称】为【合成1】，【预设】为HDTV 1080 24，【宽度】为1920，【高度】为1080，【像素长宽比】为【方形像素】，【帧速率】为24，【分辨率】为【完整】，【持续时间】为5秒，单击【确定】按钮。执行【文件】/【导入】/【文件】命令，导入全部素材文件。在【项目】面板中选择1.jpg素材文件，将它拖曳到【时间轴】面板中，如图14-60所示。

图 14-60

步骤 02 在【时间轴】面板中单击打开1.jpg图层下方的【变换】，设置【缩放】为(245.0,245.0%)，如图14-61所示。画面效果如图14-62所示。

图 14-61　　　　　　图 14-62

步骤 03 绘制主体形状。在工具栏中选择■（矩形工具）按钮，设置【填充】为无，【描边】为青色，【描边宽度】

为5像素，在【合成】面板中心位置按住鼠标左键拖动绘制一个矩形，如图14-63所示。在这个矩形右下角位置再次绘制一个较小的矩形，如图14-64所示。

图 14-63　　　　　　　図 14-64

步骤 04 在工具栏中更改【描边】为黄色，设置完成后在小矩形左侧绘制一个黄色矩形，如图14-65所示。在工具栏中选择 ✍（钢笔工具），设置【填充】为无，【描边】为黄色，【描边宽度】为5像素，在主体形状左上角单击建立锚点，然后按下键盘上的Shift键的同时按住鼠标左键绘制一条水平直线，如图14-66所示。

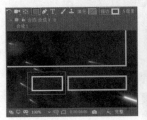 

图 14-65　　　　　　　图 14-66

步骤 05 在【时间轴】面板中选择【形状图层1】~【形状图层4】，使用预合成快捷键Ctrl+Shift+C，如图14-67所示。在弹出的【预合成】窗口中设置【新合成名称】为【形状线条】，单击【确定】按钮，如图14-68所示。

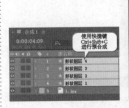 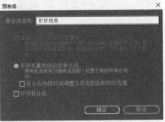

图 14-67　　　　　　　图 14-68

步骤 06 此时得到预合成图层，如图14-69所示。

步骤 07 制作主体文字。在【时间轴】面板的空白位置处右击执行【新建】/【文本】命令。在【字符】面板中设置合适的【字体系列】，设

图 14-69

置【填充颜色】为白色，【描边颜色】为无，【字体大小】为200像素，在【段落】面板中选择 ▤（居中对齐文本），设置完成后输入"SUNFLOWER"，如图14-70所示。

图14-70

步骤08 在【效果和预设】面板搜索框中搜索【发光】，将该效果拖曳到【时间轴】面板的文本图层上，如图14-71所示。

图14-71

步骤09 在【时间轴】面板中单击打开文本图层下方的【效果】/【发光】，设置【发光半径】为40，【发光强度】为2，如图14-72所示。文字效果如图14-73所示。

图14-72　　　　　　　图14-73

步骤10 在【效果和预设】面板搜索框中搜索【定向模糊】，将该效果拖曳到【时间轴】面板的文本图层上，如图14-74所示。

图14-74

步骤11 在【时间轴】面板中单击打开文本图层下方的【效果】/【定向模糊】，设置【方向】为0x+90.0°，将时间线滑动到2秒10帧位置，单击【模糊长度】前的 ◎（时间

变化秒表）按钮，开启自动关键帧，设置【模糊长度】为0.0；将时间线滑动到2秒15帧位置，设置【模糊长度】为120.0；最后将时间线滑动到3秒10帧位置，设置【模糊长度】为0，如图14-75所示。文字效果如图14-76所示。

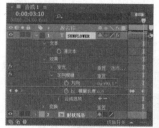

图14-75　　　　　　　图14-76

步骤12 打开文本图层下方的【变换】，设置【位置】为（932.0,552.0），将时间线滑动到起始帧位置，单击【不透明度】前的 ◎（时间变化秒表）按钮，开启自动关键帧，设置【不透明度】为100%；将时间线滑动到10帧位置，设置【不透明度】为0%；将时间线滑动到20帧位置，设置【不透明度】为60%；将时间线滑动到1秒10帧位置，设置【不透明度】为0%；将时间线滑动到2秒位置，设置【不透明度】为100%；将时间线滑动到2秒5帧位置，设置【不透明度】为0%；最后将时间线滑动到2秒10帧位置，设置【不透明度】为100%，如图14-77所示。选择【不透明度】后方的全部关键帧，并在关键帧上方右击，在弹出的快捷菜单中执行【切换定格关键帧】命令，此时关键帧效果发生变化，如图14-78所示。

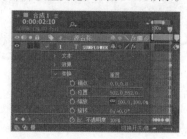

图14-77

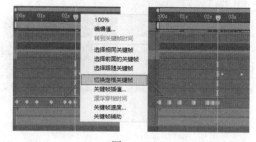

图14-78

中文版After Effects 2020完全案例教程（微课视频版）

步骤 13 滑动时间线查看文字效果，如图14-79所示。

图 14-79

步骤 14 在【时间轴】面板的空白位置处右击执行【新建】/【文本】命令。在【字符】面板中设置合适的【字体系列】，设置【填充颜色】为白色，【描边颜色】为无，【字体大小】为80像素，设置完成后输入文字"GORGEOUS"，如图14-80所示。

图 14-80

步骤 15 打开当前文本图层下方的【变换】，设置【位置】为(400.0,205.0)，将时间线滑动到起始帧位置，单击【不透明度】前的 (时间变化秒表)按钮，设置【不透明度】为40%；将时间线滑动到1秒位置，设置【不透明度】为15%；将时间线滑动到2秒位置，设置【不透明度】为60%，如图14-81所示。选择【不透明度】后方的3个关键帧，在关键帧上方右击，在弹出的快捷菜单中执行【切换定格关键帧】命令，得到定格关键帧，如图14-82所示。

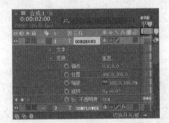

图 14-81

图 14-82

步骤 16 滑动时间线查看文字效果，如图14-83所示。

图 14-83

步骤 17 在工具栏中选择 (矩形工具)，设置【填充】为青色，【描边】为无，在【合成】面板中的小文字右侧按住鼠标左键绘制一个矩形，如图14-84所示。

步骤 18 在【效果和预设】面板搜索框中搜索【百叶窗】，将该效果拖曳到【时间轴】面板的【形状图层1】上，如图14-85所示。

图 14-84   图 14-85

步骤 19 在【时间轴】面板中单击打开【形状图层1】下方的【效果】/【百叶窗】，设置【方向】为0x+90.0°，将时间线滑动到2秒位置，单击【过渡完成】前的 (时间变化秒表)按钮，设置【过渡完成】为100%；继续将时间线滑动到3秒位置，设置【过渡完成】为0%，如图14-86所示。滑动时间线查看形状效果，如图14-87所示。

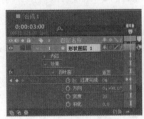   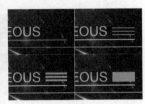

图 14-86   图 14-87

步骤 20 在【时间轴】面板中选择全部图层，使用快捷键Ctrl+Shift+C进行预合成，如图14-88所示。在弹出的【预合成】窗口中设置【新合成名称】为【预合成1】，单击【确定】按钮，如图14-89所示。

图 14-88   图 14-89

步骤 21 在【时间轴】面板中得到【预合成1】图层，如图14-90所示。

步骤 22 将【项目】面板中的【背景.mp4】视频素材拖曳到【时间轴】面板中，如图14-91所示。

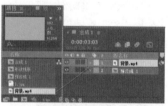

图 14-90   图 14-91

步骤 23 在【时间轴】面板中将时间线滑动到第8帧位置，接着选择背景.MP4后方的时间条，按住鼠标左键将其向右侧拖动，使时间条的起始位置与时间线重合，如图14-92所示。

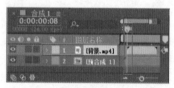

图 14-92

步骤 24 在【效果和预设】面板搜索框中搜索【Keylight (1.2)】，将该效果拖曳到【时间轴】面板中的背景.MP4图层上，如图14-93所示。

图 14-93

步骤 25 在【效果控件】面板中展开【Keylight (1.2)】效果，接着单击【Screen Colour】后方的吸管工具，如图14-94所示。将光标移动到【合成】面板中的绿色背景上方，单击一下鼠标左键，此时绿色背景消失，如图14-95所示。画面效果如图14-96所示。

图 14-94   图 14-95

图 14-96

步骤 26 下面调整手的位置。在【时间轴】面板中单击打开背景.MP4图层下方的【变换】，设置【位置】为(770,639)，如图14-97所示。此时画面效果如图14-98所示。

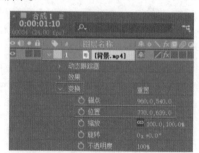

图 14-97

图 14-98

步骤 27 此时可以观察到当前画面偏暗，下面调整画面亮度。首先在【时间轴】面板中的空白位置处单击鼠标右键选择【新建】/【调整图层】，如图14-99所示。接着在【效果和预设】面板搜索框中搜索【曲线】，将该效果拖曳到

中文版After Effects 2020完全案例教程（微课视频版）

【时间轴】面板中的调整图层1上，如图14-100所示。

图14-99

图14-100

步骤 28 在【效果控件】面板中展开【曲线】，将通道设置为RGB，接着在下方曲线上单击添加一个控制点并向左上角拖动，然后将通道设置为蓝色，在蓝色曲线上同样添加一个控制点并微微向左上角拖动，如图14-101和图14-102所示。

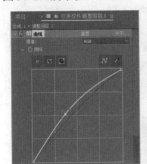 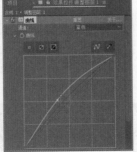

图14-101　　　　　图14-102

步骤 29 此时案例制作完成，画面效果如图14-103~图14-106所示。

图14-103　　　　　图14-104

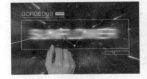 

图14-105　　　　　图14-106

综合实例：幻境空间流动影视背景

文件路径：Chapter 14　影视特效综合实例→综合实例：幻境空间流动影视背景

动态背景是广告设计、影视特效设计、舞台设计中重要的元素，本实例将制作浪漫丝滑的动态背景效果。本实例使用【分形杂色】效果、【湍流置换】效果、【三色调】效果、【发光】效果等制作流动感的紫色背景，使用【CC Particle World（CC 粒子世界）】效果制作圆形粒子，最后在其上方制作文字。实例效果如图14-107所示。

扫一扫，看视频

图14-107

步骤 01 在【项目】面板中右击并选择【新建合成】选项，在弹出的【合成设置】面板中设置【合成名称】为【合成1】，【预设】为【PALD1/DV宽银幕方形像素】，【宽度】为1050，【高度】为576，【像素长宽比】为【方形像素】，【帧速率】为25，【分辨率】为【完整】，【持续时间】为7秒，单击【确定】按钮。在【时间轴】面板的空白位置处右击，执行【新建】/【纯色】命令。在弹出的【纯色设置】窗口中设置【名称】为【中等灰色-紫色 纯色 1】，【颜色】为茄紫色，单击【确定】按钮，如图14-108所示。

图14-108

步骤 02 在【效果和预设】面板搜索框中搜索【分形杂色】，将该效果拖曳到【时间轴】面板的【中等灰色-紫色 纯色 1】图层上，如图14-109所示。

图 14-109

步骤 03 在【时间轴】面板中选择【中等灰色-紫色 纯色 1】图层，打开该图层下方的【效果】/【分形杂色】，设置【分形类型】为【湍流基本】，【杂色类型】为【线性】，【溢出】为【剪切】，将时间线滑动到起始帧位置并展开【变换】，单击【旋转】【偏移（湍流）】以及【演化】前的◎（时间变化秒表）按钮，开启自动关键帧，设置【旋转】为0.0°，【偏移（湍流）】为（0.0,0.0），【演化】为0.0°；继续将时间线滑动到结束帧位置，设置【旋转】为0x+80.0°，【偏移（湍流）】为（400.0,700.0），【演化】为3x+0.0°，设置【统一缩放】为【关】，【缩放宽度】为600.0，【缩放高度】为50.0，【复杂度】为1.0，如图14-110所示。滑动时间线查看画面效果如图14-111所示。

图 14-110　　　　图 14-111

步骤 04 在【效果和预设】面板搜索框中搜索【三色调】，将该效果拖曳到【时间轴】面板的【中等灰色-紫色 纯色 1】图层上，如图14-112所示。

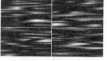

图 14-112

步骤 05 在【时间轴】面板中选择【中等灰色-紫色 纯色 1】图层，打开该图层下方的【效果】/【三色调】，设置【高光】为粉色，【中间调】为紫色，【阴影】为黑色，如图14-113所示。画面变为紫色调，如图14-114所示。

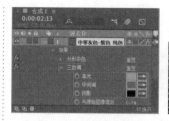
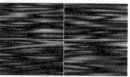

图 14-113　　　　图 14-114

步骤 06 在【效果和预设】面板搜索框中搜索【湍流置换】，将该效果拖曳到【时间轴】面板的【中等灰色-紫色 纯色 1】图层上，如图14-115所示。

图 14-115

步骤 07 在【时间轴】面板中选择【中等灰色-紫色 纯色 1】图层，打开该图层下方的【效果】/【湍流置换】，设置【置换】为【扭转】，【数量】为60.0，【大小】为500.0，将时间线滑动到起始帧位置，单击【偏移（湍流）】前的◎（时间变化秒表）按钮，设置【偏移（湍流）】为（170.0,500.0）；继续将时间线滑动到结束帧位置，设置【偏移（湍流）】为（1700.0,185.0）。展开【循环演化】，设置【循环演化】为【开】，如图14-116所示。画面呈现出一种湍流扭曲的效果，如图14-117所示。

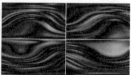

图 14-116　　　　图 14-117

步骤 08 在【效果和预设】面板搜索框中搜索【发光】，将该效果拖曳到【时间轴】面板的【中等灰色-紫色 纯色 1】图层上，如图14-118所示。

图 14-118

步骤 09 在【时间轴】面板中选择【中等灰色-紫色 纯色 1】图层,打开该图层下方的【效果】/【发光】,设置【发光阈值】为50.0%,【发光半径】为100.0,【发光强度】为0.5,如图14-119所示。此时画面对比度更强,如图14-120所示。

图 14-119　　　　　图 14-120

步骤 10 在【效果和预设】面板搜索框中搜索CC Radial Fast Blur,将该效果拖曳到【时间轴】面板的【中等灰色-紫色 纯色 1】图层上,如图14-121所示。

图 14-121

步骤 11 在【时间轴】面板中选择【中等灰色-紫色 纯色 1】图层,打开该图层下方的【效果】/CC Radial Fast Blur,设置Center为(580.0,540.0),Amount为95.0,如图14-122所示。此时画面呈现一种模糊效果,如图14-123所示。

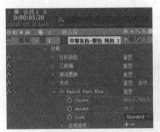
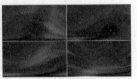

图 14-122　　　　　图 14-123

步骤 12 在【时间轴】面板的空白位置处右击,执行【新建】/【纯色】命令。在弹出的【纯色设置】窗口中设置【名称】为【中间色洋红 纯色 1】,【颜色】为浅洋红,单击【确定】按钮,如图14-124所示。

步骤 13 在【效果和预设】面板搜索框中搜索CC Particle World,将该效果拖曳到【时间轴】面板中的【中间色洋红 纯色 1】图层上,如图14-125所示。

图 14-124　　　　　图 14-125

步骤 14 在【时间轴】面板中选择【中间色洋红 纯色 1】图层,打开该图层下方的【效果】/CC Particle World,设置Birth Rate为3.0,Longevity(sec)为3.00;展开Producer,设置Position Z为-2.00,Radius X为0.000,Radius Y为0.000,Radius Z为15.000,如图14-126所示。展开Physics,设置Animation为Jet Sideways,Inherit Velocity为1500.0,Gravity为0.000,Resistance为2.0,Extra为2.00,Extra Angle为2x+0.0°;接着展开Particle,设置Particle Type为Lens Convex,Birth Size为0.050,Death Size为0.030,Size Variation为100.0%,Transfer Mode为Add,如图14-127所示。

图 14-126　　　　　图 14-127

步骤 15 滑动时间线查看画面效果,如图14-128所示。

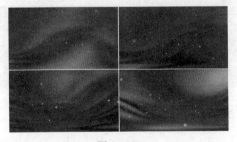

图 14-128

步骤 16 在【时间轴】面板的空白位置处右击执行【新建】/【文本】命令。在【字符】面板中设置合适的【字体系列】,设置【填充颜色】为白色,【描边颜色】为无,【字体大小】为90像素,在【段落】面板中选择▤(居中对齐文本），设置完成后输入文字"MOBILE VISION"，如图14-129所示。

步骤17 在【时间轴】面板中选择当前文本图层，单击该图层右侧的  （3D图层），允许在三维中操作此图层，接着打开该图层下方的【变换】，设置【位置】为（505.0,256.0,0.0），【方向】为（0.0°,20.0°,0.0°），单击【缩放】后方的 （约束比例）按钮，然后将时间线滑动到1秒位置，单击【缩放】前的 （时间变化秒表）按钮，设置【缩放】为（100.0,0.0,100.0）；继续将时间线滑动到3秒位置，设置【缩放】为（100.0,100.0,100.0%），如图14-130所示。

图 14-133

步骤20 在【时间轴】面板中单击选择当前形状图层下方的【变换】，设置【位置】为（525.0,272.0），单击【缩放】后方的 （约束比例）按钮，将时间线滑动到3秒位置，单击【缩放】前的 （时间变化秒表）按钮，设置【缩放】为（0.0,100.0%）；将时间线滑动到3秒20帧位置，设置【缩放】为（120.0,100.0%）；将时间线滑动到4秒位置，设置【缩放】为（100.0,100.0%），如图14-134所示。画面效果如图14-135所示。

图 14-129　　　　　图 14-130

步骤18 右击该文字图层，执行【图层样式】/【投影】命令。在【时间轴】面板中选择当前文本图层，打开该图层下方的【图层样式】/【投影】，设置【混合模式】为【正常】;【颜色】为洋红色，【不透明度】为100%，【角度】为0x+168.0°，【距离】为7.0，【扩展】为24.0%。将时间线滑动到1秒位置，单击【大小】前的 （时间变化秒表）按钮，设置【大小】为50.0；继续将时间线滑动到3秒位置，设置【大小】为0.0，如图14-131所示。滑动时间线查看文字变换效果，如图14-132所示。

图 14-134　　　　　图 14-135

步骤21 在【时间轴】面板的空白位置处右击执行【新建】/【文本】命令。在【字符】面板中设置合适的【字体系列】，设置【填充颜色】为白色，【描边颜色】为无，【字体大小】为50像素，设置完成后输入文字"Preface to fashion"，如图14-136所示。

图 14-131　　　　　图 14-132

步骤19 在工具栏中选择 （钢笔工具），也可使用快捷键G快速进行切换，接着设置【填充】为无，【描边】为白色，【描边宽度】为5像素，在【合成】面板的文字下方按住Shift键的同时按住鼠标左键水平绘制一条直线，如图14-133所示。

图 14-136

步骤22 在【时间轴】面板中选择Preface to fashion文本图层，打开该图层下方的【变换】，设置【位置】为（531.0,351.0），将时间线滑动到4秒位置，单击【不透明度】前的 （时间变化秒表）按钮，设置【不透明度】为0%；将时间线滑动到4秒20帧位置，设置【不透明度】为

100%，如图14-137所示。展开MOBILE VISION文本图层，选择下方的【图层样式】，使用快捷键Ctrl+C进行复制；将时间线滑动到4秒位置，选择Preface to fashion文本图层，使用快捷键Ctrl+V进行粘贴，如图14-138所示。

图14-137　　　　　　　图14-138

步骤 23 在【时间轴】面板中选择当前文本图层，打开该图层下方的【图层样式】/【投影】，更改【颜色】为蓝色，【距离】为5.0，如图14-139所示。画面效果如图14-140所示。

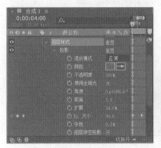 

图14-139　　　　　　　图14-140

步骤 24 在【效果和预设】面板搜索框中搜索【湍流置换】，将该效果拖曳到【时间轴】面板的Preface to fashion文本图层上，如图14-141所示。

图14-141

步骤 25 在【时间轴】面板中选择Preface to fashion文本图层，打开该图层下方的【效果】/【湍流置换】，将时间线滑动到4秒位置，单击【数量】前的⏱（时间变化秒表）按钮，设置【数量】为−130.0；将时间线滑动到4秒20帧位置，设置【数量】为65.0；将时间线滑动到5秒10帧位置，设置【数量】为−160.0；最后将时间线滑动到6秒位置，设置【数量】为0，如图14-142所示。本实例制作完成，滑动时间线查看画面最终效果，如

图14-143所示。

图14-142　　　　　　　图14-143

综合实例：科技效果电影特效

文件路径：Chapter 14　影视特效综合实例→综合实例：科技效果电影特效

在科幻特效电影中常见到很多不切实际的、超出想象的镜头，例如，人物的分身变化、抽象动画等。本实例主要使用CC Star Burst效果以及【发光】效果制作背景星光效果，使用【分形杂色】效果制作人像下方的发电波。实例效果如图14-144所示。

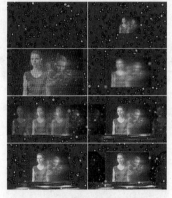

图14-144

步骤 01 在【项目】面板中右击并选择【新建合成】选项，在弹出的【合成设置】面板中设置【合成名称】为【合成1】，【预设】为HDTV 1080 24，【宽度】为1920，【高度】为1080，【像素长宽比】为【方形像素】，【帧速率】为24，【分辨率】为【完整】，【持续时间】为8秒，单击【确定】按钮。执行【文件】/【导入】/【文件】命令，导入01.jpg素材文件。在【时间轴】面板的空白位置处右击，执行【新建】/【纯色】命令，在弹出的【纯色设置】窗口中设置【名称】为【黑色 纯色1】，【颜色】为黑色，单击【确定】按钮，如图14-145所示。

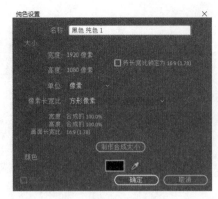

图 14-145

步骤（02） 在【效果和预设】面板搜索框中搜索CC Star Burst，将该效果拖曳到【时间轴】面板的纯色图层上，如图14-146所示。

步骤（03） 在【时间轴】面板中选择这个纯色图层，打开该图层下方的【效果】/CC Star Burst，设置Scatter为240.0，Speed为0.5，Grid Spacing为10.0，如图14-147所示。此时画面效果并不明显。

图 14-146　　　　　　图 14-147

步骤（04） 在【效果和预设】面板搜索框中搜索【发光】，将该效果拖曳到【时间轴】面板的纯色图层上，如图14-148所示。

图 14-148

步骤（05） 在【时间轴】面板中选择纯色图层，打开该图层下方的【效果】/【发光】，【发光基于】为【Alpha通道】，【发光半径】为23.0，【发光强度】为5.0，【发光颜色】为【A和B颜色】，【颜色A】为粉色，【颜色B】为蓝色，如图14-149所示。画面效果如图14-150所示。

步骤（06） 在【项目】面板中选择01.jpg素材文件，将其拖曳到【时间轴】面板中，如图14-151所示。

图 14-149　　　　　　图 14-150

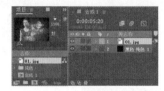

图 14-151

步骤（07） 在【时间轴】面板中单击打开01.jpg图层下方的【变换】，将时间线滑动到起始帧位置，单击【缩放】前的 ⏱（时间变化秒表）按钮，设置【缩放】为（0.0,0.0%）；继续将时间线滑动到2秒位置，设置【缩放】为（170.0,170.0%）；将时间线滑动到3秒位置，设置【缩放】为（90.0,90.0%），如图14-152所示。画面效果如图14-153所示。

图 14-152　　　　　　图 14-153

步骤（08） 在【效果和预设】面板搜索框中搜索【百叶窗】，将该效果拖曳到【时间轴】面板的01.jpg图层上，如图14-154所示。

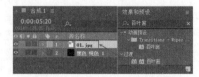

图 14-154

步骤（09） 在【时间轴】面板中单击打开01.jpg图层下方的【百叶窗】，将时间线滑动到3秒位置，单击【过渡完成】前的 ⏱（时间变化秒表）按钮，开启自动关键帧，设

中文版After Effects 2020完全案例教程（微课视频版）

置【过渡完成】为30%；继续将时间线滑动到4秒位置，设置【过渡完成】为0%，【方向】为0x+90.0°，【宽度】为10，如图14-155所示。画面效果如图14-156所示。

图14-155　　　　　　图14-156

步骤10 在【时间轴】面板中选择01.jpg图层，使用快捷键Ctrl+D进行快速复制，如图14-157所示。选择并展开新复制的01.jpg图层（图层1），选择【效果】，按Delete键将其删除。展开【变换】，单击【缩放】前的⊙（时间变化秒表）按钮，关闭自动关键帧，并设置【缩放】为（90.0,90.0%）；将时间线滑动到3秒位置，单击【位置】前的⊙（时间变化秒表）按钮，开启自动关键帧，设置【位置】为（960.0,540.0）；将时间线滑动到4秒10帧位置，设置【位置】为（2005.0,540.0）；继续将时间线滑动到2秒15帧位置，单击【不透明度】前的⊙（时间变化秒表）按钮，设置【不透明度】为0%；将时间线滑动到3秒位置，设置【不透明度】为50%；将时间线滑动到5秒位置，设置【不透明度】为0%，如图14-158所示。

图14-157　　　　　　图14-158

步骤11 在【时间轴】面板中选择01.jpg图层（图层1），再次使用快捷键Ctrl+D复制图层，如图14-159所示。选择刚复制的01.jpg图层，展开其下方的【变换】，将时间线滑动到4秒10帧位置，更改【位置】为（-95.0,540.0），如图14-160所示。

图14-159　　　　　　图14-160

步骤12 滑动时间线查看画面效果，如图14-161所示。

图14-161

步骤13 制作图片下方的光波。再次新建一个黑色的纯色图层，设置它的【模式】为【相加】，如图14-162所示。在【效果和预设】面板搜索框中搜索【分形杂色】，将该效果拖曳到【时间轴】面板的【黑色 纯色 2】图层上，如图14-163所示。

图14-162　　　　　　图14-163

步骤14 在【时间轴】面板中选择【黑色 纯色 2】图层，打开该图层下方的【效果】/【分形杂色】，设置【对比度】为150.0，【亮度】为-40.0。展开【变换】，设置【统一缩放】为【关】，【缩放宽度】为400.0，【缩放高度】为18.0，【复杂度】为1.5，将时间线滑动到3秒位置，单击【偏移（湍流）】前的⊙（时间变化秒表）按钮，设置【偏移（湍流）】为（1500.0,540.0）；继续将时间线滑动到7秒23帧位置，设置【偏移（湍流）】为（1000.0,540.0），如图14-164所示。画面效果如图14-165所示。

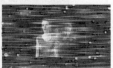

图14-164　　　　　　图14-165

步骤15 在【效果和预设】面板搜索框中搜索【发光】，将该效果拖曳到【时间轴】面板的【黑色 纯色 2】图层上，如图14-166所示。

图14-166

步骤 16 在【时间轴】面板中选择【黑色 纯色 2】图层，打开该图层下方的【效果】/【发光】，设置【发光阈值】为30.0%，【发光半径】为35.0，【发光强度】为2.5，【发光颜色】为【A和B颜色】，【颜色A】为藕荷色，【颜色B】为青色，如图14-167所示。画面效果如图14-168所示。

图14-167　　　　　图14-168

步骤 17 在【时间轴】面板中选择【黑色 纯色 2】图层，在工具栏中选择 ✐（钢笔工具），然后将光标移到图片下方，单击建立锚点，绘制一个细长条四边形蒙版，如图14-169所示。

图14-169

步骤 18 单击打开【时间轴】面板中【黑色 纯色 2】图层下方的【蒙版】/【蒙版1】，设置【蒙版羽化】为(67.0,67.0%)，将时间线滑动到3秒位置，单击【蒙版路径】前的 ⏱（时间变化秒表）按钮，开启自动关键帧，如图14-170所示。将时间线滑动到5秒位置，在【合成】面板中调整蒙版【形状】为【梯形】，此时在当前位置出

现关键帧，如图14-171所示。

图14-170　　　　　图14-171

步骤 19 在图片周围制作形状。首先在工具栏中选择 ⬭（椭圆工具），设置【填充】为青色，按住Shift键的同时按住鼠标左键在人物图片左下角绘制一个较小的正圆，如图14-172所示。在【时间轴】面板中继续选择这个形状图层，使用同样的方式在人物图片左上角绘制一个等大的正圆，如图14-173所示。

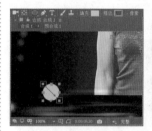

图14-172　　　　　图14-173

步骤 20 在工具栏中选择 ✐（钢笔工具），设置【填充】为无，【描边】为青色，【描边宽度】为6像素，然后单击添加锚点，围绕着图片边缘将两个正圆进行连接，如图14-174所示。

图14-174

步骤 21 在【时间轴】面板中选择【形状图层1】和【形状图层2】，使用快捷键Ctrl+Shift+C进行预合成，如图14-175所示。

步骤 22 在【预合成】窗口中设置【新合成名称】为【预

合成1】，得到【预合成1】图层，如图14-176所示。

图14-175　　　　　　图14-176

步骤 23 在工具栏中选择■（矩形工具），在【合成】面板左下角绘制一个较小的矩形，在【时间轴】面板中单击打开预合成图层下方的【蒙版】/【蒙版1】，将时间线滑动到2秒位置，单击【蒙版路径】前的◎（时间变化秒表）按钮，开启自动关键帧，如图14-177所示。继续将时间线滑动到2秒15帧位置，调整【合成】面板中矩形蒙版形状的大小及位置，此时在【蒙版路径】后方自动出现关键帧，如图14-178所示。

图14-177　　　　　　图14-178

步骤 24 将时间线滑动到3秒位置，再次调整【合成】面板中矩形蒙版形状，如图14-179所示。

图14-179

步骤 25 在【效果和预设】面板搜索框中搜索CC WarpoMatic，将该效果拖曳到【时间轴】面板的预合成图层上，如图14-180所示。

图14-180

步骤 26 在【时间轴】面板中选择预合成1图层，打开该图层下方的【效果】/CC WarpoMatic，设置Smoothness为18.00，将时间线滑动到4秒位置，单击Completion前的◎（时间变化秒表）按钮，设置Completion为40.0；将时间线滑动到5秒位置，设置Completion为100.0；将时间线滑动到6秒位置，设置Completion为40.0；最后将时间线滑动到7秒位置，设置Completion为100，如图14-181所示。本实例制作完成，滑动时间线查看画面最终效果，如图14-182所示。

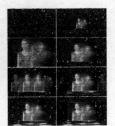

图14-181　　　　　　图14-182

综合实例：震撼地面冲击波特效动画

文件路径：Chapter 14　影视特效综合实例→综合实例：震撼地面冲击波特效动画

扫一扫，看视频

在影视作品中可以经常看到冲击波、爆炸等镜头。这些镜头若采用实拍难度很大，如演员风险、道具支出巨大，但是使用软件进行操作则简单很多。本实例主要使用【CC Particle World（CC 粒子世界）】效果制作爆破光源主体、四周的粒子以及爆破产生的碎片效果，使用【不透明度】表达式和【位置】表达式制作主体光效的环境光效及画面色调等，并用蒙版工具及位置关键帧完善细节。需注意冲击波在冲击地面时镜头应该产生晃动且空气中产生碎片，则会更加真实。实例效果如图14-183所示。

图 14-183

步骤 01 在【项目】面板中右击并选择【新建合成】选项，在弹出的【合成设置】面板中设置【合成名称】为【合成1】，【预设】为【自定义】，【宽度】为864，【高度】为486，【像素长宽比】为【方形像素】，【帧速率】为24，【分辨率】为【完整】，【持续时间】为10秒，单击【确定】按钮。执行【文件】/【导入】/【文件】命令，导入全部素材文件。在【项目】面板中分别将【背景.jpg】【碎裂.mov】及1.mov素材文件拖曳到【时间轴】面板中，并设置1.mov素材文件的起始时间为1秒位置，如图14-184所示。

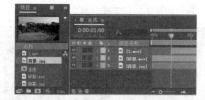

图 14-184

步骤 02 在【时间轴】面板中选择1.mov图层，右击，执行【时间】/【启用时间重映射】命令，如图14-185所示。

图 14-185

步骤 03 单击打开1.mov图层，可以看到下方的【时间重映射】关键帧，选择第2个关键帧，在关键帧上方右击，执行【切换定格关键帧】命令，如图14-186所示。继续选择1.mov图层，将结束时间设置为10秒位置，如图14-187所示。

图 14-187

步骤 04 使用同样的方式制作【碎裂.mov】图层，将结束时间同样设置为10秒位置，如图14-188所示。

图 14-188

步骤 05 为了便于操作，在【时间轴】面板中先将1.mov图层进行隐藏，打开【碎裂.mov】图层下方的【变换】，设置【位置】为（458.0,376.0），【缩放】为（20.0,20.0%），如图14-189所示。

步骤 06 调整碎裂地面的颜色。在【效果和预设】面板搜索框中搜索【曲线】，将该效果拖曳到【时间轴】面板的【碎裂.mov】图层上，如图14-190所示。

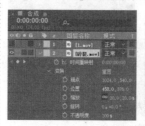

图 14-189

图 14-190

步骤 07 在【效果控件】面板中打开【曲线】效果，设置【通道】为RGB，在其下方曲线的中间位置单击添加一个控制点并向左下角拖动，将亮度压暗，如图14-191所示。画面效果如图14-192所示。

图 14-191

图 14-192

步骤 08 显现并选择1.mov图层，单击打开该图层下方的【变换】，设置【位置】为(204.2,393.4)，【缩放】为(21.0,21.0%)，如图14-193所示。单击打开【碎裂.mov】图层下方的【效果】，选择【曲线】效果，使用快捷键Ctrl+C进行复制，选择1.mov图层，使用快捷键Ctrl+V进行粘贴，如图14-194所示。

图 14-193

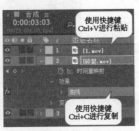
图 14-194

步骤 09 画面中的1.mov素材变暗，如图14-195所示。

图 14-195

步骤 10 可以看出此时碎裂的地面与平整的地面并不融合，设置【碎裂.mov】图层和1.mov图层的【模式】为【亮光】，如图14-196所示。画面效果如图14-197所示。

图 14-196

图 14-197

步骤 11 在【时间轴】面板的空白位置处右击，执行【新建】/【纯色】命令，在弹出的【纯色设置】窗口中设置【名称】为【中间的光】，【颜色】为黑色，单击【确定】按钮，如图14-198所示。

步骤 12 在【效果和预设】面板搜索框中搜索CC Particle World，将该效果拖曳到【时间轴】面板的纯色图层上，如图14-199所示。

图 14-198

图 14-199

步骤 13 在【时间轴】面板中选择纯色图层，打开该图层下方的【效果】/CC Particle World，设置Birth Rate为1.9，展开Producer，设置Position Y为0.30，Radius X为0.000，Radius Y为0.215，Radius Z为0.000；展开Physics，设置Animation为Twirl，Velocity为0.07，Gravity为-0.050，Extra为0.00，Extra Angle为0x+180.0°；展开Particle，设置Particle Type为TriPolygon，Birth Size为0.043，Death Size为0.027，Death Color为橘红色，如图14-200和图14-201所示。

图 14-200

图 14-201

步骤 14 单击打开【变换】，将时间线滑动到21帧位置，单击【位置】前的 (时间变化秒表)按钮，开启自动关键帧，设置【位置】为(456.0,243.0)；继续将时间线滑动到1秒位置，设置【位置】为(214.6,232.7)，设置该图层的【模式】为【相加】，如图14-202所示。画面效果如图14-203所示。

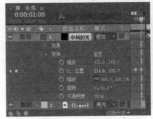
图 14-202

图 14-203

步骤 15 在【效果和预设】面板搜索框中搜索【发光】，

第14章 影视特效综合实例

将该效果拖曳到【时间轴】面板的纯色图层上，如图14-204所示。

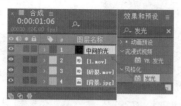

图14-204

步骤 16 在【时间轴】面板中选择纯色图层，打开该图层下方的【效果】/【发光】，设置【发光阈值】为80.0%，【发光半径】为50.0，【发光强度】为50.0，【发光操作】为【相乘】，如图14-205所示。光束效果如图14-206所示。

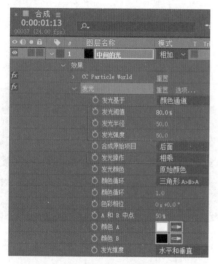

图14-205

图14-206

步骤 17 在【效果和预设】面板搜索框中搜索【定向模糊】，将该效果拖曳到【时间轴】面板的纯色图层上，如图14-207所示。

图14-207

步骤 18 在【时间轴】面板中选择纯色图层，打开该图层下方的【效果】/【定向模糊】，设置【方向】为0x+10.0°，【模糊长度】为1.0，如图14-208所示。光束效果如图14-209所示。

步骤 19 在【项目】面板中将【烟雾.jpg】素材文件拖曳到【时间轴】面板中，如图14-210所示。

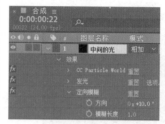

图14-208

图14-209

图14-210

步骤 20 单击打开【烟雾.jpg】图层下方的【变换】，设置【缩放】为（50.0,50.0%），如图14-211所示。选择【烟雾.jpg】图层，使用快捷键Ctrl+D复制该图层，如图14-212所示。

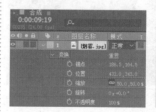

图14-211

图14-212

步骤 21 选择【烟雾.jpg】图层（图层2），设置该图层

中文版After Effects 2020完全案例教程（微课视频版）

的【轨道遮罩】为【亮度反转遮罩"[烟雾.jpg]"】，如图14-213所示。烟雾效果如图14-214所示。

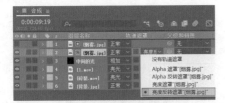

图 14-213

图 14-214

步骤 22 由于烟雾周围出现一个灰色的矩形框，破坏画面美感，需将它去除。在【时间轴】面板中继续选择【烟雾.jpg】图层（图层2），在工具栏中选择■（矩形工具），然后围绕烟雾绘制一个矩形蒙版，如图14-215所示。

步骤 23 加深烟雾的浓度。在【效果和预设】面板搜索框中搜索【填充】，将该效果拖曳到【时间轴】面板的【烟雾.jpg】图层（图层2）上，如图14-216所示。

图 14-215

图 14-216

步骤 24 单击打开【烟雾.jpg】图层（图层2）下方的【效果】/【填充】，设置【颜色】为白色，如图14-217所示。烟雾效果如图14-218所示。

图 14-217 图 14-218

步骤 25 在【时间轴】面板中选择两个烟雾图层，使用快捷键Ctrl+Shift+C进行预合成，在【预合成】窗口中设置【新合成名称】为【主体光】，得到一个预合成图层，如图14-219所示。

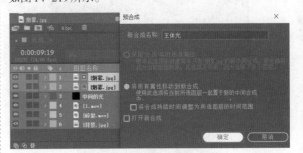

图 14-219

步骤 26 在【效果和预设】面板搜索框中搜索【CC Particle World】，将该效果拖曳到【时间轴】面板的【主体光】预合成图层上，如图14-220所示。

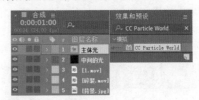

图 14-220

步骤 27 在【时间轴】面板中选择【主体光】预合成图层，打开该图层下方的【效果】/CC Particle World，设置Birth Rate为5.1，Longevity（sec）为0.73；展开Producer，设置Radius X为0.565，Radius Y为0.125，Radius Z为0.605；展开Physics，设置Velocity为1.27，Gravity为0.380；展开Particle，设置Particle Type为Lens Convex，Birth Size为2.419，Death Size为6.380，如图14-221所示。展开【变换】，将时间线滑动到21帧位置，单击【位置】前的◎（时间变化秒

表)按钮，设置【位置】为(460.0,366.0)；将时间线滑动到1秒位置，设置【位置】为(209.6,355.7)，设置【缩放】为(52.0,52.0%)，接着设置该图层的【模式】为【相加】，如图14-222所示。

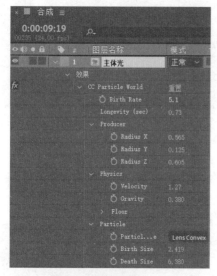

图 14-221

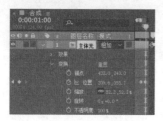

图 14-222

步骤 28 在【效果和预设】面板搜索框中搜索【色光】，将该效果拖曳到【时间轴】面板的【主体光】预合成图层上，如图14-223所示。

图 14-223

步骤 29 在【效果控件】面板中打开【色光】/【输入相位】，设置【获取相位，自】为Alpha，展开【输出循环】，编辑一个由白色到透明再由透明到黑色的色环，如图14-224所示。画面效果如图14-225所示。

步骤 30 在【效果和预设】面板搜索框中搜索【曲线】，

将该效果拖曳到【时间轴】面板的【主体光】预合成图层上，如图14-226所示。

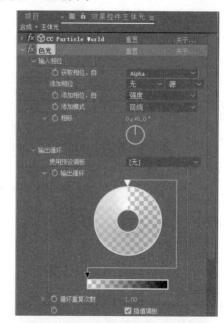

图 14-224

图 14-225

图 14-226

步骤 31 选择【主体光】预合成图层，在【时间轴】面板中打开【曲线】效果，设置【通道】为RGB，在下方曲线上单击添加一个控制点向右下角拖动，如图14-227所示。将【通道】设置为【红色】，在红色曲线上单击添加一个控制点向左上角拖动，提高红色数量，如图14-228所示。

中文版After Effects 2020完全案例教程（微课视频版）

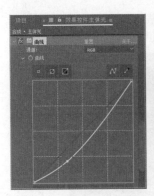

图 14-227

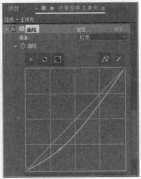

图 14-228

步骤 32 将【通道】设置为【绿色】，将下方绿色曲线调整为S形，如图14-229所示。继续将【通道】设置为【蓝色】，在蓝色曲线上单击添加一个控制点向右下角拖动，减少画面中的蓝色数量，如图14-230所示。最后将【通道】设置为Alpha，继续调整曲线为S形，如图14-231所示。

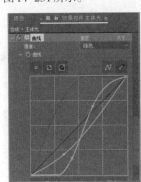

图 14-229

图 14-230

步骤 33 滑动时间线查看主体光效果，如图14-232所示。

图 14-231

图 14-232

步骤 34 在【效果和预设】面板搜索框中搜索CC Vector

Blur，将该效果拖曳到【时间轴】面板的【主体光】预合成图层上，如图14-233所示。

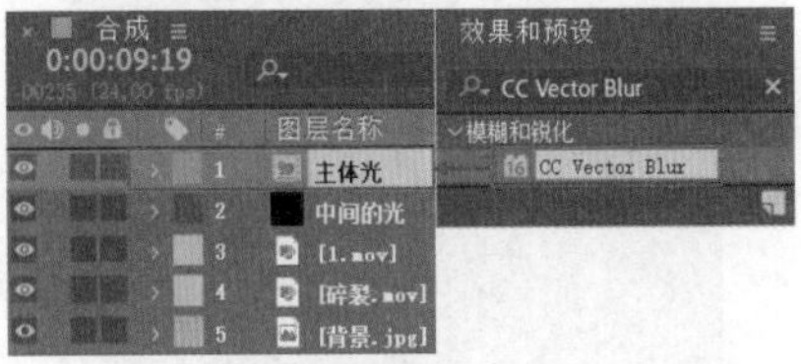

图 14-233

步骤 35 在【时间轴】面板中选择【主体光】预合成图层，打开该图层下方的【效果】/CC Vector Blur，设置Amount为9.0，如图14-234所示。主体光效果如图14-235所示。

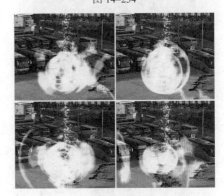

图 14-234

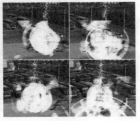

图 14-235

步骤 36 使用快捷键Ctrl+Y新建一个纯色图层，在【纯色设置】窗口中设置【名称】为红色，【颜色】为西瓜红，单击【确定】按钮，如图14-236所示。在【时间轴】面板中选择【红色】纯色图层，在工具栏中选择 ✐（钢笔工具），然后在画面中绘制一个合适的蒙版，如图14-237所示。

图 14-236

图 14-237

步骤 37 在【时间轴】面板中单击打开【红色】图层下方的【蒙版】/【蒙版1】，设置【蒙版羽化】为（28.0,28.0），如图 14-238 所示。形状效果如图 14-239 所示。

图 14-238

图 14-239

步骤 38 单击打开【红色】图层下方的【变换】，将时间线滑动到21帧位置，单击【位置】前的 ⏱（时间变化秒表）按钮，设置【位置】为（465.0,243.0）；将时间线滑动到1秒位置，设置【位置】为（214.6,232.7），如图 14-240

所示。选择【主体光】预合成图层，将【轨道遮罩】设置为【Alpha遮罩"红色"】，此时【红色】图层对该图层发生作用，如图 14-241 所示。

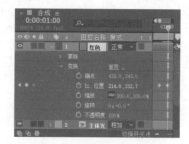

图 14-240

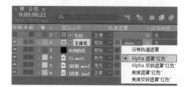

图 14-241

步骤 39 滑动时间线查看主体光效果，如图 14-242 所示。

步骤 40 主体光与地面衔接的地方有些生硬，下面在主体光底部制作它的环境光。使用快捷键Ctrl+Y快速新建纯色图层，在弹出的【纯色设置】窗口中设置【名称】为【底部环境光】，【颜色】为黄色，单击【确定】按钮，如图 14-243 所示。

图 14-242

图 14-243

步骤 41 在【时间轴】面板中选择【底部环境光】图层，开启 ▣（3D图层），展开【变换】属性，设置【缩放】为

（79.0,79.0,79.0%），【方向】为（270.0°,0.0°,0.0°），将时间线滑动到21帧位置，单击【位置】前的 （时间变化秒表）按钮，设置【位置】为（465.0,417.0,0.0），将时间线滑动到1秒位置，设置【位置】为（214.6,406.7,0.0）；设置该图层的【模式】为【相加】，如图14-244所示。

图 14-244

步骤 42 在【时间轴】面板中选择【底部环境光】图层，在工具栏中选择【钢笔工具】，在画面中绘制一个椭圆形的形状遮罩，如图14-245所示。在【时间轴】面板中单击打开【底部环境光】图层下方的【蒙版】/【蒙版1】，设置【蒙版羽化】为（200.0,200.0），【蒙版扩展】为−25.0像素，如图14-246所示，此时环境光的边缘更加柔和。

图 14-245

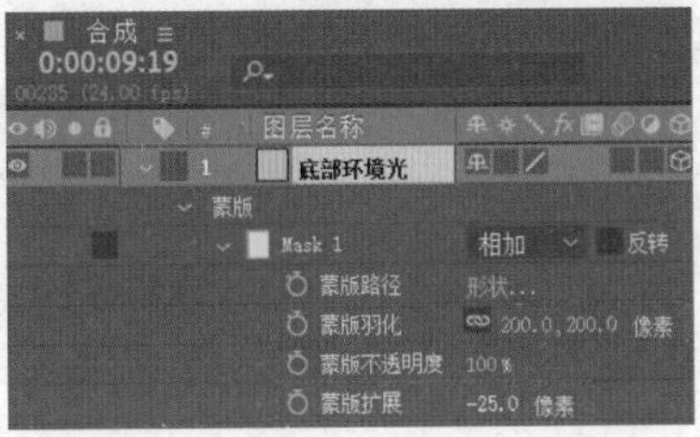

图 14-246

步骤 43 制作【不透明度】表达式。首先展开【底部环境光】图层下方的【变换】，按住Alt键的同时单击【不透明度】前的 （时间变化秒表）按钮，此时出现表达式，如图14-247所示。单击【表达式：不透明度】后方的 （表达式语言菜单）按钮，执行Random Numbers/random()命令，如图14-248所示。

图 14-247

图 14-248

步骤 44 在【时间轴】面板中编辑random的值为100，如图14-249所示。滑动时间线查看环境光效果，如图14-250所示。

图 14-249

步骤 45 制作主体光效周围的粒子光点。再次新建一个黑色纯色图层，将它命名为【四周的光粒子】，在【效果和预设】面板搜索框中搜索CC Particle World，将该效果拖曳到【时间轴】面板中刚新建的黑色纯色图层上，如图14-251所示。

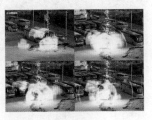

图 14-250

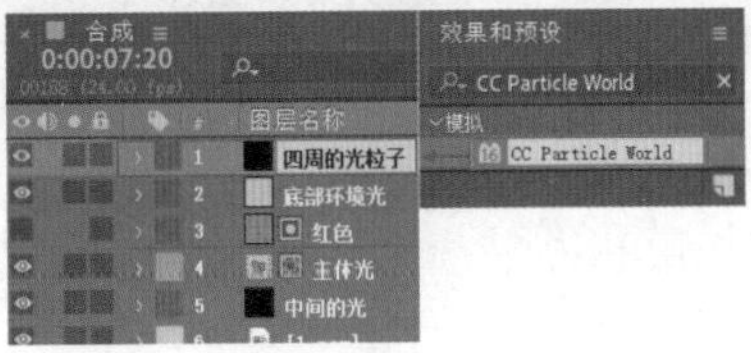

图 14-251

步骤 46 在【时间轴】面板中选择四周的光粒子图层，打开该图层下方的【效果】/CC Particle World，设置Birth Rate为1.4，Longevity（sec）为0.88；展开Producer，设置Position Y为0.44，Radius X为0.735，Radius Z为0.835；展开Physics，设置Velocity为-1.50；展开Particle，设置Particle Type为TriPolygon，Birth Size为0.043，Death Size为0.077，Death Color为橘红色，如图14-252所示。展开【变换】，将时间线滑动到21帧位置，单击【位置】前的 (时间变化秒表)按钮，设置【位置】为（465.0,243.0）；将时间线滑动到1秒位置，设置【位置】为（214.6,232.7），设置该图层的【模式】为【屏幕】，如图14-253所示。

图 14-252

步骤 47 滑动时间线查看画面效果，如图14-254所示。

图 14-253   图 14-254

步骤 48 再次新建一个黑色纯色图层，将它命名为【漂浮物】，然后在【效果和预设】面板搜索框中搜索CC Particle World，将效果拖曳到【时间轴】面板的【漂浮物】图层上，如图14-255所示。

图 14-255

步骤 49 在【时间轴】面板中选择【漂浮物】图层，打开该图层下方的【效果】/CC Particle World，设置Birth Rate为1.0；展开Producer，设置Position Y为0.10，Radius X为1.000，Radius Y为0.500，Radius Z为1.000；展开Physics，设置Animation为Jet Sideways，Velocity为-0.50，Gravity为-0.16，Extra为0.57，Extra Angle为1x+170.0°，如图14-256所示。展开Particle，设置Particle Type为Cube，Birth Size为0.160，Death Size为0.100，Birth Color为浅灰色，Death Color为深棕色；展开【变换】属性，设置【位置】为（465.0,243.0），如图14-257所示。

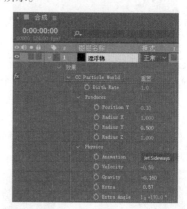

图 14-256

步骤 50 滑动时间线查看画面效果，如图14-258所示。

图 14-257   图 14-258

步骤 51 在【时间轴】面板中使用快捷键Ctrl+A选择全部图层，使用快捷键Ctrl+Shift+C进行预合成，在弹出的【预合成】窗口中设置【新合成名称】为【合成】，单击【确定】按钮，如图14-259所示。

步骤 52 在【效果和预设】面板搜索框中搜索【动态拼贴】，将该效果拖曳到【时间轴】面板的【合成】图层上，如图14-260所示。

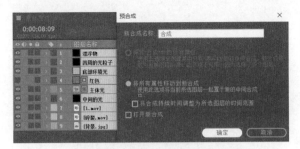

图 14-259

图 14-260

步骤 53 在【时间轴】面板中单击打开【合成】图层下方的【效果】/【动态拼贴】，设置【输出宽度】为110.0，【输出高度】为110.0，【镜像边缘】为【开】，如图 14-261 所示。展开【变换】，按住Alt键的同时单击【位置】前的 ⏱（时间变化秒表）按钮，此时出现表达式，如图 14-262 所示。

图 14-261

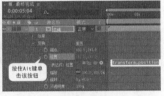

图 14-262

步骤 54 单击【表达式：位置】后方的 ▶（表达式语言菜单）按钮，执行Property/wiggle(freq,amp,octaves=1,amp_mult=.5,t=time)命令，如图 14-263 所示。在【时间轴】面板中编辑wiggle后方为(8,10)，如图 14-264 所示。

图 14-263

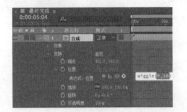

图 14-264

步骤 55 滑动时间线查看画面效果，如图 14-265 所示。

步骤 56 调整画面色调。使用快捷键Ctrl+Y创建纯色图层，在【纯色设置】窗口中设置【颜色】为浅橙色，创建一个纯色图层，如图 14-266 所示。

图 14-265

图 14-266

步骤 57 在【时间轴】面板中单击打开【中间色橙色 纯色1】下方的【变换】，按住Alt键的同时单击【不透明度】前的 ⏱（时间变化秒表）按钮，此时出现表达式，在【时间轴】面板中编辑表达式为wiggle(8,15)，设置该图层的【模式】为【相加】，如图 14-267 所示。本实例制作完成，滑动时间线查看画面最终效果，如图 14-268 所示。

图 14-267

图 14-268

Chapter
15
第15章

扫一扫，看视频

光效效果综合实例

本章内容简介：

　　光效是影视作品中最常见的特效之一，可以提升画面的气氛，例如刺眼的光芒可以使得画面更具科技感，模糊的光斑则可产生唯美的感觉。本章将学习多种光效效果的制作方法。

重点知识掌握：

- 光晕、光斑的制作
- 光线、电流的制作
- 烟雾、星系的制作

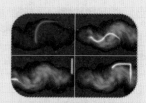

综合实例：光晕文字片头动画

文件路径：Chapter 15　光效效果综合实例→综合实例：光晕文字片头动画

本实例使用【镜头光晕】效果制作文字后方的光晕效果，使用CC Star Burst效果制作散射的粒子光点。实例效果如图15-1所示。

扫一扫，看视频

图 15-1

步骤 01 在【项目】面板中右击并选择【新建合成】选项，在弹出的【合成设置】面板中设置【合成名称】为【合成1】，【预设】为HDTV 720 25，【宽度】为1280，【高度】为720，【像素长宽比】为【方形像素】，【帧速率】为25，【分辨率】为【完整】，【持续时间】为7秒，单击【确定】按钮。执行【文件】/【导入】/【文件】命令，导入全部素材文件。在【项目】面板中选择1.mp4素材文件，将它拖曳到【时间轴】面板中，如图15-2所示。

图 15-2

步骤 02 在【时间轴】面板中单击打开该图层下方的【变换】，设置【缩放】为（65.0,65.0%），如图15-3所示。画面效果如图15-4所示。

图 15-3

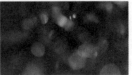

图 15-4

步骤 03 在【时间轴】面板的空白位置处右击执行【新建】/【文本】命令。在【字符】面板中设置合适的【字体系列】，设置【填充颜色】为白色，【描边颜色】为无颜色，【字体大小】为120像素，在【段落】面板中单击选择▤（居中对齐文本），设置完成后输入文字"DELICACY"，如图15-5所示。

图 15-5

步骤 04 在【时间轴】面板中单击打开文本图层下方的【变换】，设置【位置】为（624.0,396.0），如图15-6所示。文字效果如图15-7所示。

图 15-6　　　　　　　　　　图 15-7

步骤 05 将时间线滑动到15帧位置，在【效果和预设】面板搜索框中搜索【下雨字符入】，将该效果拖曳到【时间轴】面板的文本上，如图15-8所示。文字出现动画效果，如图15-9所示。

图 15-8

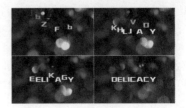

图 15-9

步骤 06 文字略显朴素，可以为文字添加外发光效果。

在【时间轴】面板中选择文本图层，右击，在弹出的快捷菜单中执行【图层样式】/【外发光】命令。单击打开文本图层下方的【图层样式】/【外发光】命令，设置【不透明度】为40%，【颜色】为淡黄色，【大小】为20.0，如图15-10所示。画面效果如图15-11所示。

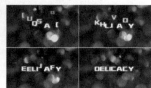

图 15-10　　　　　　　　图 15-11

步骤 07 在【时间轴】面板的空白位置处右击，执行【新建】/【纯色】命令，在弹出的【纯色设置】窗口中设置【名称】为【黑色 纯色 1】，【颜色】为黑色，单击【确定】按钮，如图15-12所示。

步骤 08 制作光晕效果。在【效果和预设】面板搜索框中搜索【镜头光晕】，将该效果拖曳到【时间轴】面板的【黑色 纯色 1】图层上，如图15-13所示。

图 15-12　　　　　　　　图 15-13

步骤 09 在【时间轴】面板中选择【黑色 纯色 1】图层，在该图层的后方设置【模式】为【变亮】，单击打开【效果】/【镜头光晕】，设置【光晕中心】为(630,0,350.0)，【镜头类型】为【105毫米定焦】，将时间线滑动到2秒15帧位置，单击【光晕亮度】前的 ◎ (时间变化秒表)按钮，设置【光晕亮度】为0%；继续将时间线滑动到3秒1帧位置，设置【光晕亮度】为200%；最后将时间线滑动到3秒15帧位置，设置【光晕亮度】为0%，如图15-14所示。

步骤 10 再次在【效果和预设】面板搜索框中搜索【镜头光晕】，将该效果拖曳到【时间轴】面板的【黑色 纯色 1】

图层上，如图15-15所示。

图 15-14　　　　　　　　图 15-15

步骤 11 单击打开【黑色 纯色 1】图层下方的【效果】/【镜头 光晕2】，设置【光晕中心】为(627.0,365.0)，将时间线滑动到3秒10帧位置，单击【光晕亮度】前的 ◎ (时间变化秒表)按钮，设置【光晕亮度】为0%；继续将时间线滑动到4秒位置，设置【光晕亮度】为125%，如图15-16所示。滑动时间线查看效果，如图15-17所示。

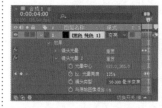

图 15-16　　　　　　　　图 15-17

步骤 12 制作飞舞的粒子效果。使用快捷键Ctrl+Y新建一个纯色图层，在【纯色设置】窗口中设置【名称】为【中间色黄色 纯色 1】，【颜色】为黄色，单击【确定】按钮，如图15-18所示。

步骤 13 在【效果和预设】面板搜索框中搜索CC Star Burst，将该效果拖曳到【时间轴】面板的【中间色黄色 纯色 1】上，如图15-19所示。

图 15-18　　　　　　　　图 15-19

步骤 14 在【时间轴】面板中单击打开【中间色黄色 纯色 1】图层下方的【效果】/CC Star Burst，设置Scatter为200.0，Speed为2.5，Phase为0x+100.0°，Grid Spacing为10，Size为50.0；展开【变换】属性，设置【不透明度】

为50%，如图15-20所示。

步骤 15 在【效果和预设】面板搜索框中搜索【湍流置换】，将该效果拖曳到【时间轴】面板的【中间色黄色 纯色1】上，如图15-21所示。

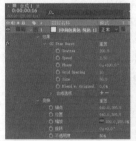

图15-20　　　　　　　图15-21

步骤 16 在【时间轴】面板中单击打开【中间色黄色 纯色1】图层下方的【效果】/【湍流置换】，设置【置换】为【扭转】，【大小】为135.0，【复杂度】为2.0，如图15-22所示。此时黄色的粒子效果制作完成，滑动时间线查看效果，如图15-23所示。

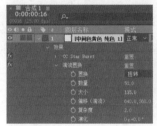

图15-22　　　　　　　图15-23

步骤 17 在【项目】面板中选择2.png素材文件，按住鼠标左键将它拖曳到【时间轴】面板中，如图15-24所示。

步骤 18 在【时间轴】面板中单击打开2.png图层下方的【变换】，将时间线滑动到3秒5帧位置，单击【缩放】前的◎（时间变化秒表）按钮，开启自动关键帧，设置【缩放】为（0.0,0.0%）；将时间线滑动到3秒20帧位置，设置【缩放】为（650.0,650.0%）；最后将时间线滑动到4秒10帧位置，设置【缩放】为（130.0,130.0%），最后设置该图层的【模式】为【变亮】，如图15-25所示。

图15-24　　　　　　　图15-25

步骤 19 画面效果如图15-26所示。

步骤 20 本实例制作完成，滑动时间线查看画面最终效果，如图15-27所示。

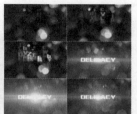

图15-26　　　　　　　图15-27

综合实例：3D光斑文字动画

文件路径：Chapter 15　光效效果综合实例→综合实例：3D光斑文字动画

扫一扫，看视频

本实例主要使用【CC Particle World（CC粒子世界）】效果制作向外发射的粒子效果，使用【残影】效果制作运动模糊效果，最后制作动态文字。实例效果如图15-28所示。

图15-28

步骤 01 在【项目】面板中右击并选择【新建合成】选项，在弹出的【合成设置】面板中设置【合成名称】为【合成1】，【预设】为【NTSC D1 方形像素】，【宽度】为720，【高度】为534，【像素长宽比】为【方形像素】，【帧速率】为29.97，【分辨率】为【完整】，【持续时间】为5秒，单击【确定】按钮。执行【文件】/【导入】/【文件】命令，导入1.jpg素材文件。将【项目】面板中的1.jpg素材文件拖曳到【时间轴】面板中，如图15-29所示。

图15-29

步骤 02 在【时间轴】面板中选择1.jpg素材图层，使用快捷键Ctrl+Shift+C进行预合成，得到一个新的预合成图层，如图15-30所示。图层效果如图15-31所示。

图 15-30　　　　　　图 15-31

步骤 03 在【效果和预设】面板中搜索CC Particle World效果，并将它拖曳到【时间轴】面板的【1.jpg合成1】预合成图层上，如图15-32所示。

图 15-32

步骤 04 在【时间轴】面板中单击打开【1.jpg合成1】图层下方的【效果】/CC Particle World，设置Birth Rate为1.0；展开Physics，设置Velocity为1.50，Gravity为0.000，Resistance为2.3；展开Particle，设置Particle Type为Lens Convex，如图15-33所示。画面效果如图15-34所示。

图 15-33　　　　　　图 15-34

步骤 05 在【效果和预设】面板中搜索【残影】效果，同样将它拖曳到【时间轴】面板的【1.jpg合成1】图层上，如图15-35所示。

图 15-35

步骤 06 在【时间轴】面板中单击打开【1.jpg合成1】图层下方的【效果】/【残影】，设置【残影数量】为2.0，【残影运算符】为【滤色】，展开【变换】，设置【缩放】为（50.0,50.0%），如图15-36所示。画面效果如图15-37所示。

图 15-36　　　　　　图 15-37

步骤 07 在【时间轴】面板的空白位置处右击，执行【新建】/【文本】命令，如图15-38所示。在【字符】面板中设置合适的【字体系列】，设置【填充颜色】为乳白色，【描边颜色】为无，【字体大小】为100像素，设置完成后在画面中合适位置输入文字"AMAZING"，如图15-39所示。

图 15-38

图 15-39

中文版After Effects 2020完全案例教程（微课视频版）

步骤【08】在【时间轴】面板中开启当前文本图层后方的【3D图层】，打开文本图层下方的【变换】，设置【位置】为（350.0,300.0,0.0），【方向】为（0.0°,15.0°,0.0°），将时间线滑动到起始帧位置，单击【缩放】前的 ◎（时间变化秒表）按钮，设置【缩放】为（0.0,0.0,0.0%）；将时间线滑动到3秒位置，设置【缩放】为（100.0,100.0,100.0%），如图15-40所示。

图 15-40

步骤【09】在【时间轴】面板中单击选中当前文本图层，并将光标定位在该图层上，右击执行【图层样式】/【投影】命令。在【时间轴】面板中单击打开文本图层下方的【图层样式】/【投影】，设置【混合模式】为【正常】，【颜色】为紫色，【不透明度】为100%，【角度】为0x+140.0°，【距离】为8.0，【扩展】为100.0%，如图15-41所示。文字效果如图15-42所示。

图 15-41　　　　　　　图 15-42

步骤【10】在【时间轴】面板中单击选中当前文本图层，并将光标定位在该图层上，右击执行【图层样式】/【外发光】命令。在【时间轴】面板中单击打开文本图层下方的【图层样式】/【外发光】，设置【颜色】为柠檬黄色，【大小】为10.0，如图15-43所示。文字呈现发光状态，如图15-44所示。

步骤【11】在【效果和预设】面板中搜索【基本 3D】效果，并将它拖曳到【时间轴】面板的文本图层上，如

图 15-45 所示。

图 15-43　　　　　　　图 15-44

图 15-45

步骤【12】在【时间轴】面板中打开文本图层下方的【效果】/【基本 3D】，将时间线滑动到起始帧位置，单击【旋转】前的 ◎（时间变化秒表）按钮，设置【旋转】为0x+0.0°；继续将时间线滑动到3秒位置，设置【旋转】为2x+0.0°，如图15-46所示。本实例制作完成，滑动时间线查看画面最终效果，如图15-47所示。

图 15-46　　　　　　　图 15-47

综合实例：电流变换动画效果

文件路径：Chapter 15 光效效果综合实例→综合实例：电流变换动画效果

After Effects中除了可以制作常规的、可控的效果之外，还可以制作随机的、混乱的动画效果。本实例将模拟抽象的电流动画变化，使用【椭圆工具】绘制一个正圆，使用【湍流置换】效果并设置参数，制作抽象电流动画。实例效果如图15-48所示。

扫一扫，看视频

图 15-48

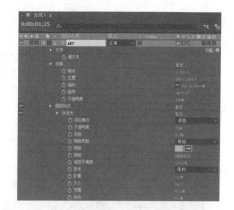

图 15-51

步骤 01 在【项目】面板中右击并选择【新建合成】选项，在弹出的【合成设置】面板中设置【合成名称】为【合成1】，【预设】为【NTSC D1 方形像素】，【宽度】为720，【高度】为534，【像素长宽比】为【方形像素】，【帧速率】为29.97，【分辨率】为【完整】，【持续时间】为5秒，单击【确定】按钮。在【时间轴】面板的空白位置处右击执行【新建】/【纯色】命令，在弹出的【纯色设置】窗口中设置【名称】为【中等灰色 蓝色 纯色 1】，【颜色】为深蓝色，单击【确定】按钮，如图15-49所示。

步骤 02 在【时间轴】面板的空白位置处右击，执行【新建】/【文本】命令。在【字符】面板中设置合适的【字体系列】，设置【填充颜色】为白色，【描边颜色】为无，【字体大小】为100像素，在【段落】面板中选择（居中对齐文本），设置完成后在画面中合适位置输入文字"ART"，如图15-50所示。

图 15-52 　　　　　图 15-53

步骤 05 在【时间轴】面板中单击打开【形状图层1】下方的【内容】/【椭圆1】/【描边】及【变换】，将时间线滑动到起始帧位置，单击【描边宽度】和【缩放】前的（时间变化秒表）按钮，设置【描边宽度】为25，【缩放】为(0.0,0.0%)；继续将时间线滑动到2秒位置，设置【描边宽度】为0，【缩放】为(100.0,100.0%)，设置【位置】为(353.0,220.0)，如图15-54所示。框选2秒位置处的两个关键帧，右击，执行【关键帧辅助】/【缓出】命令，此时关键帧变为状态，如图15-55所示。

图 15-49 　　　　　图 15-50

步骤 03 在【时间轴】面板中右击选择该文本图层，在弹出的快捷菜单中执行【图层样式】/【外发光】命令。在【时间轴】面板中单击打开文本图层下方的【图层样式】/【外发光】，设置【颜色】为荧光绿，【大小】为10.0；打开【变换】，设置【位置】为(344.0,284.0)，如图15-51所示。文字效果如图15-52所示。

步骤 04 在【时间轴】面板中单击空白处使当前状态不选择任何图层，在工具栏中选择【椭圆工具】，设置【填充】为无，【描边】为绿色，【描边宽度】为25，在【合成】面板的合适位置按住Shift键的同时按住鼠标左键绘制一个正圆，如图15-53所示。

图 15-54

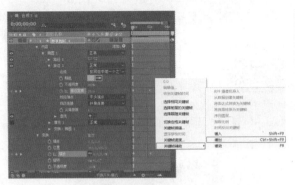

图 15-55

步骤 06 滑动时间线查看当前画面效果，更改关键帧后的状态更加平缓自然，如图 15-56 所示。

步骤 07 在【效果和预设】面板中搜索【湍流置换】效果，并将它拖曳到【时间轴】面板的【形状图层 1】上，如图 15-57 所示。

图 15-56

图 15-57

步骤 08 在【时间轴】面板中单击打开【形状图层 1】下方的【效果】/【湍流置换】，设置【数量】为 80.0，【大小】为 70.0，【复杂度】为 2.3，将时间线滑动到起始帧位置，单击【演化】前的 （时间变化秒表）按钮，设置【演化】为 0x+0.0°；继续将时间线滑动到结束帧位置，设置【演化】为 1x+0.0°，如图 15-58 所示。滑动时间线查看画面效果，如图 15-59 所示。

图 15-58

步骤 09 在【时间轴】面板中选择【形状图层 1】，使用快捷键 Ctrl+D 复制图层，如图 15-60 所示。

图 15-59

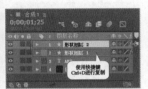

图 15-60

步骤 10 在【时间轴】面板中单击打开【形状图层 2】下方的【内容】/【椭圆 1】/【描边 1】，更改【颜色】为较浅一些的薄荷绿色；打开【效果】/【湍流置换】，更改【数量】为 230.0，【大小】为 130.0，【复杂度】为 4.0，将时间线滑动到结束帧位置，更改【演化】参数为 0x+200°，如图 15-61 所示。滑动时间线查看画面效果，如图 15-62 所示。

步骤 11 在【时间轴】面板中选择【形状图层 2】，使用快捷键 Ctrl+D 复制图层，出现【形状图层 3】，如图 15-63 所示。

图 15-61

图 15-62

图 15-63

步骤 12 在【时间轴】面板中单击打开【形状图层 3】下方的【内容】/【椭圆 1】/【描边 1】，更改【颜色】为浅蓝色，将时间线滑动到起始帧位置，更改【描边宽度】为 32.0，如图15-64所示。打开【效果】/【湍流置换】，更改【大小】为55.0，【复杂度】为5.0，将时间线滑动到结束帧位置，更改【演化】参数为0x+110.0°，如图15-65所示。

图 15-64　　　　　　　　图 15-65

步骤 13 滑动时间线查看画面效果，如图15-66 所示。

步骤 14 使用同样的方式在【时间轴】面板中选择【形状图层3】，使用快捷键Ctrl+D复制图层，此时得到【形状图层4】，如图15-67所示。

图 15-66　　　　　　　　图 15-67

步骤 15 在【时间轴】面板中单击打开【形状图层4】下方的【内容】/【椭圆1】/【描边1】，更改【颜色】为更浅一些的淡绿色，打开【效果】/【湍流置换】，更改【数量】为120.0，【大小】为40.0，设置【偏移（湍流）】为（148.0,267.0），将时间线滑动到结束帧位置，更改【演化】参数为0x+235°，如图15-68所示。本实例制作完成，滑动时间线查看画面最终效果，如图15-69所示。

图 15-68　　　　　　　　图 15-69

综合实例：科幻感烟雾电影效果

扫一扫，看视频

文件路径：Chapter 15　光效效果综合实例→综合实例：科幻感烟雾电影效果

本实例使用【分形杂色】效果制作烟雾效果，使用【镜头光晕】效果、CC Light Sweep效果制作光照及扫光效果。实例效果如图15-70所示。

图 15-70

步骤 01 在【项目】面板中右击并选择【新建合成】选项，在弹出的【合成设置】面板中设置【合成名称】为【合成1】，【预设】为【PALD1/DV宽银幕方形像素】，【宽度】为1050，【高度】为576，【像素长宽比】为【方形像素】，【帧速率】为25，【分辨率】为【完整】，【持续时间】为7秒17帧，单击【确定】按钮。执行【文件】/【导入】/【文件】命令，导入1.jpg素材文件。在【项目】面板中选择1.jpg素材文件，将它拖曳到【时间轴】面板中，如图15-71所示。

图 15-71

步骤 02 在【时间轴】面板中单击打开该图层下方的【变换】，设置【缩放】为（132.0,132.0%），如图15-72所示。画面效果如图15-73所示。

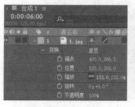 

图 15-72　　　　　　　　图 15-73

中文版After Effects 2020完全案例教程（微课视频版）

步骤 03 在【时间轴】面板的空白位置处右击，执行【新建】/【纯色】命令。在弹出的【纯色设置】窗口中设置【名称】为【白色 纯色1】，【颜色】为白色，单击【确定】按钮，如图15-74所示。

步骤 04 在【效果和预设】面板搜索框中搜索【分形杂色】，将该效果拖曳到【时间轴】面板的【白色 纯色1】图层上，如图15-75所示。

图15-74　　　　　　图15-75

步骤 05 在【时间轴】面板中选择【白色 纯色1】图层，打开该图层下方的【效果】/【分形杂色】，设置【反转】为【开】，【对比度】为120.0，【溢出】为【剪切】；展开【变换】，设置【缩放】为600.0，【透视位移】为【开】。将时间线滑动到起始帧位置，单击【偏移（湍流）】前的 （时间变化秒表）按钮，开启自动关键帧，设置【偏移（湍流）】为（-11.0,213.0）；继续将时间线滑动到结束帧位置，设置【偏移（湍流）】为（1000.0,213.0），设置【复杂度】为15。展开【子设置】，设置【子影响（%）】为50.0，【子缩放】为50.0，将时间线滑动到起始帧位置，单击【子位移】和【演化】前的 （时间变化秒表）按钮，设置【子位移】为（0.0,300.0），【演化】为0x+0.0°；继续将时间线滑动到结束帧位置，设置【子位移】为（1000.0,300.0），【演化】为2x+0.0°，如图15-76所示。单击打开【白色 纯色1】图层下方的【变换】，设置【不透明度】为70%，在该图层后方设置【模式】为【屏幕】，如图15-77所示。

图15-76　　　　　　图15-77

步骤 06 滑动时间线查看画面效果，如图15-78所示。

图15-78

步骤 07 制作主体文字。在【时间轴】面板的空白位置处右击执行【新建】/【文本】命令。在【字符】面板中设置合适的【字体系列】，设置【填充颜色】为白色，【描边颜色】为无颜色，【字体大小】为100像素，在【段落】面板中选择 （居中对齐文本），设置完成后输入文字"MAGIC SCENE"，如图15-79所示。

图15-79

步骤 08 在【时间轴】面板中单击打开当前文本图层下方的【变换】，设置【位置】为（512.0,260.0），如图15-80所示。画面效果如图15-81所示。

图15-80　　　　　　图15-81

步骤 09 在【效果和预设】面板搜索框中搜索【线性擦除】，将该效果拖曳到【时间轴】面板的文本图层上，如图15-82所示。

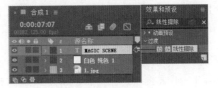

图15-82

步骤 10 在【时间轴】面板中选择文本图层，打开该图层下方的【效果】/【线性擦除】，设置【擦除角度】为

0x+260°，将时间线滑动到10帧位置，单击【过渡完成】前的 ⏱（时间变化秒表）按钮，设置【过渡完成】为100%；继续将时间线滑动到2秒10帧位置，设置【过渡完成】为0%，如图15-83所示。滑动时间线查看文字效果，如图15-84所示。

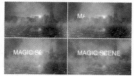

图 15-83　　　　　　　　图 15-84

步骤 11 在【时间轴】面板的空白位置处右击，执行【新建】/【纯色】命令，在弹出的【纯色设置】窗口中设置【名称】为【黑色 纯色 1】，【颜色】为黑色，单击【确定】按钮，如图15-85所示。

步骤 12 在【效果和预设】面板搜索框中搜索【镜头光晕】，将该效果拖曳到【时间轴】面板的【黑色 纯色 1】图层上，如图15-86所示。

图 15-85　　　　　　　　图 15-86

步骤 13 在【时间轴】面板中选择【黑色 纯色 1】图层，打开该图层下方的【效果】/【镜头光晕】，设置【镜头类型】为【105毫米定焦】，将时间线滑动到起始帧位置，单击【光晕亮度】前的 ⏱（时间变化秒表）按钮，设置【光晕亮度】为0%；将时间线滑动到10帧位置，单击【光晕中心】前的 ⏱（时间变化秒表）按钮，设置【光晕中心】为（128.0,220.0），【光晕亮度】为88%；将时间线滑动到1秒10帧位置，设置【光晕亮度】为138%；将时间线滑动到2秒位置，设置【光晕中心】为（920.0,216.0），【光晕亮度】为80%；继续将时间线滑动到2秒10帧位置，设置【光晕亮度】为0%，接着在该图层后方设置【模式】为【屏幕】，如图15-87所示。画面效果如图15-88所示。

图 15-87　　　　　　　　图 15-88

步骤 14 在【时间轴】面板的空白位置处右击执行【新建】/【文本】命令。在【字符】面板中设置合适的【字体系列】，设置【填充颜色】为白色，【描边颜色】为无，【字体大小】为35像素，设置完成后输入文字"Take on an altogether new aspect"，如图15-89所示。

图 15-89

步骤 15 调整文字位置。在【时间轴】面板中单击打开当前文本图层下方的【变换】，设置【位置】为（651.0,338.0），如图15-90所示。画面效果如图15-91所示。

图 15-90　　　　　　　　图 15-91

步骤 16 在【时间轴】面板中单击打开MAGIC SCENE文本图层下方的【效果】，选择【线性擦除】，使用快捷键Ctrl+C进行复制，将时间线滑动到1秒10帧位置，选择Take on an altogether new aspect文本图层，使用快捷键Ctrl+V进行粘贴，如图15-92所示。滑动时间线查看文字效果，如图15-93所示。

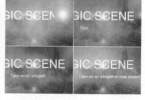

图 15-92　　　　　　　　图 15-93

步骤 17 制作光晕效果。在【时间轴】面板中选择【黑色 纯色 1】图层，使用快捷键Ctrl+D复制一个新的图层，将复制的【黑色 纯色 1】图层拖曳到当前【时间轴】面板最上层（图层1），如图15-94所示。

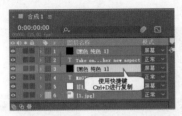

图 15-94

步骤 18 单击打开【黑色 纯色 1】图层下方的【效果】/【镜头光晕】，将时间线滑动到1秒位置，选中【镜头光晕】效果下方的全部关键帧，按住鼠标左键将其向右侧的时间线位置拖动，使第一个关键帧与时间线刚好重合。将时间线滑动到1秒10帧位置，更改【光晕中心】为（116.0,322.0）；继续将时间线滑动到3秒位置，更改【光晕中心】为（920.0,325.0），设置【镜头类型】为【35毫米定焦】，如图15-95所示。

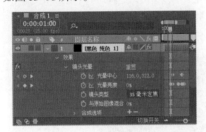

图 15-95

步骤 19 调整光晕颜色。在【效果和预设】面板搜索框中搜索【色相/饱和度】，将该效果拖曳到【时间轴】面板的【黑色 纯色 1】图层上，如图15-96所示。

图 15-96

步骤 20 在【效果控件】面板中展开【色相/饱和度】，设置【主色相】为0x+170.0°，如图15-97所示。滑动时间线查看光晕效果，如图15-98所示。

步骤 21 制作光束效果。再次新建一个黑色的纯色图层，在【效果和预设】面板搜索框中搜索CC Light Sweep，将

该效果拖曳到【时间轴】面板中新建的纯色图层上，如图15-99所示。

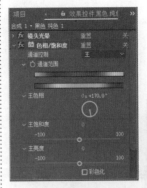

图 15-97   图 15-98

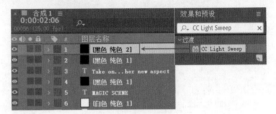

图 15-99

步骤 22 在【时间轴】面板中选择【黑色 纯色 2】图层，打开该图层下方的【效果】/CC Light Sweep，设置Center为（547.0,144.0），Shape为Linear，Sweep Intensity为45.0，Edge Thickness为5.00，Light Reception为Cutout。将时间线滑动到2秒位置，单击Width前的 (时间变化秒表)按钮，设置Width为0.0；将时间线滑动到3秒位置，单击Direction前的 (时间变化秒表)按钮，设置Direction为0x+50.0°，Width为190.0；将时间线滑动到4秒位置，设置Direction为0x-50.0°；将时间线滑动到5秒位置，设置Direction为0x+50.0°，Width为190.0；最后将时间线滑动到6秒位置，设置Width为0.0，如图15-100所示。本实例制作完成，滑动时间线查看画面最终效果，如图15-101所示。

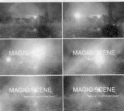

图 15-100   图 15-101

综合实例：魔幻星系影视特效

扫一扫，看视频

文件路径：Chapter 15 光效效果综合实例→综合实例：魔幻星系影视特效

本实例使用【CC Particle World（CC粒子世界）】效果制作粒子光效，使用【旋转扭曲】效果制作扭曲光感效果，使用蒙版工具搭配【勾画】效果制作流动的勾画光线。实例效果如图15-102所示。

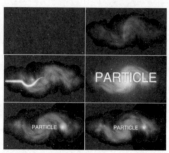

图 15-102

步骤01 在【项目】面板中右击并选择【新建合成】选项，在弹出的【合成设置】面板中设置【合成名称】为【合成1】，【预设】为HDTV 1080 25，【宽度】为1920，【高度】为1080，【像素长宽比】为【方形像素】，【帧速率】为25，【分辨率】为【完整】，【持续时间】为10秒，单击【确定】按钮。在【时间轴】面板的空白位置处右击，执行【新建】/【纯色】命令，在弹出的【纯色设置】窗口中设置【名称】为【白色 纯色1】，【颜色】为白色，如图15-103所示。

步骤02 在【效果和预设】面板搜索框中搜索CC Star Burst，将该效果拖曳到【时间轴】面板的【白色 纯色1】图层上，如图15-104所示。

图 15-103   图 15-104

步骤03 在【时间轴】面板中选择【白色 纯色1】图层，打开该图层下方的【效果】/CC Star Burst，设置Scatter为400.0，Speed为0.10，Phase为0x-50.0°，Grid Spacing

为3.0；展开【变换】，将时间线滑动到起始帧位置，单击【不透明度】前的 ⬚（时间变化秒表）按钮，开启自动关键帧，设置【不透明度】为0%；将时间线滑动到2秒位置，设置【不透明度】为100%，如图15-105所示。画面效果如图15-106所示。

图 15-105   图 15-106

步骤04 在【时间轴】面板的空白位置处右击，执行【新建】/【纯色】命令。在弹出的【纯色设置】窗口中设置【名称】为【黑色 纯色1】，【颜色】为黑色，如图15-107所示。

步骤05 在【效果和预设】面板搜索框中搜索CC Particle World，将该效果拖曳到【时间轴】面板的【黑色 纯色1】图层上，如图15-108所示。

图 15-107   图 15-108

步骤06 在【时间轴】面板中选择【黑色 纯色1】图层，打开该图层下方的【效果】/CC Particle World，设置Birth Rate为4.6，Longevity（sec）为1.80；展开Producer，设置Position Y为0.01，Radius X为0.420，Radius Y为0.100，Radius Z为0.250；展开Physics，设置Animation为Fire，Velocity为0.20，Gravity为0.000，Extra为0.00，Extra Angle为0x+0.0°，如图15-109所示。展开Particle，设置Particle Type为Faded Sphere，Birth Size为0.5，Death Size为1.5，Size Variation为100.0%，Max Opacity为12%，Birth Color为荧光绿色，Death Color为蓝色；展开Custom Color Map，设置Transfer Mode为Add，如图15-110所示。

中文版After Effects 2020完全案例教程（微课视频版）

图 15-109

图 15-110

步骤 07 在【效果和预设】面板搜索框中搜索【旋转扭曲】，将该效果拖曳到【时间轴】面板的【黑色 纯色 1】图层上，如图 15-111 所示。

图 15-111

步骤 08 在【时间轴】面板中选择【黑色 纯色 1】图层，打开该图层下方的【效果】/【旋转扭曲】，设置【角度】为 0x-80°；展开【变换】，将时间线滑动到 2 秒位置，单击【不透明度】前的◎（时间变化秒表）按钮，设置【不透明度】为 0%；将时间线滑动到 2 秒 5 帧位置，设置【不透明度】为 100%；将时间线滑动到 2 秒 10 帧位置，设置【不透明度】为 0%；将时间线滑动到 2 秒 15 帧位置，设置【不透明度】为 100%；将时间线滑动到 2 秒 20 帧位置，设置【不透明度】为 0%；将时间线滑动到 3 秒位置，设置【不透明度】为 100%，如图 15-112 所示。滑动时间线查看画面效果，如图 15-113 所示。

图 15-112

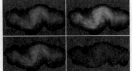

图 15-113

步骤 09 使用同样的方式制作一个黑色纯色图层，在【效果和预设】面板搜索框中搜索 CC Particle World，将该效果拖曳到【时间轴】面板的【黑色 纯色 2】图层上，如图 15-114 所示。

图 15-114

步骤 10 在【时间轴】面板中选择【黑色 纯色 2】图层，打开该图层下方的【效果】/CC Particle World，设置 Birth Rate 为 4.0；展开 Producer，设置 Position Y 为 0.050，Radius X 为 0.300，Radius Y 为 0.040，Radius Z 为 0.200；展开 Physics，设置 Animation 为 Fire，Velocity 为 0.20，Gravity 为 0.02，Extra 为 0.00，Extra Angle 为 0x+0.0°，如图 15-115 所示。展开 Particle，设置 Particle Type 为 Faded Sphere，Birth Size 为 0.000，Death Size 为 0.060，Size Variation 为 100.0%，Max Opacity 为 100.0%，Birth Color 为白色，Death Color 为柠檬黄，Transfer Mode 为 Add；展开【变换】属性，将时间线滑动到 2 秒 20 帧位置，单击【不透明度】前的◎（时间变化秒表）按钮，设置【不透明度】为 0%；继续将时间线滑动到 3 秒 10 帧位置，设置【不透明度】为 100%，如图 15-116 所示。

图 15-115

图 15-116

步骤 11 将时间线滑动到6秒位置，在【时间轴】面板中选择【黑色 纯色 2】图层，将其结束时间设置为6秒，如图15-117所示。滑动时间线查看细小的黄色粒子效果，如图15-118所示。

图 15-117

步骤 12 制作光晕效果。再次新建一个黑色纯色图层，命名为【黑色 纯色 3】，在【效果和预设】面板搜索框中搜索【镜头光晕】，将该效果拖曳到【时间轴】面板的【黑色 纯色 3】图层上，如图15-119所示。

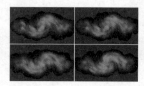

图 15-118

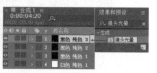

图 15-119

步骤 13 在【时间轴】面板中选择【黑色 纯色 3】图层，打开该图层下方的【效果】/【镜头光晕】，将时间线滑动到3秒24帧位置，单击【光晕中心】和【光晕亮度】前的 (时间变化秒表)按钮，设置【光晕中心】为(600.0,560.0)，【光晕亮度】为0%；将时间线滑动到4秒20帧位置，设置【光晕中心】为(1386.0,555.0)，【光晕亮度】为75%；将时间线滑动到6秒15帧位置，设置【光晕亮度】为30%；将时间线滑动到9秒16帧位置，设置【光晕亮度】为0%，【镜头类型】为【105毫米定焦】，【模式】为【相加】，如图15-120所示。滑动时间线查看光晕效果，如图15-121所示。

图 15-120

步骤 14 制作流动的光线。再次新建一个黑色纯色图层，设置【模式】为【相加】，如图15-122所示。在工具栏中选择 (钢笔工具)，在画面中单击添加锚点绘制一条曲线形状，如图15-123所示。

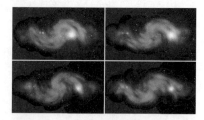

图 15-121

图 15-122

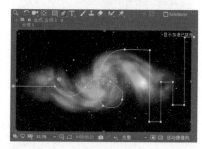

图 15-123

步骤 15 在【效果和预设】面板搜索框中搜索【勾画】，将该效果拖曳到【时间轴】面板的【黑色 纯色 4】图层上，如图15-124所示。

图 15-124

步骤 16 在【时间轴】面板中选择【黑色 纯色 4】图层，打开该图层下方的【效果】/【勾画】，设置【描边】为【蒙版/路径】，展开【蒙版/路径】，设置【路径】为【蒙版1】；展开【片段】，设置【片段】为1，【长度】为0.2，【片段分布】为【成簇分布】，【随机相位】为【开】。将时间线滑动到3秒位置，单击【旋转】前的 (时间变化秒表)按钮，设置【旋转】为0x-35.0°；将时间线滑动到4秒1帧位置，

中文版After Effects 2020完全案例教程（微课视频版）

设置【旋转】为0x+80.0°；将时间线滑动到4秒3帧位置，设置【旋转】为0x+65.0°；将时间线滑动到5秒15帧位置，设置【旋转】为0x+150.0°。展开【正在渲染】，设置【混合模式】为【透明】，【颜色】为白色，【宽度】为9，【硬度】为0.9，【起始点不透明度】为0，【中点不透明度】为0.5，【中点位置】为0.9，如图15-125所示。滑动时间线查看线条效果，如图15-126所示。

间线滑动到2秒15帧位置，单击【不透明度】前的 （时间变化秒表）按钮，设置【不透明度】为0%；将时间线滑动到3秒10帧位置，设置【不透明度】为100%；将时间线滑动到4秒20帧位置，设置【不透明度】为100%；将时间线滑动到5秒20帧位置，设置【不透明度】为0%，如图15-129所示。

图 15-125

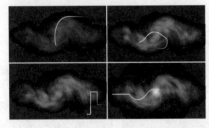

图 15-126

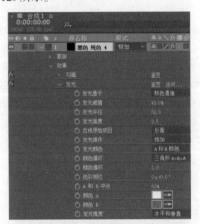

图 15-128

图 15-129

步骤 17 制作线条的发光效果。在【效果和预设】面板搜索框中搜索【发光】，将该效果拖曳到【时间轴】面板的【黑色 纯色4】图层上，如图15-127所示。

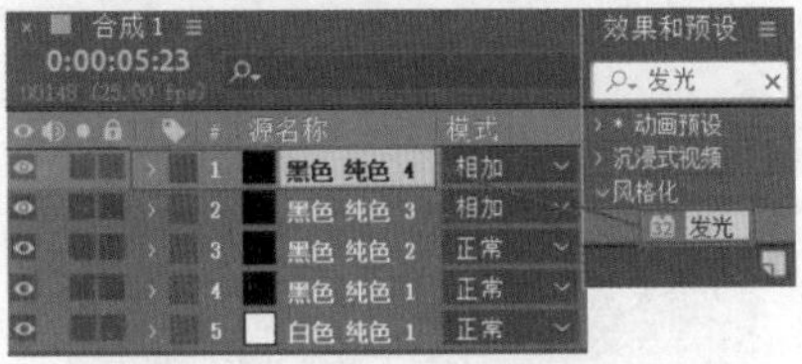

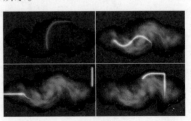

图 15-127

步骤 18 在【时间轴】面板中选择【黑色 纯色4】图层，打开该图层下方的【效果】/【发光】，设置【发光阈值】为43.0，【发光半径】为52.0，【发光强度】为3.5，【发光颜色】为【A和B颜色】，【A和B中点】为63%，【颜色B】为洋红色，如图15-128所示。展开【变换】属性，将时

步骤 19 滑动时间线查看淡入/淡出的发光线条效果，如图15-130所示。

图 15-130

步骤 20 在【时间轴】面板中新建一个黑色纯色图层，设置【模式】为【相加】，如图15-131所示。在【效果和预设】面板搜索框中搜索【镜头光晕】，将该效果拖曳到【时间轴】面板的【黑色 纯色5】图层上，如图15-132所示。

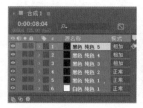

图 15-131　　　　　　图 15-132

步骤 21 在【时间轴】面板中选择【黑色 纯色 5】图层，打开该图层下方的【效果】/【镜头光晕】，设置【光晕中心】为（960.0，540.0），【镜头类型】为【105毫米定焦】。将时间线滑动到5秒10帧位置，单击【光晕亮度】前的 🕐（时间变化秒表）按钮，设置【光晕亮度】为0%；将时间线滑动到5秒17帧位置，设置【光晕亮度】为190%；将时间线滑动到6秒10帧位置，设置【光晕亮度】为0%，如图15-133所示。画面效果如图15-134所示。

图 15-133

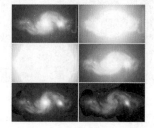

图 15-134

步骤 22 在【时间轴】面板的空白位置处右击执行【新建】/【文本】命令，在【字符】面板中设置合适的【字体系列】，设置【填充颜色】为白色，【描边颜色】为无颜色，【字体大小】为240像素，在【段落】面板中选择 ▤（居中对齐文本），设置完成后输入文字"PARTICLE"，如图15-135所示。

图 15-135

步骤 23 在【效果和预设】面板搜索框中搜索【发光】，将该效果拖曳到【时间轴】面板的文本图层上，如图15-136所示。

图 15-136

步骤 24 在【时间轴】面板中选择文本图层，打开该图层下方的【效果】/【发光】，设置【发光基于】为【Alpha通道】，【发光半径】为65.0，【发光强度】为1.5，【发光颜色】为【A和B颜色】，【颜色A】为洋红色，【颜色B】为紫色，如图15-137所示。展开【变换】属性，设置【位置】为（960.0，600.0），将时间线滑动到5秒17帧位置，单击【不透明度】前的 🕐（时间变化秒表）按钮，设置【不透明度】为0%；继续将时间线滑动到5秒20帧位置，设置【不透明度】为100%。将时间线滑动到6秒位置，单击【缩放】前的 🕐（时间变化秒表）按钮，设置【缩放】为（130.0，130.0%）；将时间线滑动到6秒15帧位置，设置【缩放】为（50.0，50.0%），如图15-138所示。

图 15-137　　　　　　图 15-138

步骤 25 本实例制作完成，滑动时间线查看画面最终效果，如图15-139所示。

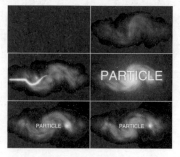

图 15-139

中文版After Effects 2020完全案例教程（微课视频版）

Chapter

16

第16章

扫一扫，看视频

粒子效果综合实例

本章内容简介：

粒子是影视动画作品中非常重要的效果，本章将通过几个实例讲解绚丽风景粒子动画、强悍粒子喷射影视特效、炫光粒子电影片头、超时空粒子碎片片头特效的制作。

重点知识掌握：

- 粒子爆发动画效果的制作
- 粒子飘动动画效果的制作
- 碎片粒子动画效果的制作

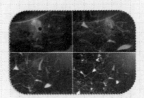

综合实例：绚丽风景粒子动画

扫一扫，看视频

文件路径：Chapter 16 粒子效果综合实例→综合实例：绚丽风景粒子动画

粒子是由一颗颗碎片般的个体组成，给人的感觉是震撼的、有冲击力的，试想一下漫天的粒子碎片飘动是多么的唯美、浪漫。本实例使用【CC Particle World（CC 粒子世界）】效果制作出梦幻感风景粒子画面。实例效果如图16-1所示。

图 16-1

步骤 01 在【项目】面板中右击并选择【新建合成】选项，在弹出的【合成设置】面板中设置【合成名称】为【合成1】，【预设】为【NTSC D1 方形像素】，【宽度】为720，【高度】为534，【像素长宽比】为【方形像素】，【帧速率】为29.97，【分辨率】为【完整】，【持续时间】为5秒，单击【确定】按钮。执行【文件】/【导入】/【文件】命令，导入01.jpg素材文件。将【项目】面板中的01.jpg素材文件拖曳到【时间轴】面板中，如图16-2所示。

图 16-2

步骤 02 在【时间轴】面板中单击打开01.jpg图层下方的【变换】，设置【缩放】为（61.0,61.0%），如图16-3所示。画面效果如图16-4所示。

图 16-3　　　　　图 16-4

步骤 03 在【时间轴】面板的空白位置处右击执行【新建】/【纯色】命令，在弹出的【纯色设置】窗口中设置【名称】为【黑色 纯色 1】，【颜色】为黑色，单击【确定】按钮，如图16-5所示。

图 16-5

步骤 04 在【效果和预设】面板中搜索CC Particle World效果，并将它拖曳到【时间轴】面板的【黑色 纯色 1】图层上，如图16-6所示。

图 16-6

步骤 05 在【时间轴】面板中单击打开【黑色 纯色 1】图层下方的【变换】，设置【位置】为（362.0,270.0），打开【效果】/CC Particle World，设置Birth Rate为15.0，Longevity（sec）为2.00；展开Producer，设置Position X为-0.01，Position Y为-0.54；展开Physics，设置Gravity为0；展开Particle，设置Particle Type为Faded Sphere，Max Opacity为15.0%，Birth Color为白色，Death Color为淡黄色，最后设置【黑色 纯色 1】图层后方的【模式】为【相加】，如图16-7所示。

图 16-7

中文版After Effects 2020完全案例教程（微课视频版）

步骤 06 本实例制作完成，滑动时间线查看画面最终效果，如图16-8所示。

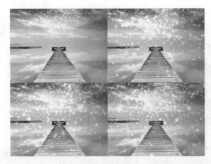

图16-8

综合实例：强悍粒子喷射影视特效

文件路径:Chapter 16 粒子效果综合实例→综合实例：强悍粒子喷射影视特效

扫一扫，看视频

本实例使用【CC Particle World（CC 粒子世界）】效果制作发光的圆环及火焰。实例效果如图16-9所示。

图16-9

步骤 01 在【项目】面板中右击并选择【新建合成】选项，在弹出的【合成设置】面板中设置【合成名称】为【合成1】，【预设】为HDTV 1080 24，【宽度】为1920，【高度】为1080，【像素长宽比】为【方形像素】，【帧速率】为24，【分辨率】为【完整】，【持续时间】为5秒，单击【确定】按钮。在【时间轴】面板的空白位置处右击，执行【新建】/【纯色】命令。在弹出的【纯色设置】窗口中设置【名称】为【黑色 纯色1】，【颜色】为黑色，如图16-10所示。

步骤 02 在【效果和预设】面板搜索框中搜索CC Particle World，将该效果拖曳到【时间轴】面板的【黑色 纯色1】图层上，如图16-11所示。

图16-10

图16-11

步骤 03 在【时间轴】面板中选择【黑色 纯色1】图层，打开该图层下方的【效果】/CC Particle World，设置【模式】为【相加】，将时间线滑动到起始帧位置，单击Birth Rate前的 (时间变化秒表)按钮，开启自动关键帧，设置Birth Rate为0.0；将时间线滑动到1秒20帧位置，设置Birth Rate为0.1；继续将时间线滑动到3秒位置，设置Birth Rate为0.0。展开Producer，设置Position Z为0.06，Radius X为0.00；展开Physics,设置Animation为Twirly，Velocity为0.58，Gravity为0.00，如图16-12所示。展开Particle，设置Birth Color为粉色，Death Color为酒红色；展开Custom Color Map，设置Transfer Mode为Add，如图16-13所示。

图16-12

图16-13

步骤 04 在【效果和预设】面板搜索框中搜索【发光】，将该效果拖曳到【时间轴】面板的【黑色 纯色1】图层上，如图16-14所示。

图16-14

步骤(05 在【效果和预设】面板搜索框中搜索CC Vector Blur，将该效果拖曳到【时间轴】面板的【黑色 纯色 1】图层上，如图16-15所示。

图 16-15

步骤(06 在【时间轴】面板中选择【黑色 纯色 1】图层，打开该图层下方的【效果】/CC Vector Blur，设置【Amount】为45.0，如图16-16所示。在【时间轴】面板中选择【黑色 纯色 1】，连续使用快捷键Ctrl+D复制出6个图层，如图16-17所示。

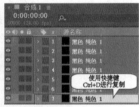

图 16-16   图 16-17

步骤(07 画面效果如图16-18所示。

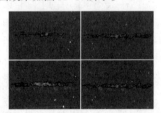

图 16-18

步骤(08 在【时间轴】面板的空白位置处右击，执行【新建】/【摄像机】命令，在弹出的【摄像机设置】窗口中设置【名称】为【摄像机1】，单击【确定】按钮，如图16-19所示。

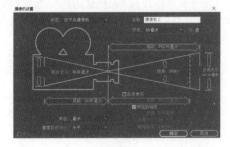

图 16-19

步骤(09 在【时间轴】面板中选择【摄像机1】图层，打开该图层下方的【变换】，设置【位置】为（787.0,75.0,−1450.0），展开【摄像机选项】，设置【缩放】为1000.0，【焦距】为1000.0，【光圈】为25.30，如图16-20所示。此时画面呈现三维效果，如图16-21所示。

图 16-20   图 16-21

步骤(10 制作发光的圆环。在【时间轴】面板的空白位置处右击，执行【新建】/【纯色】命令，在弹出的【纯色设置】窗口中设置【名称】为【白色 纯色 1】，【颜色】为白色，单击【确定】按钮，如图16-22所示。接着将【白色 纯色 1】图层移动到【摄像机1】图层下方。

图 16-22

步骤(11 绘制正圆蒙版。首先在【时间轴】面板中选择【白色 纯色 1】图层，在工具栏中选择◯（椭圆工具），然后按住Shift键的同时按住鼠标左键绘制一个正圆，如图16-23所示。继续使用同样的方式在正圆内部绘制一个同心圆，然后在【时间轴】面板中单击打开【白色 纯色 1】图层下方的【蒙版】/【蒙版2】，设置【模式】为【相减】，【蒙版羽化】为（70.0,70.0%），如图16-24所示。

步骤(12 在【白色 纯色 1】图层后方开启（3D图层），然后将时间线滑动到起始帧位置，单击【缩放】前的（时间变化秒表）按钮，开启自动关键帧，设置【缩放】为（0.0,0.0,0.0%）；继续将时间线滑动到1秒15帧位置，设置【缩放】为（150.0,150.0,150.0%）；将时间线滑动到

中文版After Effects 2020完全案例教程（微课视频版）

2秒20帧位置，设置【缩放】为（200.0,200.0,200.0%）；最后将时间线滑动到3秒10帧位置，设置【缩放】为（0.0,0.0,0.0%），【X轴旋转】为0x+93.0°，如图16-25所示。画面效果如图16-26所示。

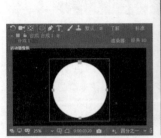

图16-23　　　　　　　　　　图16-24

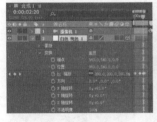
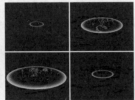

图16-25　　　　　　　　　　图16-26

步骤 13 在【效果和预设】面板搜索框中搜索【色光】，将该效果拖曳到【时间轴】面板的【白色 纯色1】图层上，如图16-27所示。

步骤 14 在【效果控件】面板中打开【色光】/【输入相位】，设置【获取相位，自】为Alpha，【添加相位，自】为【蓝色】；打开【输出循环】，将圆环调整为由透明到白色的效果，如图16-28所示。

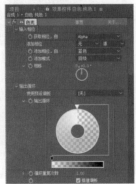

图16-27　　　　　　　　　　图16-28

步骤 15 打开【像素选区】，设置【匹配颜色】为蓝色，

【匹配容差】为0.60，如图16-29所示。

步骤 16 在【效果和预设】面板搜索框中搜索【色相/饱和度】，将该效果拖曳到【时间轴】面板的【白色 纯色1】图层上，如图16-30所示。

图16-29　　　　　　　　　　图16-30

步骤 17 在【白色 纯色1】图层下方单击打开【效果】/【色相/饱和度】，设置【彩色化】为【开】，【着色色相】为0x+240.0°，【着色饱和度】为62，如图16-31所示。画面效果如图16-32所示。

图16-31　　　　　　　　　　图16-32

步骤 18 在【效果和预设】面板搜索框中搜索CC Vector Blur，将该效果拖曳到【时间轴】面板的【白色 纯色1】图层上，如图16-33所示。

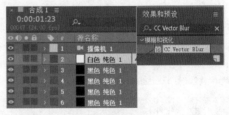

图16-33

步骤 19 在【白色 纯色1】图层下方单击打开【效果】/CC Vector Blur，设置Amount为50.0，如图16-34所示。画面效果如图16-35所示。

步骤 20 在【效果和预设】面板搜索框中搜索【发光】，将该效果拖曳到【时间轴】面板的【白色 纯色1】图层上，如图16-36所示。

图 16-34　　　　　　　图 16-35

步骤 23 画面呈现环形动画效果，如图 16-41 所示。

图 16-41

步骤 24 制作火焰效果。使用同样的方式在【时间轴】面板的空白位置处右击，执行【新建】/【纯色】命令，在弹出的【纯色设置】窗口中设置【名称】为【橙色 纯色 1】，【颜色】为橙色，单击【确定】按钮，如图 16-42 所示。将【橙色 纯色 1】图层移到【摄像机 1】图层下方，并设置该图层的【模式】为【相加】，如图 16-43 所示。

图 16-36

步骤 21 在【白色 纯色 1】图层下方单击打开【效果】/【发光】，设置【发光阈值】为 5.0%，【发光半径】为 110.0%，如图 16-37 所示。画面效果如图 16-38 所示。

图 16-37　　　　　　　图 16-38

图 16-42　　　　　　　图 16-43

步骤 25 在【效果和预设】面板搜索框中搜索 CC Particle World，将该效果拖曳到【时间轴】面板的【橙色 纯色 1】图层上，如图 16-44 所示。

步骤 22 在【时间轴】面板中选择【白色 纯色 1】图层，使用快捷键 Ctrl+D 进行复制，如图 16-39 所示。单击打开复制的【白色 纯色 1】图层下方的【变换】，将时间线滑动到 1 秒 15 帧位置，更改【缩放】为（170.0,170.0,170.0%）；继续将时间线滑动到 2 秒 20 帧位置，更改【缩放】为（240.0,240.0,240.0%），如图 16-40 所示。

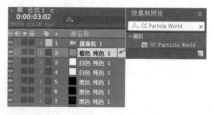

图 16-44

步骤 26 在【时间轴】面板中选择【橙色 纯色 1】图层，打开该图层下方的【效果】/CC Particle World，将时间线滑动到起始帧位置，单击 Birth Rate 前的 （时间变化秒表）按钮，开启自动关键帧，设置 Birth Rate 为 0.0；将时间线滑动到 5 帧位置，设置 Birth Rate 为 2.0；将时间线滑动到 2 秒 20 帧位置，设置 Birth Rate 为 7.0；将时间线滑动到 3 秒 2 帧位置，设置 Birth Rate 为 0.4，Longevity（sec）为 0.88。展开 Producer，设置 Radius X 为 0.09；展开 Physics，设置 Animation 为 Twirly，Velocity 为 −0.28，Gravity 为 −0.37，Extra

图 16-39　　　　　　　图 16-40

为0.050，如图16-45所示。展开Particle，设置Particle Type为Star，Birth Size为0.030，Death Size为0.050，Birth Color为白色，Death Color为橙色；展开Custom Color Map，设置Transfer Mode为Add，如图16-46所示。

图16-45　　　　　　图16-46

步骤 27 本实例制作完成，滑动时间线查看震撼的三维效果，如图16-47所示。

图16-47

综合实例：炫光粒子电影片头

文件路径：Chapter 16　粒子效果综合实例→综合实例：炫光粒子电影片头

【CC Particle World（CC 粒子世界）】效果功能非常强大，可以模拟不同形状的粒子碎片。本实例使用该效果制作类似花瓣飞舞的画面效果。实例效果如图16-48所示。

扫一扫，看视频

图16-48

步骤 01 在【项目】面板中右击并选择【新建合成】选项，在弹出的【合成设置】面板中设置【合成名称】为【合成1】，【预设】为HDTV 1080 25，【宽度】为1920，【高度】为1080，【像素长宽比】为【方形像素】，【帧速率】为25，【分辨率】为【完整】，【持续时间】为8秒，单击【确定】按钮。执行【文件】/【导入】/【文件】命令，导入全部素材文件。在【项目】面板中选择【背景.jpg】素材文件，将它拖曳到【时间轴】面板中，如图16-49所示。

图16-49

步骤 02 在【时间轴】面板的空白位置处右击执行【新建】/【文本】命令，如图16-50所示。在【字符】面板中设置合适的【字体系列】，设置【填充颜色】为白色，【描边颜色】为无，【字体大小】为200像素，在【段落】面板中选择█（居中对齐文本），设置完成后输入文本内容，如图16-51所示。

图16-50

图16-51

步骤 03 在【时间轴】面板中单击打开文本图层下方的【变换】，设置【位置】为（964.0,572.0），如图16-52所示。画面效果如图16-53所示。

步骤 04 在【效果和预设】面板搜索框中搜索【梯度渐变】，将该效果拖曳到【时间轴】面板的文本图层上，如图16-54所示。

图 16-52　　　　　　　　　图 16-53

图 16-54

图 16-58　　　　　　　　　图 16-59

步骤 08 在【时间轴】面板中选择文本图层，使用快捷键Ctrl+D进行复制，如图16-60所示。

图 16-60

步骤 05 在【时间轴】面板中选择文本图层，打开该图层下方的【效果】/【梯度渐变】，设置【渐变起点】为（920.0,168.0），【起始颜色】为浅灰色，【渐变终点】为（820.0,150.0），【结束颜色】为50°灰色，如图16-55所示。文字效果如图16-56所示。

步骤 09 在【时间轴】面板中选择ENTHUSIASM 2图层，在【字符】面板中将【填充颜色】更改为淡黄色，如图16-61所示。

图 16-55　　　　　　　　　图 16-56

步骤 06 在【效果和预设】面板搜索框中搜索【线性擦除】，将该效果拖曳到【时间轴】面板的文本图层上，如图16-57所示。

图 16-61

步骤 10 单击打开ENTHUSIASM 2图层，首先选择【梯度渐变】，按Delete键，删除该效果；单击打开【线性擦除】，将时间线滑动到2秒5帧位置，在【过渡完成】后方按住Ctrl键加选这两个关键帧，将其向右侧移动，使第一个关键帧移动到时间线位置，如图16-62所示。滑动时间线查看文字效果，如图16-63所示。

图 16-57

步骤 07 在【时间轴】面板中选择文本图层，打开该图层下方的【效果】/【线性擦除】，设置【擦除角度】为0x-90.0°，【羽化】为40.0，将时间线滑动到2秒位置，单击【过渡完成】前的 （时间变化秒表）按钮，开启自动关键帧，设置【过渡完成】为100%；继续将时间线滑动到4秒13帧位置，设置【过渡完成】为0%，如图16-58所示。滑动时间线查看画面效果，如图16-59所示。

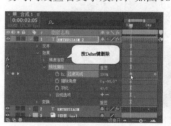

图 16-62　　　　　　　　　图 16-63

中文版After Effects 2020完全案例教程（微课视频版）

步骤 11 在【时间轴】面板的空白位置处右击，执行【新建】/【纯色】命令，在弹出的【纯色设置】窗口中设置【名称】为【洋红色 纯色1】，【颜色】为洋红色，单击【确定】按钮，如图16-64所示。

图 16-64

步骤 12 在【效果和预设】面板搜索框中搜索CC Particle World，将该效果拖曳到【时间轴】面板中的纯色图层上，如图16-65所示。

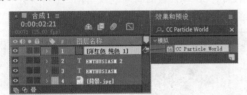

图 16-65

步骤 13 在【时间轴】面板中选择纯色图层，打开该图层下方的【效果】/CC Particle World，将时间线滑动到2秒位置，单击Birth Rate前的 ◎（时间变化秒表）按钮，开启自动关键帧，设置Birth Rate为0.0；继续将时间线滑动到2秒4帧位置，设置Birth Rate为40.0，设置Longevity（sec）为2.20。展开Producer，设置Radius X为3.500，将时间线滑动到2秒10帧位置，单击Radius Y前的 ◎（时间变化秒表）按钮，设置Radius Y为0.050；继续将时间线滑动到3秒10帧位置，设置Radius Y为10.000，设置Radius Z为2.28。展开Physics，设置Velocity为0.20，Gravity为0.00，Extra为0.000，Extra Angle为0x+230.0°，如图16-66所示。展开Particle，设置Particle Type为Lens Convex，Birth Size为0.130，Death Size为0.170，Size Variation为10.0%，Max Opacity为40.0%，如图16-67所示。

步骤 14 在【时间轴】面板中选择纯色图层，然后在工具栏中选择 ▭（矩形工具），将光标移到【合成】面板中的文字上方，在合适的位置按住鼠标左键拖动，绘制一个矩形蒙版，如图16-68所示。

图 16-66

图 16-67

图 16-68

步骤 15 在【效果和预设】面板搜索框中搜索【湍流置换】，将该效果拖曳到【时间轴】面板的纯色图层上，如图16-69所示。

图 16-69

步骤 16 在【时间轴】面板中选择纯色图层，打开该图层下方的【效果】/【湍流置换】，设置【数量】为180.0，【大小】为15.0，如图16-70所示。此时光斑发生变化，效果如图16-71所示。

图 16-70

图 16-71

步骤 17 在【效果和预设】面板搜索框中搜索CC Light Burst 2.5，将该效果拖曳到【时间轴】面板的纯色图层上，如图16-72所示。

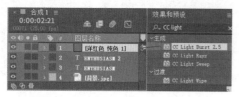

图 16-72

步骤 18 在【时间轴】面板中选择纯色图层，打开该图层下方的【效果】/CC Light Burst 2.5，设置Center为（917.0,536.0），Ray Length为17.0，如图16-73所示。滑动时间线查看画面效果，如图16-74所示。

图 16-73　　　　图 16-74

步骤 19 在【时间轴】面板的空白位置处右击，执行【新建】/【纯色】命令，在弹出的【纯色设置】窗口中设置【名称】为【深洋红色 纯色1】，【颜色】为较深的洋红色，单击【确定】按钮，如图16-75所示。

图 16-75

步骤 20 在【项目】面板中依次选择1.png和2.png素材文件，将其拖曳到【时间轴】面板中，并设置这两个图层的【模式】为【相加】，如图16-76所示。

图 16-76

步骤 21 在【时间轴】面板中选择1.png图层，打开该图层下方的【变换】，设置【缩放】为（120.0,120.0%），将时间线滑动到4秒位置，单击【位置】前的 ⓢ（时间变化秒表）按钮，开启自动关键帧，设置【位置】为（-980.0,540.0）；继续将时间线滑动到4秒15帧位置，设置【位置】为（1295.0,540.0），如图16-77所示。打开2.png图层下方的【变换】，将时间线滑动到3秒5帧位置，单击【不透明度】前的 ⓢ（时间变化秒表）按钮，设置【不透明度】为0%；继续将时间线滑动到4秒位置，设置【不透明度】为100%；最后将时间线滑动到6秒位置，设置【不透明度】为0%，如图16-78所示。

图 16-77　　　　图 16-78

步骤 22 本实例制作完成，滑动时间线查看画面最终效果，如图16-79所示。

图 16-79

综合实例：超时空粒子碎片片头特效

扫一扫，看视频

文件路径：Chapter 16　粒子效果综合实例→综合实例：超时空粒子碎片片头特效

本实例使用【CC Particle World（CC粒子世界）】效果制作飞舞的正方体效果、

使用【镜头光晕】效果制作晃动的光照现象。实例效果
如图16-80所示。

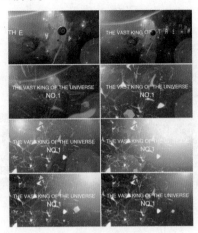

图 16-80

步骤 01 在【项目】面板中右击并选择【新建合成】选
项，在弹出的【合成设置】面板中设置【合成名称】为
【合成1】，【预设】为HDTV 1080 24，【宽度】为1920，
【高度】为1080，【像素长宽比】为【方形像素】，【帧速
率】为24，【分辨率】为【完整】，【持续时间】为8秒。
单击【确定】按钮。执行【文件】/【导入】/【文件】
命令，导入1.jpg、2.jpg素材文件。在【项目】面板中
将1.jpg、2.jpg素材文件拖曳到【时间轴】面板中，如
图16-81所示。

步骤 02 首先在【时间轴】面板中单击2.jpg图层前的
（显现/隐藏）按钮，然后选择1.jpg图层，打开该图层下
方的【变换】，将时间线滑动到起始帧位置，单击【缩
放】前的（时间变化秒表）按钮，开启自动关键帧，设
置【缩放】为（400.0,400.0%）；将时间线滑动到1秒位置，
设置【缩放】为（165.0,165.0%），如图16-82所示。

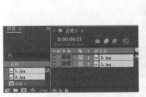

图 16-81   图 16-82

步骤 03 滑动时间线查看画面效果，如图16-83所示。

步骤 04 显现并选择2.jpg图层，在【效果和预设】面板
搜索框中搜索【湍流置换】，将该效果拖曳到【时间轴】
面板的2.jpg图层上，如图16-84所示。

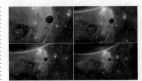

图 16-83   图 16-84

步骤 05 在【时间轴】面板中选择2.jpg图层，打开该图
层下方的【效果】/【湍流置换】及【变换】属性，将时
间线滑动到1秒10帧位置，单击【数量】【大小】【缩放】
【不透明度】前的（时间变化秒表）按钮，开启自动关
键帧，设置【数量】为215.0，【大小】为230.0，【缩放】
为（270.0,270.0%），【不透明度】为0%；继续将时间线滑
动到4秒位置，设置【数量】为50.0，【大小】为100.0，
【缩放】为（100.0,100.0%），【不透明度】为100%，如
图16-85所示。画面效果如图16-86所示。

图 16-85   图 16-86

步骤 06 制作正方体粒子效果。在【时间轴】面板的空
白位置处右击，执行【新建】/【纯色】命令，在弹出的
【纯色设置】窗口中设置【名称】为【黑色 纯色1】，【颜
色】为黑色，单击【确定】按钮，如图16-87所示。

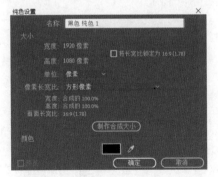

图 16-87

步骤 07 在【效果和预设】面板搜索框中搜索CC Particle
World，将该效果拖曳到【时间轴】面板的【黑色 纯色1】
图层上，如图16-88所示。

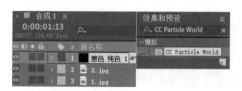

图 16-88

步骤 08 在【时间轴】面板中选择【黑色 纯色 1】图层，打开该图层下方的【效果】/CC Particle World/Producer，设置Position X为1.90，Position Y为−0.47，Position Z为10.60，Radius X为15.300，Radius Y为2.200，Radius Z为22.300；展开Physics，设置Animation为Cone Axis，Velocity为3.30，Extra为5.50，如图 16-89 所示。展开Particle，设置Particle Type为Cube，Birth Size为0.000，Death Size为3.000，Size Variation为65.0%，Max Opacity为50.0%，Birth Color、Death Color均为青色；展开Extras/Effect Camera，设置Distance为0.45，Rotation Y为0x+120.0°，Rotation Z为0x+90.0°，如图 16-90 所示。

图 16-89　　　　　图 16-90

步骤 09 在【效果和预设】面板搜索框中搜索【发光】，将该效果拖曳到【时间轴】面板的【黑色 纯色 1】图层上，如图 16-91 所示。

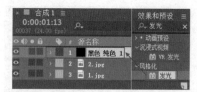

图 16-91

步骤 10 在【时间轴】面板中选择【黑色 纯色 1】图层，打开该图层下方的【效果】/【发光】，设置【发光阈值】为43.0%，【发光半径】为50.0，【发光强度】为2.0，【发光颜色】为【A和B颜色】，【颜色 A】为青色，【颜色 B】为洋红色；打开【变换】属性，将时间线滑动到起始帧位置，单击【不透明度】前的（时间变化秒表）按钮，设

置【不透明度】为 0%；继续将时间线滑动到 6 秒位置，设置【不透明度】为100%，如图 16-92 所示。滑动时间线查看画面效果，如图 16-93 所示。

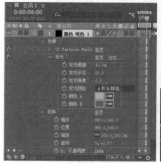 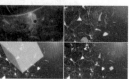

图 16-92　　　　　图 16-93

步骤 11 使用同样的方式继续新建一个黑色的纯色图层，设置它的【模式】为【屏幕】，如图 16-94 所示。

步骤 12 在【效果和预设】面板搜索框中搜索【镜头光晕】，将该效果拖曳到【时间轴】面板的【黑色 纯色 1】图层上，如图 16-95 所示。

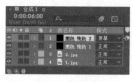 

图 16-94　　　　　图 16-95

步骤 13 在【时间轴】面板中选择【黑色 纯色 1】图层，打开该图层下方的【效果】/【镜头光晕】，将时间线滑动到 4 秒位置，单击【光晕中心】【光晕亮度】及【镜头类型】前的（时间变化秒表）按钮，开启自动关键帧，设置【光晕中心】为（−70.0,100.0），【光晕亮度】为130%，【镜头类型】为【35毫米定焦】；将时间线滑动到 6 秒位置，设置【光晕中心】为（1750.0,−65.0），【光晕亮度】为200%，【镜头类型】为【105毫米定焦】；将时间线滑动到 6 秒15帧位置，设置【光晕亮度】为100%，如图 16-96 所示。画面效果如图 16-97 所示。

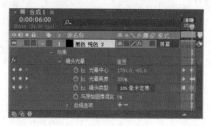

图 16-96

中文版After Effects 2020完全案例教程（微课视频版）

图 16-97

步骤 14 在【时间轴】面板的空白位置处右击，执行【新建】/【文本】命令。在【字符】面板中设置合适的【字体系列】，设置【填充颜色】为白色，【描边颜色】为无，【字体大小】为100像素，打开【段落】面板，选择 ▤（居中对齐文本），在画面中输入文字内容，在"NO.1"前按下大键盘上的Enter键将文字切换到另一行，如图16-98所示。

图 16-98

步骤 15 选中文字"NO.1"，在【字符】面板中设置【字体大小】为130像素，如图16-99所示。在【时间轴】面板中单击打开该文本图层下方的【变换】，设置【位置】为（960.0,488.0），如图16-100所示。

图 16-99

图 16-100

步骤 16 将时间线滑动到起始帧位置，在【效果和预设】面板搜索框中搜索【3D 行盘旋进入】，将该预设效果拖曳到【时间轴】面板的文本图层上，如图16-101所示。此时文本自动出现关键帧动画，如图16-102所示。

图 16-101

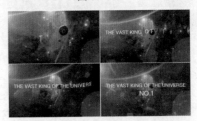

图 16-102

步骤 17 本实例制作完成，滑动时间线查看画面最终效果，如图16-103所示。

图 16-103

短视频制作综合实例

本章内容简介：

　　随着移动互联网的不断发展，移动端出现越来越多的视频社交App，如抖音、快手、微博等，这些App中的用户越来越多地需要学习短视频制作的方法。本章介绍短视频的制作，包括将录制好的视频进行编辑、包装、添加文字、转场、动画等，最终完成完整的短视频效果。

重点知识掌握：

- 短视频制作的步骤
- 为视频添加效果、转场、字幕综合应用

综合实例：每日轻食短视频

文件路径：Chapter 17　短视频制作综合实例→综合实例：每日轻食短视频

日常Vlog是最近非常流行的现象级视频方式，用于更轻松、快速地展示日常生活、工作、休闲、娱乐等短视频效果。现在的Vlog除了视频本身录制、剪辑之外，也需要进行简单包装，如创建文字动画、添加动画元素、设置转场、增加效果等。本实例主要使用【不透明度】属性、【渐变擦除】、CC Glass Wipe效果制作关键帧，使用文本制作说明文字。实例效果如图17-1所示。

图 17-1

Part 01　制作视频部分

步骤 01 在【项目】面板中右击并选择【新建合成】选项，在弹出的【合成设置】面板中设置【合成名称】为1，【预设】为【自定义】，【宽度】为4096，【高度】为2160，【像素长宽比】为【方形像素】，【帧速率】为25，【分辨率】为【完整】，【持续时间】为43秒，单击【确定】按钮。执行【文件】/【导入】/【文件】命令，导入全部视频素材文件，如图17-2所示。

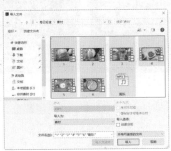

图 17-2

步骤 02 在【项目】面板中依次将1.mp4 ~ 6.mp4素材文件拖曳到【时间轴】面板中，将图层后方时间条向右侧拖动，设置2.mp4的起始时间为3秒20帧，3.mp4的起始时间为8秒5帧，4.mp4的起始时间为13秒，5.mp4的起始时间为15秒，6.mp4的起始时间为30秒，如图17-3所示。

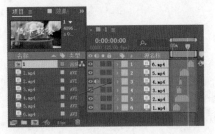

图 17-3

步骤 03 在【时间轴】面板中选择2.mp4图层，右击执行【时间】/【时间伸缩】命令，在弹出的【时间伸缩】窗口中设置【拉伸因数】为200，单击【确定】按钮，如图17-4所示。此时画面播放速度变慢，素材时间变长。

图 17-4

步骤 04 打开2.mp4图层下方的【变换】，将时间线滑动到3秒20帧，单击【不透明度】前方的 (时间变化秒表)按钮，设置【不透明度】为0%；继续将时间线滑动到5秒20帧，设置【不透明度】为100%，如图17-5所示。画面效果如图17-6所示。

图 17-5

图 17-6

步骤 05 在【效果和预设】面板中搜索【渐变擦除】，将其拖曳到3.mp4图层上，如图17-7所示。

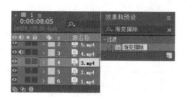

图 17-7

步骤 06 将时间线滑动到8秒5帧，打开3.mp4图层下方的【渐变擦除】和【变换】属性，开启【过渡完成】和【缩放】关键帧，设置【过渡完成】为100%，【缩放】为（380.0,380.0%），将时间线滑动到9秒5帧，设置【过渡完成】为0%；将时间线滑动到11秒，设置【缩放】为（100.0,100.0%），如图17-8所示。画面效果如图17-9所示。

图 17-8

图 17-9

步骤 07 选择4.mp4图层，单击图层前方的 取消音频，在图层上右击执行【时间】/【时间伸缩】命令，在窗口中设置【新持续时间】为5秒，单击【确定】按钮，图17-10所示。

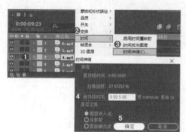

图 17-10

步骤 08 在【效果和预设】面板中搜索CC Glass Wipe，将它拖曳到4.mp4图层上，如图17-11所示。

图 17-11

步骤 09 打开4.mp4图层下方的【变换】，设置【缩放】为（227.0,227.0%），展开CC Glass Wipe效果，将时间线滑动到13秒位置时，开启Completion关键帧，设置Completion为100.0%；继续将时间线滑动到14秒，设置Completion为0.0%，如图17-12所示。效果如图17-13所示。

图 17-12

图 17-13

步骤 10 选择5.mp4图层，使用相同的方式设置它的【时间伸缩】为17秒，打开其下方的【变换】，将时间线滑动到15秒位置，开启【不透明度】关键帧，设置【不透明度】为0%；继续将时间线滑动到17秒，设置【不透明度】为100%，如图17-14所示。

步骤 11 选择【不透明度】属性，使用快捷键Ctrl+C进行复制，将时间线滑动到30秒位置，选择6.mp4图层，使用快捷键Ctrl+V进行粘贴，如图17-15所示。

图 17-14　　　　　　　图 17-15

步骤 12 滑动时间线查看制作的视频部分，如图17-16所示。

中文版After Effects 2020完全案例教程（微课视频版）

图 17-16

Part 02　制作文字部分

步骤 01 在工具栏中选择 T（横排文字工具），在【字符】面板中设置合适的【字体系列】，设置【填充颜色】为白色，【描边颜色】为无，【字体大小】为500像素，在【段落】面板中选择 ≡（左对齐文本），然后在画面中输入文字"低卡轻食"，如图17-17所示。

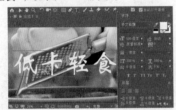

图 17-17

步骤 02 在【时间轴】面板中单击打开当前文本图层下方的【变换】，设置【位置】为（1092.0,1092.0），将时间线滑动到起始帧位置，为【锚点】【缩放】及【不透明度】添加关键帧，设置【锚点】为（418.0,0.0），【缩放】为（160.0,160.0%），【不透明度】为100%。将时间线滑动到第3秒，设置【锚点】为（0,0），【缩放】为（100,100%），【不透明度】为0%，如图17-18所示。滑动时间线查看文字效果，如图17-19所示。

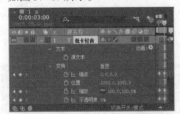

图 17-18

图 17-19

步骤 03 在工具栏中选择【钢笔工具】，设置【填充】为无，【描边】为白色，【描边宽度】为20像素，在画面中单击添加锚点，绘制一条曲线路径，如图17-20所示。继续在工具栏中选择【横排文字工具】，在【字符】面板中设置合适的【字体系列】，设置【填充颜色】为白色，【描边颜色】为无，【字体大小】为300像素，在【段落】面板中选择 ≡（左对齐文本），然后在画面中输入文字内容，如图17-21所示。

图 17-20

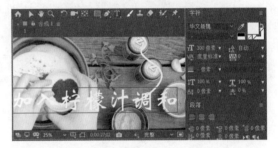

图 17-21

步骤 04 在【时间轴】面板中单击打开【加入柠檬汁调和】图层下方的【变换】，设置【位置】为（1592.0,1884.0），【旋转】为0x+7.0°，如图17-22所示。文字效果如图17-23所示。

图 17-22

图 17-23

步骤 05 选择当前图层1和图层2，右击执行【预合成】命令，在弹出的窗口中设置【新合成名称】为【预合成1】，单击【确定】按钮，如图17-24所示。将时间线滑动到5秒位置，打开预合成图层下方的【变换】，在当前位置开启【不透明度】关键帧，设置【不透明度】为

0%；继续将时间线滑动到7秒10帧，设置【不透明度】为100%；将时间线滑动到8秒，设置【不透明度】为0%，如图17-25所示。

图 17-24　　　　　　　图 17-25

步骤 06 按照同样的方式使用【横排文字工具】在合适位置制作其他3个图层的文字。然后选择【预合成1】图层下方的【不透明度】属性，使用快捷键Ctrl+C进行复制，将时间线滑动到9秒位置，选择当前图层3，使用快捷键Ctrl+V进行粘贴；继续将时间线滑动到16秒10帧，选择图层2，粘贴【不透明度】属性；最后将时间线滑动到34秒，选择图层1，再次粘贴【不透明度】属性，如图17-26所示。

图 17-26

步骤 07 单击打开图层2下方的【变换】，将【不透明度】的第3个关键帧移动到30秒位置，如图17-27所示。单击打开图层1下方的【变换】，将【不透明度】的第3个关键帧移动到42秒10帧位置，如图17-28所示。

图 17-27　　　　　　　图 17-28

步骤 08 在【项目】面板中将【配乐.mp3】拖曳到【时间轴】面板最下层，如图17-29所示。

图 17-29

步骤 09 制作音频淡出效果。单击打开【配乐.mp3】图层下方的【音频】，将时间线滑动到38秒位置，开启【音频电平】关键帧，设置【音频电平】为0.00dB；继续将时间线滑动到结束帧位置，设置【音频电平】为-37.00dB，如图17-30所示。本实例制作完成，滑动时间线查看画面最终效果，如图17-31所示。

图 17-30　　　　　　　图 17-31

综合实例：精品咖啡展示短视频

扫一扫，看视频

文件路径：Chapter 17　短视频制作综合实例→综合实例：精品咖啡展示短视频

本实例首先将多段视频按照流程进行剪辑，在制作时使用时间反向图层制作倒放效果，最后为画面添加字幕，起到画面的说明和引导作用。实例效果如图17-32所示。

图 17-32

步骤 01 在【项目】面板中右击并选择【新建合成】选项，在弹出的【合成设置】面板中设置【合成名称】为【合成1】，【预设】为【自定义】，【宽度】为1920，【高度】为1080，【像素长宽比】为【方形像素】，【帧速率】为24，【分辨率】为【完整】，【持续时间】为23秒10帧，单击【确定】按钮。执行【文件】/【导入】/【文件】命令，导入全部视频素材文件，如图17-33所示。

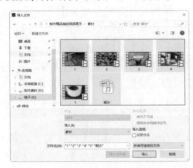

图 17-33

步骤 02 在【项目】面板中依次将1.mp4 ~ 5.mp4素材文件拖曳到【时间轴】面板中，如图17-34所示。

图 17-34

步骤 03 调整各图层的持续时间和起始位置。首先在【时间轴】面板中选择1.mp4图层，右击执行【时间】/【时间伸缩】命令，在弹出的【时间伸缩】窗口中设置【新持续时间】为10秒，单击【确定】按钮，如图17-35所示。此时画面播放速度变快，素材时间缩短。

图 17-35

步骤 04 将时间线滑动到5秒位置，选择2.mp4图层，将光标移到右侧图层条的起始位置，按住鼠标左键向时间线位置拖动，如图17-36所示。

图 17-36

步骤 05 选择3.mp4图层，在右侧图层条上方按住鼠标左键向右侧移动，使起始时间停留在6秒20帧位置，如图17-37所示。选择4.mp4图层，将起始时间设置为10秒13帧，如图17-38所示。

图 17-37　　　　　　　　图 17-38

步骤 06 在当前位置单击打开4.mp4图层下方的【变换】，单击【缩放】前方的🕑(时间变化秒表)按钮，设置【缩放】为(180.0,180.0%)，继续将时间线滑动到13秒位置，设置【缩放】为(100.0,100.0%)，如图17-39所示。画面效果如图17-40所示。

图 17-39　　　　　　　　图 17-40

步骤 07 选择5.mp4图层，右击执行【时间】/【时间伸缩】命令，设置【新持续时间】为11秒，单击【确定】按钮，接着执行【时间】/【时间反向图层】命令，将素材进行倒放，如图17-41所示。在5.mp4图层右侧选择时间条，将其向右侧移动，使起始时间停留在13秒位置，如图17-42所示。

图 17-41

图 17-42

步骤 08 在当前位置打开 5.mp4 图层下方的【变换】，开启【不透明度】关键帧，设置【不透明度】为 0%，继续将时间线滑动到 15 秒 3 帧，设置【不透明度】为 100%，如图 17-43 所示。画面效果如图 17-44 所示。

图 17-43

图 17-44

Part 02　制作字幕

步骤 01 在工具栏中选择 T（横排文字工具），在【字符】面板中设置合适的【字体系列】，设置【填充颜色】为暗橙色，【描边颜色】为无，【字体大小】为 207 像素，在【段落】面板中选择 ▤（左对齐文本），然后在画面中输入文字"山多斯现磨咖啡"，如图 17-45 所示。

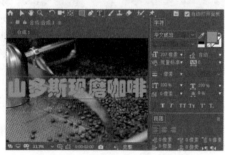

图 17-45

步骤 02 在【时间轴】面板中打开当前文本图层下方的【变换】，设置【位置】为（234.0,585.0），将时间线滑动到起始帧位置，开启【不透明度】关键帧，设置【不透明度】为 0%；将时间线滑动到 2 秒位置，设置【不透明度】为 100%；继续将时间线滑动到 5 秒位置，设置【不透明度】为 0%，如图 17-46 所示。在工具栏中选择【钢笔工具】，设置【填充】为无，【描边】为白色，【描边宽度】为 7 像素，然后在【合成】面板中合适位置绘制一个箭头

形状，如图 17-47 所示。

图 17-46

图 17-47

步骤 03 在【时间轴】面板中展开【形状图层 1】下方的【变换】，设置【位置】为（958.0,545.0），将时间线滑动到 7 秒位置开启【缩放】和【不透明度】关键帧，设置【缩放】为（0.0,0.0%），【不透明度】为 100%；继续将时间线滑动到 8 秒位置，设置【缩放】为（100.0,100.0%）；最后将时间线滑动到 11 秒位置，设置【不透明度】为 0%，如图 17-48 所示。

步骤 04 继续在工具栏中选择【横排文字工具】，在【字符】面板中设置合适的【字体系列】，设置【填充颜色】为白色，【描边颜色】为无，【字体大小】为 110 像素，在【段落】面板中选择 ▤（左对齐文本），然后在画面中输入文字"加入长白山矿泉水"，如图 17-49 所示。

图 17-48

图 17-49

步骤 05 打开当前文本图层下方的【变换】，设置【位置】为（950.0,240.0），将时间线滑动到 7 秒 19 帧，开启【不透明度】关键帧，设置【不透明度】为 0%；继续将时间线滑动到 9 秒 20 帧，设置【不透明度】为 100%；最后将时间线滑动到 11 秒 20 帧，设置【不透明度】为 0%，如图 17-50 所示。使用【横排文字工具】制作另外 3 个字幕，并适当调整文字大小及颜色。选择【加入长白山矿泉水】文本图层下方的【不透明度】属性，使用 Ctrl+C 进行复制，将时间线滑动到 10 秒位置，选择当前图层 3，使用 Ctrl+V 进行粘贴，如图 17-51 所示。

步骤 06 调整关键帧位置。打开图层 3 下方的【变换】属性，将【不透明度】后方第 3 个关键帧拖到 15 秒位置，如图 17-52 所示。复制图层 3 的【不透明度】属性，将时间线滑动到 16 秒 15 帧，选择图层 2，将【不透明度】属

中文版 After Effects 2020 完全案例教程（微课视频版）

性进行粘贴，如图17-53所示。

图 17-50

图 17-51

图 17-52

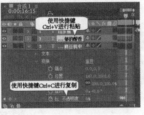

图 17-53

步骤 07 选择【山多斯】文本图层，右击执行【图层样式】/【斜面和浮雕】命令，如图17-54所示。此时文字呈现一种向外凸起的状态，如图17-55所示。

图 17-54

图 17-55

步骤 08 打开"山多斯"文本图层下方的【变换】，将时间线滑动到21秒位置，开启【不透明度】关键帧，设置【不

透明度】为0%；将时间线滑动到21秒8帧位置，设置【不透明度】为100%，在当前位置开启【位置】关键帧，设置【位置】为（568.0,700.0）；将时间线滑动到22秒18帧位置，设置【位置】为（658.0,645.0），如图17-56所示。最后在【项目】面板中将【配乐.mp3】图层拖曳到【时间轴】面板最底层，如图17-57所示。

图 17-56

图 17-57

步骤 09 单击打开【配乐.mp3】图层下方的【音频】，将时间线滑动到20秒15帧，开启【音频电平】关键帧，设置【音频电平】为0.00dB，继续将时间线滑动到结束帧位置，设置【音频电平】为-65.00dB，如图17-58所示。本实例制作完成，滑动时间线查看画面最终效果，如图17-59所示。

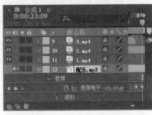

图 17-58

图 17-59

ALTERNATION

Chapter
18
第18章

UI动效综合实例

本章内容简介：

随着移动互联网的普及，手机App产品井喷式爆发，UI设计的需求也随之增多，除了静态的UI界面设计之外，UI动效也是UI设计中最主要的环节之一。通过本章学习，读者可以掌握UI动效的常用方法。本章包括App标志动画制作、按钮动画制作等内容。

重点知识掌握：

- App标志动画的制作
- 按钮动画的制作
- 进度动画的制作

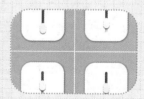

综合实例：App声音调节动画

扫一扫，看视频

文件路径：Chapter 18 UI动效综合实例
→综合实例：App声音调节动画

本实例使用【位置】关键帧及【阴影】图层样式制作按钮滑动的效果，在色彩搭配方面遵循色彩尽量少于3种，呈现的色彩效果统一。实例效果如图18-1所示。

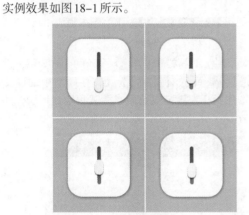

图 18-1

步骤 01 在【项目】面板中右击并选择【新建合成】选项，在弹出的【合成设置】面板中设置【合成名称】为【合成1】，【预设】为【自定义】，【宽度】为1000，【高度】为1000，【像素长宽比】为【方形像素】，【帧速率】为25，【分辨率】为【完整】，【持续时间】为5秒，【背景颜色】为灰色，单击【确定】按钮。在工具栏中单击选择◼️(圆角矩形工具)，设置【填充】为白色，【描边】为无，在画面中按住鼠标左键拖曳绘制一个圆角矩形，如图18-2所示。

图 18-2

步骤 02 在【时间轴】面板中单击打开【形状图层1】图层下方的【内容】/【矩形1】/【矩形路径1】，设置【圆度】为160.0，如图18-3所示。画面效果如图18-4所示。

图 18-3 　　　　　　　图 18-4

步骤 03 制作投影效果。在【时间轴】面板中右击选择【形状图层1】图层，在弹出的快捷菜单中执行【图层样式】/【投影】命令，如图18-5所示。

图 18-5

步骤 04 在【时间轴】面板中单击打开【形状图层1】图层下方的【图层样式】/【投影】，设置【大小】为35.0，如图18-6所示。画面效果如图18-7所示。

图 18-6 　　　　　　　图 18-7

步骤 05 在工具栏中选择◼️(圆角矩形工具)，设置【填充】为藏蓝色，【描边】为无，在画面中按住鼠标左键拖曳绘制一个长条的圆角矩形，如图18-8所示。

图 18-8

步骤 06 在【时间轴】面板中单击打开【形状图层2】图

层下方的【内容】/【矩形1】/【矩形路径1】，设置【圆度】为20.0，如图18-9所示。画面效果如图18-10所示。

图18-9 图18-10

步骤 07 在【时间轴】面板中右击选择【形状图层2】图层，在弹出的快捷菜单中执行【图层样式】/【内阴影】命令。在【时间轴】面板中单击打开【形状图层2】图层下方的【图层样式】/【内阴影】，设置【颜色】为藏蓝色，【不透明度】为35%，【距离】为10.0，如图18-11所示。画面效果如图18-12所示。

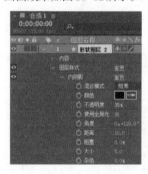

图18-11 图18-12

步骤 08 在【时间轴】面板中右击选择【形状图层2】图层，在弹出的快捷菜单中执行【图层样式】/【渐变叠加】命令。在【时间轴】面板中单击打开【形状图层2】图层下方的【图层样式】/【渐变叠加】，单击【颜色】后方的【编辑渐变】按钮，编辑一个由洋红色到藏蓝色的渐变，并调整色标的位置，如图18-13所示。画面效果如图18-14所示。

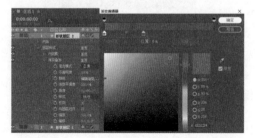

图18-13

图18-14

步骤 09 再次在工具栏中选择 ▢（圆角矩形工具），设置【填充】为淡黄色，【描边】为无，在画面中的渐变色条上按住鼠标左键拖曳绘制一个圆角矩形形状，如图18-15所示。

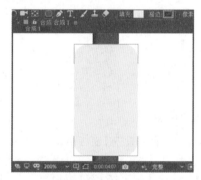

图18-15

步骤 10 在【时间轴】面板中单击打开【形状图层3】图层下方的【内容】/【矩形1】/【矩形路径1】，设置【圆度】为70.0，如图18-16所示。形状效果如图18-17所示。

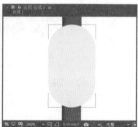

图18-16 图18-17

步骤 11 在【形状图层3】图层上执行【图层样式】/【投影】命令，然后打开图层下方的【图层样式】/【投影】，设置【不透明度】为43%，【角度】为0x+90.0°，【距离】为13.0，【扩展】为45.0%，如图18-18所示。画面效果如图18-19所示。

图 18-18

图 18-19

步骤 12 制作动画效果。在【时间轴】面板中单击打开【形状图层 3】图层下方的【变换】，将时间线滑动到起始帧位置，单击【位置】前的 ⏱ (时间变化秒表)按钮，开启自动关键帧，设置【位置】为(500.0,590.0)；继续将时间线滑动到 1 秒位置，设置【位置】为(500.0,467.0)；最后将时间线滑动到 2 秒位置，设置【位置】为(500.0,500.0)，如图 18-20 所示。滑动时间线查看实例效果，如图 18-21 所示。

图 18-20

图 18-21

综合实例：Logo动态演绎动画

文件路径：Chapter 18 UI动效综合实例→综合实例：Logo动态演绎动画

本实例使用【渐变叠加】图层样式以及形状关键帧制作扭动的标志。实例效果如图 18-22 所示。

扫一扫，看视频

图 18-22

步骤 01 在【项目】面板中右击并选择【新建合成】选项，在弹出的【合成设置】面板中设置【合成名称】为【合成1】，【预设】为【自定义】，【宽度】为1440，【高度】为1080，【像素长宽比】为【方形像素】，【帧速率】为24，【分辨率】为【完整】，【持续时间】为5秒，【背景颜色】为蓝灰色，单击【确定】按钮。在工具栏中选择 ✎ (钢笔工具)，设置【填充】为白色，【描边】为无，然后在【合成】面板中的合适位置单击建立锚点，移动锚点两端控制柄更改路径形状，绘制一个不规则的形状，如图 18-23 所示。

图 18-23

步骤 02 在【时间轴】面板中右击选择【形状图层1】图层，在弹出的快捷菜单中执行【图层样式】/【渐变叠加】命令。在【时间轴】面板中单击打开【形状图层1】图层下方的【图层样式】/【渐变叠加】，单击【颜色】后方的【编辑渐变】按钮，编辑一个由绿色到青色的渐变，如图 18-24 所示。展开【变换】，设置【不透明度】为70%，如图 18-25 所示。

步骤 03 画面效果如图 18-26 所示。

图 18-24

图 18-25　　　　　　图 18-26

417

步骤 04 将时间线滑动到起始帧位置，在【时间轴】面板中单击打开【形状图层1】图层下方的【内容】/【形状1】/【路径1】，单击【路径】前方的 ⏱（时间变化秒表）按钮，开启自动关键帧；将时间线滑动到1秒位置，在【合成】面板中更改形状路径；继续将时间线滑动到2秒位置，再次更改形状路径；最后将时间线滑动到3秒位置，再次更改形状路径，如图18-27所示。滑动时间线查看形状效果，如图18-28所示。

图18-27　　　　　　　　图18-28

步骤 05 使用同样的方式制作另外两个形状，并更改形状的颜色及渐变角度，如图18-29所示。滑动时间线查看画面效果，如图18-30所示。

图18-29　　　　　　　　图18-30

步骤 06 在工具栏中选择◯（椭圆工具），设置【填充】为白色，【描边】为无，在画面中心位置按住Shift键的同时按住鼠标左键绘制一个正圆，如图18-31所示。

步骤 07 在【时间轴】面板的空白位置处右击执行【新建】/【文本】命令，也可以使用快捷键Ctrl+Shift+Alt+T进行新建。在【字符】面板中设置合适的【字体系列】，设置【填充颜色】为黑色，【字体大小】为90像素，选择 T（仿粗体）和 TT（全部大写字母），在【段落】面板中选择 ▤（右对齐文本），设置完成后输入"ALTERNATION"，如图18-32所示。

步骤 08 在【时间轴】面板中单击打开alternation文本图层下方的【变换】，设置【位置】为（1076.0,752.0），如图18-33所示。画面效果如图18-34所示。

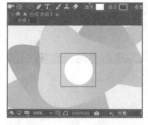

图18-31　　　　　　　　图18-32

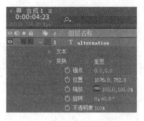

图18-33　　　　　　　　图18-34

步骤 09 继续使用快捷键Ctrl+Shift+Alt+T新建字幕，接着在【字符】面板中设置合适的【字体系列】，设置【填充颜色】为黑色，【字体大小】为22像素，【字符间距】为140，选择 TT（全部大写字母），设置完成后输入"TRANXFORM IN TRANSFORM"，如图18-35所示。

图18-35

步骤 10 在【时间轴】面板中单击打开tranxform in transform文本图层下方的【变换】，设置【位置】为（918.0,794.0），如图18-36所示。画面最终效果如图18-37所示。

图18-36　　　　　　　　图18-37

综合实例：炫彩圆环标志动画

文件路径：Chapter 18　UI动效综合实例
→综合实例：炫彩圆环标志动画

本实例首先使用【椭圆工具】制作彩色圆环，使用【大小】关键帧制作环形缩放，使用【缩放】关键帧及【高斯模糊】效果制作彩色圆环的光影，最后在圆环内部输入文字，从而制作出PC端的UI动效。实例效果如图18-38所示。

扫一扫，看视频

图18-38

步骤 01 在【项目】面板中右击并选择【新建合成】选项，在弹出的【合成设置】面板中设置【合成名称】为【合成1】，【预设】为【自定义】，【宽度】为1440，【高度】为1080，【像素长宽比】为【方形像素】，【帧速率】为25，【分辨率】为【完整】，【持续时间】为5秒，【背景颜色】为紫色，单击【确定】按钮。在工具栏中选择○（椭圆工具），设置【填充】为无，【描边】为黄色，【描边宽度】为28，在【合成】面板中的合适位置按住鼠标左键绘制一个椭圆形状，如图18-39所示。

步骤 02 制作形状的动效。在【时间轴】面板中单击打开【形状图层1】图层下方的【内容】/【椭圆1】/【椭圆路径1】，将时间线滑动到起始帧位置，单击【大小】前方的⑧（时间变化秒表）按钮，开启关键帧，设置【大小】为(933.0,866.0)；继续将时间线滑动到结束帧位置，设置【大小】为(724.0,672.0)，如图18-40所示。

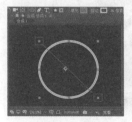

图18-39　　　　　　图18-40

步骤 03 圆形呈现出一种由大到小的变换效果，如图18-41所示。

步骤 04 在工具栏中再次选择○（椭圆工具），设置【填充】为无，【描边】为洋红色，【描边宽度】为28，在【合成】面板中绘制一个椭圆形状，如图18-42所示。

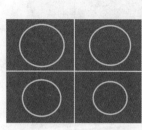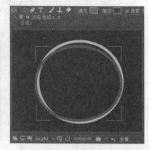

图18-41　　　　　　　　　图18-42

步骤 05 在【时间轴】面板中单击打开【形状图层1】图层下方的【内容】/【椭圆1】/【椭圆路径1】，将时间线滑动到起始帧位置，单击【大小】前方的⑧（时间变化秒表）按钮，开启关键帧，设置【大小】为(944.9,789.0)；继续将时间线滑动到结束帧位置，设置【大小】为(800.0,668.0)，如图18-43所示。画面效果如图18-44所示。

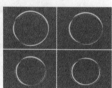

图18-43　　　　　　　　　图18-44

步骤 06 使用同样的方式制作其他3个椭圆，滑动时间线查看画面效果，如图18-45所示。

步骤 07 在【时间轴】面板中选择【形状图层1】～【形状图层5】图层，使用快捷键Ctrl+Shift+C进行预合成，在弹出的【预合成】窗口中设置【新合成名称】为【预合成1】，单击【确定】按钮，如图18-46所示。此时在【时间轴】面板中得到【预合成1】图层，如图18-47所示。

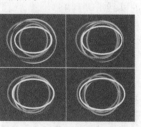

图18-45

步骤 08 在【时间轴】面板中选择【预合成1】图层，使用快捷键Ctrl+D创建副本图层，如图18-48所示。

图 18-47

使用快捷键Ctrl+D
创建副本

图 18-48

步骤 09 在【效果和预设】面板搜索框中搜索【高斯模糊】，将该效果拖曳到【时间轴】面板的【预合成1】图层（图层2）上，如图18-49所示。

图 18-49

步骤 10 制作光影效果。单击打开【预合成1】图层（图层2）下方的【效果】/【高斯模糊】，设置【模糊度】为80.0，展开【变换】属性，设置【不透明度】为50%；将时间线滑动到起始帧位置，单击【缩放】前方的 (时间变化秒表)按钮，设置【缩放】为（110.0,110.0%）；将时间线滑动到1秒位置，设置【缩放】为（90.0,90.0%）；将时间线滑动到2秒位置，设置【缩放】为（110.0,110.0%）；将时间线滑动到3秒位置，设置【缩放】为（90.0,90.0%）；最后将时间线滑动到4秒位置，设置【缩放】为（110.0,110.0%），如图18-50所示。滑动时间线查看当前画面效果，如图18-51所示。

图 18-50

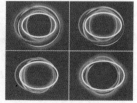

图 18-51

步骤 11 在【时间轴】面板的空白位置处右击执行【新建】/【文本】命令，也可以使用快捷键Ctrl+Shift+Alt+T进行新建。在【字符】面板中设置合适的【字体系列】及【字体样式】，设置【填充颜色】为白色，【字体大小】为176像素，选择 T (仿粗体)和 TT (全部大写字母)，在【段落】面板中选择 (左对齐文本)，设置完成后输入文字，在输入过程中可按下大键盘上的Enter键将文字切换到下一行，如图18-52所示。

图 18-52

步骤 12 在【时间轴】面板中单击打开文字图层下方的【变换】，设置【位置】为（548.0,448.0），如图18-53所示。画面效果如图18-54所示。

图 18-53

图 18-54

步骤 13 在工具栏中选择 (钢笔工具)，设置【填充】为无，【描边】为白色，【描边宽度】为25像素，接着在画面中单击建立锚点，绘制一个箭头形状，如图18-55所示。

图 18-55

步骤 14 在【时间轴】面板中单击打开【形状图层6】图层下方的【变换】，将时间线滑动到起始帧位置，单击【不

中文版After Effects 2020完全案例教程（微课视频版）

透明度】前方的◎(时间变化秒表)按钮，开启关键帧，设置【不透明度】为100%；继续将时间线滑动到1秒位置，设置【不透明度】为0%；将时间线滑动到2秒位置，设置【不透明度】为100%；将时间线滑动到3秒位置，设置【不透明度】为0%；最后将时间线滑动到4秒位置，设置【不透明度】为100%，如图18-56所示。使用同样的方式再次制作一个箭头形状，并为箭头设置关键帧动画，如图18-57所示。

图 18-56

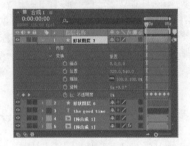

图 18-57

步骤 15 本实例制作完成，滑动时间线查看画面最终效果，如图18-58所示。

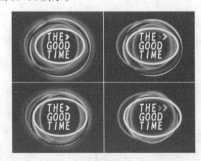

图 18-58

综合实例：时钟App动画设计

文件路径：Chapter 18　UI动效综合实例 →综合实例：时钟App动画设计

本实例使用【椭圆工具】绘制时钟轮廓，使用外发光与内阴影为轮廓添加效果，

扫一扫，看视频

最后将文字输入正圆内部，运用【不透明度】属性制作快闪文字效果。实例效果如图18-59所示。

图 18-59

Part 01　制作时钟的轮廓动画

步骤 01 在【项目】面板中右击并选择【新建合成】选项，在弹出的【合成设置】面板中设置【合成名称】为【合成1】，【预设】为【NTSC D1宽银幕方形像素】，【宽度】为872，【高度】为486，【像素长宽比】为【方形像素】，【帧速率】为29.97，【分辨率】为【完整】，【持续时间】为5秒，单击【确定】按钮。在【时间轴】面板的空白处右击执行【新建】/【纯色】命令，在弹出的【纯色设置】窗口中设置【名称】为【黑色 纯色 1】，【宽度】为872，【高度】为486，【颜色】为黑色，单击【确定】按钮，如图18-60所示。

图 18-60

步骤 02 在【时间轴】面板中单击选中【黑色 纯色 1】图层，并将光标定位在该图层上，右击执行【图层样式】/【渐变叠加】命令，如图18-61所示。

图 18-61

步骤 03 在【时间轴】面板中单击打开【黑色 纯色 1】图层下方的【图层样式】/【渐变叠加】，单击【颜色】后方的【编辑渐变】按钮，在弹出的【渐变编辑器】中编辑一个蓝紫色系的渐变，设置【角度】为0x+310.0°，如图18-62所示。画面效果如图18-63所示。

图 18-62

图 18-63

步骤 04 在【时间轴】面板的空白位置处单击，使光标不选择任何图层，接着在工具栏中长按■（矩形工具），此时在弹出的工具组中选择⬭（椭圆工具），设置【填充】为无，【描边】为蓝灰色，【描边宽度】为10像素，设置完成后在【合成】面板中按住Shift键的同时按住鼠标左键绘制一个正圆并适当调整形状的位置，如图18-64所示。

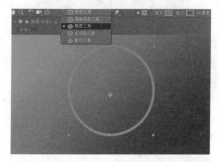

图 18-64

步骤 05 为图层添加图层样式。在【时间轴】面板中单击选中【形状图层1】图层，并将光标定位在该图层上，右击执行【图层样式】/【内阴影】命令，如图18-65所示。

图 18-65

步骤 06 在【时间轴】面板中单击打开【形状图层1】图层下方的【图层样式】/【内阴影】，设置【大小】为12.0，如图18-66所示。此时正圆内部呈现一种立体感效果，如图18-67所示。

图 18-66　　　　　　　　图 18-67

步骤 07 再次选中【形状图层1】图层，将光标定位在该图层上，右击执行【图层样式】/【外发光】命令。在【时间轴】面板中单击打开【形状图层1】图层下方的【图层样式】/【外发光】，设置【不透明度】为35%，【颜色】为浅灰色，【大小】为8.0，如图18-68所示。此时正圆效果如图18-69所示。

图 18-68　　　　　　　　图 18-69

步骤 08 单击打开【形状图层1】图层下方的【变换】，将时间线滑动到起始帧位置时，单击【缩放】前的⏱（时间变化秒表）按钮，设置【缩放】为（0.0,0.0%）；继续将时间线滑动到7帧位置，设置【缩放】为

（100.0，100.0%），如图18-70所示。滑动时间线查看效果，如图18-71所示。

图18-70

图18-71

步骤 09 选择【时间轴】面板中的【形状图层1】图层，使用快捷键Ctrl+D进行复制，如图18-72所示。选择【形状图层2】图层，在工具栏中更改【描边】为粉红色，【描边宽度】为13像素，如图18-73所示。

图18-72

图18-73

步骤 10 下面打开刚复制出的【形状图层2】图层，更改形状的参数。首先在【变换】下方单击【缩放】前的 ◎（时间变化秒表）按钮，关闭【缩放】关键帧，设置【缩放】为（100，100%）；打开【图层样式】，删除【内阴影】样式；打开【外发光】，更改【不透明度】为50%，【颜色】为亮粉色，【大小】为15.0，如图18-74所示。画面效果如图18-75所示。

图18-74

图18-75

步骤 11 在【时间轴】面板中选择【形状图层2】图层，然后在工具栏中选择 ◢（钢笔工具），单击后方的 ▨（工具创建蒙版）按钮，在粉红色正圆上方单击绘制遮罩形状，遮罩以内为显示部分，遮罩以外为隐藏部分，如图18-76所示。

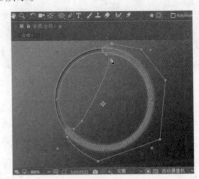
图18-76

步骤 12 在【时间轴】面板中的该图层后方设置【模式】为【变亮】，如图18-77所示。粉红色形状效果如图18-78所示。

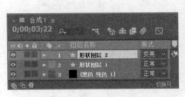
图18-77

图18-78

步骤 13 在【效果和预设】面板中搜索【线性擦除】效果，并将其拖曳到【时间轴】面板的【形状图层2】图层上，如图18-79所示。

图18-79

步骤 14 在【时间轴】面板中单击打开【形状图层2】图层下方的【效果】/【线性擦除】，设置【擦除角度】为0x+37.0°，将时间线滑动至起始帧位置处，单击【过渡完成】前的 ◎（时间变化秒表）按钮，设置【过渡完成】为100%；继续将时间线滑动到4秒位置，设置【过渡完成】为0%，如图18-80所示。滑动时间线查看画面效果，如图18-81所示。

图 18-80

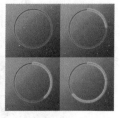

图 18-81

Part 02　制作文本动画

步骤 01 在【时间轴】面板的空白位置处右击执行【新建】/【文本】命令。接着在【字符】面板中设置合适的【字体系列】，设置【填充颜色】为白色，【描边颜色】为无，【字体大小】为85像素，在【段落】面板中选择 ≣（居中对齐文本），设置完成后输入文本"05:30"，如图18-82所示。

图 18-82

步骤 02 在【时间轴】面板中选中05:30文本图层，将光标定位在该图层上，右击执行【图层样式】/【投影】命令，如图18-83所示。

图 18-83

步骤 03 在【时间轴】面板中单击打开05:30文本图层下方的【图层样式】/【投影】，设置【角度】为0x+90.0°，如图18-84所示。文字效果如图18-85所示。

图 18-84

图 18-85

步骤 04 单击打开05:30文本图层下方的【变换】，设置【位置】为（438.0,226.0），将时间线滑动到起始帧位置，单击【不透明度】前的 ◎（时间变化秒表）按钮，开启自动关键帧，设置【不透明度】为0%；将时间线滑动到15帧位置，设置【不透明度】为100%；最后将时间线滑动到1秒位置，设置【不透明度】为0%，如图18-86所示。文字效果如图18-87所示。

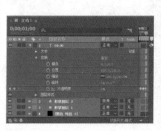

图 18-86

图 18-87

步骤 05 将时间线滑动到1秒位置时，选择05:30文本图层，使用快捷键Ctrl+D进行复制，如图18-88所示。在【合成】面板中选中文本05:30，将其更改为05:31，打开【变换】，选择【不透明度】的三个关键帧，将关键帧移动到1秒位置，如图18-89所示。

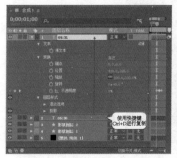

图 18-88

图 18-89

步骤 06 将时间线滑动到2秒位置，再次使用快捷键Ctrl+D复制文本图层，接着打开当前复制的文本图层下方的【变换】，选择【不透明度】中第3个关键帧，按Delete键删除，如图18-90所示。接着在【合成】面板中选中文本05:30，将其更改为05:32，如图18-91所示。

图 18-90　　　　　　　　图 18-91

步骤 07 在工具栏中选择 T（横排文字工具），在【字符】面板中设置合适的【字体系列】，设置【填充颜色】为白色，【描边颜色】为无，【字体大小】为23像素，打开【段落】面板，选择 ≡（居中对齐文本），设置完成后在正圆内部输入文本内容，如图18-92所示。

图 18-92

步骤 08 在【时间轴】面板中打开05:32文本图层，选择【图层样式】下方的【投影】，使用快捷键Ctrl+C进行复制，接着选择The Time...文本图层，使用快捷键Ctrl+V进行粘贴，赋予该图层同样的投影效果，接着打开【变换】，设置【位置】为(440.0,274.0)，【不透明度】为75%，如图18-93所示。文字效果如图18-94所示。

图 18-93　　　　　　　　图 18-94

步骤 09 在【效果和预设】面板中搜索CC Jaws效果，将该效果拖曳到【时间轴】面板的The Time...文本图层上，如图18-95所示。

图 18-95

步骤 10 在【时间轴】面板中单击打开该文本图层下方的【效果】/CC Jaws，设置Direction为0x+75.0°，接着将时间线滑动至2秒位置，单击Completion前的 ⏱（时间变化秒表）按钮，设置Completion为100.0%；再将时间线滑动至2秒25帧位置，设置Completion为0.0%，如图18-96所示。此时滑动时间线查看效果，如图18-97所示。

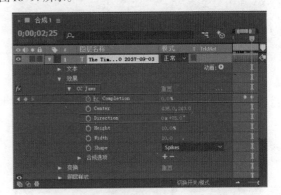

图 18-96

图 18-97

步骤 11 滑动时间线查看实例画面最终效果，如图18-98所示。

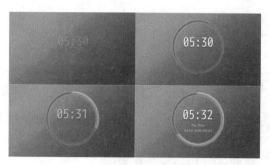

图 18-98

综合实例：进度条按钮效果

文件路径：Chapter 18 UI动效综合实例→综合实例：进度条按钮效果

本实例使用【椭圆形状】及【图层样式】制作立体效果按钮，使用蒙版工具及【径向擦除】效果制作环形进度条，最后使用【编号】效果制作逐渐递增的数字。实例效果如图18-99所示。

图 18-99

步骤 01 在【项目】面板中右击并选择【新建合成】选项，在弹出的【合成设置】面板中设置【合成名称】为【合成1】，【预设】为【自定义】，【宽度】为1440，【高度】为1080，【像素长宽比】为【方形像素】，【帧速率】为24，【分辨率】为【完整】，【持续时间】为5秒，【背景颜色】为灰色，单击【确定】按钮。在【时间轴】面板的空白位置处右击，执行【新建】/【纯色】命令，在弹出的【纯色设置】窗口中设置【颜色】为黑色，如图18-100所示。

步骤 02 在【时间轴】面板中右击选择【黑色 纯色1】图层，在弹出的快捷菜单中执行【图层样式】/【渐变叠加】命令，如图18-101所示。

图 18-100

图 18-101

步骤 03 在【时间轴】面板中单击打开纯色图层下方的【图层样式】/【渐变叠加】，单击【颜色】后方的【编辑渐变】按钮，编辑一个蓝色系渐变，如图18-102所示。画面效果如图18-103所示。

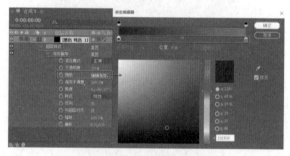

图 18-102

图 18-103

步骤 04 在工具栏中选择 ⬭（椭圆工具），设置【填充】为深蓝色，【描边】为无，在画面中心位置按住Shift键的同时按住鼠标左键绘制一个正圆形状，如图18-104所示。

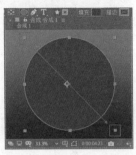

图 18-104

步骤 05 在【时间轴】面板中单击打开【形状图层1】图层下方的【变换】，设置【位置】为(708.0,540.0)，如图 18-105 所示。选择【形状图层1】，右击，执行【图层样式】/【投影】命令，如图 18-106 所示。

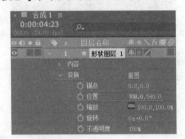

图 18-105

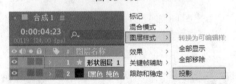

图 18-106

步骤 06 选择【形状图层1】，单击打开该图层下方的【图层样式】/【投影】，设置【大小】为50.0，如图 18-107 所示。画面效果如图 18-108 所示。

图 18-107

图 18-108

步骤 07 在【时间轴】面板中选择【形状图层1】，使

用快捷键Ctrl+D创建一个副本图层，如图 18-109 所示。选择【形状图层2】，在工具栏中将【填充颜色】更改为稍浅一些的蓝色，然后在【时间轴】面板中单击打开【形状图层2】图层下方的【变换】，设置【缩放】为(75.0,75.0%)，如图 18-110 所示。

图 18-109

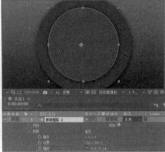

图 18-110

步骤 08 继续选择【形状图层2】，右击，执行【图层样式】/【斜面和浮雕】命令。单击打开【形状图层2】图层下方的【图层样式】/【斜面和浮雕】，设置【深度】为157.0%，【高度】为1x+50.0°，如图 18-111 所示。画面效果如图 18-112 所示。

图 18-111

图 18-112

步骤 09 在【时间轴】面板中选择【形状图层2】，使用快捷键Ctrl+D创建一个副本图层，如图 18-113 所示。选择【形状图层3】，在【时间轴】面板中单击打开【形状图层3】图层下方的【变换】，设置【缩放】为(55.0,55.0%)，选择【图层样式】，按Delete键将其删除，如图 18-114 所示。

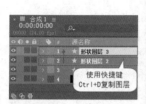

图 18-113

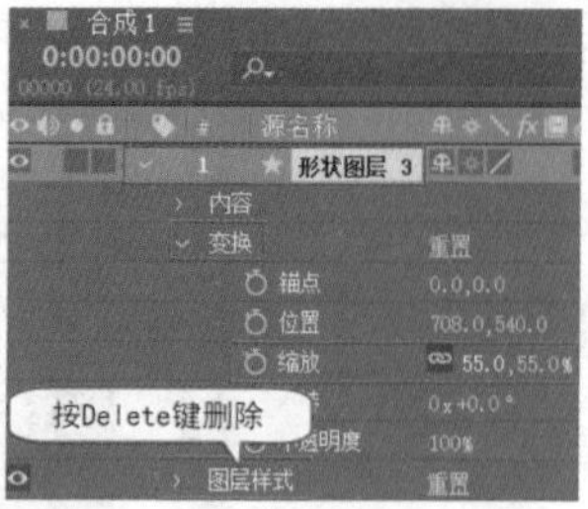

图 18-114

图 18-118

步骤 10 选择【形状图层3】，右击执行【图层样式】/【外发光】命令。单击打开【形状图层3】下方的【图层样式】/【外发光】，设置【不透明度】为27%，【大小】为40.0，如图18-115所示。画面效果如图18-116所示。

步骤 12 制作渐变圆环。在工具栏中选择◯（椭圆工具），设置【填充】为无，【描边】为白色，【描边宽度】为94，在画面中心位置按住Shift键的同时按住鼠标左键绘制一个正圆，如图18-119所示。

图 18-115

图 18-116

图 18-119

步骤 11 继续在【时间轴】面板中选择【形状图层3】，右击执行【图层样式】/【渐变叠加】命令。单击打开【形状图层3】图层下方的【图层样式】/【渐变叠加】，单击【颜色】后方的【编辑渐变】按钮，在弹出的【渐变编辑器】窗口中编辑一个蓝色系的渐变，如图18-117所示。正圆效果如图18-118所示。

步骤 13 在【时间轴】面板中单击打开【形状图层4】图层下方的【变换】，设置【位置】为（702.8,516.6），如图18-120所示。圆环效果如图18-121所示。

图 18-117

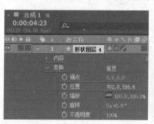

图 18-120

图 18-121

步骤 14 在【时间轴】面板中选择【形状图层4】，右击执行【图层样式】/【渐变叠加】命令。单击打开【形状图层4】图层下方的【图层样式】/【渐变叠加】，单击【颜色】后方的【编辑渐变】按钮，在弹出的【渐变编辑器】窗口中编辑一个由红色到青色的渐变，设置【角度】为0x+51.0°，如图18-122所示。正圆效果如图18-123所示。

图 18-122

图 18-123

步骤 15 选择【形状图层 4】，使用快捷键Ctrl+Shift+C进行预合成，在弹出的【预合成】窗口中设置【新合成名称】为【彩色圆环】，单击【确定】按钮，如图 18-124 所示。此时在【时间轴】面板中得到【彩色圆环】预合成图层，如图 18-125 所示。

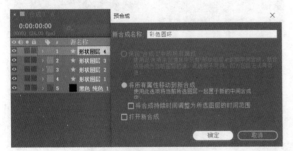

图 18-124

图 18-125

步骤 16 在【时间轴】面板中选择【彩色圆环】预合成图层，右击执行【图层样式】/【斜面和浮雕】命令。单击

打开【彩色圆环】预合成图层下方的【图层样式】/【斜面和浮雕】，设置【深度】为146.0%，【大小】为30.0，如图 18-126 所示。单击打开【变换】，设置【位置】为（728.0,540.0），如图 18-127 所示。

图 18-126　　　　　　　　图 18-127

步骤 17 画面效果如图 18-128 所示。

步骤 18 在【时间轴】面板中选择【彩色圆环】预合成图层，在工具栏中选择（钢笔工具），然后在【合成】面板中的彩色圆环上绘制一个蒙版，如图 18-129 所示。

图 18-128　　　　　　　　图 18-129

步骤 19 在【时间轴】面板中单击打开【彩色圆环】预合成图层下方的【蒙版】，勾选【蒙版 1】后方的【反转】复选框，如图 18-130 所示。画面效果如图 18-131 所示。

图 18-130　　　　　　　　图 18-131

步骤 20 在【效果和预设】面板搜索框中搜索【径向擦除】，将该效果拖曳到【时间轴】面板的【彩色圆环】预合成图层上，如图18-132所示。

图 18-132

步骤 21 在【时间轴】面板中单击打开【彩色圆环】预合成图层下方的【效果】/【径向擦除】，设置【起始角度】为0x+170.0°，【擦除中心】为（720.0,540.0），将时间线滑动到起始帧位置，单击【过渡完成】前的 ◎（时间变化秒表）按钮，设置【过渡完成】为100%；将时间线滑动到结束帧位置，设置【过渡完成】为26%，如图18-133所示。滑动时间线查看画面效果，如图18-134所示。

步骤 22 使用快捷键Ctrl+Y调出【纯色设置】窗口，设置【颜色】为黑色，如图18-135所示。

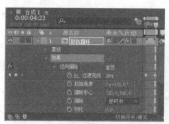

图 18-133　　　　　　图 18-134

图 18-135

步骤 23 在【效果和预设】面板搜索框中搜索【编号】，将该效果拖曳到【时间轴】面板的【黑色 纯色2】上，如图18-136所示。此时会弹出一个【编号】窗口，在窗口中设置合适的【字体】及【样式】，单击【确定】按钮，

如图18-137所示。

图 18-136　　　　　　图 18-137

步骤 24 在【时间轴】面板中选择【黑色 纯色2】图层，在【效果控件】面板中单击打开【编号】/【格式】，设置【小数位数】为0；展开【填充和描边】，设置【填充颜色】为白色，设置【大小】为198.0，将时间线滑动到起始帧位置，单击【数值/位移/随机最大】前的 ◎（时间变化秒表）按钮，设置数值为0，继续将时间线滑动到结束帧位置，设置数值为78，如图18-138所示。继续在【黑色 纯色2】图层下方展开【变换】，设置【位置】为（732.0,494.0），如图18-139所示。

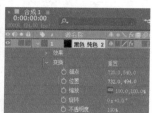

图 18-138　　　　　　图 18-139

步骤 25 选择【黑色 纯色2】图层，右击执行【图层样式】/【渐变叠加】命令，然后打开该图层下方的【图层样式】/【渐变叠加】，单击【颜色】后方的【编辑渐变】按钮，在弹出的【渐变编辑器】窗口中编辑一个由灰色到白色的渐变，如图18-140所示。滑动时间线查看数字效果，如图18-141所示。

图 18-140

中文版After Effects 2020完全案例教程（微课视频版）

图 18-141

步骤 26 在【时间轴】面板的空白位置处右击执行【新建】/【文本】命令，也可以使用快捷键Ctrl+Shift+Alt+T进行新建。在【字符】面板中设置合适的【字体系列】，设置【填充颜色】为白色，【字体大小】为198像素，在【段落】面板中选择▤（居中对齐文本），设置完成后输入百分号"%"，如图18-142所示。

图 18-142

步骤 27 在【时间轴】面板中单击打开%文本图层下方的【变换】，设置【位置】为（823.0,569.3），单击打开【黑色 纯色 2】图层下方的【图层样式】，使用快捷键Ctrl+C进行复制，选择%文本图层，使用快捷键Ctrl+V进行粘贴，如图18-143所示。画面效果如图18-144所示。

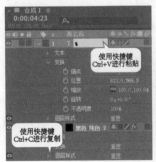

图 18-143　　　　　图 18-144

步骤 28 继续使用快捷键Ctrl+Shift+Alt+T新建文本，在【字符】面板中设置合适的【字体系列】，设置【填充颜色】为白色，【字体大小】为45像素，然后选择 **TT**（全部大写字母），设置完成后输入文字 "STOPWATCH"，如图18-145所示。

图 18-145

步骤 29 在【时间轴】面板中单击打开Stopwatch文本图层下方的【变换】，设置【位置】为（717.0,635.0），如图18-146所示。文字效果如图18-147所示。

图 18-146　　　　　图 18-147

步骤 30 在工具栏中选择 ◯（椭圆工具），设置【填充】为白色，【描边】为无，在文字下方合适位置按住Shift键的同时按住鼠标左键绘制3个等大的正圆，如图18-148所示。滑动时间线查看实例最终效果，如图18-149所示。

图 18-148　　　　　图 18-149